机 电

十三五 高等职业教育"十三五"规划教材

电气控制技术基础

主 编　王邦林　钱云华　顾宝良

副主编　袁明文　李云学　朱丽辉　彭家和

参 编　周 雯　叶 元　杨思源　朱加红

　　　　范瑞云　王一凯　张 宏　黄恩相

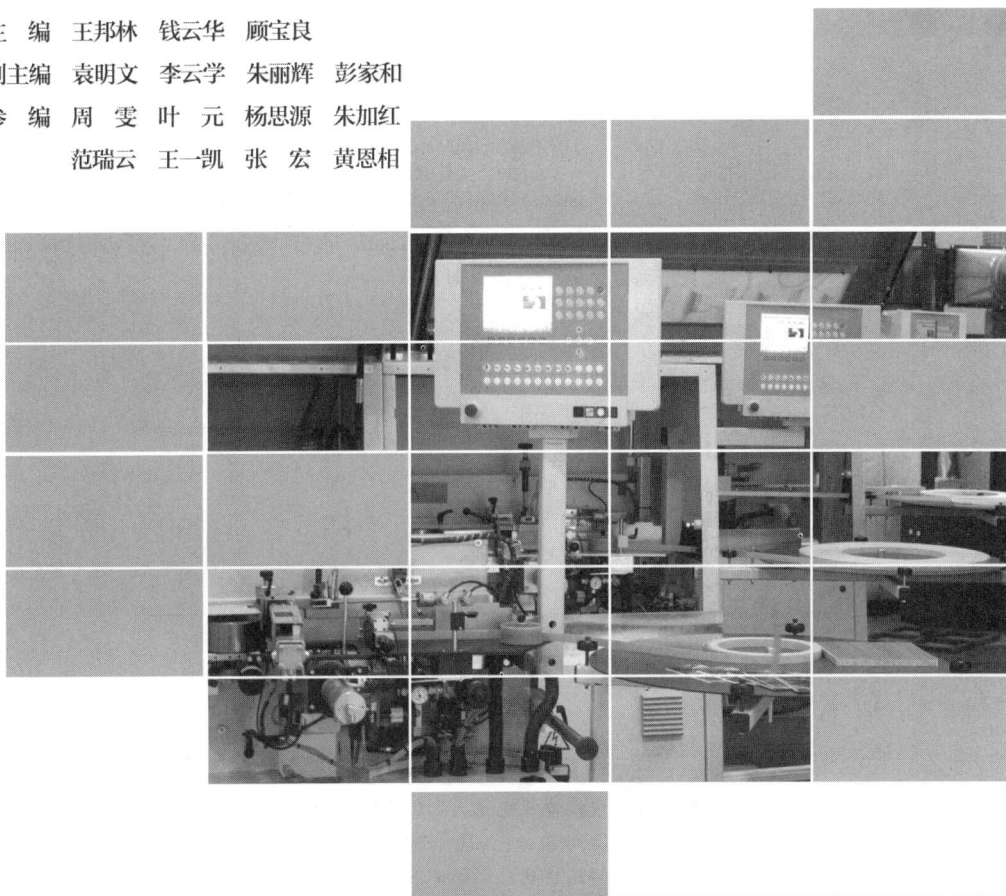

北京师范大学出版集团
BEIJING NORMAL UNIVERSITY PUBLISHING GROUP
北京师范大学出版社

图书在版编目（CIP）数据

电气控制技术基础 / 王邦林，钱云华，顾宝良主编． –– 北京 ：
北京师范大学出版社，2018.5
高等职业教育"十三五"规划教材．机电电气专业系列
ISBN 978-7-303-23637-4

Ⅰ．①电… Ⅱ．①王… ②钱… ③顾… Ⅲ．①电气控制－高等
职业教育－教材 Ⅳ．①TM921.5

中国版本图书馆 CIP 数据核字(2018)第 082462 号

营 销 中 心 电 话	010-62978190　62979006
北师大出版社科技与经管分社	www.jswsbook.com
电 子 信 箱	jswsbook@163.com

出版发行：北京师范大学出版社 www.bnup.com
　　　　　北京市海淀区新街口外大街 19 号
　　　　　邮政编码：100875

印　　刷：三河市东兴印刷有限公司
经　　销：全国新华书店
开　　本：787 mm×1092 mm　1/16
印　　张：21.75
字　　数：450 千字
版　　次：2018 年 5 月第 1 版
印　　次：2018 年 5 月第 1 次印刷
定　　价：48.00 元

策划编辑：周光明　苑文环	责任编辑：周光明　苑文环
美术编辑：高　霞	装帧设计：国美嘉誉
责任校对：李　菡	责任印制：孙文凯　赵非非

前 言

　　职业技术教育的办学目的是为国家走新型工业化道路服务，同时缓解国内劳动力市场技能型人才紧缺现状服务。职业教育的主要任务是培养应用型、技能型人才。国家有关职业教育方针、政策的出台，为职业技术教育的进一步发展指明了方向。培养目标的变化直接带来了办学宗旨、教学内容与课程体系、教学方法与手段、教学管理等诸多方面的改变。

　　传统的教学模式是按教室、实验室、车间、实习岗位等学习空间进行划分，不同的学习空间只能对相应的知识进行传授，导致教材的编写也只能按以上学习空间分块编写。这样的教材和教学模式，必然会导致理论教学和实践性教学的严重脱节，过多的理论知识传授而忽视实践性技能的提高。职业教育校企联合办学理论实训一体化系列教材的编写就是打破传统的按学习空间编写教材，把原来的理论课教材、实验指导书、仪表仪器的使用和实习大纲等进行有机整合，使教学内容与教学环节更加灵活多样；教材内容的编排本着在教的环节中充分体现工学交替、工学结合的办学指导思想，理论知识的传授以"够用、实用、必需"为度。本册《电气控制技术基础》紧扣国家职业技能鉴定维修电工初级、中级、高级、技师的鉴定教材、鉴定大纲和生产一线电气技术岗位群的实际需要并充分体现新技术、新工艺的发展动态编写。教材紧扣生产一线电工类电气工程技术人员必需掌握的低压电器、典型电气控制线路和PLC的基本知识及操作技能点；并以特种作业（电工）初训和复训取证培训理论知识要求，以及维修电工类国家职业技能鉴定大纲（从初级工到技师）的要求为主线进行编写。主要内容为常用低压电器，电气基本控制线路；PLC基础知识，PLC基本指令、程序、程序设计，FX2N系列微型PLC；CPM1A系统PLC编程器和三菱手持编程器的使用；特种作业（电工）电气安全技术初训和复训培训内容及安全知识理论题库。同时，还编排了维修电工国家职业技能鉴定从初级工到高级工技能鉴定理论和实操仿真卷各一套。教材内容是工矿企业从事电气技术的从业人员必须掌握的基本知识和技能，具有较强的通用性。

　　本系列教材按电气技术知识内容的前后逻辑衔接，并考虑不同层次学生的实际情况以及国家职业技能鉴定维修电工初级、中级、高级以及高级技师的技能要求由低到高分册编写，以满足不同学校和电气类不同工种职业技能鉴定层次的需要。学生在学完第一分册《电气技术基础》的主要内容后就基本上达到了维修电工初级工的培养目标；学完第一分册和第二分册《电气控制技术基础》后就基本上达到了维修电工中、高级的培养目标；在学完第一分册和第二分册的基础上继续学完第三分册《电气控制技术》的

主要内容后，就基本上达到了培养应用型、技能型维修电工技师的培养目标。每册相对独立。教学课时分配可按理论和实训 1：1 分配，课时按 120～160 学时编写，其中理论 60～80 学时和实训 60～80 学时，各院校可根据自身的实际情况增减学时。

本书由王邦林、顾宝良、钱云华老师任主编，王邦林副教授负责全书的统稿和审稿工作；袁明文、李云学、朱丽辉、彭家和任副主编；周雯、叶元、杨思源、朱加红、范瑞云、王一凯、张宏、黄恩相参编。

本书可作为电气类、机电类职业院校及应用型本、专科学校的教材和广大维修电工、低压电器装配工等电气类工种职业技能鉴定和特种作业（电工）初训、复训的培训用书和工作参考书。由于水平有限，编写时间仓促，书中难免存在一些问题和不足之处，敬请各位专家和同行批评指正。同时，对在本书中被直接或间接引用的资料的作者表示衷心感谢，对于未能在书中标明被引用者姓名和论著出处的表示歉意。

编者

目　录

绪　　论

一、从继电-接触器控制到 PLC 控制系统

　　继电气控制系统可以看成由输入电路、控制电路、输出电路和生产现场 4 部分组成。其中输入电路部分是由按钮、行程开关、限位开关、传感器等构成，用以向系统送入控制信号。输出电路部分由接触器、电磁阀等执行元器件构成，用以控制各种被控制对象，如电动机、电炉、阀门等。继电-接触器控制电路部分是控制系统的核心部分，它通过导线将各个分立的继电器、电子元器件连接起来对工业现场实施控制。生产现场指被控制的对象（如电动机等）或生产过程。继电气控制系统的结构框图如图 0-1 所示。

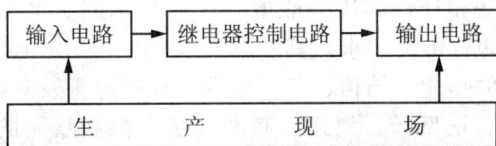

图 0-1　继电气控制系统结构框图

　　继电气控制系统在传统的工业生产中一直起着不可替代的重要作用，继电-接触器控制电路是针对某一固定的动作顺序或生产工艺而设计的。它的控制功能也仅仅只局限于逻辑控制、定时、计数等一些简单的控制，一旦动作顺序或生产工艺发生变化，就必须重新进行设计、布线、装配和调试。随着生产规模的逐步扩大，市场经济竞争日趋激烈，继电-接触器控制系统已越来越难以适应，生产制造精细化发展的需要。这就迫使人们逐步放弃原来已占主导地位的继电-接触器控制系统，研制可以替代继电气控制系统的新型工业控制系统。

　　以 PLC 作为控制器的控制系统从根本上改变了传统控制系统的工作原理和方式。传统控制系统的控制功能是通过采用硬件接线的方式来实现的，而 PLC 控制系统的控制功能是通过存储程序来实现的，不仅可以实现开关量控制，还可以进行模拟量控制、顺序控制等。PLC 控制系统的结构如图 0-2 所示。

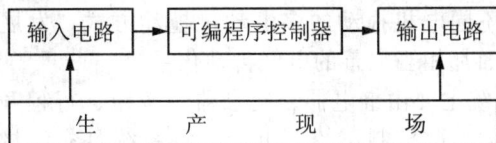

图 0-2　PLC 控制系统结构框图

　　与图 0-1 相比，就会发现 PLC 控制系统与继电气控制系统输入、输出部分基本相同，输入电路是由按钮、开关、传感器所构成；输出电路也是由接触器、执行器、电磁阀所构成。不同的是继电气控制系统的控制线路被 PLC 中的程序所替代，这样一旦生产工艺发生变化，只需修改程序就可以了。正是上述原因，PLC 控制系统除了可以完成传统继电气控制系统所具有的全部功能外，还可以实现模拟量控制、开环或闭环过程控制，甚至多级分布式控制。随着微电子技术的进一步发展，PLC 制造成本也在

降低，传统的继电气控制系统正逐步被 PLC 控制系统等先进控制系统所代替。

二、本课程的性质与任务

本课程是一门实践性很强的专业课，主要内容是以电动机或其他执行电器为控制对象，介绍继电-接触器控制系统和 PLC 控制系统的工作原理、典型机械的电气控制线路以及电气控制系统的设计方法。当前 PLC 控制系统应用十分普遍，已经成为实现工业自动化的主要手段，是教学的重点。但是，一方面，根据我国目前情况，继电-接触器控制系统仍然是机械设备最常用的电气控制方式，而且低压电器正在向小型化、长寿命方向发展，使继电-接触器控制系统性能不断提高，因此它在今后的电气控制技术中仍然占有相当重要的地位；另一方面，PLC 是计算机技术与继电-接触器控制技术相结合的产物，而且 PLC 的输入、输出接口仍然与低压电器密切相关，因此掌握继电-接触器控制技术也是学习和掌握 PLC 应用技术的基础。

通过本课程的学习，掌握与电气控制技术有关的基本理论知识和操作技能，培养理论联系实际的学习方法和分析解决一般电气控制技术问题的能力，达到国家规定的中高级维修电工技术等级标准的要求。其基本要求是：

掌握常用低压电器的功能、结构、工作原理、选择原则及其拆装维修方法；

掌握电动机的起动、正反转、调速、制动等基本控制线路的构成、工作原理、分析方法；

掌握 PLC 的基本原理及编程方法，能够根据工艺过程和控制要求进行系统设计和编写应用程序；

增强电气设计的安全观念，并能根据设备应用环境判断所需安全等级、给出解决方法；

具有设计和改进一般生产设备电气控制线路的基本能力。

三、电气控制技术的发展概况

电气控制技术是随着科学技术的不断发展、生产工艺不断提出的新要求而得到迅速发展的。从最早的手动控制发展到自动控制，从简单的控制设备发展到复杂的控制系统，从有触点的硬继电气控制系统发展到以计算机为中心的软继电气控制系统。现代电气控制技术综合应用了计算机、自动控制、电子技术、精密测量等许多先进的科学技术成果。

生产机械的电力拖动已由最早的采用成组拖动方式——单独拖动方式——生产机械的不同运动部件分别由不同电机拖动的多电动机拖动方式，发展成今天无论是自动化功能还是生产安全性方面都相当完善的电气自动化系统。

继电-接触器控制系统主要由继电器、接触器、按钮、行程开关等组成，其控制方式是离散的，所以又称为离散控制系统。由于这种系统具有结构简单、价格低廉、维护容易、抗干扰能力强等优点，至今仍是机床和其他许多生产设备广泛采用的基本电气控制形式，也是学习更先进电气控制系统的基础，但是，这种控制系统的缺点是采用固定接线方式，灵活性差，工作效率低。

从 20 世纪 30 年代开始，机械加工企业为了提高生产效率，采用机械化流水作业的生产方式，对不同类型的零件分别组成自动生产线。随着产品机型的更新换代，生产线承担的加工对象也随之改变，这就需要改变控制程序，使生产线的机械设备按新的工艺过程运行，而继电-接触器控制系统是采用固定接线的，很难适应这个要求。大型自动生产线的控制系统使用的继电器数量很多，这种有触点的硬继电器工作频率较低，在频繁动作情况下寿命较短，从而造成系统故障，使生产线的运行可靠性降低。为了解决这个问题，1968 年美国最大的汽车制造商——通用汽车(GM)公司为适应汽车型号不断更新，提出把计算机功能完备以及灵活性、通用性好等优点和继电气控制系统的简单易懂、操作方便、价格低等优点结合起来，做成一种能适应工业环境的通用控制装置，并把编程方法和程序输入方式加以简化，使得不熟悉计算机的人员也能很快掌握的使用技术。根据这一设想，美国数字设备公司(DEC)于 1969 年首先研制出第一台可编程控制器(简称 PLC)，在通用汽车公司的自动装配线上试用获得成功。从此以后，许多国家的著名厂商竞相研制，各自形成系列，而且品种更新很快，功能不断增强，从最初的以逻辑控制为主发展到能进行模拟量控制，具有数据运算、数据处理和通信联网等多种功能。PLC 的另一个突出优点是可靠性很高，平均无故障运行时间可达 10 万小时以上，可以大大减少设备维修费用和停产造成的经济损失。当前 PLC 已经成为电气自动控制系统中应用最为广泛的核心装置。

自 20 世纪 70 年代以来，电气控制系统相继出现了直接数字控制(DDC)系统、柔性制造系统(FMS)、计算机集成制造系统(CIMS)、综合运用计算机辅助设计(CAD)、计算机辅助制造(CAM)、智能机器人、集散控制系统(DCS)、现场总线控制系统等多项高新技术，形成了从产品设计与制造和生产管理的智能化生产的完整体系，将自动制造技术推进到更高的水平。

综上所述，电气控制技术的发展始终是伴随着社会生产规模的扩大、生产水平的提高而前进的。电气控制技术的进步反过来又促进了社会生产力的进一步提高；同时，电气控制技术又是与微电子技术、电力电子技术、检测传感技术、机械制造技术等紧密联系在一起的。21 世纪的今天，科学技术日新月异，电气控制技术必将达到更高的水平。

四、学习中应注意的问题

在学习本课程时，应注意以下几点：

1. 正确处理理论学习与技能训练的关系，在认真学习理论知识的基础上，应加强技能训练。

2. 联系生产实际，在教师的指导下，勤学苦练技能，注意经验积累，总结规律，逐步培养独立分析和解决实际问题的能力。

3. 学习中注意及时复习课程的有关内容。

4. 在技能训练过程中，要注意爱护工具和设备，节约原材料，严格执行电工安全操作规程，做到安全、文明生产。

第一章　常用低压电器

经济建设和社会生活中，电能的应用越来越广泛。实现工业、农业、国防和科学技术的现代化，就更离不开电气化。为了安全、可靠地使用电能，电路中就必须装有各种起调节、分配、控制和保护作用的设备，这些设备用在 1KV 及以上电路的，称为电气设备，用在 1KV 以下的电路的，一般称为电器设备。或低瓦电器。随着科学技术和生产的发展，设备种类不断增多，用量大，用途广泛。

本章主要介绍电气控制领域中常用低压电器的工作原理、用途、型号、规格及符号等知识，学会正确选择和合理使用常用电器，为后继章节的学习打下基础。

低压电器(Low Voltage Apparatus)通常指工作在交流 1200V、直流电压 1500V 以下的电路中起通断、控制、保护和调节作用的设备。本章主要介绍常见的接触器、继电器、低压断路器、万能转换开关、熔断器等设备的基本结构、功能及工作原理。

▶ 第一节　概述

一、电器的基本知识

(一)电器的分类

电器是接通和断开电路或调节、控制和保护电路中设备的电工器具。完全由控制电器组成的自动控制系统，称为继电-接触器控制系统，简称电气控制系统。

电器的用途广泛，功能多样，种类繁多，结构各异。下面介绍几种常用的电器分类方法：

1. 按工作电压等级分类

(1)高压电器。用于交流电压 1000V、直流电压 1500V 及以上电路中的电器，如高压断路器、高压隔离开关、高压熔断器等。

(2)低压电器。用于交流 50Hz(或 60Hz)、额定电压为 1000V 以下、直流额定电压 1500V 及以下的电路中的电器，如接触器、继电器等。

2. 按动作原理分类

(1)手动电器。用手或依靠机械力进行操作的电器，如手动开关、控制按钮、行程开关等主令电器。

(2)自动电器。借助于电磁力或某个物理量的变化自动进行操作的电器，如接触器、各种类型的继电器、电磁阀等。

3. 按用途分类

(1)控制电器。用于各种控制电路和控制系统的电器，如接触器、继电器、电动机起动器等。

(2)主令电器。用于自动控制系统中发送动作指令的电器，如按钮、行程开关、万能转换开关等。

(3)保护电器。用于保护电路及用电设备的电器，如熔断器、热继电器、各种保护继电器、避雷器等。

(4)执行电器。用于完成某种动作或传动功能的电器，如电磁铁、电磁离合器等。

(5)配电电器。用于电能的输送和分配的电器,如高压断路器、隔离开关、刀开关、自动空气开关等。

4. 按工作原理分类

(1)电磁式电器。依据电磁感应原理来工作,如接触器、各种类型的电磁式继电器等。

(2)非电量控制电器。依靠外力或某种非电物理量的变化而动作的电器,如刀开关、行程开关、按钮、速度继电器、温度继电器等。

(二)电器的作用

日常生活中在输送自来水的管路上及各种用水的地方,都要装上不同的阀门对水流进行控制和调节。同样,在输送电能的输电线路和各种用电的场合,也要使用不同的电器来控制电路通、断,对电路的各种参数进行调节。只是电能的输送和使用比自来水的输送和使用要复杂得多。低压电器在电路中的用途是根据操作信号或外界信号的要求,自动或手动接通、分断电路,连续或断续地改变电路的状态、参数,对电路进行控制、保护、测量、指示、调节。低压电器的作用有:

(1)控制作用。如电梯的上下移动、快慢速自动切换与自动停止等。

(2)保护作用。根据设备的特点,对设备、环境以及人身实行自动保护,如电机的过热保护、电网的短路保护、漏电保护等。

(3)测量作用。利用仪表及与之相适应的电器,对设备、电网或其他非电参数进行测量,如电流、电压、功率、转速、温度、湿度等。

(4)调节作用。低压电器可对一些电量和非电量进行调整,以满足用户的要求,如柴油机油门的调整、房间温湿度的调节、照明度的自动调节等。

(5)指示作用。利用低压电器的控制、保护等功能,检测出设备运行状况与电气电路工作情况,如绝缘监测、保护掉牌指示等。

(6)转换作用。在用电设备之间转换或对低压电器、控制电路分时投入运行,以实现功能切换,如励磁装置手动与自动的转换、供电系统自备电的切换等。

当然,低压电器作用远不止这些,随着科学技术的发展,新功能、新设备会不断出现,常用低压电器的主要种类和用途如表1-1所示。

对低压配电电器要求是灭弧能力强、分断能力好、热稳定性能好、限流准确等。对低压控制电器,则要求其动作可靠、操作频率高、寿命长并具有一定的负载能力。

表 1-1 常见低压电器的主要种类及用途

序号	类别	主要品种	用途
1	断路器	塑料外壳式断路器	主要用于电路的过负荷保护、短路、欠电压、漏电保护,用于不频繁接通和断开电路
		框架式断路器	
		限流式断路器	
		漏电保护式断路器	
		直流快速断路器	
2	刀开关	开关板用刀开关	主要用于电路的隔离,有时也能分断负荷
		负荷开关	
		熔断器式刀开关	
3	转换开关	组合开关	主要用于电源切换,也可用于负荷通断或电路的切换
		换向开关	

序号	类别	主要品种	用　途
4	主令电器	按钮	主要用于发布命令或程序控制
		限位开关	
		微动开关	
		接近开关	
		万能转换开关	
5	接触器	交流接触器	主要用于远距离频繁控制负荷，切断带负荷电路
		直流接触器	
6	起动器	磁力起动器	主要用于电动机的起动
		星形-三角形起动器	
		自耦减压起动器	
7	控制器	凸轮控制器	主要用于控制回路的切换
		平面控制器	
8	继电器	电流继电器	主要用于控制电路中，将被控量转换成控制电路所需电量或开关信号
		电压继电器	
		时间继电器	
		中间继电器	
		温度继电器	
		热继电器	
9	熔断器	有填料熔断器	主要用于电路短路保护，也用于电路的过载保护
		无填料熔断器	
		半封闭插入式熔断器	
		快速熔断器	
		自复熔断器	
10	电磁铁	制动电磁铁	主要用于起重、牵引、制动等
		起重电磁铁	
		牵引电磁铁	

二、电磁机构原理

电磁机构是电器元件的感受部件，它的作用是将电磁能转换成为机械能并带动触点闭合或断开。

电磁机构由吸引线圈、铁芯和衔铁组成，其结构形式按衔铁的运动方式可分为直动式和拍合式。如图 1-1 和图 1-2 分别是直动式和拍合式电磁机构的常用结构形式。

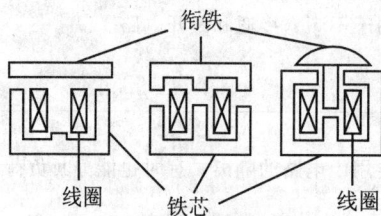

图 1-1　直动式电磁机构

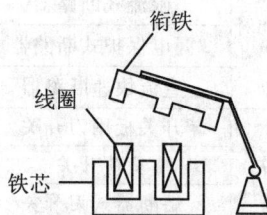

图 1-2　拍合式电磁机构

吸引线圈的作用是将电能转换为磁能，即产生磁通，衔铁在电磁吸力作用下产生机械位移使铁芯吸合。通入直流电的线圈称为直流线圈，通入交流电的线圈称为交流线圈。

对于直流线圈，铁芯不发热，只有线圈发热，因此线圈与铁芯接触以利散热。线圈做成无骨架、高而薄的瘦高型，以改善线圈自身散热。铁芯和衔铁由软钢或工程纯铁制成。

对于交流线圈，除线圈发热外，由于铁芯中有涡流和磁滞损耗，铁芯也会发热。为了改善线圈和铁芯的散热情况，在铁芯与线圈之间留有散热间隙，而且把线圈做成有骨架的矮胖型。铁芯用硅钢片叠成，以减少涡流损耗。

另外，根据线圈在电路中的联接方式可分为串联线圈（即电流线圈）和并联线圈（即电压线圈）。串联（电流）线圈串接在线路中，流过的电流大，为减少对电路的影响，线圈的导线粗，匝数少，线圈的阻抗较小。并联（电压）线圈并联在线路上，为减少分流作用，降低对原电路的影响，需要较大的阻抗，因此线圈的导线细且匝数多。

由于电源电压变化一个周期，电磁铁吸合两次，释放两次，电磁机构会产生剧烈的振动和噪声，因而不能正常工作。解决的办法是在铁芯端面开一小槽，在槽内嵌入铜质短路环，如图 1-3 所示。

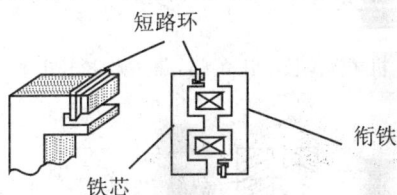

图 1-3　交流铁芯的短路环

加上短路环后，磁通被分为大小接近、相位相差约 90°电度角的两相磁通，因而两相磁通不会同时过零。由于电磁吸力与磁通的平方成正比，故由两相磁通产生的合成电磁吸力较为平坦，在电磁铁通电期间，电磁吸力始终大于反力，使铁芯牢牢吸合，这样就消除了振动和噪声，一般短路环包围 2/3 的铁芯端面。

三、触头系统

触头系统属于执行部件。它的作用是通过触点的断开、闭合来接通、断开电路的。

触头按功能可分为：主触头和辅助触头。主触头用于接通和断开主电路；辅助触头用于接通和断开二次电路（控制电路），自锁还能起互锁和联锁作用。

按形状可分为：桥式触头和指形触头。桥式触头又分为点接触和面接触。

按位置可分为：静触头和动触头。静触头固定不动，动触头能由联杆带着移动。

按其初始位置可分为：常闭触头和常开触头。常闭触头（又称动断触头）——常态时动、静触头是相互闭合的。常开触头（又称动合触头）——常态时动、静触头是分开的，常态是指在不受外力、不通电时触头的状态。如图 1-4 所示。

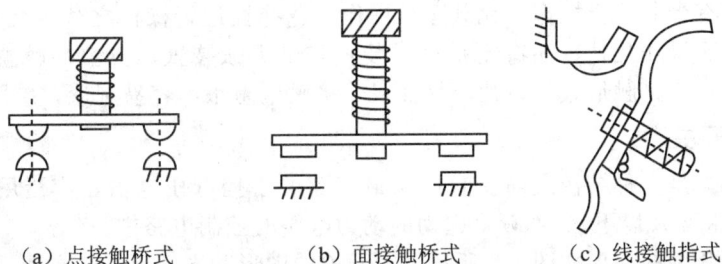

（a）点接触桥式　　　　（b）面接触桥式　　　　（c）线接触指式

图 1-4　触头的结构形式

四、灭弧装置

电弧：是指触头在闭合和断开（包括熔体在熔断时）的瞬间，在触头间隙中由带电离子流产生的弧状火花。

电弧的危害：使电路仍然保持导通状态，延迟了电路的开断；会烧损触点，缩短电器的使用寿命。

灭弧措施：常用的灭弧措施有机械性拉长电弧、双触点灭弧、磁吹灭弧、纵缝灭弧、金属栅片灭弧、纵缝陶土灭弧罩等。如图 1-5 所示。

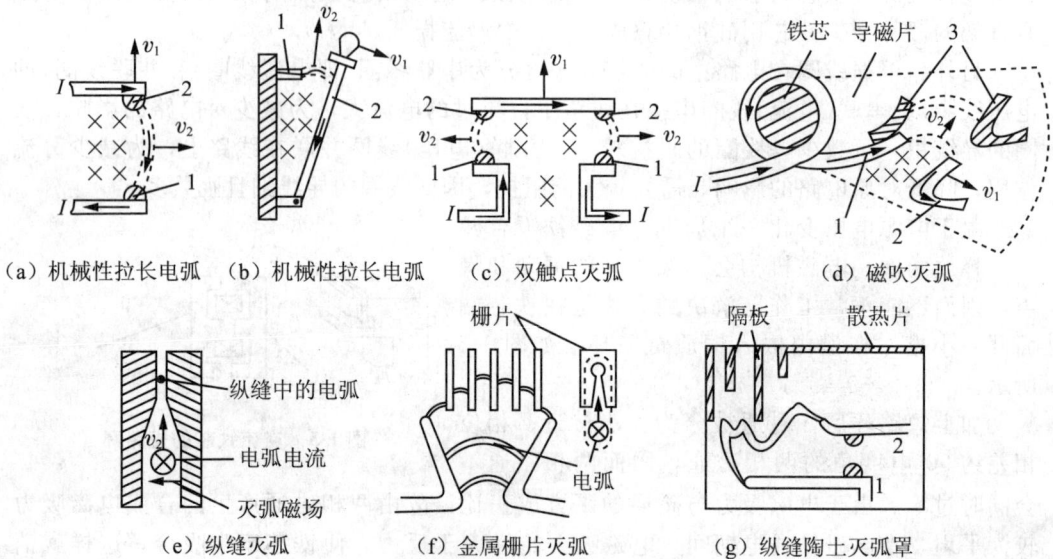

（a）机械性拉长电弧　（b）机械性拉长电弧　（c）双触点灭弧　　　　（d）磁吹灭弧

（e）纵缝灭弧　　　　（f）金属栅片灭弧　　　　（g）纵缝陶土灭弧罩

图 1-5　灭弧措施

1—静触点；2—动触点；3—引弧角；

v_1—动触点移动速度；v_2—电弧在磁场力作用下的移动速度

第二节　低压开关

低压开关主要用作隔离、转换以及接通和分断电路。常作为机床电路的电源开关，或用于局部照明电路的控制及小容量电动机的起动、停止和正反转控制等。

常用的有刀开关、转换开关（组合开关）、自动空气开关（空气断路器）、漏电保护器等。

低压开关有带载运行操作、无载运行操作、选择性运行操作之分；又有正面操作、侧面操作、背面操作几种；还有不带灭弧装置和带灭弧装置之分。接触主要有面接触和线接触两种；线接触形式，刀片容易插入，接触电阻小，容易制造，应用较广。

一、刀开关

普通刀开关是一种结构最简单且应用最广泛的手控低压电器，广泛用在照明电路和小容量（5.5kW 及以下）、不频繁起动的动力电路的控制电路中。

常用的刀开关的外形如图 1-6 所示。刀开关的图形和文字符号如图 1-7 所示。

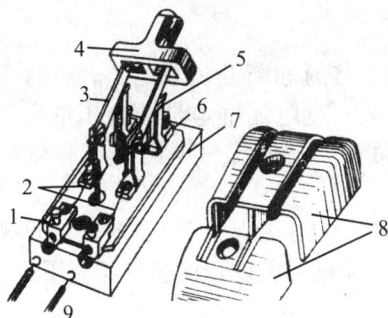

图 1-6　胶盖瓷底刀开关的结构

1—出线盒；2—熔丝；3—动触头；4—手柄；5—静触头；
6—电源进线座；7—瓷座；8—胶盖；9—接用电器端

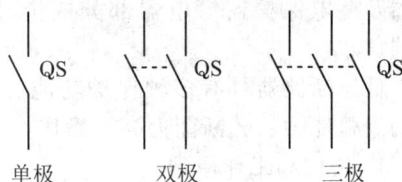

图 1-7　刀开关的图形、文字符号

刀开关安装时，瓷底应与地面垂直，手柄向上，将电源线接在上端，负载接在下端，严禁倒装或平装。倒装时手柄可能因自重落下而引起误合闸，危及人身和设备安全。

刀开关选择时应考虑以下两个方面：

(1)刀开关结构形式的选择应根据刀开关的具体应用和装置的安装形式来选择，如是否带灭弧装置，若用于分断负载电流时，应选择带灭弧装置的刀开关。根据装置的安装形式来选择：是正面、背面还是侧面操作形式；是直接操作还是杠杆传动，是板前接线还是板后接线的结构形式。

(2)刀开关的额定电流的选择一般应等于或大于所分断电路中各个负载额定电流的总和。对于电动机负载，应考虑其起动电流，所以应选用额定电流大一级的刀开关。若再考虑电路出现的短路电流，还应选用额定电流更大一级的刀开关。

二、组合开关

组合开关实质上是一种特殊的刀开关，只不过一般刀开关的操作手柄是在垂直安装面的平面内向上或向下移动，而组合开关的操作手柄则是平行于安装面的平面内向左或向右转动，如图 1-8 所示。

组合开关多用在机床电气控制线路中，作为电源的引入开关，也可作不频繁接通和断开电路、换接电源和负载以及控制 5kW 以下的小容量电动机的正反转和星形-三角形起动等。

组合开关的图形和文字符号如图 1-9 所示。

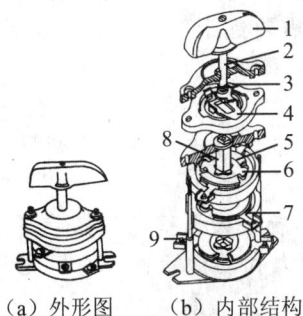

（a）外形图　　（b）内部结构

图 1-8　组合开关的结构图

1—手柄；2—转轴；3—弹簧；4—凸轮；5—绝缘垫板；
6—动触点；7—静触点；8—绝缘方轴；9—接线柱

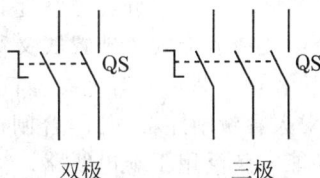

图 1-9　组合开关的图形、文字符号

三、低压断路器

低压断路器也称为自动空气开关，主要用来接通和断开负载电路，也可用来控制不频繁起动的电动机。它的功能相当于刀闸开关、过电流继电器、失压继电器、热继电器及漏电保护器等电器部分或全部的功能总和，是低压配电网中一种重要的保护电器。

低压断路器具有多种保护功能（过载、短路、欠电压保护等）、动作值可调、有较强的熄弧能力、分断能力高、操作方便、安全等优点，所以目前被广泛应用。

1. 结构和工作原理

低压断路器由操作机构、触点、保护装置（各种脱扣器）、灭弧系统等组成。低压断路器工作原理如图 1-10 所示。图形文字符号如图 1-11 所示。

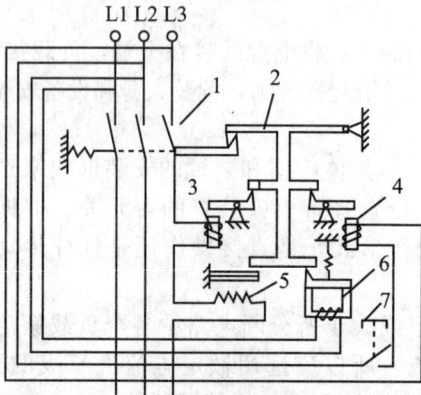

图 1-10　低压断路器工作原理图

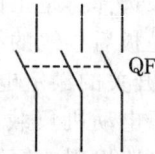

图 1-11　低压断路器的图形、文字符号

1—主触点；2—自由脱扣机构；3—过电流脱扣器；4—分励脱扣器；
5—热脱扣器；6—欠电压脱扣器；7—停止按钮

低压断路器的主触点是靠手动操作或电动合闸的。主触点闭合后，自由脱扣机构将主触点锁在合闸位置上。过电流脱扣器（短路保护）的线圈和热脱扣器（过载保护）的热元件与主电路串联，欠电压脱扣器的线圈和电源并联。当电路发生短路或严重过载时，过电流脱扣器的衔铁吸合，使自由脱扣机构动作，主触点断开主电路。当电路过载时，热脱扣器的热元件发热使双金属片向上弯曲，推动自由脱扣机构动作。当电路欠电压时，欠电压脱扣器的衔铁释放。也使自由脱扣机构动作。励磁脱扣器则作为远距离控制用，在正常工作时，其线圈是断电的，在需要远距离控制时，按下起动按钮，使线圈通电，衔铁带动自由脱扣机构动作，使主触点断开。

2. 低压断路器典型产品

低压断路器主要分类方法是以结构形式分类，即开启式和装置式两种。开启式又称为框架式或万能式，装置式又称为塑料壳式。

(1)装置式断路器有绝缘塑料外壳，内装触点系统、灭弧室及脱扣器等，可手动或电动（对大容量断路器而言）合闸。有较高的分断能力和动稳定性，有较完善的选择性保护功能，广泛用于配电线路。

目前常用的有 DZ15、DZ20、DZX19 和 C45N（目前已升级为 C65N）等系列产品。其中 C45N（C65N）断路器体积小、分断能力高、限流性能好、操作轻便、型号规格齐全，可以方便地在单极结构基础上组合成二极、三极、四极断路器的优点，广泛使用在 60A 及以下的民用照明干线及支路中(多用于住宅用户的进线开关及商场照明支路开关)。

(2)框架式断路器一般容量较大,具有较高的短路分断能力和较高的动稳定性。适用于 50Hz 额定电压 380V 的交流配电网络中作为配电干线的主保护。

框架式断路器主要由触点系统、操作机构、过电流脱扣器、分励脱扣器及欠压脱扣器、附件及框架等部分组成,全部组件进行绝缘后装于框架结构底座中。

目前我国常用的有 DW15、ME、AE、AH 等系列的框架式低压断路器。DW15 系列断路器是我国自行研制生产的,全系列具有 1000A、1500A、2500A 和 4000A 等几个型号。

ME、AE、AH 等系列断路器是利用引进技术生产的。它们的规格型号较为齐全(ME 开关电流等级从 630～5000A 共 13 个等级),额定分断能力较 DW15 更强,常用于低压配电干线的主保护。

(3)智能化断路器。目前国内生产的有框架式和塑料外壳式两种。框架式主要用作智能化自动配电系统中的主断路器,塑料外壳式主要用在配电网络中分配电能和作为线路及电源设备的控制与保护,亦可用作三相笼型异步电动机的控制。特征是采用了以微处理器或单片机为核心的智能控制器(智能脱扣器),它不仅具备普通断路器的各种保护功能,同时还具备实时显示电路中的各种电气参数(电流、电压、功率、功率因数等),对电路进行在线监视、自行调节、测量、试验、自诊断、可通信等功能,能够对各种保护功能的动作参数进行显示、设定和修改,保护电路动作时的故障参数能够存储在非易失存储器中以便查询,国内 DW45、DW40、DW914(AH)、DW18(AE-S)、DW48、DW19(3WE)、DW17(ME)等智能化框架断路器和智能化塑壳断路器,都配有 ST 系列智能控制器及配套附件,ST 系列智能控制器是原国家机械部"八五"至"九五"期间的重点项目。产品性能指标达到国际 20 世纪 90 年代先进水平。它采用积木式配套方案,可直接安装于断路器本体中,无须重复二次接线,并可多种方案任意组合。

3. 低压断路器的选用原则

(1)根据线路对保护的要求确定断路器的类型和保护形式——确定选用框架式、装置式或限流式等。

(2)断路器的额定电压 U_N 应等于或大于被保护线路的额定电压。

(3)断路器欠压脱扣器额定电压应等于被保护线路的额定电压。

(4)断路器的额定电流及过流脱扣器的额定电流应等于或大于被保护线路的计算电流。

(5)断路器的极限分断能力应大于线路的最大短路电流的有效值。

(6)配电线路中的上、下级断路器的保护特性应协调配合,下级的保护特性应位于上级保护特性的下方且不相交。

(7)断路器的长延时脱扣电流应小于导线允许的持续电流。

四、漏电保护装置

1. 漏电保护装置的作用

漏电保护是利用漏电保护装置来防止电气事故的一种安全技术措施。漏电保护装置又称为剩余电流保护装置(简写 RCD)。漏电保护装置是一种低压安全保护电器,其作用有:

用于防止由漏电引起的单相电击事故;

用于防止由漏电引起的火灾和设备烧毁事故；

用于检测和切断各种一相接地故障；

有的漏电保护装置还可用于过载、过压、欠压和缺相保护。

2. 漏电保护装置的组成

电气设备漏电时，将呈现出异常的电流和电压信号。漏电保护装置通过检测此异常电流或异常电压信号，经信号处理，促使执行机构动作，借助开关设备迅速切断电源。根据故障电流动作的漏电保护装置是电流型漏电保护装置，根据故障电压动作的是电压型漏电保护装置。目前，国内外广泛使用的是电流型漏电保护装置。下面主要对电流型漏电保护装置(即 RCD)进行介绍，其构成如图 1-12(a)所示。

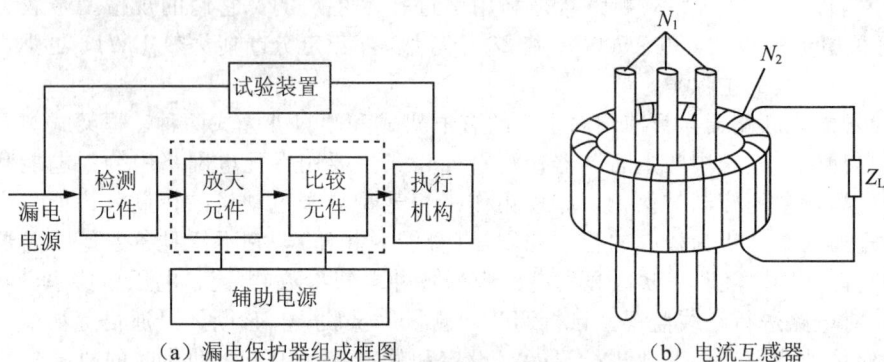

(a) 漏电保护器组成框图　　　　　　(b) 电流互感器

图 1-12　漏电保护构成

其构成主要有三个基本环节，即检测元件、中间环节(包括放大元件和比较元件)和执行机构。其次，还具有辅助电源和试验装置。

(1)检测元件。它是一个零序电流互感器，如图 1-12(b)所示。图中，被保护主电路的相线和中性线穿过环行铁芯构成了互感器的一次侧线圈 N_1，均匀缠绕在环行铁芯上的绕组构成了互感器的二次侧线圈 N_2。检测元件的作用是将漏电电流信号转换为电压或功率信号输出给中间环节。

(2)中间环节。其功能是对检测到的漏电信号进行处理。中间环节通常包括放大器、比较器、脱扣器(或继电器)等。不同型式的漏电保护装置在中间环节的具体构成上形式各异。

(3)执行机构。该机构用于接收中间环节的指令信号，实施动作，自动切断故障处的电源。执行机构多为带有分励脱扣器的自动开关或交流接触器。

(4)辅助电源。当中间环节为电子式时，辅助电源的作用是提供电子电路工作所需的低压电源。

(5)试验装置。这是对运行中的漏电保护装置进行定期检查时所使用的装置。通常是用一只限流电阻和检查按钮相串联的支路来模拟漏电的路径，以检验装置能否正常动作。

3. 漏电保护装置的工作原理

图 1-13 是某三相四线制供电系统的漏电保护电气原理图。图中 TA 为零序电流互感器，GF 为主开关，TL 为主开关 GF 的分励脱扣器线圈。

在被保护电路工作正常、没有发生漏电或触电的情况下，由克希荷夫定律可知，通过 TA 一次侧电流的相量和等于零，即 $\dot{I}_{L1} + \dot{I}_{L2} + \dot{I}_{L3} + \dot{I}_N = 0$。此时，TA 二次侧

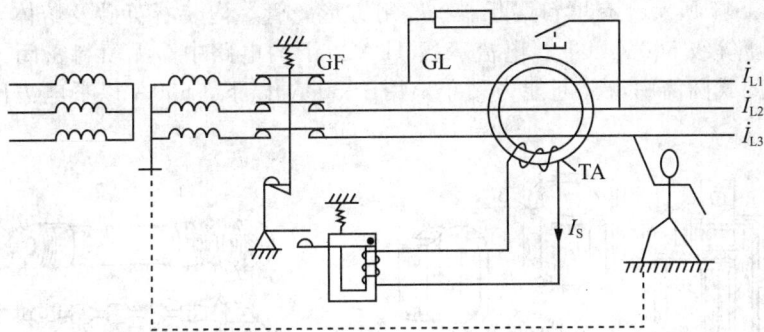

图 1-13　漏电保护工作原理

线圈不产生感应电动势，漏电保护装置不动作，系统保持正常供电。当被保护电路发生漏电或有人触电时，由于漏电电流的存在，通过 TA 一次侧各相负荷电流的相量和不再等于零，即 $\dot{I}_{L1} + \dot{I}_{L2} + \dot{I}_{L3} + \dot{I}_N \neq 0$ 产生了零序电流，TA 二次侧线圈就有感应电动势产生，此信号经中间环节进行处理和比较，当达到预定值时，使主开关分励脱扣器线圈 TL 通电，驱动主开关 GF 自动跳闸，迅速切断被保护电路的供电电源，从而实现保护。

▶ 第三节　熔断器

熔断器是一种简单而有效的保护电器，在电路中主要起短路保护作用。

熔断器主要由熔体和安装熔体的绝缘管（绝缘座）组成。使用时，熔体串接于被保护的电路中，当电路发生短路故障时，熔体被瞬时熔断而分断电路，起到保护作用。

一、常用的熔断器

（1）插入式熔断器如图 1-14 所示，它常用于 380V 及以下电压等级的线路末端，作为配电支线或电气设备的短路保护用。

（2）螺旋式熔断器如图 1-15 所示。熔体上的上端盖有一熔断指示器，一旦熔体熔断，指示器马上弹出，可透过瓷帽上的玻璃孔观察到，它常用于机床电气控制设备中。螺旋式熔断器，分断电流较大，可用于电压 500V 及以下、电流 200A 以下的电路中，作短路保护。

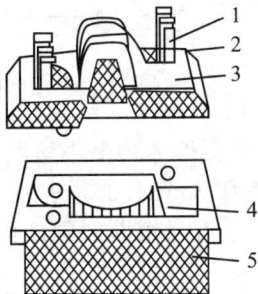

图 1-14　插入式熔断器

1—动触点；2—熔体；3—瓷插件；
4—静触点；5—瓷座

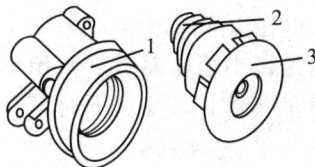

图 1-15　螺旋式熔断器

1—底座；2—熔体；3—瓷帽

（3）封闭式熔断器。封闭式熔断器分为有填料熔断器和无填料熔断器两种，如

图 1-16 和图 1-17 所示。有填料熔断器一般用方形瓷管，内装石英砂及熔体，分断能力强，用于电压等级 500V 以下、电流等级 1kA 以下的电路中。无填料密闭式熔断器将熔体装入密闭式圆筒中，分断能力稍小，用于 500V 以下，600A 以下电力网或配电设备中。

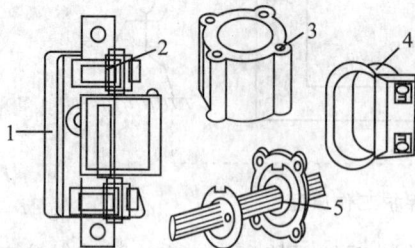

图 1-16　有填料封闭式熔断器
1—瓷底座；2—弹簧片；3—管体；
4—绝缘手柄；5—熔体

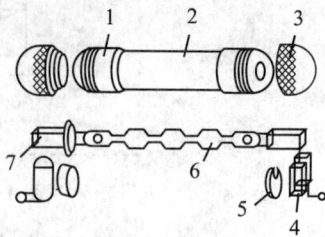

图 1-17　无填料密闭式熔断器
1—铜圈；2—熔断管；3—管帽；4—插座；
5—特殊垫圈；6—熔体；7—熔片

(4)快速熔断器主要用于半导体整流元件或整流装置的短路保护。由于半导体元件的过载能力很低，只能在极短时间内承受较大的过载电流，因此要求短路保护具有快速熔断的能力。快速熔断器的结构和有填料封闭式熔断器基本相同，但熔体材料和形状不同，它是以银片冲制的有 V 形深槽的变截面熔体。

(5)自复熔断器采用金属钠作熔体，在常温下具有高导电率。当电路发生短路故障时，短路电流产生高温使钠迅速汽化，气态钠呈现高阻态，从而限制了短路电流。当短路电流消失后，温度下降，金属钠恢复原来的良好导电性能。自复熔断器只能限制短路电流，不能真正分断电路。其优点是不必更换熔体，能重复使用。

熔断器的图形符号和文字符号如图 1-18 所示。

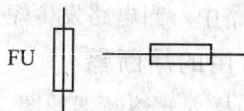

图 1-18　熔断器的图形符号及文字符号

二、熔断器的选择

(1)熔断器的动作是靠熔体的熔断来实现的。当电流较大时，熔体熔断所需的时间就较短；当电流较小时，熔体熔断所需的时间就较长，甚至不会熔断。因此对熔体来说，动作电流和动作时间特性即熔断器的安秒特性，为反时限特性，如图 1-19 所示。

每一熔体都有一最小熔断电流。对应于不同的温度，最小熔断电流也有所不同。虽然该电流受外界环境的影响，但在实际应用中可以不加考虑。一般定义熔体的最小熔断电流与熔体的额定电流之比为最小熔化系数，常用熔体的熔化系数大于 1.25，也就是说额定电流为 10A 的熔体在电流 12.5A 以下时不会熔断。熔断电流与熔断时间之间的关系如表 1-2 所示。

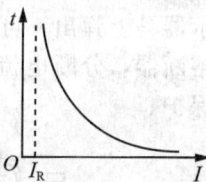

图 1-19　熔断器的安秒特性

表 1-2　熔断电流与熔断时间之间的关系

熔断电流	$1.25\sim1.3I_N$	$1.6I_N$	$2I_N$	$2.5I_N$	$3I_N$	$4I_N$
熔断时间	∞	1h	40s	8s	4.5s	2.5s

从这里可以看出，熔断器主要起到短路保护作用，一般不能起过载保护作用。如确需在过载保护中使用，必须降低其使用的额定电流，如 8A 的熔体用于 10A 的电路中，做短路保护兼做过载保护用，但此时的过载保护特性并不理想。

（2）熔断器的选择主要依据负载的保护特性和短路电流的大小选择熔断器的类型。对于容量小的电动机和照明支线，常采用熔断器作为过载及短路保护，因而希望熔体的熔化系数适当小些。通常选用铅锡合金熔体的 RQA 系列熔断器。对于较大容量的电动机和照明干线，则应着重考虑短路保护和分断能力。通常选用具有较高分断能力的 RM10 和 RL1 系列的熔断器；当短路电流很大时，宜采用具有限流作用的 RT0 和 RT12 系列的熔断器。

熔体的额定电流可按以下方法选择：

1）保护无起动过程的平稳负载如照明线路、电阻、电炉等时，熔体额定电流略大于或等于负荷电路中的额定电流。

2）保护单台长期工作的电机熔体电流可按最大起动电流选取，也可按下式选取：

$$I_{RN} \geqslant (1.5 \sim 2.5)I_N$$

式中，I_{RN}——熔体额定电流；I_N——电动机额定电流。如果电动机频繁起动，式中系数可适当加大至 $3 \sim 3.5$，具体应根据实际情况而定。

3）保护多台长期工作的电机（供电干线）

$$I_{RN} \geqslant (1.5 \sim 2.5)I_{Nmax} + \sum I_N$$

I_{Nmax}——容量最大单台电机的额定电流，$\sum I_N$——其余电动机额定电流之和。

（3）熔断器的级间配合为防止发生越级熔断、扩大事故范围，上、下级（即供电干、支线）线路的熔断器间应有良好配合。选用时，应使上级（供电干线）熔断器的熔体额定电流比下级（供电支线）的大 $1 \sim 2$ 个级差。

常用的熔断器有管式熔断器 R1 系列、螺旋式熔断器 RL1 系列、填料封闭式熔断器 RT0 系列及快速熔断器 RS0、RS3 系列等。

▶第四节　主令电器

控制系统中，主令电器是一种专门发布命令、直接或通过电磁式电器间接作用于控制电路的电器。常用来控制电力拖动系统中电动机的起动、停车、调速及制动等。

常用的主令电器有：控制按钮、行程开关、接近开关、万能转换开关、主令控制器及其他主令电器，如脚踏开关、倒顺开关、紧急开关、钮子开关等。本节主要介绍几种常用的主令电器。

一、控制按钮

控制按钮是一种结构简单、使用广泛的手动主令电器，它可以与接触器或继电器配合，对电动机实现远距离的自动控制，用于实现控制线路的电气联锁。

如图 1-20 所示，控制按钮由按钮帽、复位弹簧、桥式触点和外壳等组成，通常做成复合式，即具有常闭触点和常开触点。按下按钮时，先断开常闭触点，后接通常开触点；按钮释放后，在复位弹簧的作用下，按钮触点自动复位，先后顺序与前相反。通常，在无特殊说明的情况下，有触点电器的触点动作顺序均为"先断后合"。

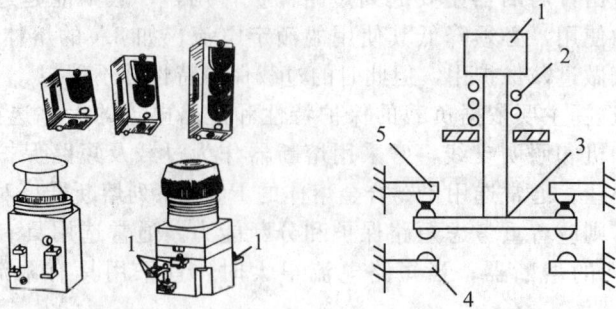

图 1-20 按钮开关实物图和结构示意图
1—按钮帽；2—复位弹簧；3—动触点；4—常开静触点；5—常闭静触点

在电器的控制线路中，常开按钮常用来起动电动机，也称起动按钮，常闭按钮常用于控制电动机停止，也称停止按钮，复合按钮用于联锁控制电路中。

控制按钮的种类很多，在结构上有揿钮式、紧急式、钥匙式、旋钮式、带灯式和玻璃按钮。

常用的控制按钮有 LA2、LA18、LA20、LAY1 和 SFAN-1 型系列按钮。其中 SFAN-1 型为消防玻璃按钮。LA2 系列为仍在使用的老产品，新产品有 LA18、LA19、LA20 等系列。其中 LA18 系列采用积木式结构，触点数目可按需要拼装至六常开六常闭，一般装成二常开二常闭。LA19、LA20 系列有带指示灯和不带指示灯两种，前者按钮帽用透明塑料制成，兼作指示灯罩。

选择按钮的主要依据是使用场所、所需要的触点数量、种类及颜色。按钮开关的图形符号及文字符号见图 1-21。

(a) 常开触点　　(b) 常闭触点　　(c) 复合触点

图 1-21 按钮开关的图形和文字符号

二、行程开关

行程开关又称为限位开关，用于控制机械设备的行程及限位保护。在实际生产中，将行程开关安装在预先安排的位置，当装于生产机械运动部件上的模块撞击行程开关时，行程开关的触点动作，实现电路的切换。因此，行程开关是一种根据运动部件的行程位置而切换电路的电器，它的作用原理与按钮类似。行程开关广泛用于各类机床和起重机械，用以控制其行程、进行终端限位保护。在电梯的控制电路中，还利用行程开关来控制开关轿门的速度、自动开关门的限位，轿厢的上、下限位保护。

行程开关按其结构可分为直动式、滚轮式、微动式和组合式。

(1)直动式行程开关其结构原理如图 1-22 所示，其动作原理与按钮开关相同，但其触点的分合速度取决于生产机械的运行速度，不宜用于速度低于 0.4m/min 的场所。

(2)滚轮式行程开关又分为单滚轮自动复位式和双滚轮（羊角式）非自动复位式，双滚轮行程开关具有两个稳态位置，有"记忆"作用，在某些情况下可以简化线路。其中单

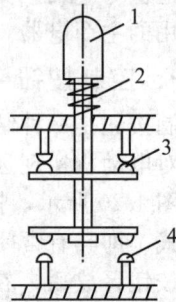

图 1-22 直动式行程开关
1—推杆；2—弹簧；
3—动断触点；4—动合触点

滚轮行程开关的结构原理如图1-23所示，当被控机械上的撞块撞击带有滚轮的撞杆时，撞杆转向右边，带动凸轮转动，顶下推杆，使微动开关中的触点迅速动作。当运动机械返回时，在复位弹簧的作用下，各部分动作部件复位。

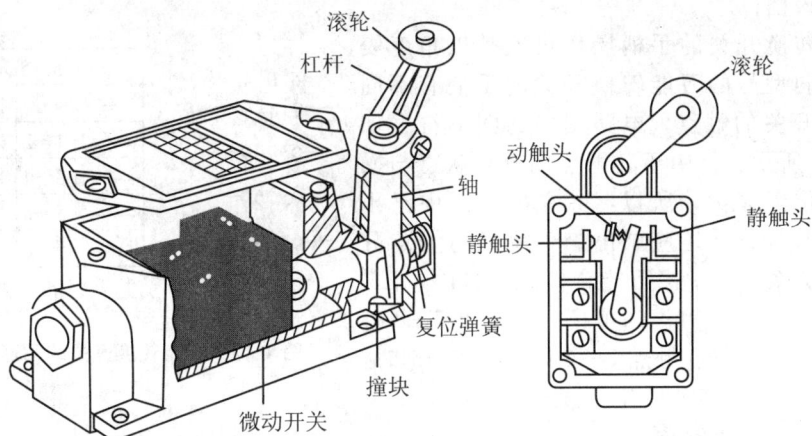

图1-23 滚轮式行程开关

（3）微动式行程开关其结构如图1-24所示。常用的有LXW-11系列产品。

（4）行程开关的图形符号及文字符号见图1-25。

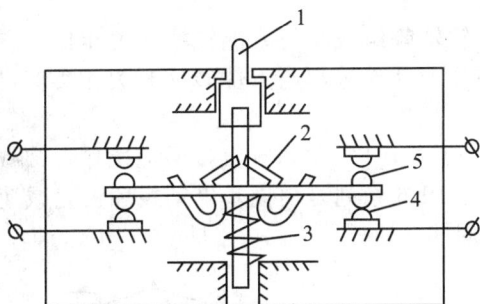

图1-24 微动式行程开关

1—推杆；2—弹簧；3—压缩弹簧；
4—动断触点；5—动合触点

图1-25 行程开关的图形符号及文字符号

三、万能转换开关

万能转换开关是一种多挡式、控制多回路的主令电器。万能转换开关主要用于各种控制线路的转换，电压表、电流表的换相测量控制，配电装置线路的转换和遥控等。万能转换开关还可以用于直接控制小容量电动机的起动、调速和换向。

如图1-26所示为万能转换开关单层的结构示意图。

常用产品有LW5和LW6系列。LW5系列可控制5.5kW及以下的小容量电动机；LW6系列只能控制2.2kW及以下的小容量电动机。用于可逆运行

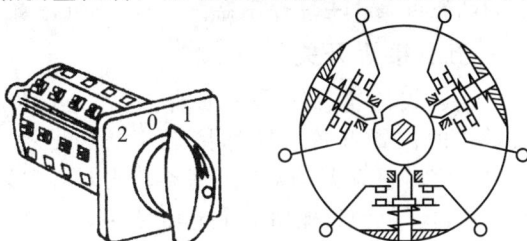

图1-26 万能转换开关

控制时，只有在电动机停止后才允许反向起动。LW5 系列万能转换开关按手柄的操作方式可分为自复式和自定位式两种。所谓自复式是指用手拨动手柄于某一挡位时，手松开后，手柄自动返回原位；自定位式则是指手柄被置于某挡位时，不能自动返回原位而停在该挡位。

万能转换开关的手柄操作位置是以角度表示的，不同型号的万能转换开关的手柄有不同万能转换开关的触点，电路图中的图形符号如图 1-27(a)所示。但由于其触点的分合状态与操作手柄的位置有关，所以，除在电路图中画出触点图形符号外，还应画出操作手柄与触点分合状态的关系。图中当万能转换开关打向左 45°时，触点 1—2、3—4、5—6 闭合，触点 7—8 打开；打向 0°时，只有触点 5—6 闭合，右 45°时，触点 7—8 闭合，其余打开。

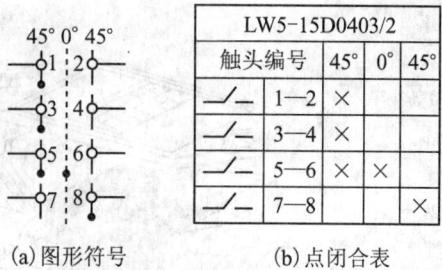

LW5-15D0403/2			
触头编号	45°	0°	45°
1—2	×		
3—4	×		
5—6	×	×	
7—8			×

(a)图形符号 　　(b)点闭合表

图 1-27　万能转换开关的图形符号

四、主令控制器

主令控制器是一种频繁的按预定程序对电路进行接通和切断的电器。通过它的操作，可以对控制电路发布命令，与其他电路联锁或切换。常配合磁力起动器对绕线式异步电动机的起动、制动、调速及换相实行远距离控制，广泛用于各类起重机械的拖动电动机的控制系统中。

主令控制器一般由外壳、触点、凸轮、转轴等组成，与万能转换开关相比，它的触点容量较大，操纵挡位也较多。主令控制器的动作过程与万能转换开关相类似，也是由一块可转动的凸轮带动触点动作。

常用的主令控制器有 LK5 和 LK6 系列，其中 LK5 系列有直接手动操作、带减速器的机械操作与电动机驱动三种型式的产品。LK6 系列是由同步电动机和齿轮减速器组成定时元件，由此元件按规定的时间顺序周期性地分合电路。

控制电路中，主令控制器触点的图形符号及操作手柄在不同位置时的触点分合状态表示方法与万能转换开关相似。

从结构上讲，主令控制器分为两类：一类是凸轮可调式主令控制器；另一类是凸轮固定式主令控制器。如图 1-28 所示为凸轮可调式主令控制器。

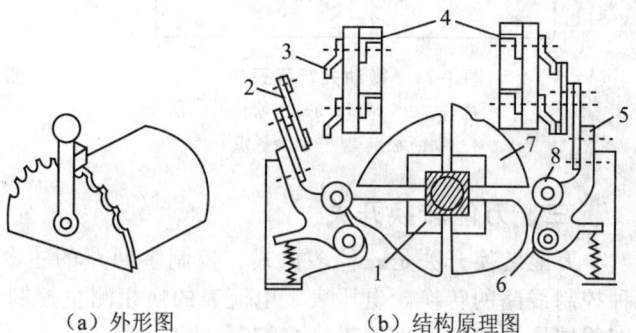

五、接近开关

接近式位置开关是一种非接触式的位置开关，简称接近开关。它由感应头、高频振荡器、放大器和外壳组成。当运动部件与接近开关的感应头接近时，就使其输出一个电信号。

(a)外形图 　　　(b)结构原理图

图 1-28　凸轮可调式主令控制器

1—凸轮块；2—动触点；3—静触点；4—接线端子；
5—支杆；6—转动轴；7—凸轮块；8—小轮

接近开关分为电感式和电容式两种。

电感式接近开关的感应头是一个具有铁氧体磁芯的电感线圈，只能用于检测金属体。振荡器在感应头表面产生一个交变磁场，当金属块接近感应头时，金属中产生的涡流吸收了振荡的能量，使振荡减弱以至停振，因而产生振荡和停振两种信号，经整流放大器转换成二进制的开关信号，从而起到"开"、"关"的控制作用。

电容式接近开关的感应头是一个圆形平板电极，与振荡电路的地线形成一个分布电容，当有导体或其他介质接近感应头时，电容量增大而使振荡器停振，经整流放大器输出电信号。电容式接近开关既能检测金属又能检测非金属及液体。

常用的电感式接近开关型号有 LJ1、LJ2 等系列，电容式接近开关型号有 LXJ15、TC 等系列。

六、红外线光电开关

红外线光电开关分为反射式和对射式两种。

反射式光电开关是利用物体对光电开关发射出的红外线反射回去，由光电开关接收，从而判断是否有物体存在。如有物体存在，光电开关接收到红外线，其触点动作，否则其触点复位。

对射式光电开关是由分离的发射器和接收器组成。当无遮挡物时，接收器接收到发射器发出的红外线，其触点动作；当有物体挡住时，接收器便接收不到红外线，其触点复位。

光电开关和接近开关的用途已远超出一般行程控制和限位保护，可用于高速计数、测速、液面控制、检测物体的存在、检测零件尺寸等许多场合。

▶ 第五节　接触器

接触器是一种用来自动接通或断开大电流电路的电器。它可以频繁地接通或分断交直流电路，并可实现远距离控制。其主要控制对象是电动机，也可用于电热设备、电焊机、电容器组等其他负载。它还具有低电压释放保护功能，接触器具有控制容量大、过载能力强、寿命长、设备简单经济等特点，是电力拖动自动控制线路中使用最广泛的电器元件。

按照所控制电路的种类，接触器可分为交流接触器和直流接触器两大类。

一、交流接触器

1. 交流接触器结构与工作原理

如图 1-29 所示为交流接触器的外形与结构示意图。交流接触器由以下四部分组成：

（1）电磁机构。电磁机构由线圈、动铁芯（衔铁）和静铁芯组成，其作用是将电磁能转换成机械能，产生电磁吸力带动触点动作。

（2）触点系统包括主触点和辅助触点。主触点用于通断主电路，通常为三对常开触点。辅助触点用于控制电路，起电气联锁作用，故又称联锁触点，一般常开、常闭各两对。

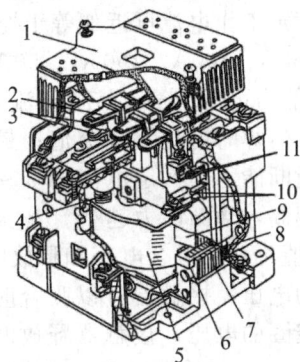

图 1-29　CJ10-20 型交流接触器

1—灭弧罩；2—触点压力弹簧片；3—主触点；
4—反作用弹簧；5—线圈；6—短路环；7—静铁芯；
8—弹簧；9—动铁芯；10—辅助常开触点；11—辅助常闭触点

(3)灭弧装置容量在 10A 以上的接触器都有灭弧装置,对于小容量的接触器,常采用双断口触点灭弧、电动力灭弧、相间弧板隔弧及陶土灭弧罩灭弧。对于大容量的接触器,采用纵缝灭弧罩及栅片灭弧。

(4)其他部件包括反作用弹簧、缓冲弹簧、触点压力弹簧、传动机构及外壳等。

电磁式接触器的工作原理如下:线圈通电后,在铁芯中产生磁通及电磁吸力。此电磁吸力克服弹簧反力使得衔铁吸合,带动触点机构动作,常闭触点打开,常开触点闭合,互锁或接通线路。线圈失电或线圈两端电压显著降低时,电磁吸力小于弹簧反力,使得衔铁释放,触点机构复位,断开线路或解除互锁。

2. 交流接触器的分类

交流接触器的种类很多,其分类方法也不尽相同。按照一般的分类方法,大致有以下几种。

(1)按主触点极数分,可分为单极、双极、三极、四极和五极接触器。单极接触器主要用于单相负荷,如照明负荷、焊机等,在电动机能耗制动中也可采用;双极接触器用于绕线式异步电动机的转子回路中,起动时用于短接起动绕组;三极接触器用于三相负荷,例如在电动机的控制及其他场合,使用最为广泛;四极接触器主要用于三相四线制的照明线路,也可用来控制双回路电动机负载;五极交流接触器用来组成自耦补偿起动器或控制双笼型电动机,以变换绕组接法。

(2)按灭弧介质分,可分为空气式接触器、真空式接触器等。依靠空气绝缘的接触器用于一般负载,而采用真空绝缘的接触器常用在煤矿、石油、化工企业及电压在 660V 和 1140V 等一些特殊的场合。

(3)按有无触点分,可分为有触点接触器和无触点接触器。常见的接触器多为有触点接触器,而无触点接触器属于电子技术应用的产物,一般采用晶闸管作为回路的通断元件。由于可控硅导通时所需的触发电压很小,而且回路通断时无火花产生,因而可用于操作频率高的设备和易燃、易爆、无噪声的场合。

3. 交流接触器的基本参数

(1)额定电压是指主触点额定工作电压,应等于负载的额定电压。一只接触器常规定几个额定电压,同时列出相应的额定电流或控制功率。通常,最大工作电压即为额定电压。常用的额定电压值为 220V、380V 和 660V 等。

(2)额定电流是指接触器主触点在额定工作条件下的电流值。380V 三相电动机控制电路中,额定工作电流可近似等于控制功率的两倍。常用额定电流等级为 5A、10A、20A、40A、60A、100A、150A、250A、400A 和 600A。

(3)通断能力可分为最大接通电流和最大分断电流。最大接通电流是指触点闭合时不会造成触点熔焊时的最大电流值;最大分断电流是指触点断开时能可靠灭弧的最大电流。一般通断能力是额定电流的 5~10 倍。当然,这一数值与开断电路的电压等级有关,电压越高,通断能力越小。

(4)动作值可分为吸合电压和释放电压。吸合电压是指接触器吸合前,缓慢增加吸合线圈两端的电压,接触器可以吸合时的最小电压。释放电压是指接触器吸合后,缓慢降低吸合线圈的电压,接触器释放时的最大电压。一般规定,吸合电压不低于线圈额定电压的 85%,释放电压不高于线圈额定电压的 70%。

(5)吸引线圈额定电压是指接触器正常工作时,吸引线圈上所加的电压值。一般该电压数值以及线圈的匝数、线径等数据均标于线包上,而不是标于接触器外壳铭牌上,使用时应加以注意。

(6)操作频率。接触器在吸合瞬间,吸引线圈需消耗比额定电流大5~7倍的电流,如果操作频率过高,则会使线圈严重发热,直接影响接触器的正常使用。为此,规定了接触器的允许操作频率,一般为每小时允许操作次数的最大值。

(7)寿命包括电寿命和机械寿命。目前接触器的机械寿命已达一千万次以上,电气寿命约是机械寿命的5%~20%。

二、直流接触器

直流接触器的结构和工作原理基本上与交流接触器相同。在结构上也是由电磁机构、触点系统和灭弧装置等部分组成。由于直流电弧比交流电弧难以熄灭,直流接触器常采用磁吹式灭弧装置灭弧。

三、接触器的符号与型号说明

1. 接触器的符号

接触器的图形符号如图1-30所示,文字符号为KM。

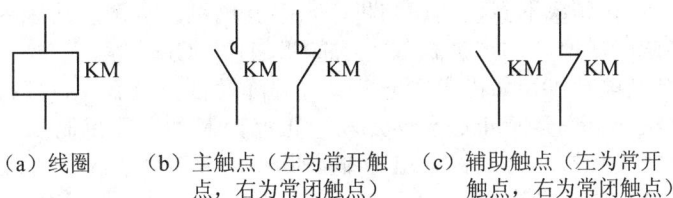

（a）线圈　（b）主触点（左为常开触点,右为常闭触点）　（c）辅助触点（左为常开触点,右为常闭触点）

图1-30　接触器的图形符号

2. 接触器的型号说明

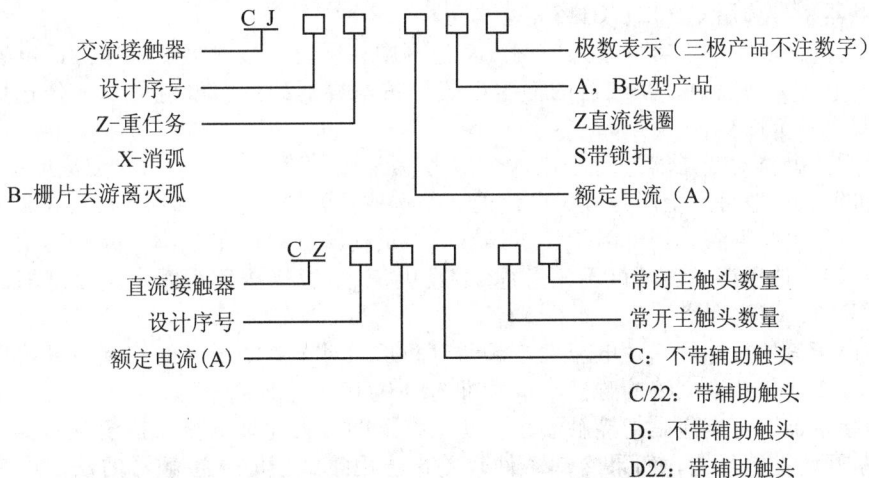

交流接触器 CJ□□ □ □ □
设计序号
Z-重任务
X-消弧
B-栅片去游离灭弧
极数表示（三极产品不注数字）
A,B改型产品
Z直流线圈
S带锁扣
额定电流（A）

直流接触器 CZ□ □ □ □
设计序号
额定电流(A)
常闭主触头数量
常开主触头数量
C:不带辅助触头
C/22:带辅助触头
D:不带辅助触头
D22:带辅助触头

例如:CJ10Z-40/3为交流接触器,设计序号10,重任务型,额定电流40A,主触点为3极。CJ12T-250/3为改型后的交流接触器,设计序号12,额定电流250A,3个主触点。

我国生产的交流接触器常用的有CJ10、CJ12、CJX1、CJ20等系列及其派生系列产品,CJ10系列及其改型产品已逐步被CJ20、CJX系列产品取代。上述系列产品一般具有三对常开主触点,常开、常闭辅助触点各两对。直流接触器常用的有CZ0系列,分单极和双极两大类,常开、常闭辅助触点各不超过两对。

四、接触器的选用

交流接触器的选用，应根据负荷的类型和工作参数合理选用。具体分为以下步骤：

1. 选择接触器的类型

交流接触器按负荷种类一般分为一类、二类、三类和四类，分别记为 AC_1、AC_2、AC_3 和 AC_4。一类交流接触器对应的控制对象是无感或微感负荷，如白炽灯、电阻炉等；二类交流接触器用于绕线式异步电动机的起动和停止；三类交流接触器的典型用途是鼠笼型异步电动机的运转和运行中分断；四类交流接触器用于笼型异步电动机的起动、反接制动、反转和点动。

2. 选择接触器的额定参数

根据被控对象和工作参数如电压、电流、功率、频率及工作制等确定接触器的额定参数。

(1)接触器的线圈电压，一般应低一些为好，这样对接触器的绝缘要求可以降低，使用时也较安全。但为了方便和减少设备，常按实际电网电压选取。

(2)电动机的操作频率不高，如压缩机、水泵、风机、空调、冲床等，接触器额定电流大于负荷额定电流即可。接触器类型可选用 CJ10、CJ20 等。

(3)对重任务型电动机，如机床主电动机、升降设备、绞盘、破碎机等，其平均操作频率超过 100 次/min，运行于起动、点动、正反向制动、反接制动等状态，可选用 CJ10Z、CJ12 型的接触器。为了保证电寿命，可使接触器降容使用。选用时，接触器额定电流大于电动机额定电流。

(4)对特重任务电动机，如印刷机、镗床等，操作频率很高，可达 600～12000 次/h，经常运行于起动、反接制动、反向等状态，接触器大致可按电寿命及起动电流选用，接触器型号选用 CJ10Z、CJ12 等。

(5)交流回路中的电容器投入电网或从电网中切除时，接触器选择应考虑电容器的合闸冲击电流。一般地，接触器的额定电流可按电容器的额定电流的 1.5 倍选取，型号选用 CJ10、CJ20 等。

(6)用接触器对变压器进行控制时，应考虑浪涌电流的大小。例如交流电弧焊机、电阻焊机等，一般可按变压器额定电流的 2 倍选取接触器，型号选用 CJ10、CJ20 等。

(7)对于电热设备，如电阻炉、电热器等，负荷的冷态电阻较小，因此起动电流相应要大一些。选用接触器时可不用考虑(起动电流)，直接按负荷额定电流选取。型号可选用 CJ10、CJ20 等。

(8)由于气体放电灯起动电流大、起动时间长，对于照明设备的控制，可按额定电流的 1.1～1.4 倍选取交流接触器，型号可选用 CJ10、CJ20 等。

(9)接触器额定电流是指接触器在长期工作下的最大允许电流，持续时间≤8h，且安装于敞开的控制板上，如果冷却条件较差，选用接触器时，接触器的额定电流按负荷额定电流的 110%～120% 选取。对于长时间工作的电动机，由于接触器触点氧化膜没有机会得到清除，使接触电阻增大，导致触点发热超过允许温升。实际选用时，可将接触器的额定电流减小 30% 使用。

▶ 第六节　继电器

继电器是一种根据电量(电流、电压)或非电量(时间、速度、温度、压力等)的变化自动接通和断开控制电路，以完成控制或保护任务的电器。

继电器与接触器的区别：(1)继电器可以对各种电量或非电量的变化作出反应，而接触器只有在一定的电压信号下动作；（2）继电器用于切换小电流的控制电路，而接触器则用来控制大电流电路，因此，继电器触头容量较小（不大于5A），且无灭弧装置。

继电器的种类很多，按输入信号的性质分为：电压继电器、电流继电器、中间继电器、时间继电器、温度继电器、速度继电器和压力继电器等；按工作原理可分为：电磁式继电器、感应式继电器、电动式继电器、热继电器和电子式继电器等。

一、电磁式继电器

1. 电磁式继电器的结构与类型

电磁式继电器是应用得最早、最多的一种形式。其结构及工作原理与接触器大体相同，由电磁系统、触点系统和释放弹簧等组成。电磁式继电器包括电压继电器、电流继电器和中间继电器。其中，中间继电器应用较为广泛。

电磁式继电器原理如图1-31所示。

2. 中间继电器

中间继电器触头容量较小（不大于5A），无灭弧装置，且触头数量多，所以，中间继电器常用于切换小电流的控制电路（接触器则用来控制大电流电路），在控制电路中多用于控制触点的扩展、控制功能的延伸。

中间继电器的图形、文字符号如图1-32（1）所示。

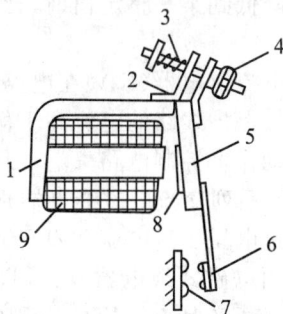

图1-31　电磁式继电器原理图
1—铁芯；2—旋转棱角；3—释放弹簧；
4—调节螺母；5—衔铁；6—动触点；
7—静触点；8—非磁性垫片；9—线圈

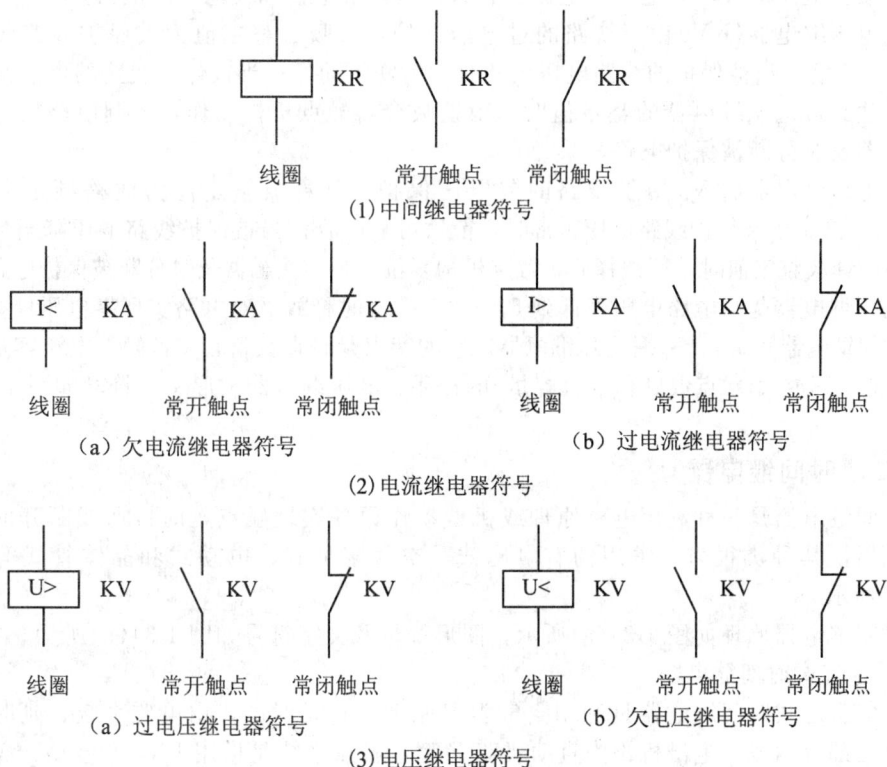

线圈　　　常开触点　　　常闭触点
（1）中间继电器符号

线圈　　　常开触点　　　常闭触点
（a）欠电流继电器符号

线圈　　　常开触点　　　常闭触点
（b）过电流继电器符号

（2）电流继电器符号

线圈　　　常开触点　　　常闭触点
（a）过电压继电器符号

线圈　　　常开触点　　　常闭触点
（b）欠电压继电器符号

（3）电压继电器符号

图1-32　电磁式继电器图形、文字符号

3. 电流继电器

电流继电器用于电力拖动系统的电流保护和控制。其线圈串联接入主电路，用来测量主电路的线路电流；触点接于控制电路，为执行元件。电流继电器反映的是电流信号。常用的电流继电器有欠电流继电器和过电流继电器两种。

欠电流继电器(KA)用于电路电流保护，吸引电流为线圈额定电流的 $30\% \sim 65\%$，释放电流为额定电流的 $10\% \sim 20\%$，因此，在电路正常工作时，衔铁是吸合的，只有当电流降低到某一整定值时，继电器释放，控制电路失电，从而控制接触器及时分断电路。

过电流继电器(KA)在电路正常工作时不动作，整定范围通常为额定电流的 $1 \sim 4$ 倍，当被保护线路的电流高于额定值，达到过电流继电器的整定值时，衔铁吸合，触点机构动作，控制电路失电，从而控制接触器及时分断电路。对电路起过流保护作用。

JT4 系列交流电磁继电器适合于交流 50Hz、380V 及以下的自动控制回路中作零电压、过电压、过电流和中间继电器使用，过电流继电器也适用于 60Hz 交流电路。

通用电磁式继电器有：JT3 系列直流电磁式和 JT4 系列交流电磁式继电器，均为老产品。新产品有：JT9、JT10、JL12、JL14、JZ7 等系列，其中 JL14 系列为交直流电流继电器，JZ7 系列为交流中间继电器。电流继电器图形、文字符号如图 1-32(2) 所示。

4. 电压继电器

电压继电器用于电力拖动系统的电压保护和控制。其线圈并联接入主电路，测量主电路的线路电压；触点接于控制电路，为执行元件。

按吸合电压的大小，电压继电器可分为过电压继电器和欠电压继电器。

过电压继电器(KV)用于线路的过电压保护，其吸合整定值为被保护线路额定电 $1.05 \sim 1.2$ 倍。当被保护的线路电压正常时，衔铁不动作；当被保护线路的电压高于额定值，达到过电压继电器的整定值时，衔铁吸合，触点机构动作，控制电路失电，控制接触器及时分断被保护电路。

欠电压继电器(KV)用于线路的欠电压保护，其释放整定值为线路额定电压的 $0.1 \sim 0.6$ 倍。当被保护线路电压正常时，衔铁可靠吸合；当被保护线路电压降至欠电压继电器的释放整定值时，衔铁释放，触点机构复位，控制接触器及时分断被保护电路。

电压继电器是当电路电压降低到 $5\% \sim 25\% U_N$ 时释放，对电路实现零电压保护。

中间继电器实质上是一种电压继电器。它的特点是触点数目较多，触点电流容量可增大，起到中间放大(触点数目和电流容量)的作用。电压继电器图形文字符号如图 1-32(3) 所示。

二、时间继电器

时间继电器是一种利用电磁原理或机械动作原理实现触点延时接通或断开的自动控制电器，其种类很多，常用的有电磁式、空气阻尼式、电动式和晶体管式等，如图 1-33 所示。

时间继电器原理如图 1-34(a)所示，图形符号及文字符号如图 1-34(b)所示。

1. 空气式时间继电器

空气阻尼式时间继电器是利用空气阻尼原理获得延时的，由电磁系统、延时机构和触点三部分组成，电磁机构为直动式双 E 型，触点系统是借用 LX5 型微动开关，延时机构采用气囊式阻尼器。

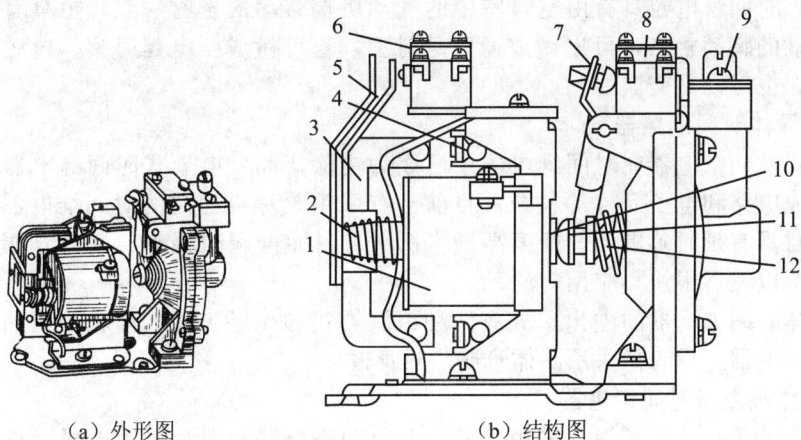

（a）外形图　　　　　　　　　　（b）结构图

图 1-33　空气阻尼式时间继电器外形及结构图

1—线圈；2—反力弹簧；3—衔铁；4—静铁芯；5—弹簧片；6、8—微动开关；
7—杠杆；9—调节螺钉；10—推杆；11—活塞杆；12—塔形弹簧

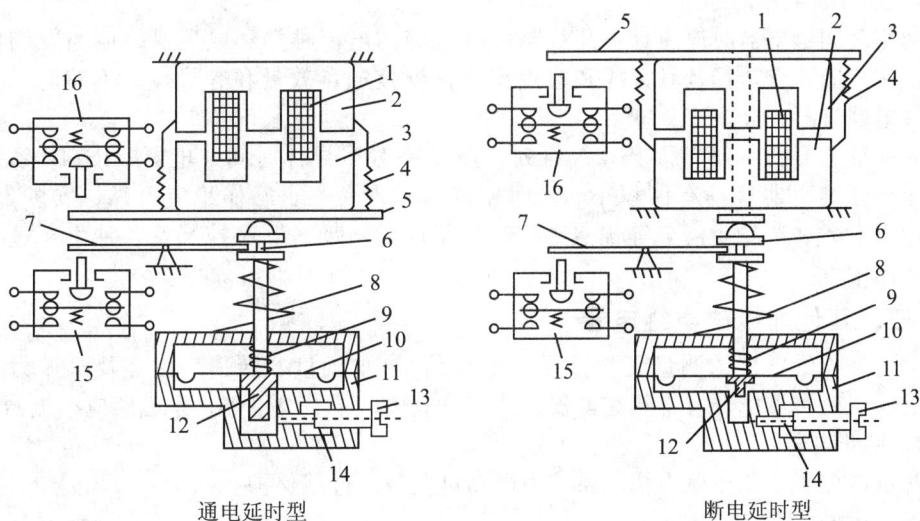

通电延时型　　　　　　　　　　　断电延时型

（a）

通电延时线圈　　断电延时线圈　　瞬时动作的触点

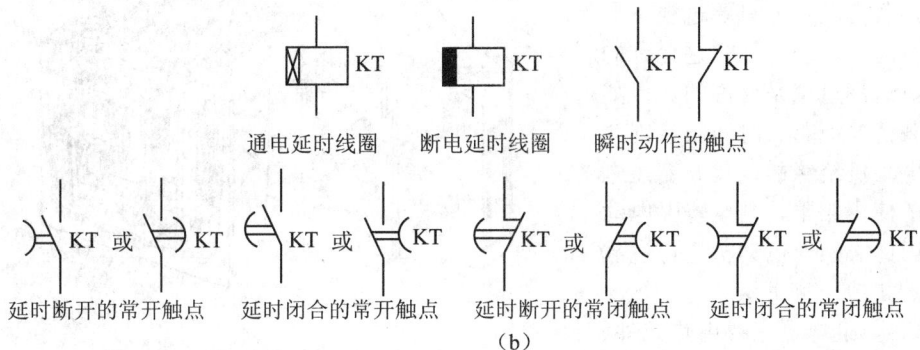

延时断开的常开触点　　延时闭合的常开触点　　延时断开的常闭触点　　延时闭合的常闭触点

（b）

图 1-34　时间继电器的原理及图形和文字符号

1—线圈；2—铁芯；3—衔铁；4—反力弹簧；5—推板；6—活塞杆；7—杠杆；8—塔形弹簧；9—弱弹簧；
10—橡皮膜；11—空气室壁；12—活塞；13—调节螺杆；14—进气孔；15、16—微动开关

空气阻尼式时间继电器具有由空气室中的气动机构带动的延时触点，也具有由电磁机构直接带动的瞬动触点，可以做成通电延时型，也可做成断电延时型。电磁机构可以是直流的，也可以是交流的。

2. 半导体时间继电器

电子式时间继电器在时间继电器中已成为主流产品，电子式时间继电器是采用晶体管或集成电路和电子元件等构成。目前已有采用单片机控制的时间继电器。电子式时间继电器具有延时范围广、精度高、体积小、耐冲击和耐振动、调节方便及寿命长等优点，所以发展很快，应用广泛。

半导体时间继电器的输出形式有两种：触点式和无触点式，前者是用晶体管驱动小型磁式继电器，后者是采用晶体管或晶闸管输出。

3. 单片机控制时间继电器

随着微电子技术的发展，采用集成电路、功率电路和单片机等电子元件构成的新型时间继电器大量面市。如 DHC6 多制式单片机控制时间继电器，J5S17、J3320、JSZ13 等系列大规模集成电路数字时间继电器，J5145 等系列电子式数显时间继电器，J5G1 等系列固态时间继电器等。

4. 时间继电器的选用

选用时间继电器时应注意：其线圈（或电源）的电流种类和电压等级应与控制电路相同；按控制要求选择延时方式和触点型式；校核触点数量和容量，若不够时，可用中间继电器进行扩展。

时间继电器新系列产品 JS14A 系列、JS20 系列半导体时间继电器、JS14P 系列数字式半导体继电器等具有体积小、延时精度高、寿命长、工作稳定可靠、安装方便、触点输出容大和产品规格全等优点，广泛用于电力拖动、顺序控制及各种生产过程的自动控制中。

三、其他非电磁类继电器

非电磁类继电器的测量元件接受非电量信号（如温度、转速、位移及机械力等）。常用的非电磁类继电器有：热继电器、速度继电器、干簧继电器、永磁感应继电器等。

1. 热继电器

热继电器主要用于电力拖动系统中电动机负载的过载保护。

电动机在实际运行中，常会遇到过载情况，但只要过载不严重、时间短，绕组不超过允许的温升，这种过载是允许的。但如果过载情况严重、时间长，则会加速电动机绝缘的老化，缩短电动机的使用年限，甚至烧毁电动机，因此必须对电动机进行过载保护。如图 1-35 所示。

（1）热继电器主要由热元件、双金属片和触点组成，如图 1-36 所示，热元件由发热电阻丝做成，双金属片由两种热膨

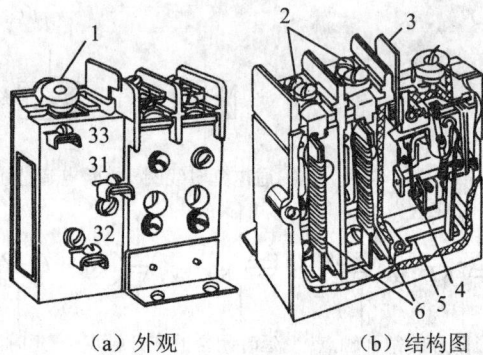

（a）外观　　　（b）结构图

图 1-35　热继电器外形结构示意图

1—电流整定装置；2—主电路接线柱；3—复位按钮；
4—常闭触头；5—动作机构；6—热元件；31—常闭触头接线柱；
32—常开触头接线柱；33—公共动触头接线柱

胀系数不同的金属辗压而成，当双金属片受热时，会出现弯曲变形。使用时，把热元件串接于电动机的主电路中，而常闭触点串接于电动机的控制电路中。

当电动机正常运行时，热元件产生的热量虽能使双金属片弯曲，但还不足以使热继电器的触点动作。当电动机过载时，双金属片弯曲位移增大，推动导板使常闭触点断开，从而切断电动机控制电路以起到保护作用。热继电器动作后一般不能自动复位，要等双金属片冷却后按下复位按钮复位。热继电器动作电流的调节可以借助旋转凸轮于不同位置来实现。

图 1-36　热继电器原理示意图
1—热元件；2—双金属片；3—导板；4—触点复位

(2)热继电器的选用。

我国目前生产的热继电器主要有 JR0、JR1、JR2、JR9、JR10、JR15、JR16 等系列，JR1、JR2 系列热继电器采用间接受热方式，其主要缺点是双金属片靠发热元件间接加热，热耦合较差；双金属片的弯曲程度受环境温度影响较大，不能正确反映负载的过流情况。

JR15、JR16 等系列热继电器采用复合加热方式并采用了温度补偿元件，因此较能正确反映负载的工作情况。

JR0、JR1、JR2 和 JR15 系列的热继电器均为两相结构，是双热元件的热继电器，可以用作三相异步电动机的均衡过载保护和 Y 联结定子绕组的三相异步电动机的断相保护，但不能用作定子绕组为 △ 联结的三相异步电动机的断相保护。

JR16 和 JR20 系列热继电器均带有断相保护的热继电器，具有差动式断相保护机构。热继电器的选择主要根据电动机定子绕组的联结方式来确定热继电器的型号，在三相异步电动机电路中，对 Y 联结的电动机可选两相或三相结构的热继电器，一般采用两相结构的热继电器，即在两相主电路中串接热元件。对于三相感应电动机，定子绕组为 △ 联结的电动机必须采用带断相保护的热继电器。

当三相电动机的一根接线松开或一相熔丝熔断时，是造成三相异步电动机烧坏的主要原因之一，如果热继电器所保护的电动机是星形接法时，当线路发生一相断电时，另外两相电流增大很多，由于线电流等于相电流，流过电动机绕组的电流和流过热继电器的电流增加比例相同，因此普通的两相或三相热继电器可以对此作出保护。如果电动机是三角形接法，发生断相时，由于线电流与相电流不等，流过电动机绕组的电流和流过热继电器的电流增加比例不同，而热元件又串联在电动机的电源进线中，按电动机的额定电流即线电流来整定，整定值较大。当故障线电流达到额定电流时，在电动机绕组内部，电流较大的那一相绕组的故障电流将超过额定相电流，有过热烧毁的危险。所以三角形接法必须采用带断相保护的热继电器。带断相保护的热继电器是在普通热继电器的基础上增加一个差动机构，对三个电流进行比较，带断相保护热继电器的差动原理如图 1-37 所示。

当一相(设 A 相)断路时，A 相(右侧)热元件温度由原正常热状态下降，双金属片由弯曲状态拉直，推动上导板右移；同时由于 B、C 相发热加剧，双金属片推动下导板左移，使杠杆扭转，继电器动作起到断相保护的作用。

热继电器的图形及文字符号如图 1-38 所示。

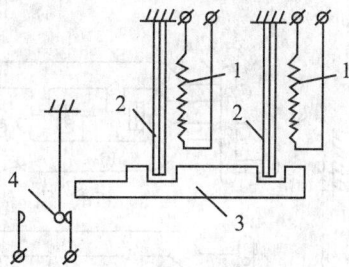

动作线

（a）断电

（b）正常运行

（c）过载

（d）单相断电

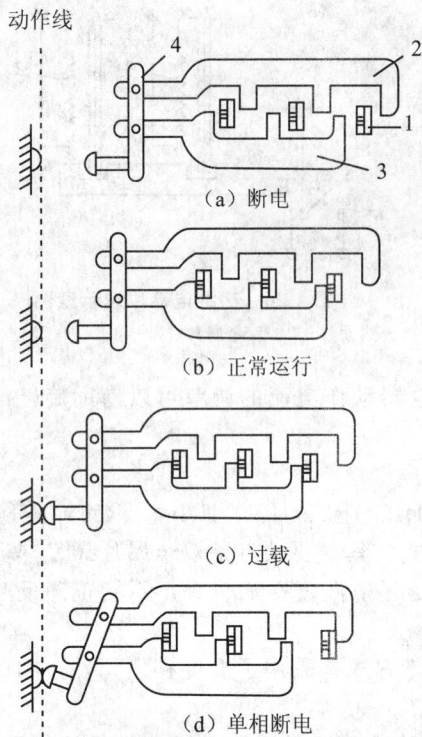

图 1-37　带断相保护的热继电器原理图

1—双金属片剖面；2—上导板；3—下导板；4—杠杆

发热元件　　　常闭触点

图 1-38　热继电器的图形及文字符号

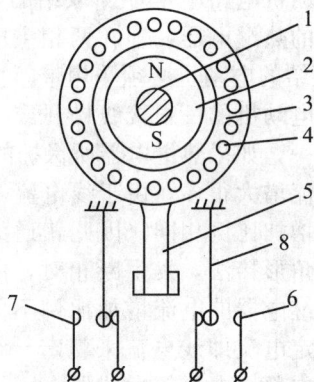

2. 速度继电器

速度继电器又称为反接制动继电器，主要用于笼型异步电动机的反接制动控制。感应式速度继电器的原理如图 1-39 所示，是靠电磁感应原理实现触点动作的。

从结构上看，与交流电动机相类似，速度继电器主要由定子、转子和触点三部分组成。定子的结构与笼型异步电动机相似，是一个笼型空心圆环，由硅钢片冲压而成，并装有笼型绕组，转子是一个圆柱形永久磁铁。

速度继电器的轴与电动机的轴相连接。转子固定在轴上，定子与轴同心。当电动机转动时，速度继电器的转子随之转动，绕组切割磁场产生感

图 1-39　速度继电器结构原理图

1—转子；2—电动机轴；3—定子；4—绕组；
5—定子柄；6—静触点；7—动触点；8—簧片

应电动势和电流，此电流和永久磁铁的磁场作用产生电磁转矩，使定子向轴的转动方向偏摆，通过定子柄拨动触点，使常闭触点断开、常开触点闭合。当电动机转速下降到接近零时，转矩减小，定子柄在弹簧力的作用下恢复原位，触点也复原。速度继电

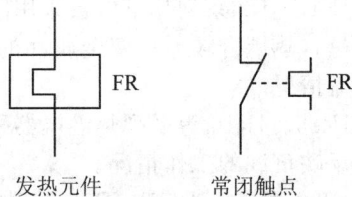

器根据电动机的额定转速进行选择。其图形及文字符号如图1-40所示。

常用的感应式速度继电器有JY1和JFZ0系列。JY1系列能在3000r/min的转速下可靠工作。JFZ0型触点动作速度不受定子柄偏转快慢的影响，触点改用微动开关。JFZ0系列JFZ0-1型适用于300～1000r/min。JFZ0-2型适用于

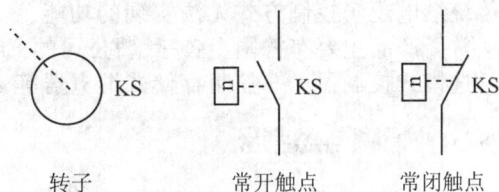

图1-40　速度继电器的图形、文字符号

1000～3000r/min。速度继电器有两对常开、常闭触点，分别对应于被控电动机的正、反转运行。一般情况下，速度继电器的触点，在转速达120r/min时能动作，100r/min左右时能恢复正常位置。

3. 干簧继电器

干簧继电器是一种具有密封触点的电磁式断电器。干簧继电器可以反映电压、电流、功率以及电流极性等信号，在检测、自动控制、计算机控制技术等领域中应用广泛。干簧继电器主要由干式舌簧片与励磁线圈组成。干式舌簧片（触点）是密封的，由铁镍合金做成，舌片的接触部分通常镀有贵重金属（如金、铑、钯等），接触良好，具有优良的导电性能。触点密封在充有氮气等惰性气体的玻璃管中，因而有效地防止了尘埃的污染，减少了触点的腐蚀，提高了工作可靠性。其结构如图1-41所示。

当线圈通电后，管中两弹簧片的自由端分别被磁化成N极和S极而相互吸引，因而接通被控电路。线圈断电后，干簧片在本身的弹力作用下分开，将线路切断。

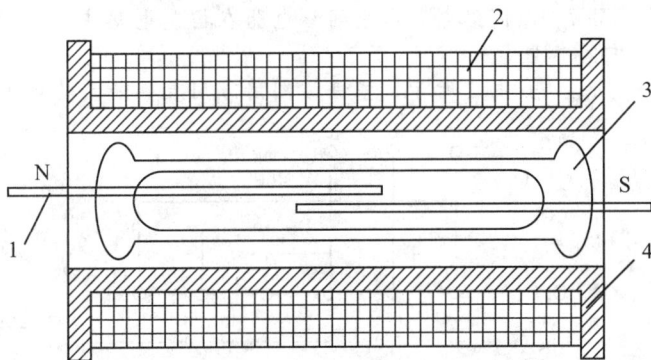

图1-41　干簧继电器结构原理图
1—舌簧片；2—线圈；3—玻璃管；4—骨架

干簧继电器具有：结构简单，体积小。吸合功率小，灵敏度高，一般吸合与释放时间均在0.5～2ms以内。触点密封，不受尘埃、潮气及有害气体污染，动片质量小，动程小，触点电寿命长，一般可达10万次左右。

干簧继电器还可以用永磁体来驱动，反映非电信号，用作限位及行程控制以及非电量检测等。主要部件为干簧继电器的干簧水位信号器，适用于工业与民用建筑中的水箱、水塔及水池等开口容器的水位控制和水位报警。

4. 可编程通用逻辑控制继电器

可编程通用逻辑控制继电器是近几年发展应用的一种新型通用逻辑控制继电器亦称通用逻辑控制模块，它将控制程序预先存储在内部存储器中，用户程序采用梯形图或功能图。

语言编程，形象直观，简单易懂，由按钮、开关等输入开关量信号。通过执行程序对输入信号进行逻辑运算、模拟量比较、计时、计数等，另外还有显示参数、通信、仿真运行等功能，其内部软件功能和编程软件可替代传统逻辑控制器件及继电器电路，并具有很强的抗干扰抑制能力；另外，其硬件是标准化的，要改变控制功能只需改变程序即可。因此，在继电逻辑控制系统中，可以"以软代硬"替代其中的时间继电器、中间继电器、计数器等；以简化线路设计，并能完成较复杂的逻辑控制，甚至可以完

成传统继电逻辑控制方式无法实现的功能。

常用产品主要有德国金钟-默勒公司的 Easy、西门子公司的 LOGO、日本松下公司的可选模式控制器——控制存储式继电器等。

>>> 习题与思考题

1-1　交流接触器在衔铁吸合前的瞬间，为什么在线圈中产生很大的冲击电流？直流接触器会不会出现这种现象？为什么？

1-2　交流电磁线圈误接入直流电源，直流电磁线圈误接入交流电源，会发生什么问题？为什么？

1-3　在接触器标准中规定其适用工作制有什么意义？

1-4　交流接触器在运行中有时在线圈断电后，衔铁仍掉不下来，电动机不能停止，这时应如何处理？故障原因在哪里？应如何排除？

1-5　继电器和接触器有何区别？

1-6　电压、电流继电器各在电路中起什么作用？它们的线圈和触点各接于什么电路中？如何调节电压(电流)继电器的返回系数？

1-7　时间继电器和中间继电器在控制电路中各起什么作用？如何选用时间继电器和中间继电器？

1-8　如图1所示，根据该图用万用表判断实物触头情况后，画出触点通断表。

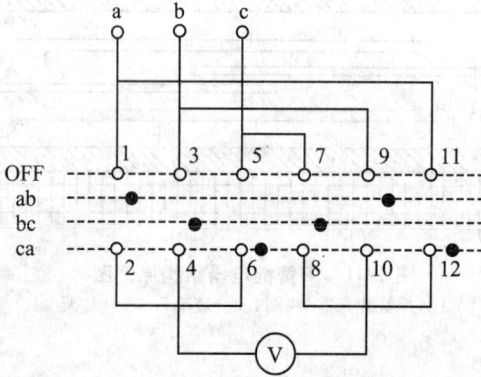

图1

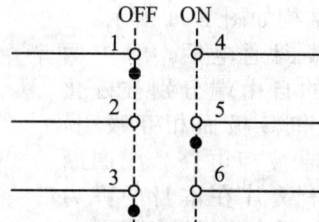

图2

1-9　图2是组合开关经改装后的情况，指出该组合开关有几对常开触头，几对常闭触头。

1-10　图3是倒顺开关的内部电路及图形符号，试完成下列问题。

(1)该开关操作手柄有_____个状态，有_____对触点。

(2)该开关用来控制电动机正反转，正常接线应为 L1、L2、L3 接在三相电源上，U、V、W 接电动机，如果接线时接错，把 L1、L2、U 接到电源上，L3、V、W 接到电动机上，则会出现什么后果？

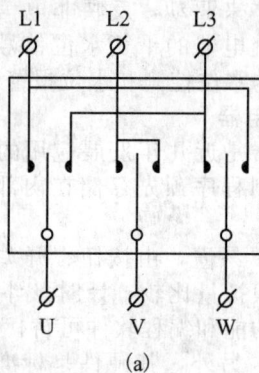

(a)

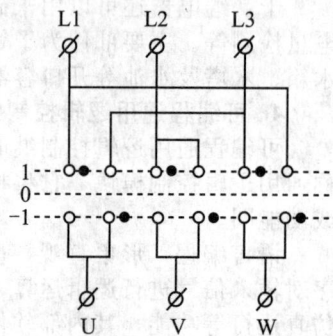

(b)

图3

第二章　电气控制基本线路

▶ ## 第一节　电动机基本控制线路图的绘制

任何复杂电器的控制线路都是按照一定的控制原则，由基本的控制线路组成的。电动机常见的基本控制线路有以下几种：点动控制线路、正转控制线路、正反转控制线路、位置控制线路、顺序控制线路、多地控制线路、降压起动控制线路、调速控制线路和制动控制线路等。基本控制线路是学习电气控制的基础。特别是对生产机械整个电气控制线路工作原理的分析与设计有很大的帮助。

电器的控制线路的表示方法有：电气原理图、电气接线图、电器布置图。

一、电气原理图

电气原理图是根据生产机械运动形式对电气控制系统的要求，采用国家统一规定的电气图形符号和文字符号，按照电气设备和电器的工作顺序，详细表示电路、设备或成套装置的全部基本组成和连接关系，而不考虑其实际位置的一种简图。电气原理图具有结构简单、层次分明、便于研究和分析电路的工作原理等优点。

电气原理图能充分表达电气设备和电器的用途、作用和工作原理，是电气线路安装、调试和维修的理论依据。

电器的控制线路根据电路通过的电流大小可分为主电路和控制电路。主电路包括从电源到电动机的电路，是强电流通过的部分，用粗线条画在原理图的左边。控制电路是通过弱电流的电路，一般由按钮、电器元件的线圈、接触器的辅助触点、继电器的触点等组成，用细线条画在原理图的右边。

所有按钮、触点均按没有外力作用和没有通电时的原始状态画出。控制电路的分支线路，原则上按照动作先后顺序排列，两线交叉连接时的电气连接点须用黑点标出。

绘制、识读电路图时应遵循以下原则：

(1)电路图一般分电源电路、主电路和辅助电路三部分绘制。

1)电源电路画成水平线，三相交流电源相序 L1、L2、L3 自上而下依次画出，零线 N 和保护地线 PE 依次画在相线之下。直流电源的"+"端画在上端，"—"端在下端画出。电源开关要水平画出。

2)主电路是指受电的动力装置及控制、保护电器的支路等，它是由主熔断器、接触器的主触头、热继电器的热元件以及电动机等组成。主电路通过的电流是电动机的工作电流，电流较大。主电路图要画在电路图的左侧并垂直电源电路。

3)辅助电路一般包括控制主电路工作状态的控制电路；显示主电路工作状态的指示电路；提供机床设备局部照明的照明电路等。它是由主令电器的触头、接触器线圈及辅助触头、继电器线圈及触头、指示灯和照明灯等组成。辅助电路通过的电流都较小，一般不超过 5A。画辅助电路图时，辅助电路要跨接在两相电源线之间，一般按照控制电路、指示电路和照明电路的顺序依次垂直画在主电路图的右侧，且电路中与下边电源线相连的耗能元件(如接触器和继电器的线圈、指示灯、照明灯等)要画在电路图的下方，而电器的触头要画在耗能元件与上边电源线之间。为读图方便，一般应按

照自左至右、自上而下的排列来表示操作顺序。

(2)电路图中，各电器的触头位置都按电路未通电或电器未受外力作用时的常态位置画出。分析原理时，应从触头的常态位置出发。

(3)电路图中，不画各电器元件实际的外形图，而采用国家统一规定的电气图形符号画出。

(4)电路图中，同一电器的各元件不按它们的实际位置画在一起，而是按其在线路中所起的作用分别画在不同电路中，但它们的动作却是相互关联的，因此，必须标注相同的文字符号。若图中相同的电器较多时，需要在电器文字符号后面加注不同的数字，以示区别，如 KM1、KM2 等。

(5)画电路图时，应尽可能减少线条和避免线条交叉。对有直接电联系的交叉导线连接，要用小黑圆点表示；无直接电联系的交叉导线则不画小黑圆点。

(6)电路图采用电路编号法，即对电路中的各个接点用字母或数字编号。

1)主电路在电源开关的出线端按相序依次编号为 U11、V11、W11。然后按从上至下、从左至右的顺序，每经过一个电器元件后，编号递增，如 U12、V12、W12；U13、V13、W13。单台三相交流电动机(或设备)的三根引出线按相序依次编号为 U、V、W……于多台电动机引出线的编号，为了不致引起误解和混淆，可在字母前用不同的数字加以区别，如 1U、1V、1W；2U、2V、2W……如图 2-1。所反映的是一台电动机运动控制的原理图。

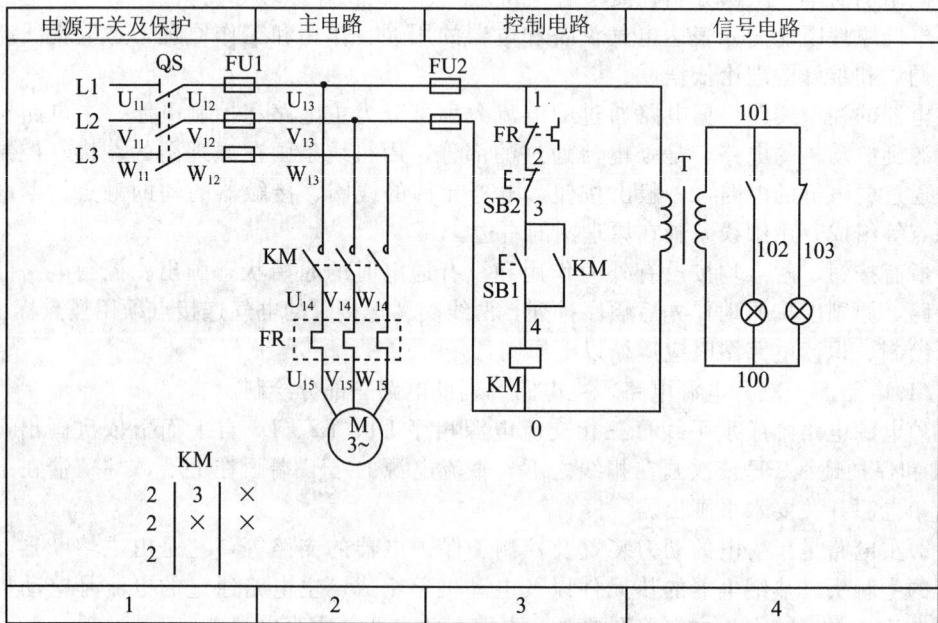

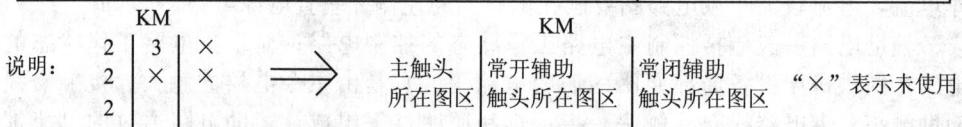

图 2-1　原理图的表示法

2)辅助电路编号按"等电位"原则从上至下、从左至右的顺序用数字依次编号，每经过一个电器元件后，编号要依次递增。控制电路编号的起始数字必须是1，其他辅助电路编号的起始数字依次递增 100，例如，照明电路编号从 101 开始；指示电路编号从 201 开始等，如图 2-1 所示。

(7)完整的电气原理图还应沿横坐标方向将原理图划分成若干图区，并标明该区电路的功能。继电器和接触器线圈下方的触头表用来说明线圈和触头的从属关系。

二、电气接线图

电气接线图是根据电气设备和电器元件的实际位置和安装情况绘制的，只用来表示电气设备和电器元件的位置、配线方式和接线方式，而不明显表示电气动作原理。主要用于安装接线、线路的检查维修和故障处理。

绘制、识读接线图应遵循以下原则：

(1)接线图中一般标出如下内容：电气设备和电器元件的相对位置、文字符号、端子号、导线号、导线类型、导线截面积、屏蔽和导线绞合等。

(2)所有的电气设备和电器元件都按其所在的实际位置绘制在图纸上，且同一电器的各元件根据其实际结构，使用与电路图相同的图形符号画在一起，并用点画线框上，其文字符号以及接线端子的编号应与电路图中的标注一致，以便对照检查接线。

(3)接线图中的导线有单根导线、导线组或线扎电缆等之分，可用连续线和中断线来表示。凡导线走向相同的可以合并，用线束来表示，到达接线端子板或电器元件的连接点时再分别画出。在用线束来表示导线组、电缆等时可用加粗的线条表示，在不引起误解的情况下也可采用部分加粗。另外，导线及管子的型号、根数和规格应标注清楚。如图 2-2 是一台电动机正反转控制的电气接线图。

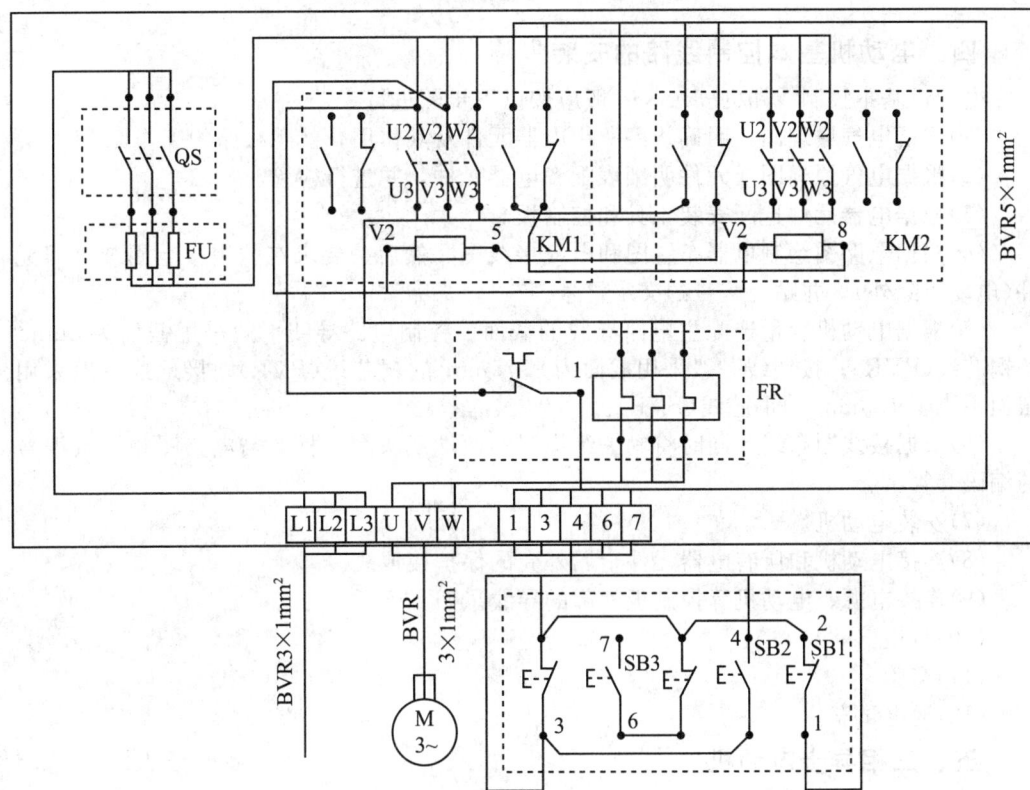

图 2-2　电气接线图

三、电器布置图

电器布置图是根据电器元件在控制板上的实际安装位置，采用简化的外形符号(如正方形、矩形、圆形等)而绘制的一种简图。电器布置图表明电气原理图中所有电器元件、电气设备的实际位置，为电气控制设备的制造、安装提供必要的资料。

(1)各电器代号应与有关电路图和电器元件清单上所列的元器件代号相同。

(2)体积大的和较重的电器元件应该安装在电气安装板下面，发热元件应安装在电气安装板的上面。

(3)经常要维护、检修、调整的电器元件安装位置不宜过高或过低，图中不需要标注尺寸。

在实际中，电气原理图、电气接线图和电器布置图要结合起来使用，如图2-3是一个简单的利用了两个变流接触器的电器布置图。

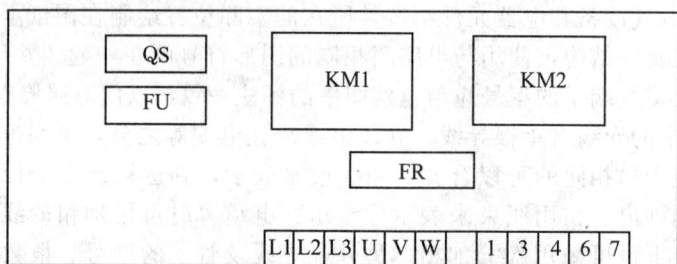

图 2-3　电器布置图

四、电动机基本控制线路的安装步骤

电动机基本控制线路的安装，一般应按以下步骤进行：

(1)识读电气原理图，明确线路所用电器元件及其作用，熟悉线路的工作原理。

(2)根据电气原理图或元件明细表配齐电器元件，并进行检验。

(3)根据电器元件选配安装工具和控制板。

(4)根据电路图绘制电器布置图和电气接线图，然后按要求在控制板上固装电器元件(电动机除外)，并贴上醒目的文字符号。

(5)根据电动机容量选配主电路导线的截面。控制电路导线一般采用截面为 $1mm^2$ 的铜芯线(BVR)；按钮线一般采用截面为 $0.75mm^2$ 的铜芯线(BVR)；接地线一般采用截面不小于 $1.5mm^2$ 的铜芯线(BVR)。

(6)根据接线图布线，同时将剥去绝缘层的两端线头套上标有与电路图相一致编号的编码套管。

(7)安装电动机。

(8)连接电动机和所有电器元件金属外壳的保护接地线。

(9)连接电源、电动机等控制板外部的导线。

(10)自检。

(11)交验。

(12)通电试车。

五、三相异步电动机

三相异步电动机是一种将电能转换成机械能量并从旋转的轴上输出去的装置，厂家将接受电能的三个定子绕组的 6 个端子引到电动机机壳上的接线盒内，并按国家标准布局，如图 2-4 所示。图 2-4(a)中下排三个端子是 3 个定子绕组的首端，三相电源就从这里引入，上排三个端子是 3 个定子绕组的尾端，需要适当的连接以形成 Y 接或 Δ 接。图 2-4(b)实现 Y 接，图 2-4(c)图实现 Δ 接。

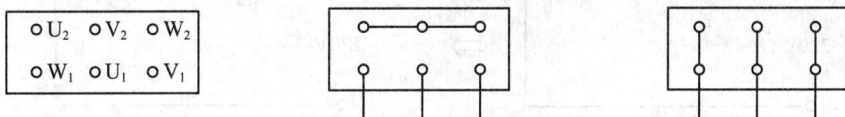

（a）三相异步电动机接线盒布局图　（b）三相异步电动机作星接（Y）　（c）三相异步电动机作角接（△）

图 2-4　电动机的接法

(一)Y 接或 Δ 接的原则

一台三相交流异步电动机的接法取决于电动机定子绕组的额定电压及供电电源的情况。

(1)电动机额定电压标注为 380V，要求电网线电压一定为 380V，这时采用 Δ 接。

(2)电动机额定电压标注为 220V/380V，电动机的接法视电网线电压而定，如果：

①电网线电压为 220V，应采用 Δ 接；

②电网线电压为 380V，应采用 Y 接。

(二)决定三相异步电动机旋转方向的因素

三相异步电动机的定子绕组正确连接后，加上合适的电源电压，电动机就会旋转起来，电动机的旋转方向与送电电源的相序有关。如果假设将电源 a、b、c 三根相线以 U_1、V_1、W_1 的连接顺序送入电动机后的转向为正转，那么连接顺序调整为 U_1、W_1、V_1 后，电动机就会反转，实际上，将 U_1、V_1、W_1 中的任何两个对调，均会使电动机的旋转从一个方向改变到另一个方向。

▶第二节　三相异步电动机起动控制线路

三相笼型异步电动机的起动方法有直接起动和降压起动两种方法。在电源容量足够大时，小容量(7.5kW 以下)笼型电动机可直接起动。直接起动的优点是电气设备少，线路简单。缺点是起动电流大，引起供电系统电压波动，干扰其他用电设备的正常工作。对于大容量(7.5kW 以上)的异步电动机，由于起动电流较大($I_{st} = (4{\sim}7)I_N$)，一般要采取降压起动的方法起动。笼型异步电动机降压起动的方法有定子串电阻起动、定子串自耦变压器起动和定子 Y-Δ 降压起动等。

三相绕线式异步电动机的起动方法有转子串电阻起动和转子串频敏变阻器起动两种方法。

一、自锁控制线路

图 2-5(a)给出的是由普通开关控制的电灯电路。首先将其作一点改造，即将普通开关换成一台交流接触器的常开主触点 KM，如图 2-5(b)所示，若再想亮灯，则必须使交流接触器的激磁线圈通电，为此需要搭建一个为线圈 KM 通电的电路，如图 2-6(a)所示。图中按钮 SB 的最大特点是，其触点的通与断取决于按钮是否被按下。如果希望电灯长时间亮，则需要 KM 长时间通电，为此按钮不能抬起，图 2-6(b)给出了只需按一下 SB2 就能保证 KM 长时间通电的有效方案。当按下 SB2 后，接触器线圈通电，与 SB2 并联的触点 KM 闭合，由于该触电为接触器线圈提供了另一条电流通路，因此

SB2 抬起后，线圈能继续通电工作。该电路实现了一种重要的基本控制——自锁控制。其中 SB1 是为停止 KM 工作而准备的。

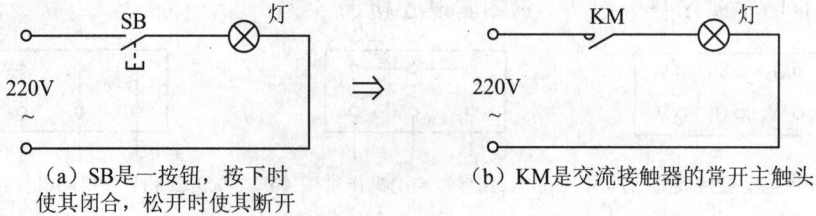

（a）SB是一按钮，按下时　　　　　　（b）KM是交流接触器的常开主触头
使其闭合，松开时使其断开

图 2-5

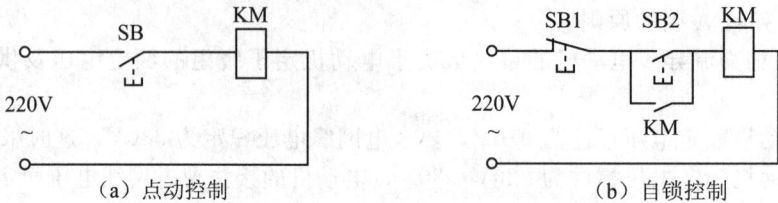

（a）点动控制　　　　　　　　　　（b）自锁控制

图 2-6

从上述的分析思路比较容易实现异步电动机的点动控制和自锁控制。

1. 点动控制线路

如图 2-7 所示，主电路由刀开关 QS、熔断器 FU、交流接触器 KM 的主触点和笼型电动机 M 组成；控制电路由起动按钮 SB 和交流接触器线圈 KM 组成。

线路的工作过程如下：起动过程：先合上刀开关 QS ——按下起动按钮 SB ——接触器 KM 线圈通电——KM 主触点闭合——电动机 M 通电直接起动。

停机过程如下：松开 SB ——KM 线圈断电——KM 主触点断开——M 停电停转。

按下按钮，电动机转动，松开按钮，电动机停转，这种控制就叫点动控制，它能实现电动机短时转动，常用于机床的对刀调整和电动葫芦等。

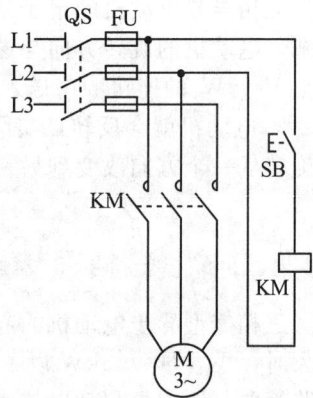

图 2-7　点动控制线路

2. 自锁（长动）控制线路

在实际生产中往往要求电动机实现长时间连续转动，即所谓长动控制。如图 2-8 所示，主电路由开关 QS、熔断器 FU、接触器 KM 的主触点、热继电器 FR 的发热元件和电动机 M 组成，控制电路由停止按钮 SB2、起动按钮 SB1、接触器 KM 的常开辅助触点和线圈、热继电器 FR 的常闭触点组成。

工作过程如下：

起动：合上刀 QS ——按下起动按钮 SB1 ——接触器 KM 线圈通电——KM 主触点闭合和常开辅助触点闭合——电动机 M 接通电源运转；（松开 SB1）利用接通的 KM 常开辅助触点自锁电动机 M 连续运转。

停机：按下停止按钮 SB2 ——KM 线圈断电——KM 主触点和辅助常开触点断开——电动机 M 断电停转。

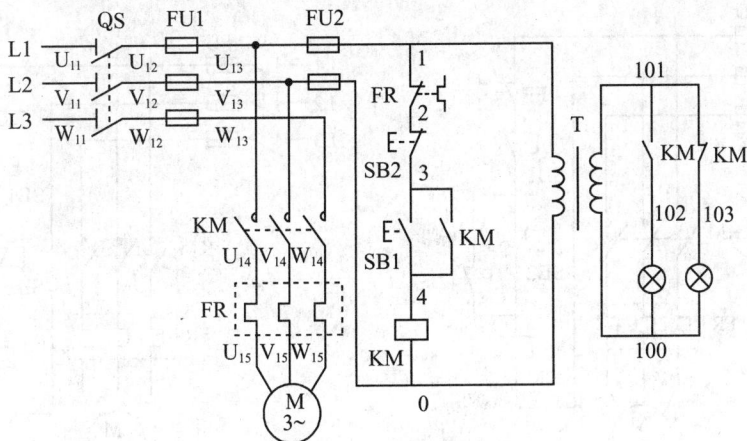

图 2-8　连续运行控制线路

在连续控制中，当起动按钮 SB1 松开后，接触器 KM 的线圈通过其辅助常开触点的闭合仍继续保持通电，从而保证电动机的连续运行。这种依靠接触器自身辅助常开触点的闭合而使线圈保持通电的控制方式，称自锁或自保。起到自锁作用的辅助常开触点称自锁触点。

线路设有的保护：

短路保护：短路时熔断器 FU 的熔体熔断而切断电路起保护作用。

电动机长期过载保护：采用热继电器 FR。由于热继电器的热惯性较大，即使发热元件流过几倍于额定值的电流，热继电器也不会立即动作。因此在电动机起动时间不太长的情况下，热继电器不会动作，只在电动机长期过载时，热继电器才会动作，用它的常闭触点断开使控制电路断电。

欠电压、失电压保护：通过接触器 KM 的自锁环节来实现。当电源电压由于某种原因而严重欠电压或失电压（如停电）时，接触器 KM 断电释放，电动机停止转动。当电源电压恢复正常时，接触器线圈不会自行通电，电动机也不会自行起动，只有在操作人员重新按下起动按钮后，电动机才能起动。本控制线路具有以下优点：

（1）防止电源电压严重下降时电动机欠电压运行；

（2）防止电源电压恢复时，电动机自行起动而造成设备和人身事故；

（3）避免多台电动机同时起动造成电网电压的严重下降。

3. 点动和自锁结合的控制线路

在生产实践中，机床调整完毕后，需要连续进行切削加工，则要求电动机既能实现点动又能实现长动。控制线路如图 2-9 所示。

图 2-9(a) 的线路比较简单，采用钮子开关 SA 实现控制。点动控制时，先把 SA 打开，断开自锁电路──→按动 SB2 ──→KM 线圈通电──→电动机 M 点动；长动控制时，把 SA 合上──→按动 SB2 ──→KM 线圈通电，自锁触点起作用──→电动机 M 实现长动。

图 2-9(b) 的线路采用复合按钮 SB3 实现控制。点动控制时，按动复合按钮 SB3，断开自锁回路──→KM 线圈通电──→电动机 M 点动；长动控制时，按动起动按钮

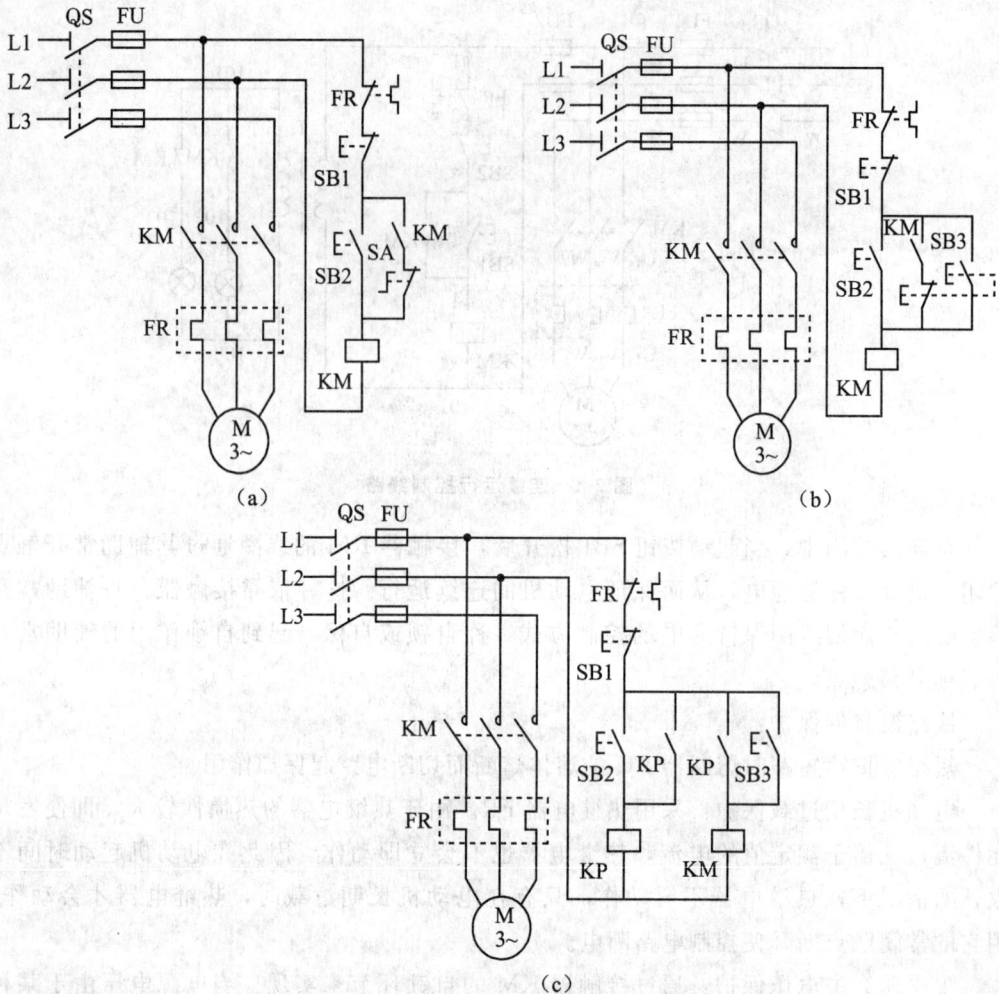

图 2-9　点动和长动结合的控制线路

SB2 ——→KM 线圈通电，自锁触点起作用——→电动机 M 长动运行。此线路在点动控制时，若接触 KM 的释放时间大于复合按钮的复位时间，则点动结束，SB3 松开时，SB3 常闭触点已闭合但接触器 KM 的自锁触点尚未打开，会使自锁电路继续通电，则线路不能实现正常的点动控制。

　　图 2-9(c)的线路采用中间继电器 KP 实现控制。点动控制时，按动起动按钮 SB3 ——→KM 线圈通电——→电动机 M 点动。长动控制时，按动起动按钮 SB2 ——→中间继电器 KP 线圈通电并自锁——→KM 线圈通电——→M 实现长动。此线路多用了一个中间继电器，但工作可靠性却提高了。

二、互锁控制线路

　　在实际应用中，往往要求生产机械改变运动方向，如工作台前进、后退；电梯的上升、下降等，这就要求电动机能实现正、反转。对于三相异步电动机来说，可通过两个接触器来改变电动机定子绕组的电源相序来实现。电动机正、反转控制线路如

图 2-10 所示，接触器 KM1 为正向接触器，控制电动机 M 正转；接触器 KM2 为反向接触器，控制电动机 M 反转。

如图 2-10(a)所示为无互锁控制线路，其工作过程如下：

正转控制：合上开关 QS ——→按下正向起动按钮 SB2 ——→正向接触器 KM1 通电——→KM1，主触点和自锁触点闭合——→电动机 M 正转。

反转控制：合上开关 QS ——→按下反向起动按钮 SB3 ——→正向接触器 KM2 通电——→KM2，主触点和自锁触点闭合——→电动机 M 反转。

停机：按停止按钮 SB1 ——→KM1(或 KM2)断电——→M 停转。

该控制线路缺点是若误操作会使 KM1 与 KM2 都通电，从而引起主电路电源短路，为此要求线路设置必要的联锁环节。

如图 2-10(b)所示，将任何一个接触器的辅助常闭触点串入对应另一个接触器线圈电路中，则其中任何一个接触器先通电后，切断了另一个接触器的控制回路，即使按下相反方向的起动按钮，另一个接触器也无法通电，这种利用两个接触器的辅助常闭触点互相控制的方式，叫电气互锁，或叫电气联锁。起互锁作用的常闭触点叫互锁触点。另外，该线路只能实现"正——→停——→反"或者"反——→停——→正"控制，即必须按下停止按钮后，再反向或正向起动。这对需要频繁改变电动机运转方向的设备来说，是很不方便的。

为了提高生产率，直接正、反向操作，利用复合按钮组成"正——→反——→停"或"反——→正——→停"的互锁控制。如图 2-10(c)所示，复合按钮的常闭触点同样起到互锁的作用，这样的互锁叫机械互锁。该线路既有接触器常闭触点的电气互锁，也有复合按钮常闭触点的机械互锁，即具有双重互锁功能。该线路操作方便，安全可靠，故应用广泛。

三、顺序联锁控制线路

在生产实践中，有时要求一个拖动系统中多台电动机实现先后顺序工作。例如机床中要求润滑电动机起动后，主轴电动机才能起动。实践中可以采用接触器触点和时间继电器触点等实现顺序联锁。

1. 利用接触器触点实现的顺序控制线路

图 2-11 为两台电动机顺序起动控制线路。

在图 2-11(a)中，接触器 KM1 控制电动机 M1 的起动、停止；接触器 KM2 控制电动机 M2 的起动、停止。现要求电动机 M1 起动后，电动机 M2 才能起动。

工作过程如下：合上开关 QS ——→按下起动按钮 SB2 ——→接触器 KM1 通电——→电动机 M1 起动——→KM1 常开辅助触点闭合——→按下起动按钮 SB4 ——→接触器 KM2 通电——→电动机 M2 起动。

按下停止按钮 SB1，两台电动机同时停止。如改用图 2-5(b)线路的接法，可以省去接触器 KM1 的常开触点，使线路得到简化。

电动机顺序控制的接线规律是：

(1)要求接触器 KM1 动作后接触器 KM2 才能动作，故将接触器 KM1 的常开触点串接于接触器 KM2 的线圈电路中。

(2)要求接触器 KM1 动作后接触器 KM2 不能动作，故将接触器 KM1 的常闭辅助触点串接于接触器 KM2 的线圈电路中。

图 2-11(b)、图 2-11(c)读者自行分析。

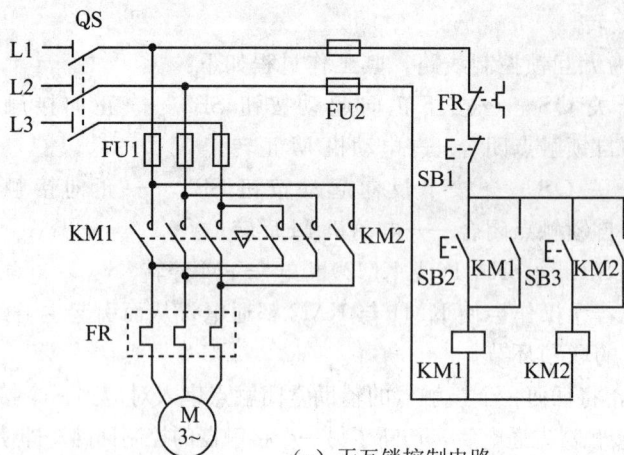

（a）无互锁控制电路

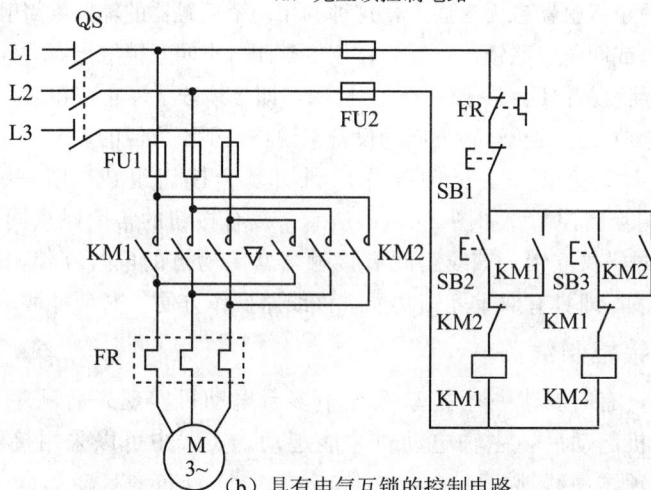

（b）具有电气互锁的控制电路

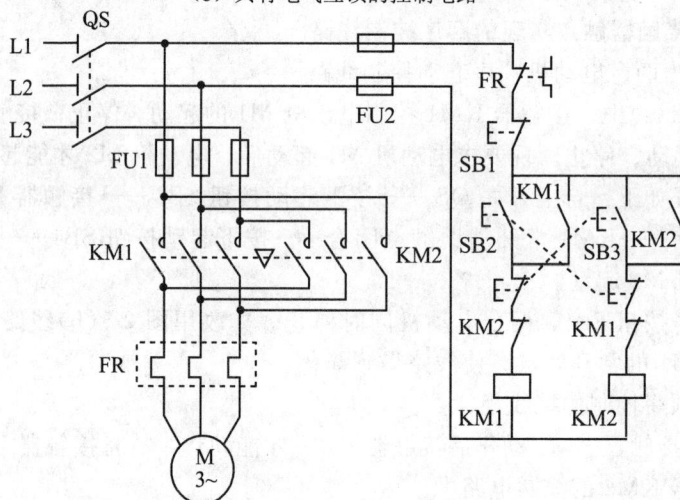

（c）具有复合互锁的控制电路

图 2-10 电动机正、反转控制线路

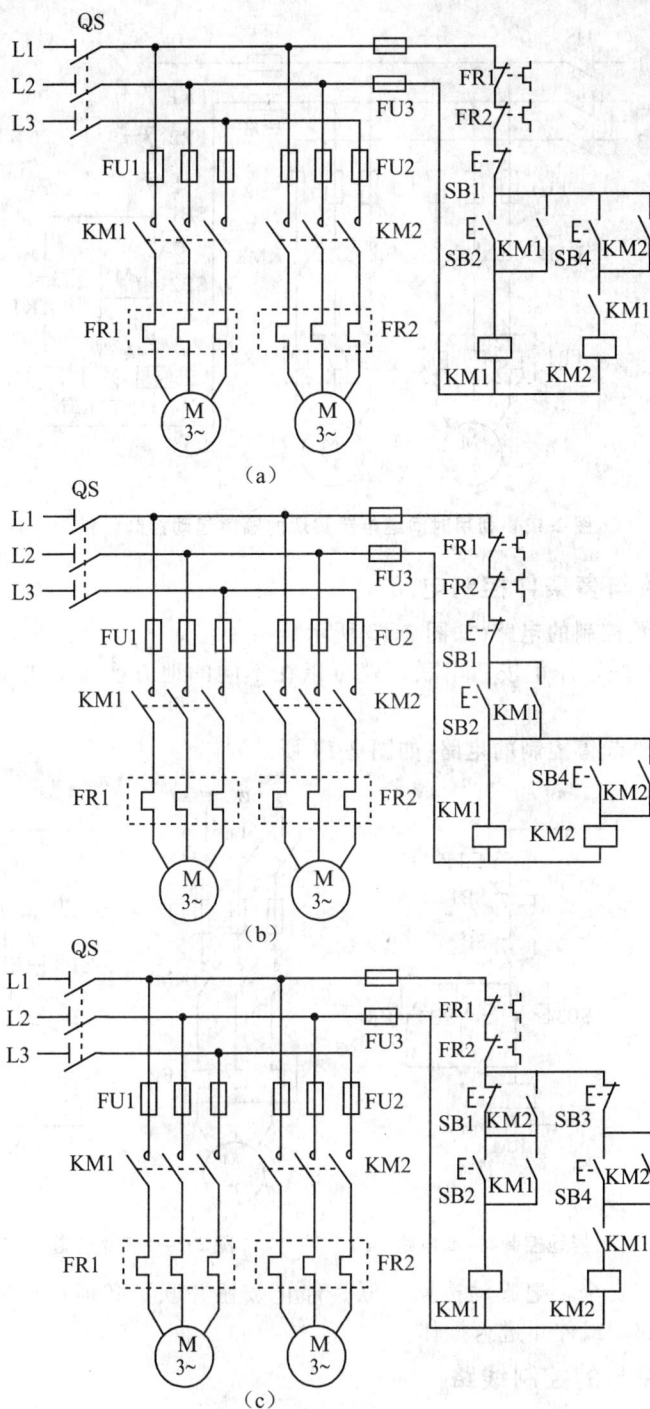

图 2-11　利用接触器触点实现的两台电动机顺序起动控制线路

2. 利用时间继电器实现的顺序起动控制线路

图 2-12 是采用时间继电器，按时间原则顺序起动的控制线路。

线路要求电动机 M1 起动 $t(\mathrm{s})$ 后，电动机 M2 自动起动。可利用时间继电器的延时闭合常开触点来实现。

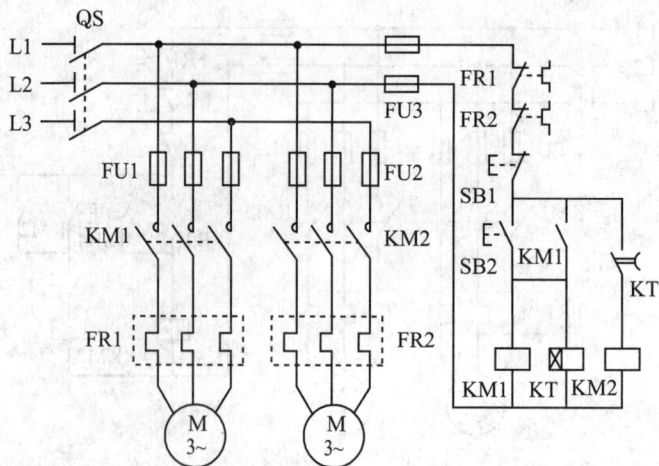

图 2-12　利用时间继电器实现的顺序起动控制线路

四、多位置与多条件控制电路

1. 实现多位置控制的电路（如图 2-13 所示）

把起动按钮并联，停止按钮串联，就可以在不同的地方实现对电动机的起动或停止操作。

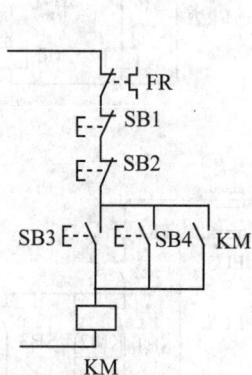

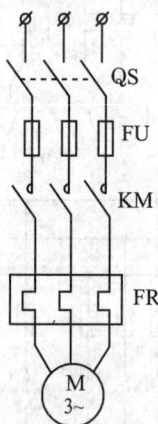

2. 实现多条件起停控制的电路（如图 2-14 所示）

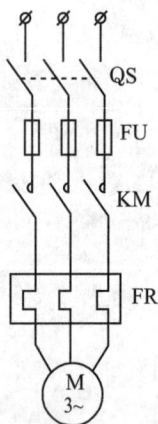

图 2-13　多位置(异地控制)控制电路　　　图 2-14　多条件起停控制电路

有时为了生产安全，把起动按钮串联、停止按钮并联，必须在全部条件都满足时才能对电动机的起动或停止进行操作。

五、位置原则的控制线路

在机床电气设备中，有些是通过工作台自动往复循环工作的，例如龙门刨床的工作台前进、后退。电动机的正、反转是实现工作台自动往复循环的基本环节。自动循环控制线路如图 2-15 所示。

控制线路按照行程控制原则，利用生产机械运动的行程位置实现控制，通常采用限位开关。

工作过程如下：合上电源开关 QS ─→ 按下起动按钮 SB2 ─→ 接触器 KM1 通

二、定子串电阻的降压起动控制线路

工作原理：起动时三相定子绕组串接电阻 R，降低定子绕组电压，以减小起动电流。起动结束应将电阻短接，如图 2-18 所示。

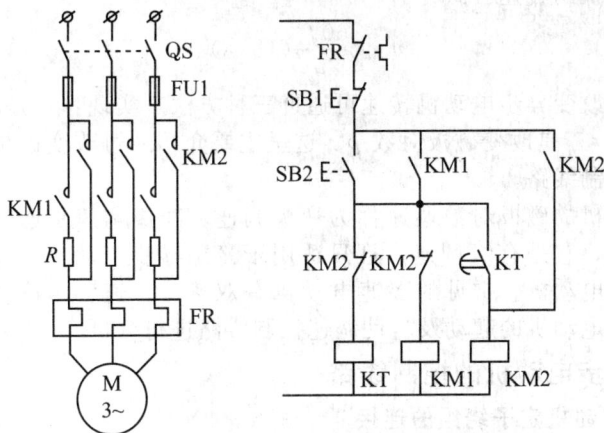

图 2-18　定子串电阻降压起动

按下 SB2 ——→KM1、KT 通电（串 R 起动）——→KT 计时到——→KM2 通电（切除 R 运行）——→KM1、KT 失电复位。

这种起动方式起动转矩小，加速平滑，但电阻损耗大。也可用电抗器代替电阻，但电抗器价格较贵，成本较高。适用于电动机容量不大，起动不频繁且平稳的场合。

三、自耦变压器降压起动控制电路

工作原理：起动时，定子绕组上为自耦变压器二次侧电压；正常运行时切除自耦变压器，如图 2-19 所示。

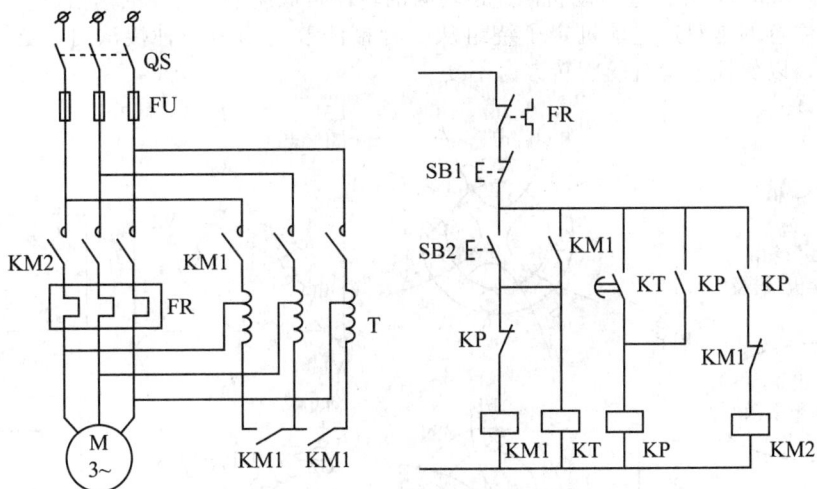

图 2-19　自耦变压器降压起动

按下 SB2 ——→KM1、KT 通电工作（自耦变压器起动）——→KT 计时到——→KP、KM2 通电工作（切除自耦变压器运行）——→KM1、KT 失电复位。

这种起动方式起动转矩大（60％、80％抽头），损耗低，但设备庞大成本高。起动过程中会出现二次涌流冲击，适用于不频繁起动、容量在 30kW 以下的设备的起动场合。

▶ 第四节　调速控制线路

三相异步电动机的转速公式：

$$n = \frac{60 f_1}{p}(1 - s)$$

从公式可知，改变异步电动机转速可通过三种方法来实现：一是改变电源频率 f_1；二是改变转差率 s；三是改变磁极对数 p。这里主要介绍通过改变磁极对数 p 来实现电动机调速的基本控制线路。

改变异步电动机的磁极对数调速称为变极调速。变极调速是通过改变定子绕组的连接方式来实现的，它是有级调速，且只适用于笼型异步电动机。凡磁极对数可改变的电动机称为多速电动机，常见的多速电动机有双速、三速、四速等几种类型。下面就双速和三速异步电动机的起动及自动调速控制线路进行分析。

一、双速异步电动机的控制线路

1. 双速异步电动机定子绕组的连接

双速异步电动机定子绕组的 Δ/YY 接线图如图 2-20 所示。图中，三相定子绕组接成△形，由三个连接点接出三个出线端 U1、V1、W1，从每相绕组的中点各接出一个出线端 U2、V2、W2，这样定子绕组共有 6 个出线端。通过改变这 6 个出线端与电源的连接方式，就可以得到两种不同的转速。

要使电动机在低速工作时，就把三相电源分别接至定子绕组做△形连接顶点的出线端 U1、V1、W1 上，另外三个出线端 U2、V2、W2 空着不接，如图 2-20(a) 所示，此时电动机定子绕组接成△形，磁极为 4 极，同步转速为 1500r/min；若要使电动机高速工作，就把三个出线端 U1、V1、W1 并接在一起，另外三个出线端 U2、V2、W2 分别接到三相电源上，如图 2-20(b) 所示，这时电动机定子绕组接成 YY 形，磁极为 2 极，同步转速为 3000r/min。可见双速电动机高速运转时的转速是低速运转转速的两倍。

值得注意的是双速电动机定子绕组从一种接法改变为另一种接法时，必须把电源相序反接，以保证电动机的旋转方向不变。

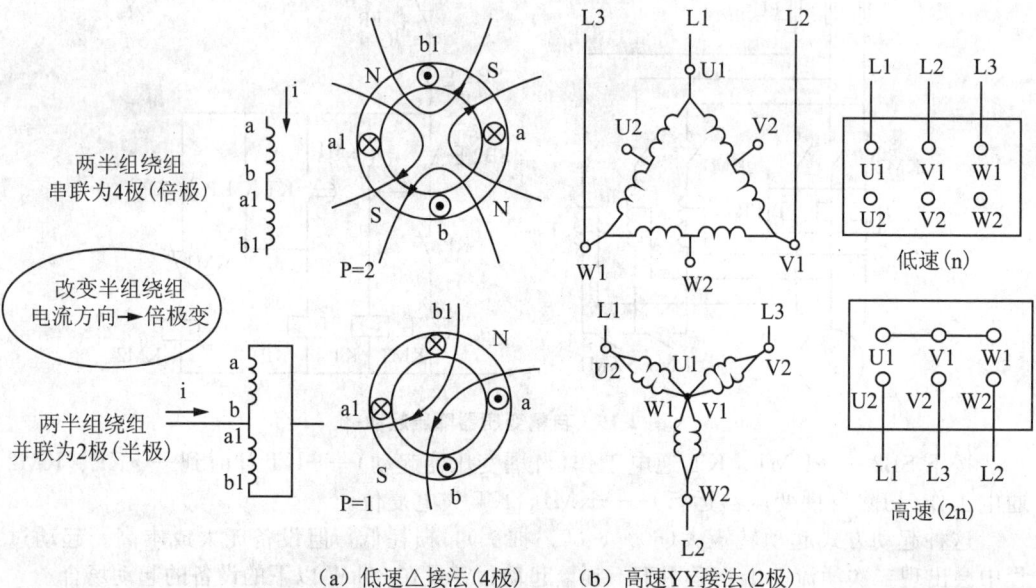

（a）低速△接法（4极）　（b）高速YY接法（2极）

图 2-20　双速电动机三相定子绕组 Δ/YY 接线图

2. 接触器控制双速电动机的控制线路

用按钮和接触器控制双速电动机的电路如图 2-21 所示。其中 SB1、KM1 控制电动机低速运转；SB2、KM2、KM3 控制电动机高速运转。

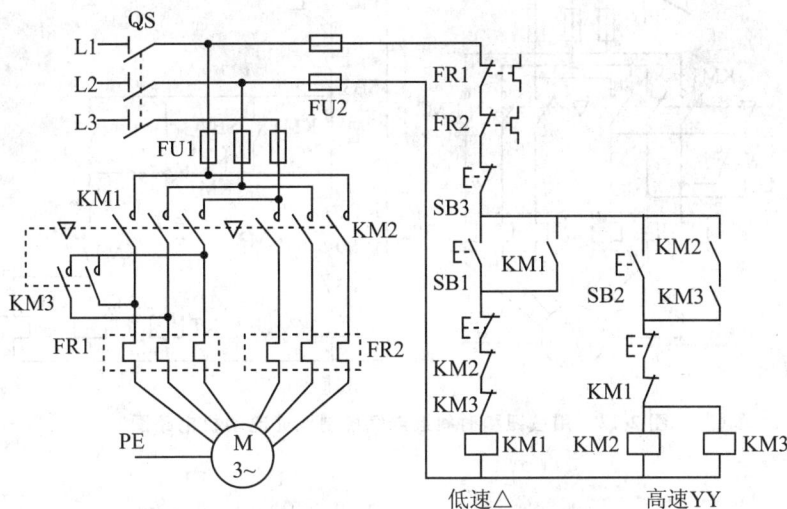

图 2-21　接触器控制双速电动机的电路图

线路工作原理如下：先合上电源开关 QS。

△形低速起动运转：

按下 SB1 ──→①SB1 常闭触头先分断，对 KM2、KM3 联锁；②SB1 常开触头后闭合 ──→KM1 线圈得电 ──→①KM1 联锁触头分断，对 KM2、KM3 联锁；②KM1 自锁触头闭合自锁；③KM1 主触头闭合 ──→电动机 M 接成△形低速起动运转。

YY 形高速起动运转：

按下 SB2 ──→①SB2 常闭触头先分断；②SB2 常开触头后闭合 ──→KM1 线圈失电 ──→①KM1 自锁触头分断，解除自锁；②KM1 主触头分断；③KM1 联锁触头闭合 ──→KM2、KM3 线圈同时得电 ──→①KM2、KM3 联锁触头分断对 KM1 的联锁；②KM2、KM3 自锁触头闭合自锁；③KM2、KM3 主触头闭合 ──→电动机 M 接成 YY 形高速起动运转。停止时，按下 SB3 即可实现。

3. 时间继电气控制双速电动机的控制线路

用按钮和时间继电气控制双速电动机低速起动高速运转的电路图如图 2-22 所示。时间继电器 KT 控制电动机 △ 起动时间和 △－YY 的自动换接运转，线路工作原理自行分析。

二、三速异步电动机的控制线路

1. 三速异步电动机定子绕组的连接

三速异步电动机是在双速异步电动机的基础上发展起来的。它有两套定子绕组，分两层安放在定子槽内，第一套绕组（双速）有七个出线端 U1、V1、W1、U3、U2、V2、W2，可做 △ 或 YY 连接；第二套绕组（单速）有三个出线端 U4、V4、W4，只作 Y 形连接，如图 2-23（a）所示。当分别改变两套定子绕组的连接方式（即改变极对数）时，电动机就可以得到三种不同的运转速度。

图 2-22　用按钮和时间继电气控制双速电动机电路图

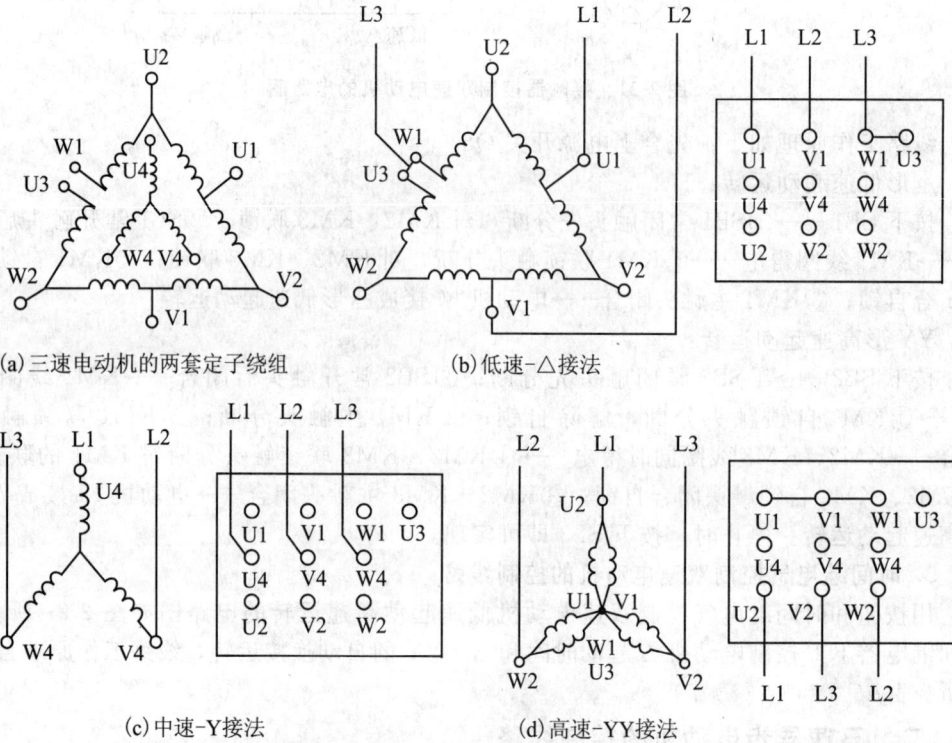

(a) 三速电动机的两套定子绕组　　(b) 低速-△接法

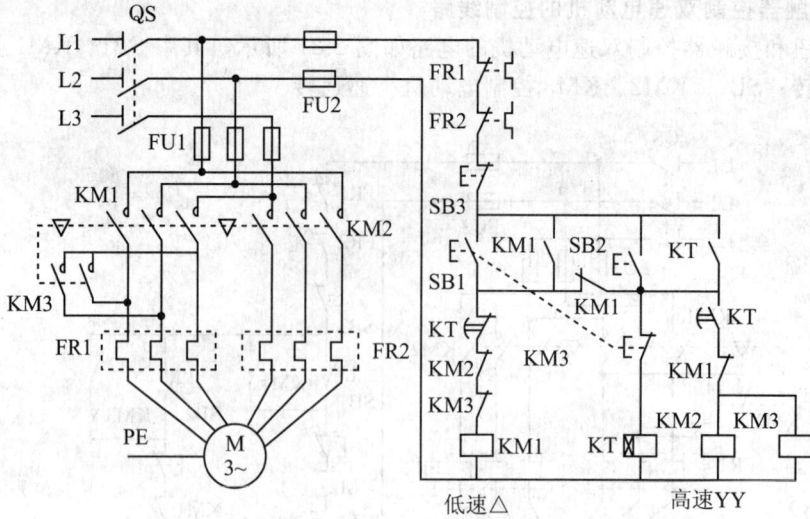

(c) 中速-Y接法　　(d) 高速-YY接法

图 2-23　三速电动机定子绕组接线图

三速异步电动机定子绕组的接线方法如图 2-23(b)、图 2-23(c)、图 2-23(d)所示及见下表。图中 W1 和 U3 出线端分开的目的是当电动机定子绕组接成 Y 中速运转时，避免在 △ 接法的定子绕组中产生感生电流。

三速异步电动机定子绕组接线方法

转速	电源接线			并头	连接方式
	L1	L2	L3		
低速	U1	V1	W1	U3、W1	△
中速	U4	V4	W4		Y
高速	U2	V2	W2	U1、V1、W1、U3	YY

2. 接触器控制三速异步电动机的控制线路

用按钮和接触器控制三速异步电动机的电路如图 2-24 所示。其中 SB1、KM1 控制电动机 △ 接法下低速运转；SB2、KM2 控制电动机 Y 接法下中速运转；SB3、KM3 控制电动机 YY 接法下高速运转。

线路工作原理如下：先合上电源开关 QS。

低速起动运转：

按下 SB1 ——接触器 KM1 线圈得电 ——KM1 触头动作 ——电动机 M 第一套定子绕组出线端 U1、V1、W1(U3 通过 KM1 常开触头与 W1 并接)与三相电源接通 ——电动机 M 接成 △ 低速运转。

低速转为中速运转：

先按下停止按钮 SB4 ——KM1 线圈失电 ——KM1 触头复位 ——电动机 M 失电 ——再按下 SB2 ——KM2 线圈得电 ——KM2 触头动作 ——电动机 M 第二套定子绕组出线端 U4、V4、W4 与三相电源接通 ——电动机 M 接成 Y 形中速运转。

中速转为高速运转：

先按下 SB4 ——KM2 线圈失电 ——KM2 触头复位 ——电动机 M 失电。

再按下 SB3 ——KM3 线圈得电 ——KM3 触头动作 ——电动机 M 第一套定子绕组出线端 U2、V2、W2 与三相电源接通(U1、V1、W1、U3 则通过 KM3 的三对常开触头并接)——电动机 M 接成 YY 形高速运转。

该线路的缺点是在进行速度转换时，必须先按下停止按钮 SB4 后，才能再按相应的起动按钮变速，所以操作不便。

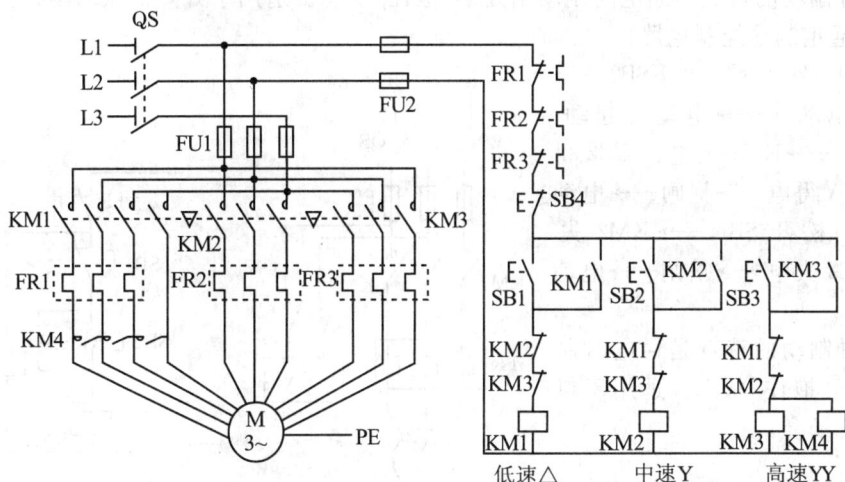

图 2-24　接触器控制三速电动机的电路图

▶ 第五节　制动控制线路

制动的目的是使电机减速或准确停车，保障安全。制动的方法有机械制动和电气制动两种。机械制动主要是指电磁抱闸制动，电气制动有反接制动、能耗制动、再生制动等。

一、机械制动

机械制动是用电磁铁操纵机械机构进行制动，常见的机械制动有电磁抱闸制动和电磁离合器制动等，其中，电磁抱闸制动应用较为广泛。

电磁抱闸的结构：制动电磁铁、闸瓦制动器，具体制方法又分为断电制动和通电制动两类。

1. 断电制动控制电路

如图 2-25 所示，按下 SB2↓──→KM 通电动作──→YA 得电动作──→松闸──→电机起动；按下 SB1↓──→KM 失电──→YA 失电──→抱闸──→电机制动。

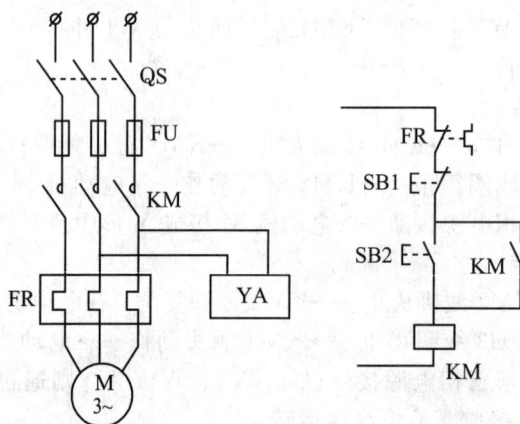

图 2-25　断电制动控制电路

这种制动的特点是断电时制动闸处于"抱住"状态。适用于升降机械的场合。

2. 通电制动控制电路

如图 2-26 所示，按下 SB2──→KM1 通电动作──→电动机起动；按下 SB1──→KM1 失电、KM2 得电──→YA 得电──→抱闸──→电动机制动；松开 SB1──→KM2 失电──→YA 失电──→松闸──→电动机停止。

这种制动的特点是通电时制动闸处于"抱住"状态。适用于机械加工的场合。

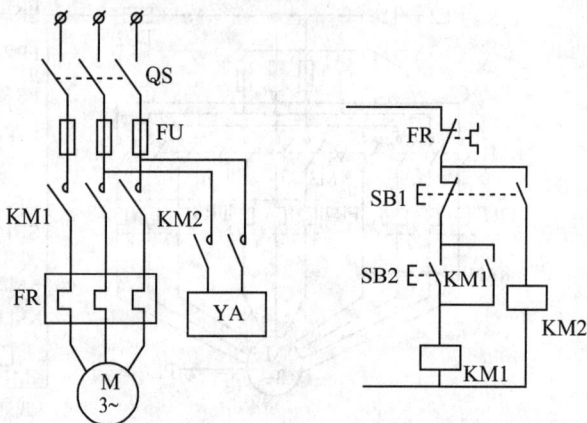

图 2-26　通电制动控制电路

二、反接制动

三相异步电动机反接制动是利用改变电动机电源相序，使定子绕组产生的旋转磁场与转子旋转方向相反，因而产生制动力矩的一种制动方法。应注意的是，当电动机转速接近零时，必须立即断开电源，否则电动机会反向旋转。

由于反接制动电流较大，制动时需在定子回路中串入电阻以限制制动电流。反接制动电阻的接法有两种：对称电阻接法和不对称电阻接法。

1. 单向运行的三相异步电动机反接制动

单向运行的三相异步电动机反接制动控制线路如图 2-27 所示。控制线路按速度原则实现控制，通常采用速度继电器。速度继电器与电动机同轴相连，在 $120\sim3000r/min$ 范围内速度继电器触点动作，当转速低于 $100r/min$ 时，其触点复位。

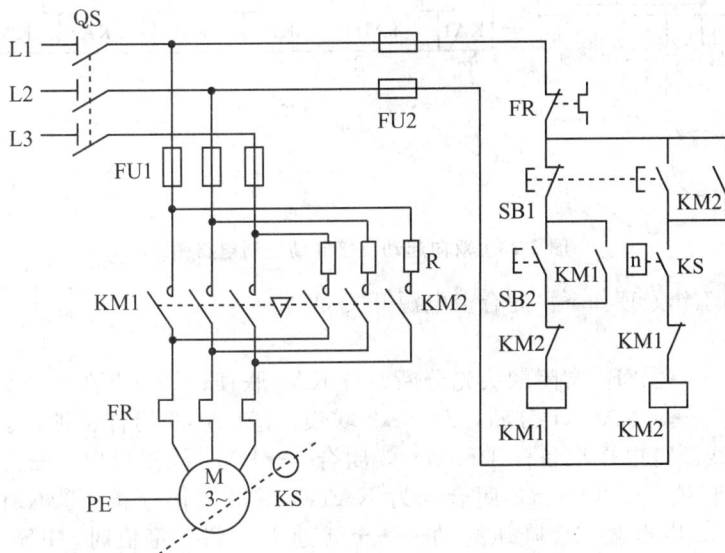

图 2-27　电动机单向运行的反接制动控制线路

工作过程如下：合上开关 QS —→ 按下起动按钮 SB2 —→ 接触器 KM1 通电 —→ 电动机 M 起动运行 —→ 速度继电器 KS 常开触点闭合，为制动作准备。制动时按下停止按钮 SB1 —→ KM1 断电 —→ KM2 通电（KS 常开触点尚未打开）—→ KM2 主触点闭合，定子绕组串入限流电阻 R 进行反接制动 —→ $n\approx0$ 时，KS 常开触点断开 —→ KM2 断电，电动机制动结束。

2. 双向起动反接制动控制线路

双向起动反接制动控制电路如图 2-28 所示。该线路所用电器较多，其中 KM1 既是正转运行接触器，又是反转运行时的反接制动接触器；KM2 既是反转运行接触器，又是正转运行时的反接制动接触器；KM3 作为短接限流电阻 R 用；中间继电器 KA1、KA3 和接触器 KM1、KM3 配合完成电动机的正向起动、反接制动的控制要求；中间继电器 KA1、KA4 和接触器 KM2、KM3 配合完成电动机的反向起动、反接制动的控制要求；速度继电器 KS 有两对常开触头 KS－1、KS－2，分别用于控制电动机正转和反转时反接制动的时间；R 既是反接制动限流电阻，又是正反向起动的限流电阻。

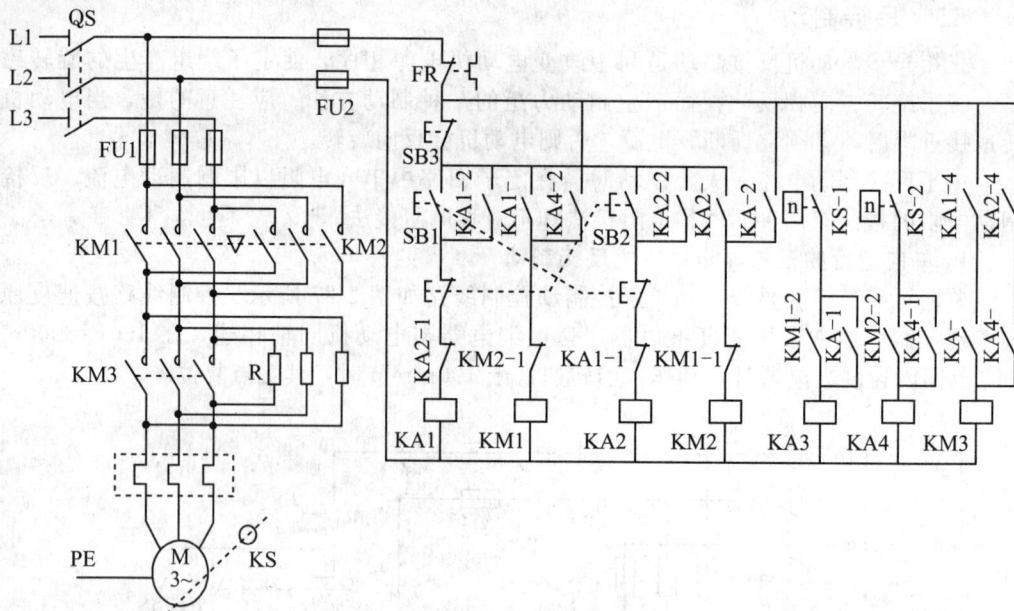

图 2-28　双向起动反接制动控制电路图

其线路的工作原理如下：先合上电源开关 QS。

正向起动：

按下 SB1 ──→①SB1 常闭触头先分断，对 KA2 联锁；②SB1 常开触头后闭合──→
KA1 线圈得电──→①KA1－1 分断，对 KA2 联锁；②KA1-2 闭合自锁；③KA1－4 闭
合，为 KM3 线圈得电作准备；④KA1－3 闭合──→KM1 线圈得电──→①KM1－1 分
断，对 KM2 联锁；②KM1－2 闭合，为 KA3 线圈得电作准备；③KM1 主触头闭
合──→电动机 M 串电阻 R，降压起动──→至转速上升到一定值时，KS－1 闭合──→
KA3 线圈得电──→①KA3－1 闭合自锁；②KA3－2 闭合，为 KM2 线圈得电作准备；
③KA3－3 闭合──→KM3 线圈得电──→KM3 主触头闭合──→电阻 R 被短接──→电动机
M 全压正转运行。

反接制动：

按下 SB3 ──→KA1 线圈失电──→①KA1－1 恢复闭合，解除对 KA2 联锁；②KA1－2
分断，解除自锁；③KA1－3 分断，避免 SB3 复位后 KM1 线圈自行得电；④KA1－4
分断──→KM3 线圈失电──→KM3 主触头分断，R 接入制动。

按下 SB3 的同时──→KM1 线圈失电──→①KM1－2 分断；②KM1 主触头分断，电
动机 M 失电并惯性运转；③KM1－1 闭合──→KM2 线圈得电──→①KM2－1 分断，对
KM1 联锁；②KM2－2 闭合；③KM2 主触头闭合──→电动机 M 反接制动──→至转速下
降到一定值时，KS－1 分断──→KA3 线圈失电──→①KA3－3 分断；②KA3－1 分断，
解除自锁；③KA3－2 分断──→KM2 线圈失电──→①KM2－1 恢复闭合，解除对 KM1
联锁；②KM2－2 分断；③KM2 主触头分断──→电动机 M 反接制动结束。

电动机的反向起动及反接制动控制是由起动按钮 SB2、中间继电器 KA2 和 KA4、
接触器 KM2 和 KM3、停止按钮 SB3、速度继电器的常开触头 KS－2 等电器来完成，
其起动过程、制动过程和上述类同，可自行分析。

双向起动反接制动控制线路所用电器较多，线路也比较繁杂，但操作方便，运行

安全可靠，是一种比较完善的控制线路。线路中的电阻 R 既能限制反接制动电流，又能限制起动电流；中间继电器 KA3 和 KA4 可避免停车时由于速度继电器 KS－1 或 KS－2 触头的偶然闭合而接通电源。

反接制动的优点是制动力强，制动迅速。缺点是制动准确性差，制动过程中冲击强烈，易损坏传动零件，制功能量消耗大，不宜经常制动。因此，反接制动一般适用于制动要求迅速、系统惯性较大、不经常起动与制动的场合。如镗床、中型车床等主轴的制动控制。

三、能耗制动

当电动机切断交流电源后，立即在定子绕组的任意两相中通入直流电，使定子中产生一个恒定的静止磁场，这样做惯性运转的转子因切割磁力线而在转子绕组中产生感生电流，其方向可用右手定则判断出来。转子绕组中一旦产生了感生电流，又立即受到静止磁场的作用，产生电磁转矩，用左手定则判断，可知此转矩的方向正好与电动机的转向相反，使电动机受制动迅速停转。

由于这种制动方法是通过在定子绕组中通入直流电以消耗转子惯性运转的动能来进行制动的，所以称为能耗制动，如图 2-29 所示。

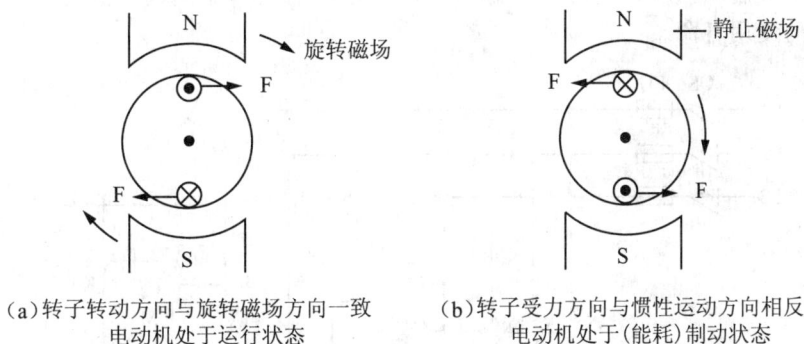

（a）转子转动方向与旋转磁场方向一致　　　　（b）转子受力方向与惯性运动方向相反
　　电动机处于运行状态　　　　　　　　　　　　电动机处于（能耗）制动状态

图 2-29　电动机能耗制动示意图

1. 无变压器单相半波整流能耗制动自动控制线路

无变压器单相半波整流单向起动能耗制动自动控制电路如图 2-30 所示。该线路采用单相半波整流器作为直流电源，所用附加设备较少，线路简单，成本低，常用于 10kW 以下小容量电动机，且对制动要求不高的场合。

其线路的工作原理如下：先合上电源开关 QS。

单向起动运转：

按下 SB1 ——→ KM1 线圈得电 ——→ ①KM1 联锁触头分断，对 KM2 联锁；②KM1 自

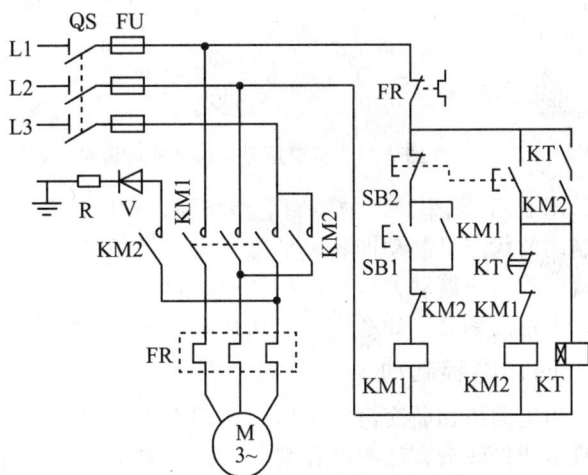

图 2-30　无变压器单相半波整流单向起动能耗制动控制电路图

锁触头闭合自锁；③KM1 主触头闭合——→电动机 M 起动运转。

能耗制动停转：

按下 SB2——→①SB2 常闭触头先分断；②SB2 常开触头后闭合——→KM1 线圈失电——→①KMl 自锁触头分断，解除自锁；②KM1 主触头分断——→M 暂失电并惯性运转；③KM1 联锁触头闭合——→①KT 线圈得电；②KM2 线圈得电——→①KM2 联锁触头分断，对 KM1 联锁；②KM2 自锁触头闭合自锁；③KM2 主触头闭合，KT 常开触头瞬时闭合自锁，电动机 M 接入直流电能耗制动；④KT 常闭触头延时待分断——→延时到 KT 常闭延时触头分断——→KM2 线圈失电——→①KM2 联锁触头恢复闭合；②KM2 自锁触头分断，KT 线圈失电，KT 触头瞬时复位；③KM2 主触头分断——→电动机 M 切断直流电源并停转，能耗制动结束图 2-30 中 KT 瞬时闭合常开触头的作用是当 KT 出现线圈断线或机械卡住等故障时，按下 SB2 后能使电动机制动后脱离直流电源。

2. 有变压器单相桥式整流能耗制动自动控制线路

对于 10kW 以上容量的电动机，多采用有变压器单相桥式整流能耗制动自动控制线路。如图 2-31 所示为有变压器单相桥式整流单向起动能耗制动自动控制的电路图，其中直流电源由单相桥式整流器供给，TC 是整流变压器，电阻 R 是用来调节直流电流，从而调节制动强度，整流变压器一次侧与整流器的直流侧同时进行切换，有利于提高触头的使用寿命。

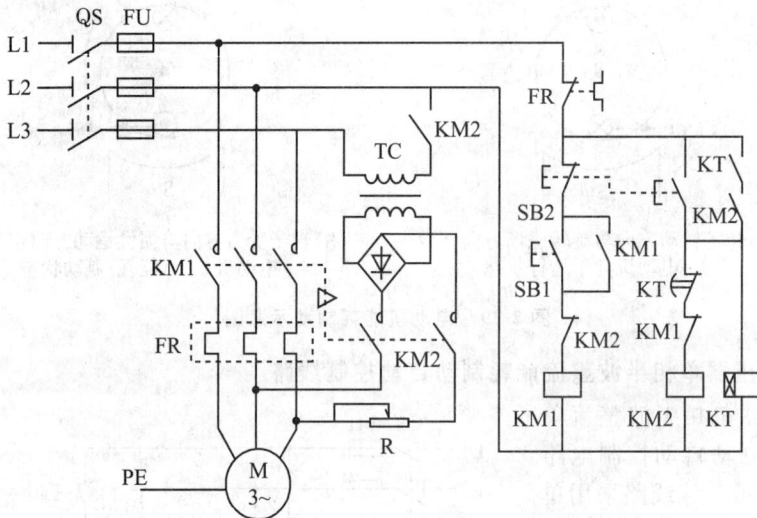

图 2-31　有变压器单相桥式整流单向起动能耗制动控制电路图

图 2-31 与图 2-30 的控制电路相同，所以其工作原理也相同，读者可自行分析。能耗制动的优点是制动准确、平稳，且能量消耗较小。缺点是需附加直流电源装置，设备费用较高，制动力较弱，在低速时制动力矩小。因此能耗制动一般用于要求制动准确、平稳的场合，如磨床、立式铣床等的控制线路中。

四、电容制动

当电动机切断交流电源后，立即在电动机定子绕组的出线端接入电容器来迫使电动机迅速停转的方法叫电容制动。其制动原理是：当旋转着的电动机断开交流电源时，转子内仍有剩磁。随着转子的惯性转动，有一个随转子转动的旋转磁场。这个磁场切割定子绕组产生感生电动势，并通过电容器回路形成感生电流，该电流产生的磁场与转子绕组中感生电流相互作用，产生一个与旋转方向相反的制动转矩，使电动机受制动迅速停转。

电容制动控制电路如图 2-32 所示。

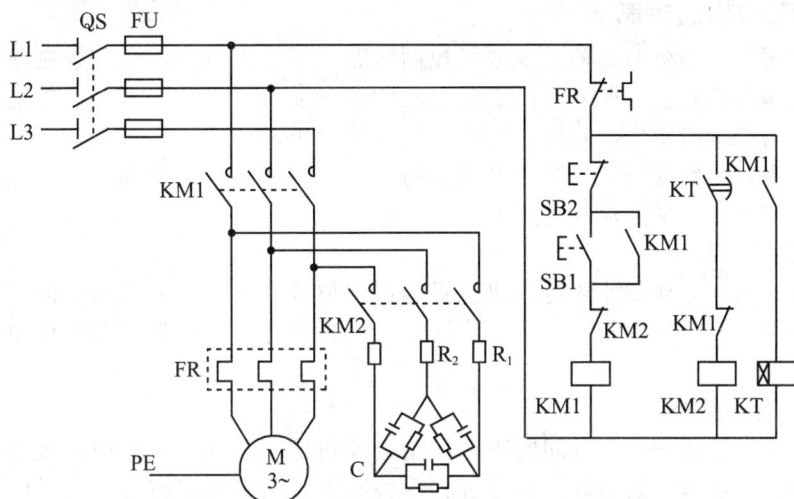

图 2-32　电容制动控制电路图

其线路的工作原理如下：先合上电源开关 QS。

起动运转：

按下 SB1 ──→KM1 线圈得电 ──→①KM1 自锁触头闭合自锁，KM1 主触头闭合，电动机 M 起动运转；②KM1 联锁触头分断，对 KM2 联锁；③KM1 常开辅助触头闭合 ──→KT 线圈得电 ──→KT 延时分断的常开触头瞬时闭合，为 KM2 得电作准备。

电容制动停转：

按下 SB2 ──→KM1 线圈失电 ──→①KM1 自锁触头分断，解除自锁；②KM1 主触头分断，电动机 M 失电惯性运转；③KM1 联锁触头闭合；④KM1 常开辅助触头分断。

当 KM1 联锁触头闭合 ──→KM2 线圈得电 ──→①KM2 联锁触头分断，对 KM1 联锁；②KM2 主触头闭合 ──→电动机 M 接入三相电容进行电容制动至停转。

当 KM1 常开辅助触头分断 ──→KT 线圈失电 ──→延时到，KT 常开触头分断 ──→KM2 线圈失电 ──→①KM2 联锁触头恢复闭合；②KM2 主触头分断 ──→三相电容被切除。

控制线路中，电阻 R_1 是调节电阻，用以调节制动力短的大小，电阻 R_2 为放电电阻。经验证明：电容器的电容，对于 380V、50Hz 的笼型异步电动机，每千瓦每相约需要 $150\mu F$ 左右。电容器的耐压应不小于电动机的额定电压。

实验证明，对于 5.5kW、△形接法的三相异步电动机，无制动停车时间为 22s，采用电容制动后其停车时间仅需 1s；对于 5.5kW、Y 形接法的三相异步电动机，无制动停车时间为 36s，采用电容制动后仅为 2s。所以电容制动是一种制动迅速、能量损耗小、设备简单的制动方法，一般用于 10kW 以下的小容量电动机，特别适用于存在机械摩擦和阻尼的生产机械和需要多台电动机同时制动的场合。

▶ 第六节　电动机的控制和保护

一、电动机的控制

以上学习了电动机的各种基本电气控制线路，而生产机械的电气控制线路都是在这些控制线路的基础上，根据生产工艺过程的控制要求设计的，而生产工艺过程必然伴随着一些物理量的变化，并根据这些量的变化对电动机实现自动控制。对电动机控制的一般原则，归纳起来，有以下几种：行程控制原则、时间控制原则、速度控制原则和电流控制原则。现分别叙述如下：

1. 行程控制原则

根据生产机械运动部件的行程或位置，利用位置开关来控制电动机的工作状态称为行程控制原则。行程控制原则是生产机械电气自动化中应用最多和作用原理最简单的一种方式。

2. 时间控制原则

利用时间继电器按一定时间间隔来控制电动机的工作状态称为时间控制原则。如在电动机的降压起动、制动以及变速过程中，利用时间继电器按一定的时间间隔改变线路的接线方式，来自动完成电动机的各种控制要求。在这里，换接时间的控制信号由时间继电器发出，换接时间的长短则根据生产工艺要求或者电动机起动、制动和变速过程的持续时间来整定时间继电器的动作时间。

3. 速度控制原则

根据电动机的速度变化，利用速度继电器等电器来控制电动机的工作状态称为速度控制原则。反映速度变化的电器有多种，直接测量速度的电器有速度继电器、小型测速发电机；间接测量电动机速度的电器，对于直流电动机用其感生电动势来反映，通过电压继电器来控制；对于交流绕线转子异步电动机可用转子频率来反映，通过频率继电器来控制。

4. 电流控制原则

根据电动机主回路电流的大小，利用电流继电器来控制电动机的工作状态称为电流控制原则。

二、电动机的保护

电动机在运行的过程中，除按生产机械的工艺要求完成各种正常运转外，还必须在线路出现短路、过载、过电流、欠电压、失压及弱磁等现象时，能自动切断电源、停转，以防止和避免电气设备和机械设备的损坏事故，保证操作人员的人身安全。为此，在生产机械的电气控制线路中，采取了对电动机的各种保护措施。常用的有电流型保护和电压型保护等类型，电流型保护包括短路保护、过电流保护（一般不超过 $2.5I_N$）、过载保护（通常 $1.5I_N$ 以内）、欠电流保护、断相保护等，电压型保护包括失压保护、欠压保护（$0.6\sim0.8U_N$）、过电压保护（为感性负载提供放电回路）等。

1. 短路保护

当电动机绕组和导线的绝缘损坏或者控制电器及线路发生故障时，线路将出现短路现象，产生很大的短路电流，使电动机、电器及导线等电气设备严重损坏。因此，在发生短路故障时，保护电器必须立即动作，迅速将电源切断。

常用的短路保护电器是熔断器和低压断路器。熔断器的熔体与被保护的电路串联，当电路正常工作时，熔断器的熔体不起作用，相当于一根导线，其上面的压降很小，可忽略不计。当电路短路时，很大的短路电流流过熔体，使熔体立即熔断，切断电动机电源，电动机停转。同样，若电路中接入低压断路器，当出现短路时，低压断路器会立即动作，切断电源，使电动机停转。

2. 过载保护

当电动机负载过大、起动操作频繁或缺相运行时，会使电动机的工作电流长时间超过其额定电流，电动机绕组过热，温升超过其允许值，导致电动机的绝缘材料变脆，寿命缩短，严重时会使电动机损坏。因此，当电动机过载时，保护电器应动作切断电源，使电动机停转，避免电动机在过载下运行。

常用的过载保护电器是热继电器。当电动机的工作电流等于额定电流时，热继电器不动作；当电动机短时过载或过载电流较小时，热继电器不动作，或经过较长时间才动作；当电动机过载电流较大时，串接在主电路中的热元件会在较短的时间内发热弯曲，使串接在控制电路中的常闭触头断开，先后切断控制电路和主电路的电源，使电动机停转。

3. 欠压保护

当电网电压降低时，电动机便在欠压下运行。由于电动机负载没有改变，所以欠压下电动机转速下降，定子绕组的电流增加。因为电流增加的幅度尚不足以使熔断器和热继电器动作，所以这两种电器起不到保护作用。如不采取保护措施，时间一长将会使电动机过热损坏。另外，欠压将引起一些电器释放，使线路不能正常工作，也可能导致人身、设备事故。因此，应避免电动机在欠压下运行。

实现欠压保护的电器是接触器和电磁式电压继电器。在机床电气控制线路中，只有少数线路专门装设了电磁式电压继电器起欠压保护作用；而大多数控制线路，由于接触器已兼有欠压保护功能，所以不必再加设欠压保护电器。一般当电网电压降低到额定电压的85％以下时，接触器（或电压继电器）线圈产生的电磁吸力将小于复位弹簧的拉力，动铁芯被迫释放，其主触头和自锁触头同时断开，切断主电路和控制电路电源，使电动机停转。

4. 失压保护

生产机械在工作时，由于某种原因而发生电网突然停电，这时电源电压下降为零，电动机停转，生产机械的运动部件也随之停止运转。一般情况下，操作人员不可能及时拉开电源开关，如不采取措施，当电源电压恢复正常时，电动机便会自行起动运转，很可能造成人身和设备事故，并引起电网过电流和瞬间网络电压下降。因此，必须采取失压保护措施。在电气控制线路中，起失压保护作用的电器是接触器和中间继电器。当电网停电时，接触器和中间继电器线圈中的电流消失，电磁吸力减小为零，动铁芯释放，触头复位，切断了主电路和控制电路电源。当电网恢复供电时，若不重新按下起动按钮，则电动机就不会自行起动，实现了失压保护。

5. 过流保护

为了限制电动机的起动或制动电流，在直流电动机的电枢绕组中或在交流绕线转子异步电动机的转子绕组中需要串入附加的限流电阻。如果在起动或制动时，附加电阻短接，将会造成很大的起动或制动电流，使电动机或机械设备损坏。因此，对直流电动机或绕线转子异步电动机常常采用过流保护。

过流保护常用电磁式过电流继电器来实现。当电动机电流值达到过电流继电器的动作值时，继电器动作，使串接在控制电路中的常闭触头断开，切断控制电路，电动

机随之脱离电源停转，达到过流保护的目的。

6. 弱磁保护

直流电动机必须在磁场具有一定强度时才能起动、正常运转。若在起动时，电动机的励磁电流太小，产生的磁场太弱，将会使电动机的起动电流很大；若电动机在正常运转过程中，磁场突然减弱或消失，电动机的转速将会迅速升高，甚至发生"飞车"。因此，在直流电动机的电气控制线路中要采取弱磁保护。弱磁保护是在电动机励磁回路中串入弱磁继电器（即欠电流继电器）来实现的。在电动机起动运行过程中，当励磁电流值达到弱磁继电器的动作值时，继电器就吸合，使串接在控制电路中的常开触头闭合，允许电动机起动或维持正常运转；但当励磁电流减小很多或消失时，弱磁继电器就释放，其常开触头断开，切断控制电路，接触器线圈失电，电动机断电停转。

7. 多功能保护器

选择和设置保护装置的目的不仅使电动机免受损坏，而且还应使电动机得到充分的利用。因此，一个正确的保护方案应该是：使电动机在充分发挥过载能力的同时不但免于损坏，而且还能提高电力拖动系统的可靠性和生产的连续性。

采用双金属片的热保护和电磁保护属于传统的保护方式，这种方式已经越来越不适应生产发展对电动机保护的要求。例如，由于现代电动机工作时绕组电流密度显著增大，当电动机过载时，绕组电流密度增长速率比过去的电动机大 2~2.5 倍。这就要求温度检测元件具有更小的发热时间常数，保护装置具有更高的灵敏度和精度。电子式保护装置在这方面具有极大的优越性。

多功能保护器就是在一个保护装置里同时实现过载、断相及堵转瞬动等保护功能的一种电器。

▶第七节 典型电气控制系统

生产机械种类繁多，其拖动方式和电气控制线路各不相同。下面通过摇臂钻床的电气控制线路的分析，介绍阅读电气原理图的方法，培养识图能力。

一、摇臂钻床的主要工作情况

摇臂钻床是一种孔加工机床，可进行钻孔、扩孔、铰孔、镗孔和攻螺纹等加工。

摇臂钻床主要由底座、内外立座、摇臂、主轴箱和工作台等组成。摇臂的一端为套筒，套装在外立柱上，并借助丝杠的正、反转可沿外立柱作上下移动。

主轴箱安装在摇臂的水平导轨上，可通过手轮操作使其在水平导轨上沿摇臂移动。加工时，根据工件高度的不同，摇臂借助于丝杠可带着主轴箱沿外立柱上下升降。在升降之前，应自动将摇臂松开，再进行升降，当达到所需的位置时，摇臂自动夹紧在立柱上。

钻削加工时，钻头一面旋转，一面作纵向进给。钻床的主运动是主轴带着钻头做旋转运动。进给运动是钻头的上下移动。辅助运动是主轴箱沿摇臂水平移动，摇臂沿外立柱上下移动和摇臂与外立柱一起绕内立柱的回转运动。

二、Z3040 摇臂钻床

1. 机械运动情况

主运动：主轴带动钻头刀具做旋转运动（主电动机 M1 驱动）。

进给运动：主轴的上、下进给运动（主电动机 M1 驱动）。

辅助运动：

①外立柱和摇臂绕内立柱作回转运动(手动)；

②摇臂沿外立柱作升降运动(升降电动机 M2 驱动)；

③主轴箱沿摇臂水平移动(手动)；

④夹紧与放松运动，外立柱与内立柱、摇臂与外立柱、主轴箱与摇臂间的(液压驱动，电动机 M3 拖动)。

2. 液压原理

液压泵采用双向定量泵。接触器 KM4、KM5 控制液压泵电动机 M3 的正、反转。

电磁换向阀 YV 的电磁铁 YA 用于选择夹紧、放松的对象。

电磁铁 YA 线圈不通电时，电磁换向阀 YV 工作在左工位，同时实现主轴箱和立柱的夹紧与放松。电磁铁 YA 线圈通电时，电磁换向阀 YV 工作在右工位，实现摇臂的夹紧与放松。如图 2-33 所示。

3. 电气控制系统

摇臂钻床共有 4 台电动机拖动。M1 为主轴电动机。钻床的主运动与进给运动皆为主轴的运动，都由电动机 M1 拖动，分别经主轴与进给传动机构实现主轴旋转和进给。主轴变速机构和进给变速机构均装在主轴箱内，M2 为摇臂升降电动机，M3 为立柱松紧电动机，M4 为冷却泵电动机。

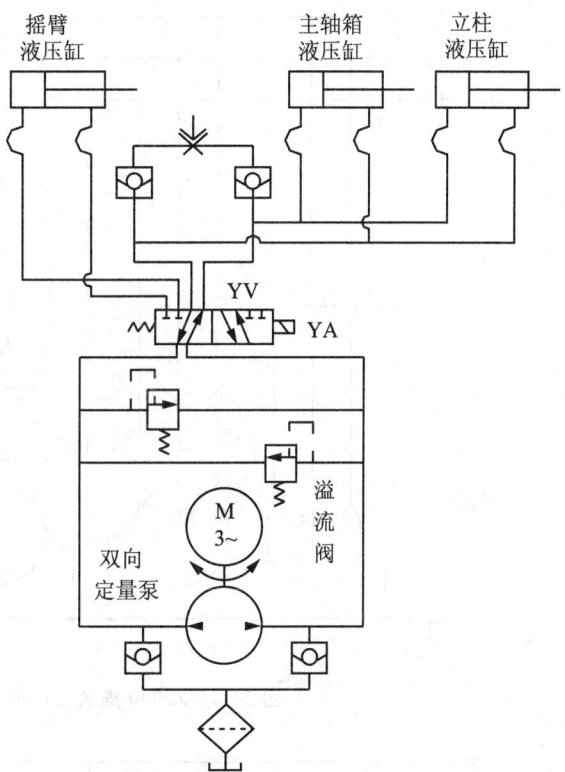

图 2-33　液压原理

控制要求情况：

(1)主轴的控制。

主轴由机械摩擦片式离合器实现正转、反转及调速的控制。

(2)摇臂升降过程：放松——→升/降——→夹紧。

a. 摇臂在完全放松状态下压下放松位置开关 SQ2；

b. 做升/降运动；

c. 升降完毕与夹紧之间加入 1～3s 的时间延时，以克服惯性；

d. 升降完毕后，做夹紧运动，完全夹紧，压下夹紧位置开关 SQ3，摇臂升降过程结束；

e. 位置开关 SQ1、SQ6 用于升降限位保护。

(3)工作状态指示。

HL1、HL2 用于主轴箱和立柱的夹紧、放松工作状态指示；HL3 用于主轴电动机运转工作状态指示。

4. 主电路

电源由总开关 QS 引入，主轴电动机 M1 由 KM1 单向起停控制，主轴的正、反转由机床液压系统机构配合摩擦离合器实现。摇臂升降电动机 M2 由 KM2、KM3 正反转控制。液压泵电动机 M3 由 KM4、KM5 正、反转（夹/松）控制，拖动液压泵送出压力液以实现摇臂的松开、夹紧和主轴箱的松开、夹紧。冷却泵 M4 由组合开关 SA1 单向手动控制。如图 2-34 和图 2-35 所示。

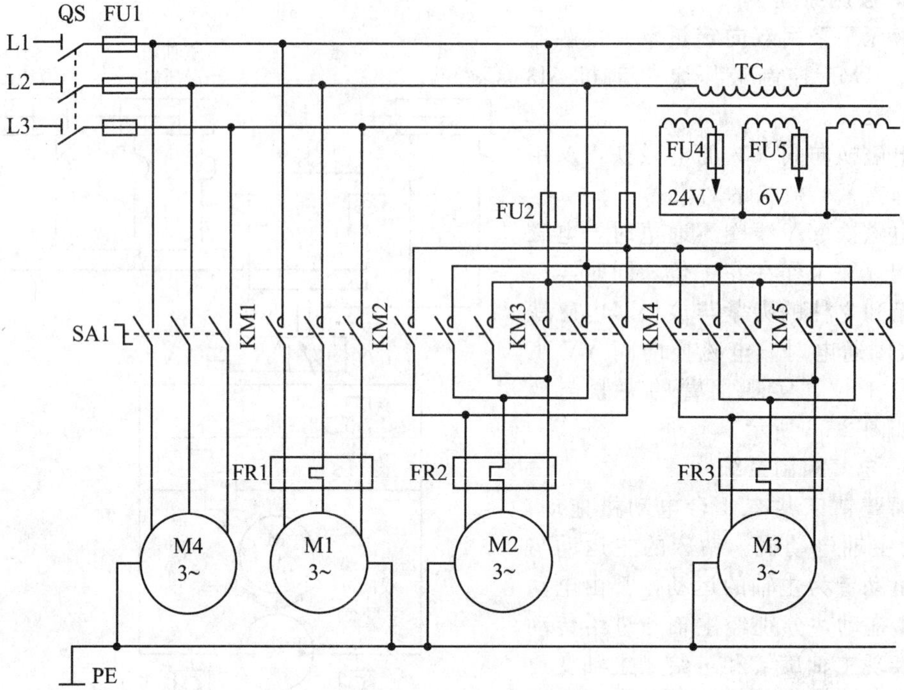

图 2-34　Z3040 摇臂钻床的电气主电路原理图

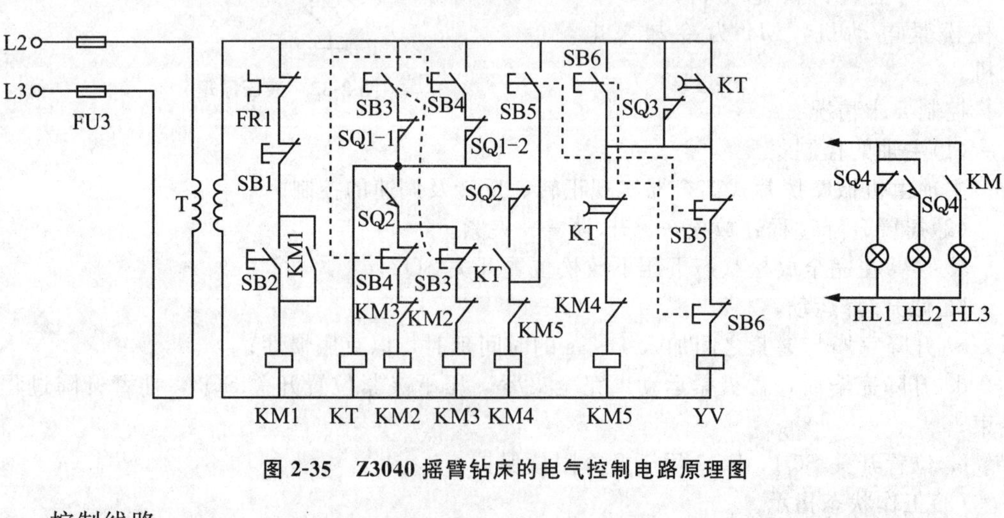

图 2-35　Z3040 摇臂钻床的电气控制电路原理图

控制线路：

（1）主轴电动机 M1 的控制。

按起动按钮 SB2 ──→接触器 KM1 通电──→M1 转动。按停止按钮 SB1 ──→接触器

KM1 断开——→M1 停止。

（2）摇臂升降电动机 M2 的控制。

摇臂上升：按上升起动按钮 SB3 ——→时间继电器 KT 通电——→电磁阀 YN 通电，推动松开机构使摇臂松开。接触器 KM4 通电，液压泵电动机 M3 正转，松开机构压下限位开关 SQ2 ——→KM4 断电——→M3 停转，停止松开；下限位开关 SQ2 ——→上升接触器 KM2 通电——→升降电动机 M2 正转，摇臂上升。

到预定位置——→松开 SB3 ——→上升接触器 KM2 断电——→M2 停转，摇臂停止上升；时间继电器 KT 断电——→延时 t(s)，KT 延时闭合常闭触点闭合——→接触器 KM5 通电——→M3 反转——→电磁阀推动夹紧机构使摇臂夹紧——→夹紧机构压动限位开关 SQ3 ——→电磁阀 YV 断电、接触器 KM5 断电——→液压泵电动机 M3 停转，夹紧停止。摇臂上升过程结束。

摇臂下降过程和上升情况相同，不同的是由下降起动按钮 SB4 和下降接触器 KM3 实现控制。

（3）主轴箱与立柱的夹紧与放松控制。

主轴箱和立柱的夹紧与松开是同时进行的，均采用液压机构控制。工作过程如下：

松开：按下松开按钮 SQ5 ——→接触器 KM4 通电——→液压泵电动机 M3 正转，推动松紧机构使主轴箱和立柱分别松开——→限位开关 SQ4 复位——→松开指示灯 HL1 亮。

夹紧：按下夹紧按钮 SQ6 ——→接触器 KM5 通电——→液压泵电动机 M3 反转，推动松紧机构使主轴箱和立柱分别夹紧——→压下限位开关 SQ4 ——→夹紧松开指示灯 HL2 亮。

（4）照明线路：变压器 T 提供 36V 交流照明电源电压。

（5）摇臂升降的限位保护：摇臂上升到极限位置压动限位开关 SQ1-1，或下降到极限位置压动限位开关 SQ1-2，使摇臂停止升或降。

>>> 习题与思考题

2-1　电动机的起动电流很大，当电动机起动时，热继电器会不会动作？为什么？

2-2　既然在电动机的主电路中装有熔断器，为什么还要装热继电器？装有热继电器是否就可以不装熔断器？为什么？

2-3　分析感应式速度继电器的工作原理，它在线路中起何作用？

2-4　在交流电动机的主电路中用熔断器作短路保护，能否同时起到过载保护作用？为什么？

2-5　低压断路器在电路中的作用如何？如何选择低压断路器？怎样实现干、支线断路器的级间配合？

2-6　某机床的电动机额定功率 5.5kW，电压为 380V，电流为 12.5A，起动电流为额定电流的 7 倍，现用按钮进行起停控制，要有短路保护和过载保护，试选用哪种型号的接触器、按钮、熔断器、热继电器和开关？

2-7　试采用按钮、开关、接触器和中间继电器，画出异步电动机点动、连续运行的混合控制线路。

2-8　电气控制线路常用的保护有哪些？各采用什么电器元件？

2-9　试分析 Z3040 摇臂钻床的摇臂下降过程。

附：自测试题

一、填空题（每空 1 分共 15 分）

1. 指出下列文字符号表示的电器名称：FU _____ 、KM _____ 、QS _____ 、FR _____ 、KT _____ 。

2. 在控制线路中，设置有许多保护措施，请指出下列保护是通过哪一个设备或元件实现的：短路保护 _____ ；过载保护 _____ ；欠、失压保护 _____ ；电动机缺相保护 _____ ；终端保护 _____ 。

3. 已知时间继电器的延时常开触点在其线圈不通电时是断开的，线圈通电时瞬时接通，线圈断电时延时断开，画出该时间继电器的线圈符号为 _____ ，画出该触点的符号为 _____ ，该时间继电器属于 _____ 型。

4. 对电动机采用 Y-Δ 降压起动时，起动时绕组接为 _____ ，运行时绕组接为 _____ 。

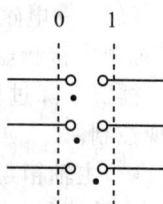

图 A-1

二、选择题（每题 2 分共 22 分）

1. 低压断路器中的电磁脱扣器承担 _____ 保护作用。

A. 过流　　　　　B. 过载　　　　　C. 失电压　　　　　D. 欠电压

2. 如图 A-1 所示为某种开关的图形符号，由图知道该开关的常开、常闭触点的数量是多少？

A. 一个常开两个常闭　　　　　B. 两个常开一个常闭

C. 三个常开　　　　　D. 三个常闭

3. 交流接触器的铁心上嵌有短路环，其作用是（　　）。

A. 短路　　　　　B. 动作迅速　　　　　C. 减小振动　　　　　D. 增强吸力

4. 图 A-2 为电动机连续运行控制电路，该电路的逻辑代数式表示为（　　）。

A. $KM=(\overline{FR}+\overline{SB1})+(SB2 \cdot KM)$

B. $KM=(\overline{FR} \cdot \overline{SB1}) \cdot (SB2+KM)$

C. $KM=(FR \cdot SB1) \cdot (\overline{SB2}+\overline{KM})$

D. $KM=(FR+SB1)+(\overline{SB2} \cdot \overline{KM})$

5. 反接制动串联电阻的作用是（　　）。

A. 限制反接制动电流　　　　　B. 控制反接制动时间

C. 不使电动机反转　　　　　D. 兼做能耗制动用电阻

6. 下列各图中，能够实现电动机点动的是（　　）。

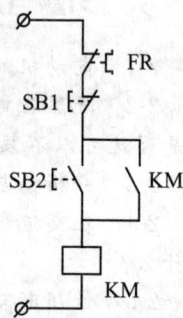

图 A-2

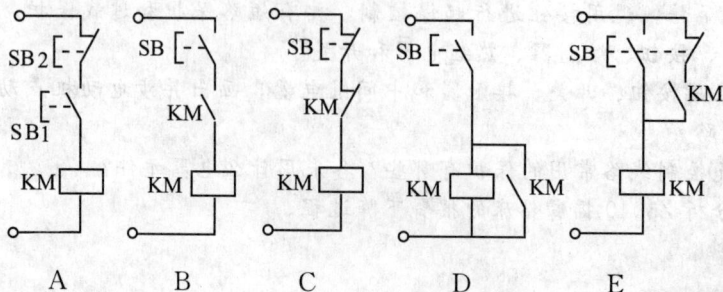

A　　　　　B　　　　　C　　　　　D　　　　　E

7. 收音机发出的交流声属于（　　）。

A. 机械噪音　　　B. 气体动力噪声　C. 电磁噪声　　　　D. 电力噪声

8. 下例电工指示仪表中若按仪表的测量对象分，主要有（　　）等。

A. 实验室用仪表和工程测量用仪表　　B. 功率表和相位表

C. 磁电系仪表和电磁系仪表　　　　　D. 安装式仪表和可携带式仪表

9. 电工指示仪表的准确等级通常分为七级，它们分别为 0.1 级、0.2 级、（　　）、1.0 级等。

A. 0.25 级　　　　B. 0.3 级　　　　C. 0.4 级　　　　D. 0.5 级

10. 直流系统仪表的准确度等级一般不低于（　　）。

A. 0.1 级　　　　B. 0.5 级　　　　C. 1.5 级　　　　D. 2.5 级

11. 电子仪表按（　　）可分为简易测量仪器、精密测量仪器、高精度测量仪器。

A. 功能　　　　　B. 工作频段　　　C. 工作原理　　　D. 测量精度

三、判断题（对画打√，错打×，每题 2 分，共 16 分）

（　　）1. 三相交流异步电动机的原相序为 U-V-W，若要改变其转动方向，只要将原来的电源相序改为 V-W-U 就行。

（　　）2. 电动机的多地控制是通过把各地的起动按钮并联、停止按钮串联来实现的。

（　　）3. 电动机 Y-△ 降压起动是电动机在起动过程中接为 Y，起动结束进入正常运行时接为 △。

（　　）4. 变极调速的三速电动机具有 3 套绕组，每一绕组对应一种转速。

（　　）5. 能耗制动是电动机在制动过程中在定子绕组中通入直流电形成一个静止磁场以达到制动的目的。

（　　）6. 当接触器通电时，其常开触点就变为常闭触点。

（　　）7. 电路图中各电器触点所处的状态都是按电磁线圈未通电或电器未受外力作用时的常态画出的。

（　　）8. 用两只接触器控制电动机的正反转，如果两只接触器同时接通，电动机可能正转也可能反转。

四、分析改错题（每题 15 分，共 30 分）

1. 下图为正反控制电路，试分析各电路能否正常工作？若不能正常工作，请找出原因，并改正过来。

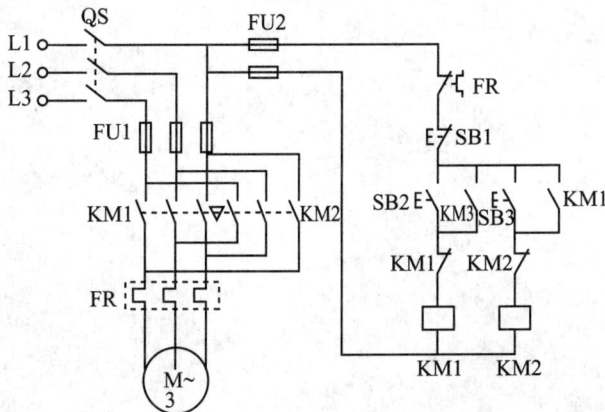

2. 试标出下图所示自锁控制电路中各电器元件的文字符号，检查各电路的接线有无错误，并加以改正。

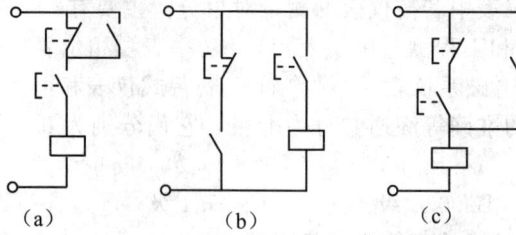

（a）　　　　　（b）　　　　　（c）

五、作图题(17 分)

画出三相笼型异步电动机既能点动又能连续运转的控制线路(包括主电路和控制线路)，并写出动作原理。

第三章　可编程控制器基础知识

▶第一节　概　述

一、什么是 PLC

可编程控制器(Programmable Controller)简称 PC 或 PLC。它是在电气控制技术和计算机技术的基础上开发出来的,并逐渐发展成为以微处理器为核心,把自动化技术、计算机技术、通信技术融为一体的新型工业控制装置。目前,PLC 已被广泛应用于各种生产机械和生产过程的自动控制中,成为一种最重要、最普及、应用场合最多的工业控制装置,被公认为现代工业自动化的三大支柱(PLC、机器人、CAD/CAM)之一。

国际电工委员会(IEC)于 1987 年颁布了可编程控制器标准草案第三稿。在草案中对可编程控制器定义如下:"可编程控制器是一种数字运算操作的电子系统,专为在工业环境下应用而设计。它采用可编程序的存储器,用来在其内部存储执行逻辑运算、顺序控制、定时、计数和算术运算等操作的指令,并通过数字式和模拟式的输入和输出,控制各种类型的机械或生产过程。可编程控制器及其有关外围设备,都应按易于与工业系统联成一个整体,易于扩充其功能的原则设计。"

定义强调了 PLC 应直接应用于工业环境,必须具有很强的抗干扰能力、广泛的适应能力和广阔的应用范围,这是区别于一般微机控制系统的重要特征。同时,也强调了 PLC 用软件方式实现的"可编程"与传统控制装置中通过硬件或硬接线的变更来改变程序的本质区别。

近年来,可编程控制器发展很快,几乎每年都推出不少新系列产品,其功能已远远超出了上述定义的范围。

二、PLC 的产生与发展

在可编程控制器出现前,在工业电气控制领域中,继电气控制占主导地位,应用广泛。但是电气控制系统存在体积大、可靠性低、查找和排除故障困难等缺点,特别是其接线复杂、不易更改,对生产工艺变化的适应性差。

1968 年美国通用汽车公司(GM)为了适应汽车型号的不断更新、生产工艺不断变化的需要,实现小批量、多品种生产,希望能有一种新型工业控制器,它能做到尽可能减少重新设计和更换电气控制系统及接线,以降低成本,缩短周期。于是就设想将计算机功能强大、灵活、通用性好等优点与电气控制系统简单易懂、价格便宜等优点结合起来,制成一种通用控制装置,而且这种装置采用面向控制过程、面向问题的"自然语言"进行编程,使不熟悉计算机的人也能很快掌握使用。

通用汽车公司提出了 10 点具体要求:

(1)编程简单,可在现场修改程序。

(2)维护方便,采用插件式结构。

(3)可靠性高于继电气控制柜。

(4)体积小于继电气控制柜。

(5)成本可与继电气控制柜竞争。

(6)可将数据直接送入计算机。

(7)可直接用 115V 交流输入。

(8)输出采用交流 115V，能直接驱动电磁阀、交流接触器等。

(9)通用性强，扩展时很方便。

(10)程序要能存储，存储容量可扩展到 4KB。

1969 年，美国数字设备公司(DEC)根据美国通用汽车公司的这种要求，研制成功了世界上第一台可编程控制器，并在通用汽车公司的自动装配线上试用，取得很好的效果。从此这项技术迅速发展起来。

早期的可编程控制器仅有逻辑运算、定时、计数等顺序控制功能，只是用来取代传统的继电气控制，通常称为可编程逻辑控制器(Programmable Logic Controller)。随着微电子技术和计算机技术的发展，20 世纪 70 年代中期，微处理器技术应用到 PLC 中，使 PLC 不仅具有逻辑控制功能，还增加了算术运算、数据传送和数据处理等功能。

20 世纪 80 年代以后，随着大规模、超大规模集成电路等微电子技术的迅速发展，16 位和 32 位微处理器应用于 PLC 中，使 PLC 得到迅速发展。PLC 不仅控制功能增强，同时可靠性提高，功耗、体积减小，成本降低，编程和故障检测更加灵活方便，而且具有通信和联网、数据处理和图像显示等功能，使 PLC 真正成为具有逻辑控制、过程控制、运动控制、数据处理、联网通信等功能的名副其实的多功能控制器。

自从第一台 PLC 出现以后，日本、德国、法国等也相继开始研制 PLC，并取得了迅速的发展。目前，世界上有 200 多家 PLC 厂商，400 多品种的 PLC 产品，按地域可分成美国、欧洲和日本三个流派的产品，各流派 PLC 产品都各具特色，如日本主要发展中小型 PLC，其小型 PLC 性能先进，结构紧凑，价格便宜，在世界市场上占用重要地位。著名的 PLC 生产厂家主要有美国的 A-B(Allen-Bradly)公司、GE(General Electric)公司，日本的三菱电机(Mitsubishi Electric)公司、欧姆龙(OMRON)公司，德国的 AEG 公司、西门子(Siemens)公司，法国的 TE(Telemecanique)公司等。

我国的 PLC 研制、生产和应用也发展很快，尤其在应用方面更为突出。在 20 世纪 70 年代末和 80 年代初，我国引进了不少国外的 PLC。此后，在传统设备改造和新设备设计中，PLC 的应用逐年增多，并取得显著的经济效益，PLC 在我国的应用越来越广泛，对提高我国工业自动化水平起到了巨大的作用。

从近年的统计数据看，在世界范围内 PLC 产品的产量、销量、用量高居工业控制装置榜首，而且市场需求量一直以每年 15% 的比例上升。PLC 已成为工业自动化控制领域中占主导地位的通用工业控制装置。

三、PLC 的特点与应用领域

(一)PLC 的特点

PLC 技术之所以高速发展，除了工业自动化的客观需要外，主要是因为它具有许多独特的优点。它较好地解决了工业领域中普遍关心的可靠、安全、灵活、方便、经济等问题。主要有以下特点：

1. 可靠性高、抗干扰能力强

可靠性高、抗干扰能力强是 PLC 最重要的特点之一。PLC 的平均无故障时间可达几十万小时，之所以有这么高的可靠性，是由于它采用了一系列的硬件和软件的抗干扰措施：

(1)硬件方面：I/O 通道采用光电隔离，有效地抑制了外部干扰源对 PLC 的影响；

对供电电源及线路采用多种形式的滤波，从而消除或抑制了高频干扰；对 CPU 等重要部件采用良好的导电、导磁材料进行屏蔽，以减少空间电磁干扰；对有些模块设置了联锁保护、自诊断电路等。

(2)软件方面：PLC 采用扫描工作方式，减少了由于外界环境干扰引起故障；在 PLC 系统程序中设有故障检测和自诊断程序，能对系统硬件电路等故障实现检测和判断；当由外界干扰引起故障时，能立即将当前重要信息加以封存，禁止任何不稳定的读写操作，一旦外界环境正常后，便可恢复到故障发生前的状态，继续原来的工作。

2. 编程简单、使用方便

目前，大多数 PLC 采用的编程语言是梯形图语言，它是一种面向生产、面向用户的编程语言。梯形图与电气控制线路图相似，形象、直观，不需要掌握计算机知识，很容易让广大工程技术人员掌握。当生产流程需要改变时，可以现场改变程序，使用方便、灵活。同时，PLC 编程器的操作和使用也很简单。这也是 PLC 获得普及和推广的主要原因之一。

许多 PLC 还针对具体问题，设计了各种专用编程指令及编程方法，进一步简化了编程。

3. 功能完善、通用性强

现代 PLC 不仅具有逻辑运算、定时、计数、顺序控制等功能，而且还具有 A/D 和 D/A 转换、数值运算、数据处理、PID 控制、通信联网等许多功能。同时，由于 PLC 产品的系列化、模块化，有品种齐全的各种硬件装置供用户选用，可以组成满足各种要求的控制系统。

4. 设计安装简单、维护方便

由于 PLC 用软件代替了传统电气控制系统的硬件，控制柜的设计、安装接线工作量大为减少。PLC 的用户程序大部分可在实验室进行模拟调试，缩短了应用设计和调试周期。在维修方面，由于 PLC 的故障率极低，维修工作量很小；而且 PLC 具有很强的自诊断功能，如果出现故障，可根据 PLC 上指示或编程器上提供的故障信息，迅速查明原因，维修极为方便。

5. 体积小、重量轻、能耗低

由于 PLC 采用了集成电路，其结构紧凑、体积小、能耗低，因而是实现机电一体化的理想控制设备。

(二)PLC 的应用领域

目前，在国内外 PLC 已广泛应用于冶金、石油、化工、建材、机械制造、电力、汽车、轻工、环保等各行各业，随着 PLC 性能价格比的不断提高，其应用领域不断扩大。从应用类型看，PLC 的应用大致可归纳为以下几个方面。

1. 开关量逻辑控制

利用 PLC 最基本的逻辑运算、定时、计数等功能实现逻辑控制，可以取代传统的继电气控制，用于单机控制、多机群控制、生产自动线控制等，例如，机床、注塑机、印刷机械、装配生产线、电镀流水线及电梯的控制等。这是 PLC 最基本的应用，同样也是 PLC 最广泛的应用领域。

2. 运动控制

大多数 PLC 都有拖动步进电动机或伺服电动机的单轴或多轴位置控制模块。这一功能广泛用于各种机械设备，如对各种机床、装配机械、机器人等进行运动控制。

3. 过程控制

大、中型 PLC 都具有多路模拟量 I/O 模块和 PID 控制功能，有的小型 PLC 也具有模拟量输入输出。所以 PLC 可实现模拟量控制，而且具有 PID 控制功能的 PLC 可构成闭环控制，用于过程控制。这一功能已广泛用于锅炉、反应堆、水处理以及闭环位置控制和速度控制等方面。

4. 数据处理

现代的 PLC 都具有数学运算、数据传送、转换、排序和查表等功能，可进行数据的采集、分析和处理，同时可通过通信接口将这些数据传送给其他智能装置，如计算机数值控制（CNC）设备，进行处理。

5. 通信联网

PLC 的通信包括 PLC 与 PLC、PLC 与上位计算机、PLC 与其他智能设备之间的通信，PLC 系统与通用计算机可直接或通过通信处理单元、通信转换单元相连构成网络，以实现信息的交换，并可构成"集中管理、分散控制"的多级分布式控制系统，满足工厂自动化（FA）系统发展的需要。

四、PLC 的分类

PLC 产品种类繁多，其规格和性能也各不相同。对 PLC 的分类，通常根据其结构形式的不同、功能的差异和 I/O 点数的多少等进行大致分类。

1. 按结构形式分类

根据 PLC 的结构形式，可将 PLC 分为整体式和模块式两类。

（1）整体式 PLC：整体式 PLC 是将电源、CPU、I/O 接口等部件都集中装在一个机箱内，具有结构紧凑、体积小、价格低的特点。小型 PLC 一般采用这种整体式结构。整体式 PLC 由不同 I/O 点数的基本单元（又称主机）和扩展单元组成。基本单元内有 CPU、I/O 接口、与 I/O 扩展单元相连的扩展口，以及与编程器或 EPROM 写入器相连的接口等。扩展单元内只有 I/O 和电源等，没有 CPU。基本单元和扩展单元之间一般用扁平电缆连接。整体式 PLC 一般还可配备特殊功能单元，如模拟量单元、位置控制单元等，使其功能得以扩展。

（2）模块式 PLC：模块式 PLC 是将 PLC 各组成部分分别做成若干个单独的模块，如 CPU 模块、I/O 模块、电源模块（有的含在 CPU 模块中）以及各种功能模块。模块式 PLC 由框架或基板和各种模块组成。模块装在框架或基板的插座上。这种模块式 PLC 的特点是配置灵活，可根据需要选配不同规模的系统，而且装配方便，便于扩展和维修。大、中型 PLC 一般采用模块式结构。

还有一些 PLC 将整体式和模块式的特点结合起来，构成所谓叠装式 PLC。叠装式 PLC 其 CPU、电源、I/O 接口等也是各自独立的模块，但它们之间是靠电缆进行连接，并且各模块可以一层层地叠装。这样，不但系统可以灵活配置，还可做得体积小巧。

2. 按功能分类

根据 PLC 所具有的功能不同，可将 PLC 分为低档、中档和高档三类。

（1）低档 PLC：具有逻辑运算、定时、计数、移位以及自诊断、监控等基本功能，还可有少量模拟量输入/输出、算术运算、数据传送和比较、通信等功能。主要用于逻辑控制、顺序控制或少量模拟量控制的单机控制系统。

（2）中档 PLC：除具有低档 PLC 的功能外，还具有较强的模拟量输入/输出、算术运算、数据传送和比较、数制转换、远程 I/O、子程序、通信联网等功能。有些还可增设中断控制、PID控制等功能，适用于复杂控制系统。

(3)高档PLC：除具有中档机的功能外，还增加了带符号算术运算、矩阵运算、位逻辑运算、平方根运算及其他特殊功能函数的运算、制表及表格传送功能等。高档PLC机具有更强的通信联网功能，可用于大规模过程控制或构成分布式网络控制系统，实现工厂自动化。

3. 按I/O点数分类

根据PLC的I/O点数的多少，可将PLC分为小型、中型和大型三类。

(1)小型PLC：I/O点数为256点以下的为小型PLC。其中，I/O点数小于64点的为超小型或微型PLC。

(2)中型PLC：I/O点数为256点以上、2048点以下的为中型PLC。

(3)大型PLC：I/O点数为2048以上的为大型PLC。其中，I/O点数超过8192点的为超大型PLC。

在实际中，一般PLC功能的强弱与其I/O点数的多少是相互关联的，即PLC的功能越强，其可配置的I/O点数越多。因此，通常我们所说的小型、中型、大型PLC，除指其I/O点数不同外，同时也表示其对应功能为低档、中档和高档。

▶ 第二节　PLC控制系统与电气控制系统的比较

一、电气控制系统与PLC控制系统

1. 电气控制系统的组成

通过第一章的学习可知，任何一个电气控制系统，都是由输入部分、输出部分和控制部分组成，如图3-1所示。

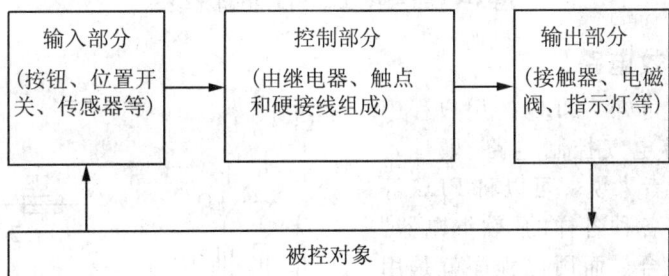

图 3-1　电气控制系统的组成

其中输入部分是由各种输入设备，如按钮、位置开关及传感器等组成；控制部分是按照控制要求设计的，由若干继电器及触点构成的具有一定逻辑功能的控制电路；输出部分是由各种输出设备，如接触器、电磁阀、指示灯等执行元件组成。电气控制系统是根据操作指令及被控对象发出的信号，由控制电路按规定的动作要求决定执行什么动作或动作的顺序，然后驱动输出设备去实现各种操作。由于控制电路是采用硬接线将各种继电器及触点按一定的要求连接而成，所以接线复杂且故障点多，同时不易灵活改变。

2. PLC控制系统的组成

由PLC构成的控制系统也是由输入、输出和控制三部分组成，如图3-2所示。

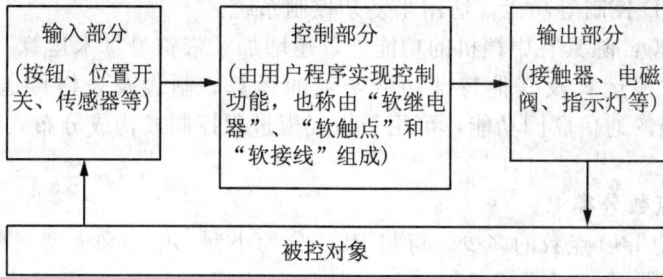

图 3-2　PLC 控制系统的组成

从图 3-2 中可以看出，PLC 控制系统的输入、输出部分和电气控制系统的输入、输出部分基本相同，但控制部分是采用"可编程"的 PLC，而不是实际的继电器线路。因此，PLC 控制系统可以方便地通过改变用户程序，以实现各种控制功能，从根本上解决了电气控制系统控制电路难以改变的问题。同时，PLC 控制系统不仅能实现逻辑运算，还具有数值运算及过程控制等复杂的控制功能。

电气控制与 PLC 控制可进一步参考图 3-3 所示。

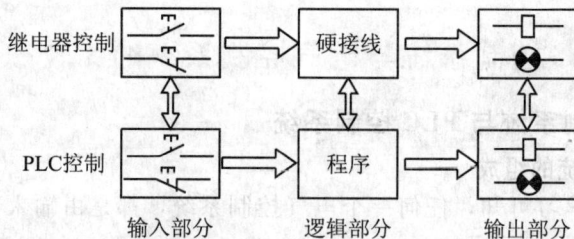

图 3-3　电气控制与 PLC 控制比较

二、PLC 的等效电路

从上述比较可知，PLC 的用户程序（软件）代替了继电气控制电路（硬件）。因此，对于使用者来说，可以将 PLC 等效成是许许多多各种各样的"软继电器"和"软接线"的集合，而用户程序就是用"软接线"将"软继电器"及其"触点"按一定要求连接起来的"控制电路"。

为了更好地理解这种等效关系，下面通过一个例子来说明。如图 3-4 所示为三相异步电动机单向起动运行的电气控制系统。其中，由输入设备 SB1、SB2、FR 的触点构成系统的输入部分，由输出设备 KM 构成系统的输出部分。

如果用 PLC 来控制这台三相异步电动机，组成一个 PLC 控制系统，根据上述分析可知，系统主电路不变，只要将输入设备 SB1、SB2、FR 的触点与 PLC 的输入

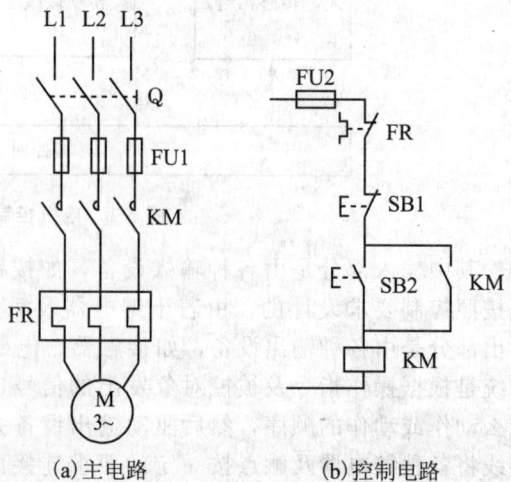

(a)主电路　　　　(b)控制电路

图 3-4　三相异步电动机单向运行电气控制系统

端连接，输出设备 KM 线圈与 PLC 的输出端连接，就构成 PLC 控制系统的输入、输出硬件线路。而控制部分的功能则由 PLC 的用户程序来实现，其等效电路如图 3-5 所示。

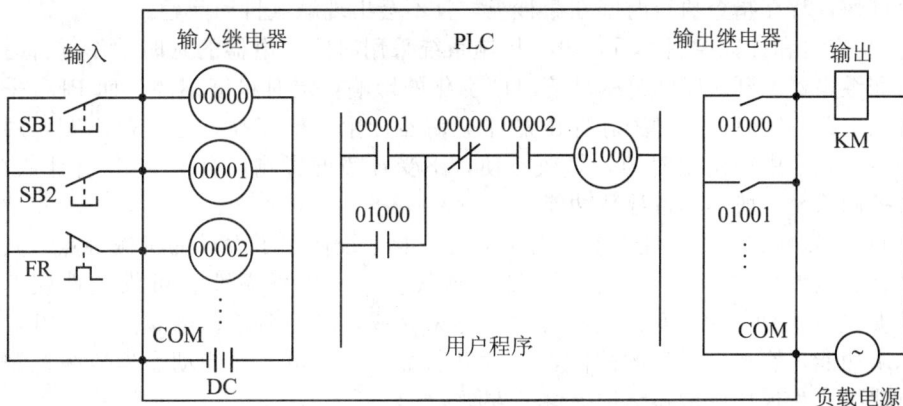

图 3-5　PLC 的等效电路

图中，输入设备 SB1、SB2、FR 与 PLC 内部的"软继电器"00000、00001、00002 的"线圈"对应，由输入设备控制相对应的"软继电器"的状态，即通过这些"软继电器"将外部输入设备状态变成 PLC 内部的状态，这类"软继电器"称为输入继电器；同理，输出设备 KM 与 PLC 内部的"软继电器"对应，由"软继电器"状态控制对应的输出设备 KM 的状态，即通过这些"软继电器"将 PLC 内部状态输出，以控制外部输出设备，这类"软继电器"称为输出继电器。

因此，PLC 用户程序要实现的是：如何用输入继电器来控制输出继电器。当控制要求复杂时，程序中还要采用 PLC 内部的其他类型的"软继电器"，如辅助继电器、定时器、计数器等，以达到控制要求。

要注意的是，PLC 等效电路中的继电器并不是实际的物理继电器，它实质上是存储器单元的状态。单元状态为"1"，相当于继电器接通；单元状态为"0"，则相当于继电器断开。因此，我们称这些继电器为"软继电器"。

三、PLC 控制系统与电气控制系统的区别

PLC 控制系统与电气控制系统相比，有许多相似之处，也有许多不同。不同之处主要表现在以下几个方面：

（1）从控制方法上看，电气控制系统控制逻辑采用硬件接线，利用继电器机械触点的串联或并联等组合成控制逻辑，其连线多且复杂、体积大、功耗大，系统构成后，想再改变或增加功能较为困难。另外，继电器的触点数量有限，所以电气控制系统的灵活性和可扩展性受到很大限制。而 PLC 采用了计算机技术，其控制逻辑是以程序的方式存放在存储器中，要改变控制逻辑只需改变程序，因而很容易改变或增加系统功能。系统连线少、体积小、功耗小，而且 PLC 所谓"软继电器"实质上是存储器单元的状态，所以"软继电器"的触点数量是无限的，说明 PLC 系统的灵活性和可扩展性好。

（2）从工作方式上看，在继电气控制电路中，当电源接通时，电路中所有继电器都处于受制约状态，即该吸合的继电器都同时吸合，不该吸合的继电器受某种条件限制而不能吸合，这种工作方式称为并行工作方式。而 PLC 的用户程序是按一定顺序循环执行，所以各软继电器都处于周期性循环扫描接通中，受同一条件制约的各个继电器的动作次序决定于程序扫描顺序，这种工作方式称为串行工作方式。

（3）从控制速度上看，继电气控制系统依靠机械触点的动作以实现控制，工作频率低，机械触点还会出现抖动问题。而 PLC 是通过程序指令控制半导体电路来实现控制的，速度快，程序指令执行时间在微秒级，且不会出现触点抖动问题。

（4）从定时和计数控制上看，电气控制系统采用时间继电器的延时动作进行时间控制，时间继电器的延时时间易受环境温度变化的影响，定时精度不高。而 PLC 采用半导体集成电路作定时器，时钟脉冲由晶体振荡器产生，精度高，定时范围宽，用户可根据需要在程序中设定定时值，修改方便，不受环境的影响，且 PLC 具有计数功能，而电气控制系统一般不具备计数功能。

（5）从可靠性和可维护性上看，由于电气控制系统使用了大量的机械触点，其存在机械磨损、电弧烧伤等，寿命短，系统的连线多，所以可靠性和可维护性较差。而 PLC 大量的开关动作由无触点的半导体电路来完成，其寿命长、可靠性高，PLC 还具有自诊断功能，能查出自身的故障，随时显示给操作人员，并能动态地监视控制程序的执行情况，为现场调试和维护提供了方便。

四、PLC 与微机的比较

PLC 实质上是一种专门应用于工业环境的计算机，但又区别于计算机。那么它们二者有何不同？简言之，微机是通用的专用机，而 PLC 是专用的通用机。

从微型计算机的应用范围来说，微机是通用机，可用于各个领域；而 PLC 是专用机，专用于工业控制。

①PLC 抗干扰能力比微机强。

②PLC 编程比微机简单。

③PLC 设计调试周期短。

④PLC 的输入、输出响应速度慢，而微机响应速度快。

⑤PLC 易于操作，人员培训时间短，而微机则较难，人员培训时间长。

⑥PLC 易于维修，微机维修较难。

▶ 第三节　PLC 的基本组成

PLC 是微机技术和控制技术相结合的产物，是一种以微处理器为核心的用于控制的特殊计算机，因此 PLC 的基本组成与一般的微机系统类似。

一、PLC 的硬件组成

PLC 的硬件主要由中央处理器（CPU）、存储器、输入单元、输出单元、通信接口、扩展接口电源等部分组成。其中，CPU 是 PLC 的核心，输入单元与输出单元是连接现场输入/输出设备与 CPU 之间的接口电路，通信接口用于与编程器、上位计算机等外设连接。

对于整体式 PLC，所有部件都装在同一机壳内，其组成框图如图 3-6 所示；对于模块式 PLC，各部件独立封装成模块，各模块通过总线连接，安装在机架或导轨上，其组成框图如图 3-7 所示。无论是哪种结构类型的 PLC，都可根据用户需要进行配置与组合。

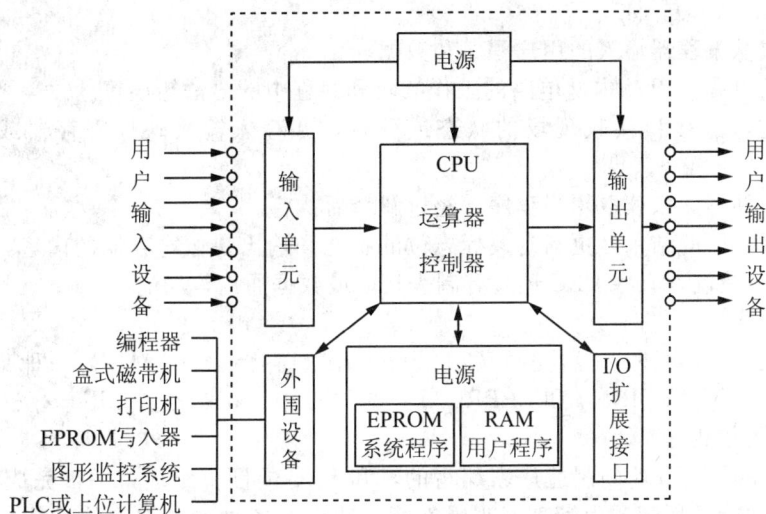

图 3-6　整体式 PLC 组成框图

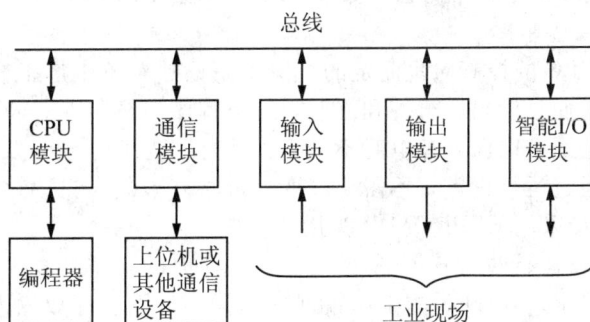

图 3-7　模块式 PLC 组成框图

尽管整体式与模块式 PLC 的结构不太一样，但各部分的功能作用是相同的，下面对 PLC 主要组成部分进行简单介绍。

1. 中央处理单元(CPU)

同一般的微机一样，CPU 是 PLC 的核心。PLC 中所配置的 CPU 随机型不同而不同，常用的有三类：通用微处理器(如 Z80、8086、80286 等)、单片微处理器(如 8031、8096 等)和片式微处理器(如 AMD29W 等)。小型 PLC 大多采用 8 位通用微处理器和单片微处理器；中型 PLC 大多采用 16 位通用微处理器或单片微处理器；大型 PLC 大多采用高速位片式微处理器。

目前，小型 PLC 为单 CPU 系统，而中、大型 PLC 则大多为双 CPU 系统，甚至有些 PLC 中多达 8 个 CPU。对于双 CPU 系统，其中一个 CPU 为字处理器，一般采用 8 位或 16 位处理器；另一个为位处理器，采用由各厂家设计制造的专用芯片。字处理器为主处理器，用于执行编程器接口功能，监视内部定时器，监视扫描时间，处理字节指令以及对系统总线和位处理器进行控制等。位处理器为从处理器，主要用于处理位操作指令和实现 PLC 编程语言向机器语言的转换。位处理器的采用，提高了 PLC 的速度，使 PLC 更好地满足实时控制要求。

在 PLC 中 CPU 按系统程序赋予的功能，指挥 PLC 有条不紊地进行工作，归纳起

来主要有以下几个方面：

（1）接收从编程器输入的用户程序和数据。

（2）诊断电源、PLC内部电路的工作故障和编程中的语法错误等。

（3）通过输入接口接收现场的状态或数据，并存入输入映像寄存器或数据寄存器中。

（4）从存储器逐条读取用户程序，经过解释后执行。

（5）根据执行的结果，更新有关标志位的状态和输出映像寄存器的内容，通过输出单元实现输出控制。有些PLC还具有制表打印或数据通信等功能。

2. 存储器

存储器主要有两种：一种是可读/写操作的随机存储器RAM；另一种是只读存储器ROM、PROM、EPROM和EEPROM。在PLC中，存储器主要用于存放系统程序、用户程序及工作数据。

系统程序是由PLC的制造厂家编写的，和PLC的硬件组成有关，完成系统诊断、命令解释、功能子程序调用管理、逻辑运算、通信及各种参数设定等功能，提供PLC运行的平台。系统程序关系到PLC的性能，而且在PLC使用过程中不会变动，所以是由制造厂家直接固化在只读存储器ROM、PROM或EPROM中，用户不能访问和修改。

用户程序是随PLC的控制对象而定的，由用户根据对象生产工艺的控制要求而编制的应用程序。为了便于读出、检查和修改，用户程序一般存于CMOS静态RAM中，用锂电池作为后备电源，以保证掉电时不会丢失信息。为了防止干扰对RAM中程序的破坏，当用户程序经过运行正常，不需要改变，可将其固化在只读存储器EPROM中。现在有许多PLC直接采用EEPROM作为用户存储器。

工作数据是PLC运行过程中经常变化、经常存取的一些数据。存放在RAM中，以适应随机存取的要求。在PLC的工作数据存储器中，设有存放输入输出继电器、辅助继电器、定时器、计数器等逻辑器件的存储区，这些器件的状态都是由用户程序的初始设置和运行情况而确定的。根据需要，部分数据在掉电时用后备电池维持其现有的状态，这部分在掉电时可保存数据的存储区域称为保持数据区。

由于系统程序及工作数据与用户无直接联系，所以在PLC产品样本或使用手册中所列存储器的形式及容量是指用户程序存储器。当PLC提供的用户存储器容量不够用时，许多PLC还提供有存储器扩展功能。

3. 输入/输出单元

输入/输出单元通常也称I/O单元或I/O模块，是PLC与工业生产现场之间的连接部件。PLC通过输入接口可以检测被控对象的各种数据，以这些数据作为PLC对被控制对象进行控制的依据；同时PLC又通过输出接口将处理结果送给被控制对象，以实现控制目的。

由于外部输入设备和输出设备所需的信号电平是多种多样的，而PLC内部CPU处理的信息只能是标准电平，所以I/O接口要实现这种转换。I/O接口一般都具有光电隔离和滤波功能，以提高PLC的抗干扰能力。另外，I/O接口上通常还有状态指示，工作状况直观，便于维护。

PLC提供了多种操作电平和驱动能力的I/O接口，有各种各样功能的I/O接口供用户选用。I/O接口的主要类型有：数字量（开关量）输入、数字量（开关量）输出、模拟量输入、模拟量输出等。

常用的开关量输入接口按其使用的电源不同有三种类型：直流输入接口、交流输入接口和交/直流输入接口，其基本原理电路如图 3-8 所示。

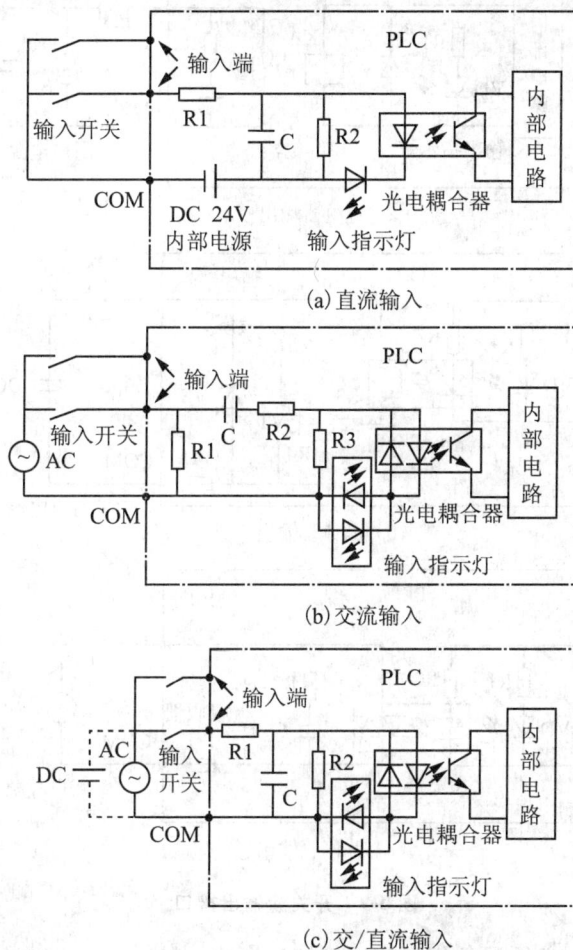

(a) 直流输入

(b) 交流输入

(c) 交/直流输入

图 3-8 开关量输入接口

常用的开关量输出接口按输出开关器件不同有三种类型：继电器输出、晶体管输出和双向晶闸管输出，其基本原理电路如图 3-9 所示。继电器输出接口可驱动交流或直流负载，但其响应时间长，动作频率低；而晶体管输出和双向晶闸管输出接口的响应速度快，动作频率高，但前者只能用于驱动直流负载，后者只能用于交流负载。

PLC 的 I/O 接口所能接受的输入信号个数和输出信号个数称为 PLC 输入/输出(I/O)点数。I/O 点数是选择 PLC 的重要依据之一。当系统的 I/O 点数不够时，可通过 PLC 的 I/O 扩展接口对系统进行扩展。

4. 通信接口

PLC 配有各种通信接口，这些通信接口一般都带有通信处理器。PLC 通过这些通信接口可与监视器、打印机、其他 PLC、计算机等设备实现通信。PLC 与打印机连接，可将过程信息、系统参数等输出打印；与监视器连接，可将控制过程图像显示出来；与其他 PLC 连接，可组成多机系统或连成网络，实现更大规模控制。与计算机连接，可组成多级分布式控制系统，实现控制与管理相结合。

（a）继电器输出

（b）晶体管输出

（c）晶闸管输出

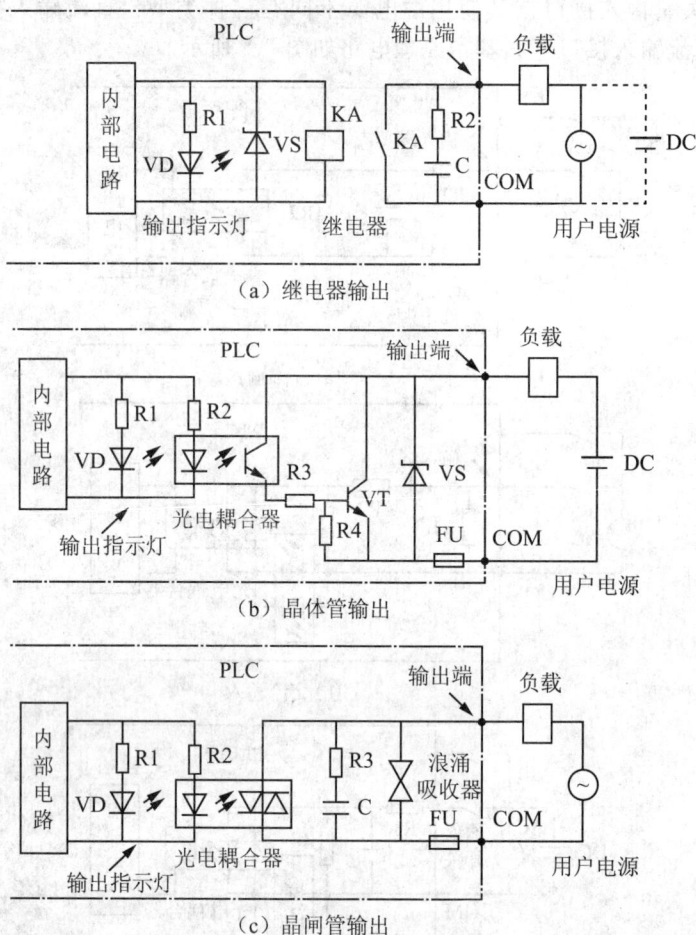

图 3-9　开关量输出接口

远程 I/O 系统也必须配备相应的通信接口模块。

5. 智能接口模块

智能接口模块是一独立的计算机系统，它有自己的 CPU、系统程序、存储器以及与 PLC 系统总线相连的接口。它作为 PLC 系统的一个模块，通过总线与 PLC 相连，进行数据交换，并在 PLC 的协调管理下独立地进行工作。

PLC 的智能接口模块种类很多，如高速计数模块、闭环控制模块、运动控制模块和中断控制模块等。

6. 编程装置

编程装置的作用是编辑、调试、输入用户程序，也可在线监控 PLC 内部状态和参数，与 PLC 进行人机对话。它是开发、应用、维护 PLC 不可缺少的工具。编程装置可以是专用编程器，也可以是配有专用编程软件包的通用计算机系统。专用编程器是由 PLC 厂家生产，专供该厂家生产的某些 PLC 产品使用，它主要由键盘、显示器和外存储器接插口等部件组成。专用编程器有简易编程器和智能编程器两类。

简易型编程器只能联机编程，而且不能直接输入和编辑梯形图程序，需将梯形图程序转化为指令表程序才能输入。简易编程器体积小、价格便宜，它可以直接插在

PLC 的编程插座上，或者用专用电缆与 PLC 相连，以方便编程和调试。有些简易编程器带有存储盒，可用来存储用户程序，如三菱的 FX-20P-E 简易编程器。

智能编程器又称图形编程器，本质上它是一台专用便携式计算机，如三菱的 GP-80FX-E 智能型编程器。它既可联机编程，又可脱机编程。可直接输入和编辑梯形图程序，使用更加直观、方便，但价格较高，操作也比较复杂。大多数智能编程器带有磁盘驱动器，提供录音机接口和打印机接口。

专用编程器只能对指定厂家的几种 PLC 进行编程，使用范围有限，价格较高。同时，由于 PLC 产品不断更新换代，所以专用编程器的生命周期也十分有限。因此，现在的趋势是使用以个人计算机为基础的编程装置，用户只要购买 PLC 厂家提供的编程软件和相应的硬件接口装置，这样，用户只要用较少的投资即可得到高性能的 PLC 程序开发系统。

基于个人计算机的程序开发系统功能强大。它既可以编制、修改 PLC 的梯形图程序，又可以监视系统运行、打印文件、系统仿真等。配上相应的软件还可实现数据采集和分析等许多功能。

7. 电源

PLC 配有开关电源，以供内部电路使用。与普通电源相比，PLC 电源的稳定性好、抗干扰能力强。对电网提供的电源稳定度要求不高，一般允许电源电压在其额定值 15% 的范围内波动。许多 PLC 还向外提供直流 24V 稳压电源，用于对外部传感器供电。

8. 其他外部设备

除了以上所述的部件和设备外，PLC 还有许多外部设备，如 EPROM 写入器、外存储器、人/机接口装置等。

EPROM 写入器是用来将用户程序固化到 EPROM 存储器中的一种 PLC 外部设备。为了使调试好的用户程序不易丢失，经常用 EPROM 写入器将 PLC 内 RAM 保存到 EPROM 中。

PLC 内部的半导体存储器称为内存储器。有时可用外部的磁带、磁盘和用半导体存储器做成的存储盒等来存储 PLC 的用户程序，这些存储器件称为外存储器。外存储器一般是通过编程器或其他智能模块提供的接口，实现与内存储器之间相互传送用户程序。

人/机接口装置是用来实现操作人员与 PLC 控制系统的对话。最简单、最普遍的人/机接口装置由安装在控制台上的按钮、转换开关、拨码开关、指示灯、LED 显示器、声光报警器等器件构成。对于 PLC 系统，还可采用半智能型 CRT 人/机接口装置和智能型终端人/机接口装置。半智能型 CRT 人/机接口装置可长期安装在控制台上，通过通信接口接收来自 PLC 的信息并在 CRT 上显示出来；而智能型终端人/机接口装置有自己的微处理器和存储器，能够与操作人员快速交换信息，并通过通信接口与 PLC 相连，也可作为独立的节点接入 PLC 网络。

二、PLC 的软件组成

PLC 的软件由系统程序和用户程序组成。

系统程序是由 PLC 制造厂商设计编写的，并存入 PLC 的系统存储器中，用户不能直接读写与更改。系统程序一般包括系统诊断程序、输入处理程序、编译程序、信息传送程序、监控程序等。

PLC 的用户程序是用户利用 PLC 的编程语言，根据控制要求编制的程序。在 PLC 的应用中，最重要的是用 PLC 的编程语言来编写用户程序，以实现控制目的。由于 PLC 是专门为工业控制而开发的装置，其主要使用者是广大电气技术人员，为了满足他们的传统习惯和掌握能力，PLC 的主要编程语言采用比计算机语言相对简单、易懂、形象的专用语言。

PLC 编程语言是多种多样的，对于不同生产厂家、不同系列的 PLC 产品采用的编程语言的表达方式也不相同，但基本上可归纳为两种类型：一是采用字符表达方式的编程语言，如语句表等；二是采用图形符号表达方式的编程语言，如梯形图等。

以下简要介绍几种常见的 PLC 编程语言。

1. 梯形图语言

梯形图语言是在传统电气控制系统中常用的接触器、继电器等图形表达符号的基础上演变而来的。它与电气控制线路图相似，继承了传统电气控制逻辑中使用的框架结构、逻辑运算方式和输入输出形式，具有形象、直观、实用的特点。因此，这种编程语言为广大电气技术人员所熟知，是应用最广泛的 PLC 的编程语言，是 PLC 的第一编程语言。

如图 3-10 所示是传统的电气控制线路图和 PLC 梯形图。

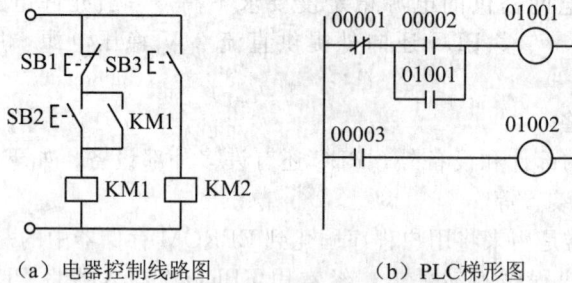

(a) 电器控制线路图　　　　(b) PLC 梯形图

图 3-10　电气控制线路图与 PLC 梯形图

从图中可看出，两种图表示的基本思想是一致的，具体表达方式有一定区别。PLC 的梯形图使用的是 PLC 内部继电器、定时/计数器等，都是由软件来实现的，使用方便，修改灵活，是原电气控制线路硬接线无法比拟的。

2. 语句表语言

这种编程语言是一种与汇编语言类似的助记符编程表达方式。在 PLC 应用中，经常采用简易编程器，而这种编程器中没有 CRT 屏幕显示，或没有较大的液晶屏幕显示。因此，就用一系列 PLC 操作命令组成的语句表将梯形图描述出来，再通过简易编程器输入到 PLC 中。虽然各个 PLC 生产厂家的语句表形式不尽相同，但基本功能相差无几。以下是与图 3-10 中梯形图对应的(FX 系列 PLC)语句表程序。

步序号	指令	数据
0	LD	00002
1	OR	01001
2	AND NOT	00001
3	OUT	01001
4	LD	00003
5	OUT	01002

可以看出，语句是语句表程序的基本单元，每个语句和微机一样也由地址（步序号）、操作码（指令）和操作数（数据）三部分组成。

3. 逻辑图语言

逻辑图是一种类似于数字逻辑电路结构的编程语言，由与门、或门、非门、定时器、计数器、触发器等逻辑符号组成。有数字电路基础的电气技术人员较容易掌握，如图 3-11 所示。

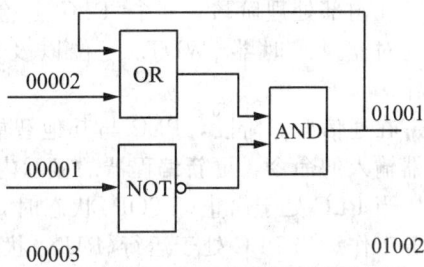

图 3-11　逻辑图语言编程

4. 功能表图语言

功能表图语言（SFC 语言）是一种较新的编程方法，又称状态转移图语言。它将一个完整的控制过程分为若干阶段，各阶段具有不同的动作，阶段间有一定的转换条件，转换条件满足就实现阶段转移，上一阶段动作结束，下一阶段动作开始。是用功能表图的方式来表达一个控制过程，对于顺序控制系统特别适用。

5. 高级语言

随着 PLC 技术的发展，为了增强 PLC 的运算、数据处理及通信等功能，以上编程语言无法很好地满足要求。近年来推出的 PLC，尤其是大型 PLC，都可用高级语言，如 BASIC 语言、C 语言、Pascal 语言等进行编程。采用高级语言后，用户可以像使用普通微型计算机一样操作 PLC，使 PLC 的各种功能得到更好的发挥。

▶第四节　PLC 的工作原理

一、扫描工作原理

当 PLC 运行时，是通过执行反映控制要求的用户程序来完成控制任务的，需要执行众多的操作，但 CPU 不可能同时去执行多个操作，它只能按分时操作（串行工作）方式，每一次执行一个操作，按顺序逐个执行。由于 CPU 的运算处理速度很快，所以从宏观上来看，PLC 外部出现的结果似乎是同时（并行）完成的。这种串行工作方式称为 PLC 的扫描工作方式。

用扫描工作方式执行用户程序时，扫描是从第一条程序开始，在无中断或跳转控制的情况下，按程序存储顺序的先后，逐条执行用户程序，直到程序结束。然后再从头开始扫描执行，周而复始重复运行。

PLC 的扫描工作方式与电气控制的工作原理明显不同。电气控制装置采用硬逻辑的并行工作方式，如果某个继电器的线圈通电或断电，那么该继电器的所有常开触点和常闭触点，不论处在控制线路的哪个位置上，都会立即同时动作；而 PLC 采用扫描工作方式（串行工作方式），如果某个软继电器的线圈被接通或断开，其所有的触点不会立即动作，必须等扫描到触点时才会动作。但由于 PLC 的扫描速度快，通常 PLC 与电气控制装置在 I/O 的处理结果上并没有什么差别。

二、PLC 扫描工作过程

PLC 的扫描工作过程除了执行用户程序外，在每次扫描工作过程中还要完成内部处理、通信服务工作。如图 3-12 所示，整个扫描工作过程包括内部处理、通信服务、

输入采样、程序执行、输出刷新五个阶段。整个过程扫描执行一遍所需的时间称为扫描周期。扫描周期与 CPU 运行速度、PLC 硬件配置及用户程序长短有关，典型值为1～100ms。

在内部处理阶段，进行 PLC 自检，检查内部硬件是否正常，对监视定时器（WDT）复位以及完成其他一些内部处理工作。

在通信服务阶段，PLC 与其他智能装置实现通信，响应编程器输入的命令，更新编程器的显示内容等。

当 PLC 处于停止（STOP）状态时，只完成内部处理和通信服务工作。当 PLC 处于运行（RUN）状态时，除完成内部处理和通信服务工作外，还要完成输入采样、程序执行、输出刷新工作。

PLC 的扫描工作方式简单直观，便于程序的设计，并为可靠运行提供了保障。当 PLC 扫描到的指令被执行后，其结果马上就被后面将要扫描到的指令所利用，而且还可通过 CPU 内部设置的监视定时器来监视每次扫描是否超过规定时间，避免由于 CPU 内部故障使程序执行进入死循环。

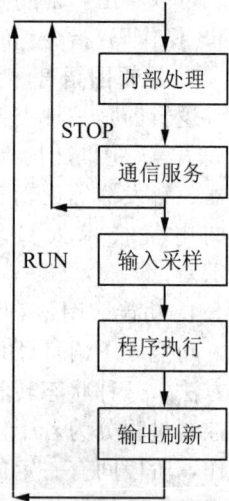

图 3-12　扫描过程示意图

三、PLC 执行程序的过程及特点

PLC 执行程序的过程分为三个阶段：即输入采样阶段、程序执行阶段和输出刷新阶段，如图 3-13 所示。

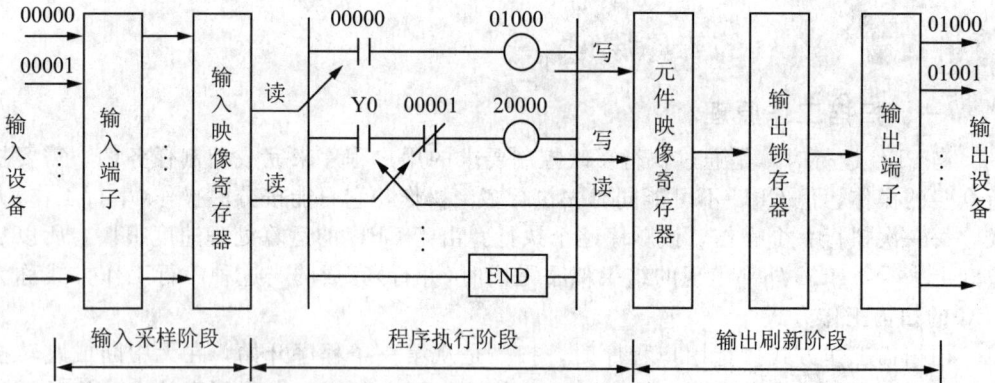

图 3-13　PLC 执行程序过程示意图

1. 输入采样阶段

在输入采样阶段，PLC 以扫描工作方式按顺序对所有输入端的输入状态进行采样，并将此状态存入输入映像寄存器中，此时输入映像寄存器被刷新。接着进入程序执行阶段，在程序执行阶段或其他阶段，即使输入状态发生变化，输入映像寄存器的内容也不会改变，输入状态的变化只有在下一个扫描周期的输入处理阶段才能被采样到。

2. 程序执行阶段

在程序执行阶段，PLC 对程序按顺序进行扫描执行。若程序用梯形图来表示，则总是按先上后下，先左后右的顺序进行。当遇到程序跳转指令时，则根据跳转条件是否满足来决定程序是否跳转。当指令中涉及输入、输出状态时，PLC 从输入映像寄存器和元件映像寄存器中读出，根据用户程序进行运算，运算的结果再存入元件映像寄存器中。对于元件映像寄存器来说，其内容会随程序执行的过程而变化。

3. 输出刷新阶段

当所有程序执行完毕后，进入输出处理阶段。在这一阶段里，PLC将输出映像寄存器中与输出有关的状态（输出继电器状态）转存到输出锁存器中，并通过一定方式输出，驱动外部负载。

因此，PLC在一个扫描周期内，对输入状态的采样只在输入采样阶段进行。当PLC进入程序执行阶段后输入端将被封锁，直到下一个扫描周期的输入采样阶段才对输入状态进行重新采样。这种方式称为集中采样，也叫输入批处理，即在一个扫描周期内，集中一段时间对输入状态进行采样。

在用户程序中如果对输出结果多次赋值，则最后一次有效。在一个扫描周期内，只在输出刷新阶段才将输出状态从输出映像寄存器中输出，对输出接口进行刷新。在其他阶段输出状态一直保存在输出映像寄存器中。这种方式称为集中输出，即输出批处理。

对于小型PLC，其I/O点数较少，用户程序较短，一般采用集中采样、集中输出的工作方式，虽然在一定程度上降低了系统的响应速度，但使PLC工作时大多数时间与外部输入/输出设备隔离，从根本上提高了系统的抗干扰能力，增强了系统的可靠性。

而对于大中型PLC，其I/O点数较多，控制功能强，用户程序较长，为提高系统响应速度，可以采用定期采样、定期输出方式，或中断输入、输出方式以及采用智能I/O接口等多种方式。

值得注意的是，由于PLC采用循环扫描的工作方式，而且对输入和输出信号只在每个扫描周期的I/O刷新阶段集中输入并集中输出，所以必然会产生输出信号相对输入信号的滞后现象。扫描周期越长，滞后现象越严重。PLC产生的I/O滞后现象除上述原因外，还与下列因素有关：

①输入滤波器对信号的延迟作用；

②输出继电器的动作延迟；

③用户程序的语句编排。

从上述分析可知，从PLC的输入端输入信号发生变化到PLC输出端对该输入变化作出反应，需要一段时间，这种现象称为PLC输入/输出响应滞后。对一般的工业控制，这种滞后是完全允许的。应该注意的是，这种响应滞后不仅是由于PLC扫描工作方式造成的，更主要是由PLC输入接口的滤波环节带来的输入延迟，以及输出接口中驱动器件的动作时间带来输出延迟，同时还与程序设计有关。滞后时间是设计PLC应用系统时应注意把握的一个参数。

▶第五节 PLC的性能指标与发展趋势

一、PLC的性能指标

1. 存储容量

存储容量是指用户程序存储器的容量。用户程序存储器的容量大，可以编制出复杂的程序。一般来说，小型PLC的用户存储器容量为几千字，而大型机的用户存储器

容量为几万字。

2. I/O 点数

输入/输出(I/O)点数是 PLC 可以接受的输入信号和输出信号的总和,是衡量 PLC 性能的重要指标。I/O 点数越多,外部可接的输入设备和输出设备就越多,控制规模就越大。

3. 扫描速度

扫描速度是指 PLC 执行用户程序的速度,是衡量 PLC 性能的重要指标。一般以扫描 2KB 用户程序所需的时间来衡量扫描速度,通常以 ms/2KB 为单位。PLC 用户手册一般给出执行各条指令所用的时间,可以通过比较各种 PLC 执行相同的操作所用的时间,来衡量扫描速度的快慢。

4. 指令的功能与数量

指令功能的强弱、数量的多少也是衡量 PLC 性能的重要指标。编程指令的功能越强、数量越多,PLC 的处理能力和控制能力也越强,用户编程也越简单和方便,越容易完成复杂的控制任务。

5. 内部元件的种类与数量

在编制 PLC 程序时,需要用到大量的内部元件来存放变量、中间结果、保持数据、定时计数、模块设置和各种标志位等信息。这些元件的种类与数量越多,表示 PLC 的存储和处理各种信息的能力越强。

6. 特殊功能单元

特殊功能单元种类的多少与功能的强弱是衡量 PLC 产品的一个重要指标。近年来各 PLC 厂商非常重视特殊功能单元的开发,特殊功能单元种类日益增多,功能越来越强,使 PLC 的控制功能日益扩大。

7. 可扩展能力

PLC 的可扩展能力包括 I/O 点数的扩展、存储容量的扩展、联网功能的扩展、各种功能模块的扩展等。在选择 PLC 时,经常需要考虑 PLC 的可扩展能力。

二、PLC 的发展趋势

1. 向高速度、大容量方向发展

为了提高 PLC 的处理能力,要求 PLC 具有更好的响应速度和更大的存储容量。目前,有的 PLC 的扫描速度可达 0.1ms/1024 步左右。PLC 的扫描速度已成为很重要的一个性能指标。

在存储容量方面,有的 PLC 最高可达几十兆字节。为了扩大存储容量,有的公司已使用了磁泡存储器或硬盘。

2. 向超大型、超小型两个方向发展

当前中小型 PLC 比较多,为了适应市场的多种需要,今后 PLC 要向多品种方向发展,特别是向超大型和超小型两个方向发展。现已有 I/O 点数达 14 336 点的超大型 PLC,其使用 32 位微处理器,多 CPU 并行工作和大容量存储器,功能强。

小型 PLC 由整体结构向小型模块化结构发展,使配置更加灵活,为了适应市场需要已开发了各种简易、经济的超小型微型 PLC,最小配置的 I/O 点数为 8～16 点,以适应单机及小型自动控制的需要,如三菱公司 α 系列 PLC。

3. PLC 大力开发智能模块,加强联网通信能力

为满足各种自动化控制系统的要求,近年来不断开发出许多功能模块,如高速计

数模块、温度控制模块、远程 I/O 模块、通信和人机接口模块等。这些带 CPU 和存储器的智能 I/O 模块，既扩展了 PLC 功能，又使用灵活方便，扩大了 PLC 的应用范围。

加强 PLC 联网通信的能力，是 PLC 技术进步的潮流。PLC 的联网通信有两类：一类是 PLC 之间联网通信，各 PLC 生产厂家都有自己的专有联网手段；另一类是 PLC 与计算机之间的联网通信，一般 PLC 都有专用通信模块与计算机通信。为了加强联网通信能力，PLC 生产厂家之间也在协商制定通用的通信标准，以构成更大的网络系统，PLC 已成为集散控制系统(DCS)不可缺少的重要组成部分。

4. 增强外部故障的检测与处理能力

根据统计资料表明：在 PLC 控制系统的故障中，CPU 占 5%，I/O 接口占 15%，输入设备占 45%，输出设备占 30%，线路占 5%。前两项共 20%的故障属于 PLC 的内部故障，它可通过 PLC 本身的软、硬件实现检测、处理；而其余 80%的故障属于 PLC 的外部故障。因此，PLC 生产厂家都致力于研制、发展用于检测外部故障的专用智能模块，进一步提高系统的可靠性。

5. 编程语言多样化

在 PLC 系统结构不断发展的同时，PLC 的编程语言也越来越丰富，功能也不断提高。除了大多数 PLC 使用的梯形图语言外，为了适应各种控制要求，出现了面向顺序控制的步进编程语言、面向过程控制的流程图语言、与计算机兼容的高级语言(BAS-IC、C 语言等)等。多种编程语言的并存、互补与发展是 PLC 进步的一种趋势。

第六节 国内外 PLC 产品介绍

世界上 PLC 产品可按地域分成三大流派：美国产品流派；欧洲产品流派；日本产品流派。美国和欧洲的 PLC 技术是在相互隔离的情况下独立研究开发的，因此美国和欧洲的 PLC 产品有明显的差异性。而日本的 PLC 技术是由美国引进的，对美国的 PLC 产品有一定的继承性，但日本的主导产品定位在小型 PLC 上。美国和欧洲以大中型 PLC 而闻名，而日本则以小型 PLC 著称。

一、美国 PLC 产品

美国是 PLC 生产大国，有 100 多家 PLC 厂商，著名的有 A-B 公司、通用电气(GE)公司、莫迪康(MODICON)公司、德州仪器(TI)公司、西屋公司等。其中 A-B 公司是美国最大的 PLC 制造商，其产品约占美国 PLC 市场的一半。

A-B 公司产品规格齐全、种类丰富，其主推的大、中型 PLC 产品是 PLC-5 系列。该系列为模块式结构，CPU 模块为 PLC-5/10、PLC-5/12、PLC-5/15、PLC-5/25 时，属于中型 PLC，I/O 点配置范围为 256～1024 点；当 CPU 模块为 PLC-5/11、PLC-5/20、PLC-5/30、PLC-5/40、PLC-5/60、PLC-5/40L、PLC-5/60L 时，属于大型 PLC，I/O 点最多可配置到 3072 点。该系列中 PLC-5/250 功能最强，最多可配置到 4096 个 I/O 点，具有强大的控制和信息管理功能。大型机 PLC-3 最多可配置到 8096 个 I/O 点。A-B公司的小型 PLC 产品有 SLC500 系列等。

GE 公司的代表产品是：小型机 GE-1、GE-1/J、GE-1/P 等，除 GE-1/J 外，均采用模块结构。GE-1 用于开关量控制系统，最多可配置到 112 个 I/O 点。GE-1/J 是更小型化的产品，其 I/O 点最多可配置到 96 点。GE-1/P 是 GE-1 的增强型产品，增加了部分功能指令(数据操作指令)、功能模块(A/D、D/A 等)、远程 I/O 功能等，其 I/O 点

最多可配置到 168 点。中型机 GE-Ⅲ，它比 GE-1/P 增加了中断、故障诊断等功能，最多可配置到 400 个 I/O 点。大型机 GE-Ⅴ，它比 GE-Ⅲ增加了部分数据处理、表格处理、子程序控制等功能，并具有较强的通信功能，最多可配置到 2048 个 I/O 点。GE-Ⅵ/P 最多可配置到 4000 个 I/O 点。

德州仪器(TI)公司的小型 PLC 新产品有 510、520 和 TI100 等，中型 PLC 新产品有 TI300、5TI 等，大型 PLC 产品有 PM550、530、560、565 等系列。除 TI100 和 TI300 无联网功能外，其他 PLC 都可实现通信，构成分布式控制系统。

莫迪康(MODICON)公司有 M84 系列 PLC。其中 M84 是小型机，具有模拟量控制、与上位机通信功能，最多 I/O 点为 112 点。M484 是中型机，其运算功能较强，可与上位机通信，也可与多台联网，最多可扩展 I/O 点为 512 点。M584 是大型机，其容量大、数据处理和网络能力强，最多可扩展 I/O 点为 8192。M884 是增强型中型机，它具有小型机的结构、大型机的控制功能，主机模块配置 2 个 RS-232C 接口，可方便地进行组网通信。

二、欧洲 PLC 产品

德国的西门子(SIEMENS)公司、AEG 公司、法国的 TE 公司等都是欧洲著名的 PLC 制造商。德国的西门子的电子产品以性能精良而久负盛名。在中、大型 PLC 产品领域与美国的 A-B 公司齐名。

西门子的 PLC 主要产品是 S5、S7 系列。在 S5 系列中，S5-90U、S-95U 属于微型整体式 PLC；S5-100U 是小型模块式 PLC，最多可配置到 256 个 I/O 点；S5-115U 是中型 PLC，最多可配置到 1024 个 I/O 点；S5-115UH 是中型机，它是由两台 SS-115U 组成的双机冗余系统；S5-155U 为大型机，最多可配置到 4096 个 I/O 点，模拟量可达 300 多路；SS-155H 是大型机，它是由两台 S5-155U 组成的双机冗余系统。而 S7 系列是西门子公司在 S5 系列 PLC 的基础上近年推出的新产品，其性能价格比高，其中 S7-200 系列属于微型 PLC、S7-300 系列属于中小型 PLC、S7-400 系列属于中高性能的大型 PLC。

三、日本 PLC 产品

日本的小型 PLC 最具特色，在小型机领域中颇具盛名，某些用欧美的中型机或大型机才能实现的控制，日本的小型机就可以解决。在开发较复杂的控制系统方面明显优于欧美的小型机，所以格外受用户欢迎。日本有许多 PLC 制造商，如三菱、欧姆龙、松下、富士、日立、东芝等，在世界小型 PLC 市场上，日本产品约占有 70% 的份额。

三菱公司的 PLC 较早进入中国市场。其小型机 F1/F2 系列是 F 系列的升级产品，早期在我国的销量也不少。F1/F2 系列加强了指令系统，增加了特殊功能单元和通信功能，比 F 系列有了更强的控制能力。继 F1/F2 系列之后，20 世纪 80 年代末三菱公司又推出 FX 系列，在容量、速度、特殊功能、网络功能等方面都有了全面的加强。FX2 系列是在 20 世纪 90 年代开发的整体式高功能小型机，它配有各种通信适配器和特殊功能单元。FX2N 几年推出的高功能整体式小型机，它是 FX2 的换代产品，各种功能都有了全面的提升。近年来还不断推出满足不同要求的微型 PLC，如 FXOS、FX1S、FX0N、FX1N 及 α 系列等产品。

三菱公司的大中型机有 A 系列、QnA 系列、Q 系列，它们具有丰富的网络功能，I/O 点数可达 8192 点。其中 Q 系列具有超小的体积、丰富的机型、灵活的安装方式、双 CPU 协同处理、多存储器、远程口令等特点，是三菱公司现有 PLC 中最高性能的 PLC。

欧姆龙(OMRON)公司的 PLC 产品，大、中、小、微型规格齐全。微型机以 SP 系列为代表，其体积极小，速度极快。小型机有 P 型、H 型、CPM1A 系列、CPM2A 系列、CPM2C、CQM1 等。P 型机现已被性价比更高的 CPM1A 系列所取代，CPM2A/2C、CQM1 系列内置 RS－232C 接口和实时时钟，并具有软 PID 功能，CQM1H 是 CQM1 的升级产品。中型机有 C200H、C200HS、C200HX、C200HG、C200HE、CS1 系列。C200H 是前些年畅销的高性能中型机，配置齐全的 I/O 模块和高功能模块，具有较强的通信和网络功能。C200HS 是 C200H 的升级产品，指令系统更丰富、网络功能更强。C200HX/HG/HE 是 C200HS 的升级产品，有 1148 个 I/O 点，其容量是 C200HS 的 2 倍，速度是 C200HS 的 3.75 倍，有品种齐全的通信模块，是适应信息化的 PLC 产品。CS1 系列具有中型机的规模、大型机的功能，是一种极具推广价值的新机型。大型机有 C1000H、C2000H、CV（CV500/CV1000/CV2000/CVM1）等。C1000H、C2000H 可单机或双机热备运行，安装带电插拔模块，C2000H 可在线更换 I/O 模块；CV 系列中除 CVM1 外，均可采用结构化编程，易读、易调试，并具有更强大的通信功能。

松下公司的 PLC 产品中，FP0 为微型机，FP1 为整体式小型机，FP3 为中型机，FP5/FP10、FP10S(FP10 的改进型)、FP20 为大型机，其中 FP20 是最新产品。松下公司近几年 PLC 产品的主要特点是：指令系统功能强；有的机型还提供可以用 FP-BASIC 语言编程的 CPU 及多种智能模块，为复杂系统的开发提供了软件手段；FP 系列各种 PLC 都配置通信机制，由于它们使用的应用层通信协议具有一致性，这给构成多级 PLC 网络和开发 PLC 网络应用程序带来方便。

四、我国 PLC 产品

我国有许多厂家、科研院所从事 PLC 的研制与开发，如中国科学院自动化研究所的 PLC-0088，北京联想计算机集团公司的 GK-40，上海机床电器厂的 CKY-40，上海起重电器厂的 CF-40MR/ER，苏州电子计算机厂的 YZ-PC-001A，原机电部北京机械工业自动化研究所的 MPC-001/20、KB-20/40，杭州机床电器厂的 DKK02，天津中环自动化仪表公司的 DJK-S-84/86/480，上海自立电子设备厂的 KKI 系列，上海香岛机电制造有限公司的 ACMY-S80、ACMY-S256，无锡华光电子工业有限公司(合资)的 SR-10、SR-20/21 等。

从 1982 年以来，先后有天津、厦门、大连、上海等地相关企业与国外著名 PLC 制造厂商进行合资或引进技术、生产线等，这将促进我国的 PLC 技术在赶超世界先进水平的道路上快速发展。

>>> 习题与思考题

3-1　什么是 PLC？它与电气控制、微机控制相比，主要优点是什么？

3-2　为什么 PLC 软继电器的触点可无数次使用？

3-3　PLC 的硬件由哪几部分组成？各有什么作用？PLC 主要有哪些外部设备？各有什么作用？

3-4　PLC 的软件由哪几部分组成？各有什么作用？

3-5　PLC 主要的编程语言有哪几种？各有什么特点？

3-6　PLC 开关量输出接口按输出开关器件的种类不同，有哪几种型式？各有什么

特点？

3-7　PLC采用什么样的工作方式？有何特点？

3-8　什么是PLC的扫描周期？其扫描过程分为哪几个阶段？各阶段完成什么任务？

3-9　PLC扫描过程中输入映像寄存器和元件映像寄存器各起什么作用？

3-10　什么是PLC的输入/输出滞后现象？造成这种现象的主要原因是什么？可采取哪些措施减少输入/输出滞后时间？

3-11　PLC是如何分类的？按结构形式不同，PLC可分为哪几类？各有什么特点？

3-12　PLC有什么特点？为什么PLC具有高可靠性？

3-13　PLC主要性能指标有哪些？各指标的意义是什么？

3-14　PLC控制与电气控制比较，有何不同？

第四章 CPM1A 系列可编程序控制器

CPM1A 系列 PLC 是欧姆龙公司生产的小型整体式可编程控制器。其结构紧凑、功能强，具有很高的性能价格比，在小规模控制中已获得广泛应用。

▶第一节 CPM1A 系列 PLC 的基本组成

一、CPM1A 系列的主机

1. 主机的规格

CPM1A 系列 PLC 的主机按 I/O 点数分，有 10 点、20 点、30 点、40 点 4 种；按使用电源的类型分，有 AC 型和 DC 型 2 种。按输出方式分，有继电器输出型和晶体管输出型 2 种。各种规格见表 4-1。

表 4-1 主机的规格

	类型	型号	输出形式	电源	输入号	输出号
主机（基本单元）	10 点 I/O 输入：6 点 输出：4 点	CPM1A-10CDR-A	继电器	AC100～240V	00000～00005	01000～01003
		CPM1A-10CDR-D	继电器	DC24V		
		CPM1A-10CDT-D	晶体管（NPN）	DC24V		
		CPM1A-10CDT1-D	晶体管（PNP）			
	20 点 I/O 输入：12 点 输出：8 点	CPM1A-20CDR-A	继电器	AC100～240V	00000～00011	01000～01007
		CPM1A-20CDR-D	继电器	DC24V		
		CPM1A-20CDT-D	晶体管（NPN）	DC24V		
		CPM1A-20CDT1-D	晶体管（PNP）			
	30 点 I/O 输入：18 点 输出：12 点	CPM1A-30CDR-A	继电器	AC100～240V	00000～00011 00100～00105	01000～01007 01100～01103
		CPM1A-30CDR-D	继电器	DC24V		
		CPM1A-30CDT-D	晶体管（NPN）	DC24V		
		CPM1A-30CDT1-D	晶体管（PNP）			

续表

	类型	型号	输出形式	电源	输入号	输出号
主机（基本单元）	40 点 I/O 输入：24 点 输出：16 点	CPM1A-40CDR-A	继电器	AC100～240V	00000～ 00011 00100～ 00111	01000～ 01007 01100～ 01107
		CPM1A-40CDR-D	继电器	DC24V		
		CPM1A-40CDT-D	晶体管（NPN）	DC24V		
		CPM1A-40CDT1-D	晶体管（PNP）			
扩展单元	输入：12 点 输出：8 点	CPM1A-20EDR	继电器	—	00200～ 002111 00300～ 00311 00400～ 00411	01200～ 01207 01300～ 01307 01400～ 01407
		CPM1A-20EDT	晶体管（NPN）			
		CPM1A-20EDT1	晶体管（PNP）			

2. 主机的面板结构（如图 4-1 所示）

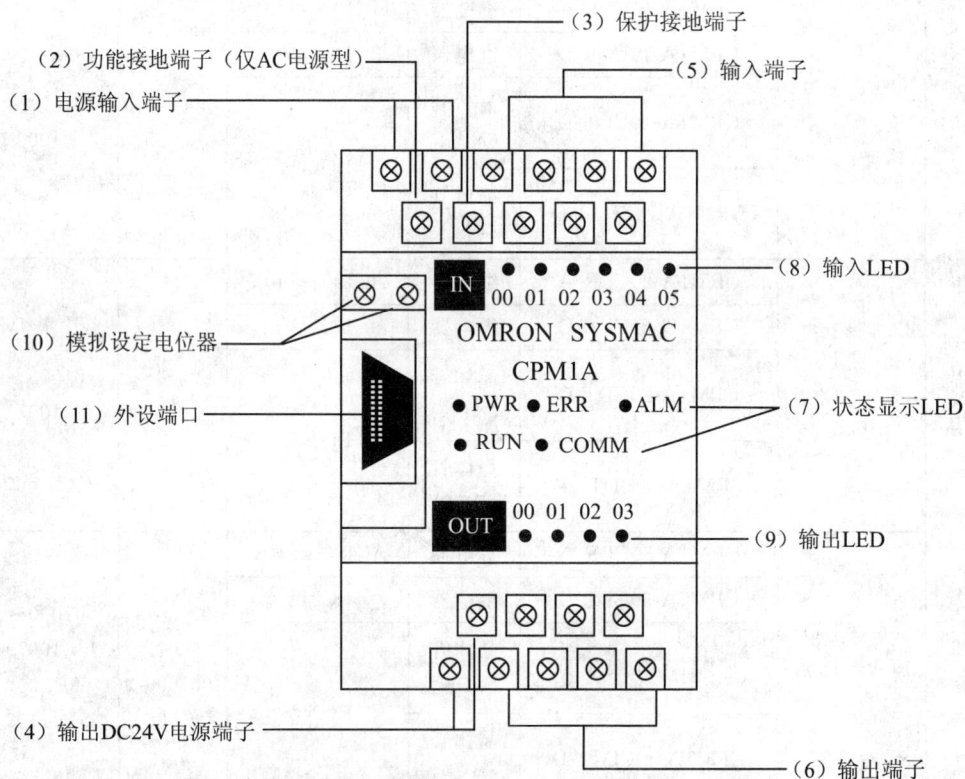

图 4-1　CPM1A 主机面板结构示意图

(1)电源输入端子：接 PLC 的工作电源，有 AC100～240V；DC24V。

(2)功能接地端子（仅 AC 电源型）：当有严重噪声干扰时，功能接地端子必须接大地。它和保护接地端子可连接在一起接地，但不可与其他设备或建筑物金属结构连在一起。

（3）保护接地端子：为防止触电，保护接地端子必须接大地。它和功能接地端子可连接在一起接地，但不可与其他设备或建筑物金属结构连在一起。

（4）工作状态显示：主机面板的中部有 4 个工作状态显示 LED。其作用分别是：

①PWR（绿）：电源接通或断开指示。电源接通时亮，电源断开时灭。

②RUN（绿）：PLC 工作状态指示。PLC 在运行或监控状态时亮，处在编程状态或运行异常时灭。

③ERR/ALM（红）：严重错误和警告性错误指示。PLC 出现严重错误时亮，此时，PLC 停止工作且不执行程序；PLC 出现警告性错误时闪烁，但 PLC 继续运行程序；运行正常时灭。

④COMM（橙）：通信指示灯。PLC 与外部设备通信时亮，不通信时灭。

（5）输入/输出点显示 LED：

每个输入点对应一个 LED，当某个输入点的 LED 亮时，表示该点的状态为 ON。

每个输出点对应一个 LED，当某个输出点的 LED 亮时，表示该点的状态为 ON。

I/O 点的 LED 指示为调试程序、检查运行状态提供了方便。

（6）模拟量设定电位器：两个模拟量设定电位器 0、1 位于面板的左上角，可预置参数，范围为 0～200（BCD），把预设参数送入 250CH（电位器 0）、251CH（电位器 1）。

（7）外设端口：连接编程工具或者 RS-232C 适配器、RS-422 适配器。

（8）扩展连接器（图中未画出）：连接扩展 I/O 单元（输入 12 点/输出 8 点），最多可连接 3 台扩展单元。

二、PLC 的外部接线

CPM1A 外部接线图如图 4-2 和图 4-3 所示。

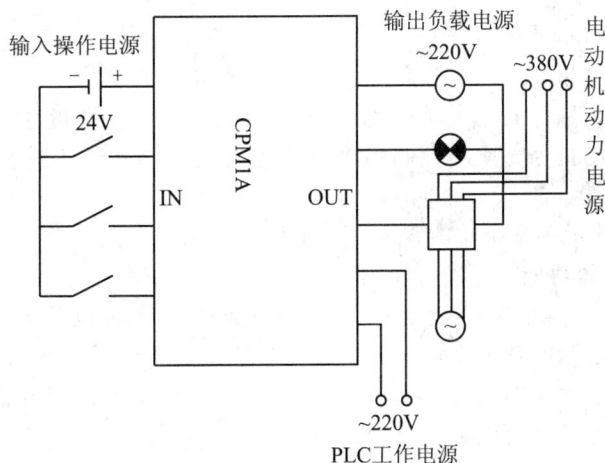

图 4-2　PLC 的电源

输入端是由 PLC 内部提供的直流（DC）24V 操作电源，输出端负载电源以及 PLC 的工作电源均为 220V，在使用中，要注意：首先，输出负载的额定电压要符合要求，例如，不要把额定电压为 380V 的接触器直接接到输出端；其次，继电器输出型 PLC，其输出点的额定输出电流为 2A，使用中要注意不要超过这一电流值。如果采用接触器

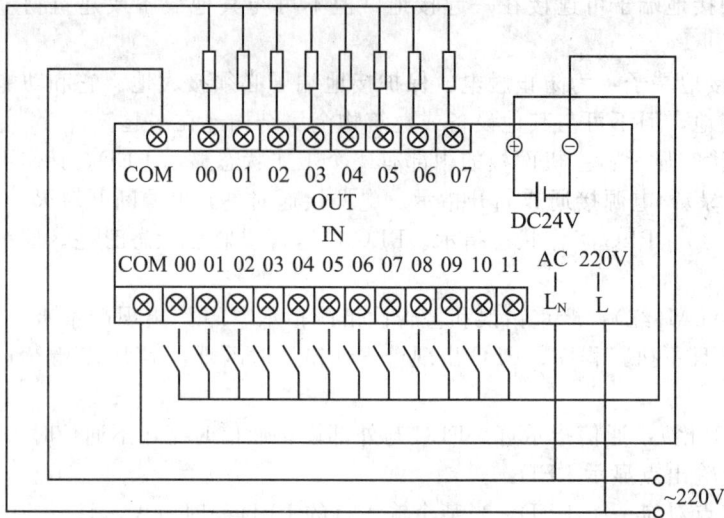

图 4-3 PLC 的外围接线图

对电动机进行控制，还要注意把电动机的动力电源与其他电源分开，因为该电源一般较高（如为：380V）。

图 4-3 中，采用的是以输入点数为 12 点、输出点数为 8 点，即 I/O 点数为 20 点的 CPM1A 为例绘制的，图中为了方便，把负载 220V 电源与 PLC 工作电源共用一个。实际接线中要注意把所有输出的公共端 COM 连为一点。

三、CPM1A 系列 PLC 的功能简介

CPM1A 系列 PLC 属于高功能的小型机，其主要功能简介如下：

1. 丰富的指令系统

CPM1A 系列 PLC 具有丰富的指令系统，其基本指令有 17 条，应用指令有 136 条。除基本逻辑控制指令、定时器/计数器指令、移位寄存器指令外，还有算术运算指令、逻辑运算指令、数据传送指令、数据比较指令、数据转换指令、高速计数器控制指令、脉冲输出控制指令、中断控制指令、子程序控制指令、步进控制指令及故障诊断指令等。

CPM1A 系列的指令系统功能强大、简单易学、编程方便，很受用户欢迎。

2. 拟设定电位器功能

在主机面板上有两个模拟设定电位器，用螺丝刀旋转电位器时，可将 0～200 (BCD) 的数值自动送到特殊辅助继电器区域，模拟设定电位器 0 的数值送入 250 通道，模拟设定电位器 1 的数值送入 251 通道。当计时器/计数器的设定值采用 250 或 251 通道的设置时，其设定值就可以方便改动。

使用时应注意，模拟设定电位器的设定值可能随环境温度的变化而产生误差，对设定值要求较高的场合请不要使用。

3. 输入时间常数设定功能

CPM1A 系列 PLC 输入电路设有滤波器，可减少外部干扰对其工作可靠性的影响，如图 4-4 所示。滤波器时间常数的范围为 1ms/2ms/4ms/8ms/16ms/32ms/64ms/128ms（默认设置为 8ms），可根据需要设置其大小。

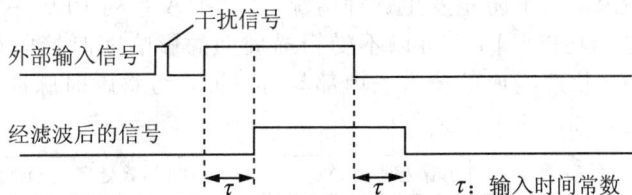

图 4-4　PLC 输入电路滤波器的作用

4. 高速计数功能

CPM1A 设有高速计数器，其计数方式有两种，即递增计数和递减计数。在递增计数模式下，计数脉冲输入端为 00000，计数频率最高为 5kHz；在递减模式下，计数脉冲输入端为 00000(A 相)和 00001(B 相)、复位输入端为 00002(Z 相)，计数频率最高为 2.5kHz。

使用高速计数功能，必须对系统设定区域 DM6642 进行设置。

5. 外部输入中断功能

外部输入中断功能是解决快速响应问题的措施之一。CPM1A 系列中，10 点 I/O 型主机的 00003、00004 输入点以及 20 点、30 点、40 点的 I/O 型主机的 00003～00006 输入点，是外部输入中断的输入点。

外部输入中断有两种模式，即输入中断模式和计数器中断模式，如图 4-5 所示。

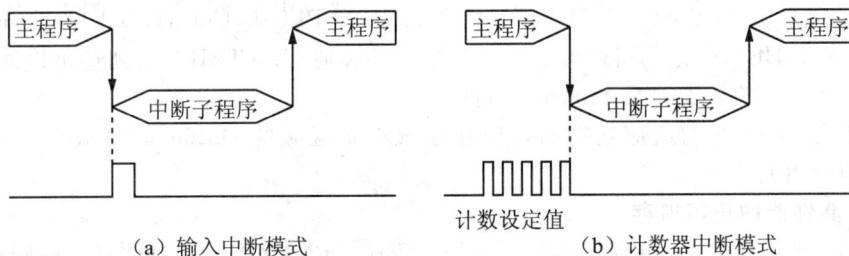

（a）输入中断模式　　　（b）计数器中断模式

图 4-5　外部输入中断功能

输入中断模式是在输入中断脉冲的上升沿时刻响应中断，停止执行主程序而转去执行中断处理子程序，子程序执行完毕再返回断点处继续执行主程序。

计数器中断模式是对中断输入点的输入脉冲进行高速计数，每达到一定次数就产生一次中断，停止执行主程序而转去执行中断处理子程序，子程序执行完毕再返回断点处继续执行主程序。计数次数可在 0～65535(0000～FFFF)范围内设定。计数频率最高为 1kHz。

在使用中断功能时，必须对系统设定区域的 DM6628 进行设定，否则使用无效。

6. 间隔定时器中断功能

CPM1A 系列 PLC 有一个间隔定时器，它具有两种模式的中断功能：其一，当间隔定时器达到其设定的时间时产生一次中断，立即停止执行主程序而转去执行中断子程序，称为单次中断模式；其二，每隔一段时间（即设定时间）就产生一次中断，称为重复中断模式。时间间隔可在 0.5～319968ms(时间间隔为 0.1ms)的范围内设定。

7. 快速响应输入功能

由于输出对输入的响应速度受扫描周期的影响，在某些特殊情况下可能使一些瞬

间的输入信号被遗漏。为了防止发生这种情况，CPM1A系列PLC中设计了快速响应输入功能。有了这个功能，PLC可以不受扫描周期的影响随时接收最小脉冲宽度为0.2ms的瞬时脉冲。快速响应的输入点内部具有缓冲，可将瞬时脉冲记忆下来并在规定的时间内响应它，如图4-6所示。

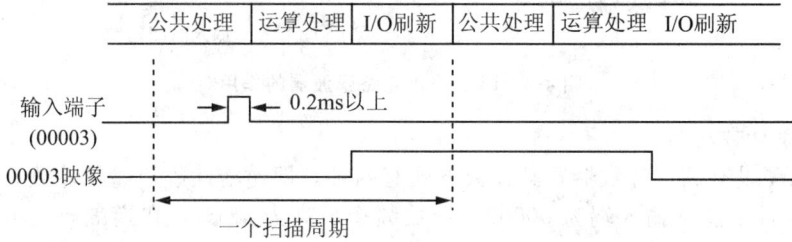

图 4-6　快速响应输入功能

8. 脉冲输出功能

CPM1A系列晶体管型PLC能输出频率为20Hz～2kHz、占空比为1∶1的单相脉冲，输出点为01000和01001(两个点不能同时输出)。脉冲输出的数目、频率分别由PULS、SPED指令控制。

9. 较强的通信功能

CPM1A系列PLC具有较强的通信功能，在外设端口连接适当的适配器后，可与个人计算机进行上位链接实现HOST Link通信；可与本公司的可编程终端PT链接进行NT Link通信；CPM1A系列之间，CPM1A系列PLC与CQM1、CPM1、SRM1或C200HX/HE/HG/HS之间可进行1∶1的PLC Link通信；CPM1A系列还可以通过I/O链接单元作为从单元加入CompoBus/S网中等。

在使用CPM1A的通信功能时，应在系统设定区域的DM6650～DM6653进行设置，否则使用无效。

10. 高性能的快闪内存

PLC一般用锂电池来保存内存数据及用户程序，锂电池必须定期更换，否则PLC不能正常的工作。CPM1A系列PLC采用了快闪存储器，不必使用锂电池，使用非常方便。

▶第二节　CPM1A系列的继电器区及数据区

一、基本概念

1. 位、数字、字节、字

位：二进制的一位，仅有1、0；

数字：4位二进制数构成一个数字；

字节：2个数字或8位二进制数构成一字节；

字：两字节构成一个字。

2. 通道与通道号

在PLC中，按照功能特点及使用的不同，把各个继电器分在不同的区，每个区由若干"通道"构成，如表4-2所示，该表所列为输入继电器区，000CH～009CH为通道号，00～15为位号，某一继电器号即为通道号与位号排在一起形成的，例如，00107：001CH，07位。

一个通道有16位，每一位即为一个继电器(软继电器)，某一继电器的状态只有

"0"和"1"，"0"表示没接通（没有动作），"1"表示接通（动作）。

在用编程器显示一个通道状态时，用 BCD 码来反映，比如编程器显示 000CH 通道状态为"6A90"，则 00000～00015 各继电器的状态为"0110，1010，1001，0000"。见表 4-2。

表 4-2

	00	01	02	03	...	12	13	14	15
000CH	00000	00001	00002	00003		00012	00013	00014	00015
001CH	00100	00101	00102	00103		00112	00113	00114	00115
002CH	00200	00201	00202	00203	...	00212	00213	00214	00215
...	...	...	...	...		...	...	...	...
009CH	00900	00901	00902	00903		00912	00913	00914	00915

二、继电器地址分配

PLC 中有输入继电器，输出继电器，内部辅助继电器，特殊辅助继电器，暂存继电器，保持继电器，辅助记忆继电器，链接继电器，定时器/计数器，数据存储器。

各种继电器情况见表 4-3(CPM1A 机型)。

表 4-3

名称	点数	通道号	继电器地址	功能
输入继电器	160 点	000～009CH	00000～00915	继电器号与外部输入输出端子相连（没有使用的输入通道可做内部继电器号使用），实有继电器地址据点数不同而定
输出继电器	160 点	010～019CH	01000～01915	
内部辅助继电器	512 点	200～231CH	20000～23115	在程序内可以自由使用的继电器
特殊辅助继电器	384 点	232～255CH	23200～25507	分配有特定功能的继电器
暂存继电器(TR)	8 点	TR0～7		回路的分支点上，暂时记忆 ON/OFF 的继电器
保持继电器(HR)	320 点	HR00～19CH	HR0000～HR1915	在程序内可以自由使用，且断电时也能保持断电前的 ON/OFF 的继电器
辅助记忆继电器(AR)	256 点	AR00～15CH	AR0000～AR1515	分配有特定功能的辅助继电器
链接继电器(LR)	256 点	LR00～15CH	LR0000～LR1515	1：1 链接的数据输入输出用的继电器（也可用做内部辅助继电器）
定时器/计数器(TIM/CNT)	128 点	TIM/CNT000～127		定时器、计数器，它们的编号合用

续表

名称		点数	通道号	继电器地址	功能
数据存储器(DM)	可读/写	1002 字		DM0000～0999 DM1022～1023	以字为单位(16 位)使用，断电也能保持数据 在 DM1000～1021 不做故障记忆的场合可做常规的 DM 使用 DM6144～6599、DM6600～6655 不能用程序写入(只能用外围设备设定)
	故障履历存入区	22 字		DM1000～1021	
	只读	456 字		DM6144～6599	
	PC 系统设定区	56 字		DM6600～6655	

对表 4-3 作如下说明：

表中输入继电器从 00000～00915 共 160 点即 160 个输入继电器：000CH～019CH 共 10 个通道，每个通道 16 个点，从 00～15，故有 10×16＝160 点。

输出继电器：通道号为 010CH～019CH，有 10 个通道，每个通道 16 点，则从 01000～01915，共有 10×16＝160 点。

内部辅助继电器：通道号为 200CH～231CH，有 32 个通道，每个通道 16 点，32×16＝512 点。

特殊辅助继电器：通道号为 232CH～255CH，有 24 个通道，其中 255CH 只有 00～07 共 8 个点可用，其他通道 16 点，23×16＋8＝376 点。25508～25515 是不可用的。

保持继电器：HR0000～HR1915，20×16＝320 点。

辅助记忆继电器：AR0000～AR1515，16×16＝256 点。

链接继电器：LR0000～LR1515，16×16＝256 点。

定时器/计数器：TIM/CNT000～127 共 128 点。

对于某一 PLC，我们说是 20 点、40 点等，是指 I/O 点数的总和。表中为 160 点，并不是说它就有 160 点。例如 I/O 点数为 20 点 PLC，有 8 点输入，12 点输出，它们的编号是在上述范围内：输入从 00000～00007；输出从 01000～01011。

三、各种继电器应用介绍

1. I/O 继电器

①输入继电器编号为 000CH～009CH 共十个通道，其中 000CH、001CH 用来对主机的输入通道编号，002CH～009CH 用来对主机连接的 I/O 扩展单元的输入通道编号。输入继电器的等效电路如图 4-7 所示。

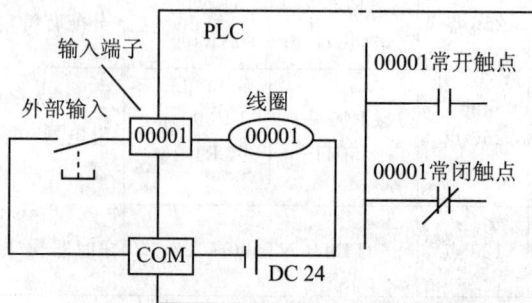

图 4-7 输入继电器的等效电路

②输出继电器编号为 010CH～019CH，其中 010CH、011CH 用来对主机的输出通道编号，012CH～019CH 用来对主机连接的 I/O 扩展单元的输出通道编号。输出继电器的等效电路如图 4-8 所示。

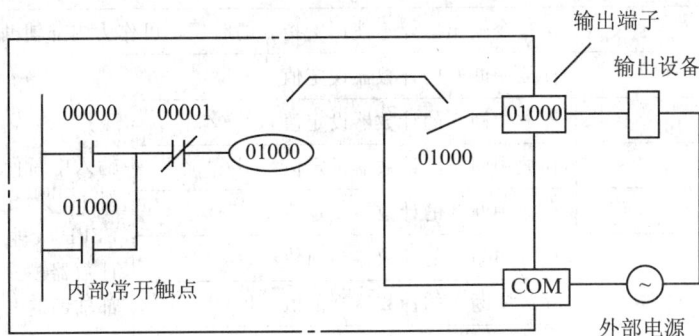

图 4-8　输出继电器的等效电路

例如：40 点的主机连接了 3×20 点的 I/O 扩展单元。20 点的 I/O 扩展单元，其中 12 输入点占用一个输入通道，8 输出点占用一个输出通道，002CH、012CH 用于第一个 I/O 扩展单元的输入/输出通道编号，003CH、013CH 用于第二个 I/O 扩展单元的输入/输出通道编号，004CH、014CH 用于第三个 I/O 扩展单元的输入/输出通道编号。

③输入/输出继电器中未被使用的通道也可作为内部辅助继电器使用。

④输入继电器只能由外部信号驱动，因而在梯形图中，只可能出现其接点，而不会出现其线圈。而内部继电器和输出继电器不是由外部信号驱动，故无法直接把外部输入信号直接接在其线圈上。

2. 内部辅助继电器

相当于中间继电器。（I/O 继电器和内部辅助继电器区统称 IR 区）

辅助继电器是 PLC 中数量最多的一种继电器，一般的辅助继电器与继电气控制系统中的中间继电器相似。

辅助继电器不能直接驱动外部负载，负载只能由输出继电器的外部触点驱动。辅助继电器的常开触点与常闭触点在 PLC 内部编程时可无限次使用。

3. 特殊辅助继电器(SR 区)

（见表 4-4）从 232CH～255CH，有 24 个通道，主要供系统使用。

①特殊辅助继电器区的前半部分(232～251)通常以通道为单位使用，其功能见表 4-4。

②232～249CH 在没有作表中指定的功能时，可作内部辅助继电器使用。

③250、251CH 通道只能按表中指定的功能使用，不可作为内部辅助继电器使用。

④特殊辅助继电器区后半部分(252～255)是用来存储 PLC 的工作状态标志，发出工作起动信号，产生时钟脉冲等。除 25200 外的其他继电器，用户程序只能利用其状态而不能改变其状态，或者说用户程序只能用其触点，而不能将其作输出继电器用。

⑤25200 是高速计数器的软件复位标志，其状态可由用户程序控制，当其为 ON 时，高速计数器被复位，高速计时器的当前值被置为 0000。

⑥25300～25307 是故障码存储区。故障码由用户编号，范围为 01～99。执行故障诊断指令后，故障码存到 25300～25307 中，其低位数字存放在 25300～25303 中，高位数字存放在 25304～25307 中。

表 4-4

通道号	继电器号	功 能	
232～235		宏指令输入区，不使用宏指令的时候，可作为内部辅助继电器使用	
236～239		宏指令输出区，不使用宏指令的时候，可作为内部辅助继电器使用	
240		存放中断 0 的计数器设定值	输入中断使用计数器模式时的设定值（0000～FFFF）。输入中断不使用计数器模式时，可作为内部辅助继电器使用
241		存放中断 1 的计数器设定值	
242		存放中断 2 的计数器设定值	
243		存放中断 3 的计数器设定值	
244		存放中断 0 的计数器当前值－1	
245		存放中断 1 的计数器当前值－1	
246		存放中断 2 的计数器当前值－1	
247		存放中断 3 的计数器当前值－1	
248～249		存放高速计数器的当前值。不使用高速计数器时，可作为内部辅助继电器使用	
250		存放模拟电位器 0 设定值	设定值为 0000～0200（BCD 码）
251		存放模拟电位器 1 设定值	
252	00	高速计数器复位标志	
	01～07	不可使用	
	08	外设通信口复位时为 ON（使用总线无效），之后自动回到 OFF 状态	
	09	不可使用	
	10	系统设定区域（DM6600～6655）初始化的时候为 ON，之后自动回到 OFF 状态（仅编程模式时有效）	
	11	强制置位/复位标志： OFF：编程模式与监控模式切换时，解除强制置位/复位的接点 ON：编程模式与监控模式切换时，保持强制置位/复位的接点	
	12	I/O 保持标志（OFF：运行开始/停止时，输入/输出、内部辅助继电器，链接继电器的状态被复位；ON：运行开始/停止时，输入/输出、内部辅助继电器，链接继电器的状态被保持）	
	13	不可使用	
	14	故障履历复位时为 ON，之后自动回到 OFF	
	15	不可使用	

通道号	继电器号	功　能
253	00～07	故障码存储区，故障发生时将故障码存入。故障报警指令（FAL/FALS）执行时，FAL 号被存储，FAL00 指令执行时，故障码存储区复位（成为 00）
	08	不可使用
	09	当扫描周期超过 100ms 时为 ON
	10～12	不可使用
	13	常 ON
	14	常 OFF
	15	PLC 上电后的第一个扫描周期内为 ON，常作为初始化脉冲
254	00	输出 1min 时钟脉冲（占空比 1∶1）
	01	输出 0.02s 时钟脉冲（占空比 1∶1），当扫描周期＞0.01s 时，不能正常使用
	02	负数标志（N 标志）
	03～05	不可使用
	06	微分监视完了标志（微分监视完了时为 ON）
	07	STEP 指令中一个行程开始时，仅一个扫描周期为 ON
	08～15	不可使用
255	00	输出 0.1s 时钟脉冲（占空比 1∶1），当扫描周期＞0.05s 时不能正常使用
	01	输出 0.2s 时钟脉冲（占空比 1∶1），当扫描周期＞0.1s 时不能正常使用
	02	输出 1s 时钟脉冲（占空比 1∶1）
	03	ER 标志（执行指令时，出错发生时为 ON）
	04	CY 标志（执行时，结果有进位或错位发生时为 ON）
	05	＞标志（执行比较指令时，第一个比较数大于第二个比较数时，该位 ON）
	06	＝标志（执行比较指令时，第一个比较数等于第二个比较数时，该位 ON）
	07	＜标志（执行比较指令时，第一个比较数小于第二个比较数时，该位 ON）
	08～15	不可使用

4. 暂存继电器（TR 区）

CPM1A 有编号为 TR0～TR7 共 8 个暂存继电器，暂存继电器的编号要冠以 TR。在编写用户程序时，暂存继电器用于暂存复杂梯形图中分支点之前的 ON/OFF 状态。同一编号的暂存继电器在同一段程序内不能重复使用，在不同程序程序段可重复使用。

5. 保持继电器(HR 区)

该区编号为 HR00～HR19 共 20 个通道，每个通道 16 位，共有 320 个继电器，保持继电器的使用方法同内部辅助继电器一样，但保持继电器编号前必须冠以 HR。

保持继电器具有断电保持功能，其断电保持功能通常有两种用法：其一，当以通道为单位用作数据通道时，断电后再恢复供电时数据不会丢失；其二，以位为单位与 KEEP 指令配合使用时，或作为自保持电路时，断电后再恢复供电时，该位能保持掉电前的状态。

6. 辅助记忆继电器(AR 区)

通道号从 AR00～AR15 共 16 个通道，编号前必须冠以 AR 字样，该继电器区具有断电保持功能。

该区用来存储 PLC 的工作状态信息。具体功能参见表 4-5。

表 4-5

通道号	继电器号	功 能	
AR00～AR01		不可使用	
AR02	00～07	不可使用	
	08～11	扩展单元连接的台数	
	12～15	不可使用	
AR03～AR07		不可使用	
AR08	00～07	不可使用	
	08～11	外围设备通信出错码 0：正常终止 1：奇偶出错 2：格式出错 3：溢出出错	
	12	外围设备通信异常时为 ON	
	13～15	不可使用	
AR09		不可使用	
AR10	00～15	电源断电发生的次数(BCD 码)，复位时用外围设备写入 0000	
AR11	00	1 号比较条件满足时为 ON	
	01	2 号比较条件满足时为 ON	
	02	3 号比较条件满足时为 ON	
	03	4 号比较条件满足时为 ON	高速计数器进行区域比较时，各编号的条件符合时成为 ON 的继电器
	04	5 号比较条件满足时为 ON	
	05	6 号比较条件满足时为 ON	
	06	7 号比较条件满足时为 ON	
	07	8 号比较条件满足时为 ON	
	08～14	不可使用	
	15	脉冲输出状态 0：停止中 1：输入中	

续表

通道号	继电器号	功　能
AR12		不可使用
AR13	00	DM6600~6614(电源为 ON 时读出的 PLC 系统设定区域)中有异常时为 ON
	01	DM6615~6644(运行开始时读出的 PLC 系统设定区域)中有异常时为 ON
	02	DM6645~6655(经常读出的 PLC 系统设定区域)中有异常时为 ON
	03~04	不可使用
	05	在 DM6619 中设的扫描时间比实际的扫描时间大的时候为 ON
	06~07	不可使用
AR13	08	在用户存储器(程序区域)范围以外存在有继电器区域时为 ON
	09	高速存储器发生异常时为 ON
	10	固定 DM 区域(DM6144~6599)发生累加和校验出错时为 ON
	11	PLC 系统设定区域发生累加和校验出错时为 ON
	12	在用户存储器(程序区域)发生累加和校验出错、执行不正确指令时为 ON
	13~15	不可使用
AR14	00~15	扫描周期最大值(BCD 码 4 位)(×0.1ms) 运行开始以后存入的最大扫描周期 运行停止时不复位
AR15	00~15	扫描周期当前值(BCD 码 4 位)(×0.1ms) 运行中最新的扫描周期被存入 运行停止时不复位,但运行开始时被复位

7. 链接继电器

编号从 LR00~LR15 共 16 个通道,编号前要冠以 LR 字样。当 CPM1A 与本系列 PLC 之间,与 CQM1、CPM1、SRM1 以及 C200HS、C200HX/HG/HE 之间进行 1∶1 链接时,要使用链接继电器与对方交换数据。不进行 1∶1 链接时,可作为内部辅助继电器使用。

8. 定时器/计数器(TC：TIM/CNT)

该区共有 128 个定时器/计数器,编号范围为 000~127,定时器和计数器又各分为 2 种,即普通定时器 TIM 和高速定时器 TIMH,普通计数器 CNT 和可逆计数器 CNTR。

定时器/计数器统一编号,一个 TC 号既可分配给定时器,又可分配给计数器,但所有定时器或计数器的 TC 号不能重复。

定时器无断电保持功能,电源断电时定时器复位;计数器有断电保持功能。

9. 数据存储(DM)区

数据存储区用来存储数据。如表 4-6 所示。通道编号为 DM0000~DM1023、DM6144~DM6655,共有[(1023-0000)+1]+[(6655-6144)+1]=1536 个通道,每个通道 16 位。通道编号用 4 位数且编号前冠以 DM 字样。对数据存储器说明如下:

①数据存储器只能以通道为单位使用，不能以位为单位使用。

②DM0000～DM0099、DM1022～DM1023 为程序可读写区，用户程序可自由读写其内容。

③DM1000～DM1021 主要作为故障记忆存储器(记录有关故障信息)，如果不用作故障记忆存储器，也可用作普通数据存储器。是否用作故障记忆存储器，由 DM6655 的 00～03 位决定。

④DM6144～DM6599 为只读存储器，用户程序可以读出但不能修改其内容，利用编程器可预先写入数据内容。

⑤DM6600～DM6655 称为系统设定区，用来设定各种系统参数。通道中的数据不能用程序写入，只能用编程器写入。DM6600～DM6614 仅在编程模式下设定，DM6615～DM6655 可在编程模式或监控模式下设定。

⑥数据存储区有掉电保持功能。

在 DM 区开辟了一块系统设定区域。系统设定区域的内容反映 PLC 的某些状态，可以在下述时间定时读出其内容：

DM6600～DM6614：当电源 ON 时，仅一次读出。

DM6615～DM6644：运行开始时(执行程序)，仅一次读出。

DM6645～DM6655：当电源 ON 时，经常被读出。

若系统设定区域的设定内容有错，则在该区的定时读出时会产生运行错误(故障码9B)信息，此时反映设定通道有错的辅助记忆继电器 AR1300～AR1302 将为 ON。对于有错误的设定只能用初始化来处理。

表 4-6　DM 功能表

通道号	位	功　　能	缺省值
DM6600	00～07	电源 ON 时 PLC 的工作模式 00：编程　　01：监控　　02：运行	根据编程器的模式设定开关
	08～15	电源 ON 时工作模式设定 00：编程器的模式设定开关 01：电源断电之前的模式 02：用 00～07 位指定的模式	
DM6601	00～07	不可使用	非保持
	08～11	电源 ON 时 IOM 保持标志，保持/非保持设定 0：非保持　　1：保持	
	12～15	电源 ON 时 S/R 保持标志，保持/非保持设定 0：非保持　　1：保持	
DM6602	00～03	用户程序存储器可写/不可写设定 0：可写 1：不可写(除 DM6602)	可写
	04～07	编程器的信息显示用英文/用日文设定 0：用英文 1：用日文	英文
	08～15	不可使用	

续表

通道号	位	功　能	缺省值
DM6603～6614		不可使用	
DM6615～6616		不可使用	
DM6617	00～07	外围设备通信口服务时间的设定 对扫描周期而言，服务时间的比率可在 0%～99% 之间（用 BCD2位）指定	无效
	08～15	外围设备通信口服务时间的有效/无效设定 00：无效（固定为扫描周期的 5%） 01：有效	
DM6618	00～07	扫描监视时间的设定 设定值范围：00～99（BCD 码），时间单位用 08～15 位设定 扫描周期监视有效/无效设定 00：无效（120ms 固定） 01：有效，单位时间 10ms 02：有效，单位时间 100ms 03：有效，单位时间 1s （监视时间＝设定值×单位时间）	120ms 固定
	08～15		
DM6619		扫描周期可变/不可变设定 0000：可变 0001～9999：不可变，为固定时间（单位为 ms）	扫描时间可变
DM6620	00～03	00000～00002 的输入滤波器时间常数设定	0：缺省值（8ms） 1：1ms 2：2ms 3：4ms 4：8ms 5：16ms 6：32ms 7：64ms 8：128ms
	04～07	00003～00004 的输入滤波器时间常数设定	
	08～11	00005～00006 的输入滤波器时间常数设定	
	12～15	00007～00011 的输入滤波器时间常数设定	
DM6621	00～07	001CH 的输入滤波器时间常数设定	
	08～15	002CH 的输入滤波器时间常数设定	
DM6622	00～07	003CH 的输入滤波器时间常数设定	0：缺省值（8ms）
	08～15	004CH 的输入滤波器时间常数设定	
DM6623	00～07	005CH 的输入滤波器时间常数设定	
	08～15	006CH 的输入滤波器时间常数设定	
DM6624	00～07	007CH 的输入滤波器时间常数设定	
	08～15	008CH 的输入滤波器时间常数设定	
DM6625	00～07	009CH 的输入滤波器时间常数设定	
	08～15	不可使用	

通道号	位	功　　能		缺省值
DM6626～6627		不可使用		
DM6628	00～03	输入号 00003 的中断输入设定	0：通常输入 1：中断输入 2：快速输入	通常输入
	04～07	输入号 00004 的中断输入设定		
	08～11	输入号 00005 的中断输入设定		
	12～15	输入号 00006 的中断输入设定		
DM6629～6641		不可使用		
DM6642	00～03	高速计数器模式设定　4：递增计数模式　0：递减计数模式		不使用计数模式
	04～07	高速计数器的复位方式设定　0：Z 相信号＋软件复位　1：软件复位		
	08～15	高速计数器使用设定　00：不使用　01：使用		
DM6643～6644		不可使用		
DM6645～6649		不可使用		
DM6650	00～07	上位链接总线	外围设备通信口通信条件标准格式设定 00：标准设定　起动位：1 位 字长：7 位 奇偶校：偶 停止位：2 位 比特率：9600bit/s 01：个别设定 DM6651 的设定 其他：系统设定异常（AR1302 为 ON）	外围设备通信口设定为上位链接
	08～11	1：1 链接（主动方）	外围设备通信口 1：1 链接区域设定 0：LR00～LR15	
	12～15	全模式	外围设备通信口使用模式设定 0：上位链接 2：1：1 链接从动方 3：1：1 链接主动方 4：NT 链接 其他：系统设定异常（AR1302 为 ON）	

续表

通道号	位	功　能		缺省值
DM6651	00～07	上位链接	外围设备通信口比特率设定 00：1200　01：2400　02：4800 03：9600　04：19200(可选择)	电源 ON 时经常读出
	08～15	上位链接	外围设备通信口的帧格式设定 　　　　起动位　字长　停止位　奇偶校 00：　　1　　7　　1　　偶校验 01：　　1　　7　　1　　奇校验 02：　　1　　7　　1　　无校验 03：　　1　　7　　2　　偶校验 04：　　1　　7　　2　　奇校验 05：　　1　　7　　2　　无校验 06：　　1　　8　　1　　偶校验 07：　　1　　8　　1　　奇校验 08：　　1　　8　　1　　无校验 09：　　1　　8　　2　　偶校验 10：　　1　　8　　2　　奇校验 11：　　1　　8　　2　　无校验 其他：系统设定异常(AR1302 为 ON)	
DM6652	00～15	上位链接	外围设备通信的发送延时设定 设定值：0000 ～ 9999（BCD）、单位 10ms 其他：系统设定异常（AR1302 为 ON）	
DM6653	00～07	上位链接	外围设备通信时，上位 LINK 模式的机号设定 设定值：00～31(BCD) 其他：系统设定异常(AR1302 为 ON)	电源 ON 时经常读出
	08～15	不可使用		
DM6654				
DM6655	00～03		故障履历存入法的设定 0：超过 10 记录，则移位存入 1：存到 10 个记录为止(不移位) 其他不存入	移位方式
	04～07	不可使用		
	08～11		扫描周期超出检测。0：检测　　1：不检测	检测
	12～15	不可使用		

第三节 CPM1A 系列 PLC 指令系统

一、概述

CPM1A 系列 PLC 的编程指令共有 153 条，指令的表示方式是梯形图和语句表并重。

1. 指令的分类

按指令功能的不同，可分为基本指令和应用指令两类。基本指令是直接对输入和输出点进行操作的指令，如输入、输出及逻辑"与"、"或"、"非"等操作。应用指令是进行数据传送、数据处理、数据运算、程序控制等操作的指令。应用指令的多少关系到 PLC 功能的强弱。

2. 指令的格式

指令的格式表示如图 4-9 所示。

步序　　　助记符(指令码)　　　操作数 1
　　　　　　　　　　　　　　操作数 2
　　　　　　　　　　　　　　操作数 3

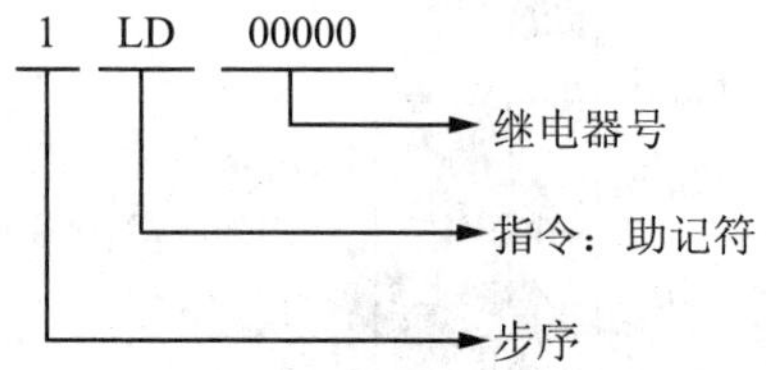

1　LD　00000 → 继电器号
→ 指令：助记符
→ 步序

图 4-9　指令的格式

(1)助记符表示指令的功能，它指明了执行该指令所完成的操作。助记符常用英文或其缩写语来表示。对不同生产厂家的 PLC，相同功能的指令其助记符可能不同。

(2)指令码是指令的代码，用两位数表示(00～99)。大部分基本指令没有指令码，而应用指令几乎都有指令码。

(3)操作数提供了指令执行的对象或数据。各种指令的操作数个数不同，有的指令不带操作数，有的指令带一个操作数，有的指令带 2 个或 3 个操作数。关于操作数作如下说明：

①操作数可以是继电器号、通道号或常数。为了区别一个操作数是常数还是通道号，在作为操作数的常数前要加前缀#。

例如：计数器指令可表示为：

CNT000
SV

其中，000 是计数器的编号，SV 是操作数。若 SV＝200 时，表明 000 号计数器的设定值是 200 通道中的数据；若 SV＝# 200，表明计数器的设定值是常数 200。

②操作数为常数时，可以是十进制或十六进制，这取决于指令的要求。

③间接寻址的操作数用*DM××××表示，这种操作数是以 DM×××× 中的数据为地址的另一个 DM 通道中的数据。DM×××× 中的内容必须是 BCD 码，且不得超出 DM 区的范围。

3. 执行指令对标志位的影响

在 SR 区的 25503～25507 是指令执行结果的标志位，有的指令执行后不影响标志位，有些指令执行后可能影响标志位。

4. 指令的微分、非微分形式

指令分为微分型和非微分型两种形式，CPM1A 系列的应用程序多数兼有这两种形式。微分型指令要在其助记符前加标记@。两种指令的区别：对非微分型指令，只要其执行条件为 ON，则每个扫描周期都将执行该指令；微分型指令仅在其执行条件由 OFF 变为 ON 时才执行一次。如果执行条件不发生变化，或者从上一个扫描周期的

ON 变为 OFF，则该指令都不执行。

二、基本指令

（1）LD/LD NOT："取/取非"指令，常开/常闭触点与"母线"相连。

（2）AND/AND NOT："与/与非"指令，串联单个常开/常闭触点。

（3）OR/OR NOT："或/或非"指令，并联单个常开/常闭触点。

（4）OUT/OUT NOT：输出/输出非指令。

（5）END $\boxed{\text{FUN(01)}}$：结束指令。

程序结尾处应有 END，若结尾处没有 END 指令，程序运行和查错时将显示出错信息"NO END INST"。程序执行到 END 处即认为已经结束，后面的程序一概不再执行。END 指令的用法还要注意两个方面：①可以在调试程序时，将 END 指令插在各段程序之后，对程序进行分段调试；②在有多个控制过程的多段程序时（如在同一台 PLC 中，既有控制电动机正反运转的程序，又有控制电动机 Y/△ 起动的程序），各独立程序段之间不应设置 END 指令，否则，END 后面的程序将无法执行。但在所有程序结束后，仍必须有 END 指令。注意：在有多个控制过程的多段程序时，要注意各通道和继电器使用不能混乱。

以上各指令的用法如图 4-10 所示。

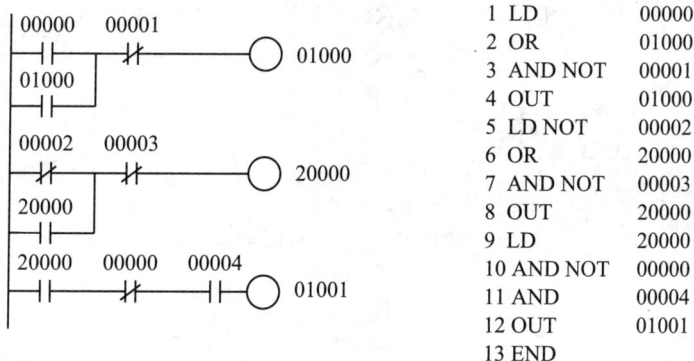

```
1  LD        00000
2  OR        01000
3  AND NOT   00001
4  OUT       01000
5  LD NOT    00002
6  OR        20000
7  AND NOT   00003
8  OUT       20000
9  LD        20000
10 AND NOT   00000
11 AND       00004
12 OUT       01001
13 END
```

图 4-10　基本指令用法

（6）AND LD/OR LD：块的串联/并联。

①"块"又叫"接点块"或"接点组"，是指多个接点的组合。图 4-11 中，有的是"块"，有的不是"块"，在编程时尤其需要注意。读者可以尝试着写出它们的语句表。

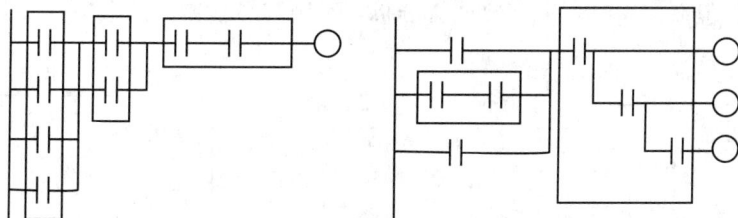

图 4-11　"块"的概念

②每一接点块都从 LD/LD NOT 开始，AND LD/OR LD 指令独立使用，后面不跟任何数据。

③AND LD/OR LD 的使用有"集中式"和"分散式"两种使用结构，如图 4-12 所示。

```
00  LD  X1
01  OR  X5
02  LD  X2
03  OR  X6
04  LD  X3
05  OR  X7
06  LD  X4
07  OR  X8
08  AND LD  ┐
09  AND LD  ├ 集中式
10  AND LD  ┘
11  OUT  Y1
12  LD  X9
13  AND  X10
14  LD  X13
```

```
15  AND  X14
16  OR LD
17  LD  X15
18  AND  X16
19  OR LD
20  LD  X17
21  AND  X18
22  OR LD
23  AND  X11
24  AND  X12
25  OUT  Y2
26  END
```

分散式

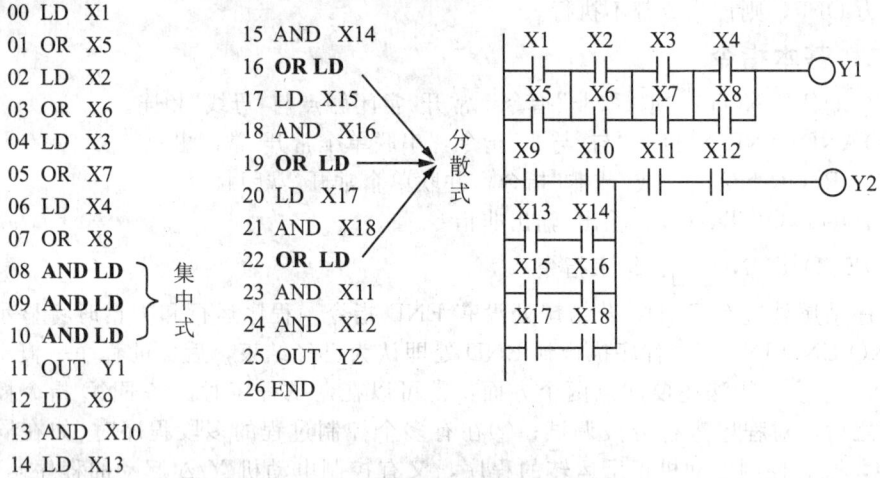

图 4-12　"块"的编程

"集中式"结构中，AND LD/OR LD 的使用次数不得多于 8 次；而"分散式"结构中它的使用次数不限。

(7) NOP 指令 $\boxed{\text{FUN}(00)}$：空操作指令。用于程序的修改。

若将 AND，AND NOT，OR，OR NOT 指令代之于 NOP，则梯形图将发生变化。如图 4-13 所示。

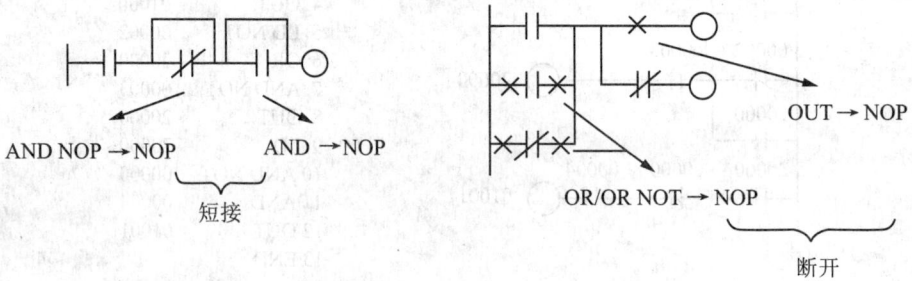

图 4-13　空指令的应用

NOP 指令若使用恰当，程序的修改将更加方便快捷。例如，在程序段中，若发现某一句语句是多余的，则可以采取两种处理办法：其一，删除该指令；其二，把该指令变为 NOP。但在使用时，一定要认真分析，否则容易出错。请参考图 4-14。

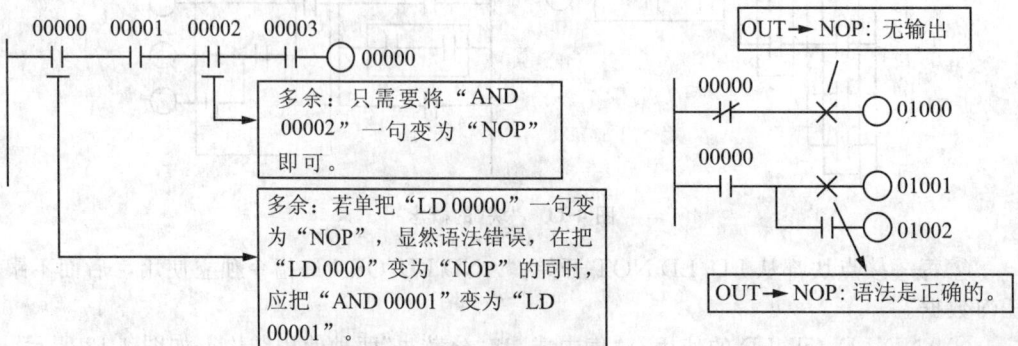

图 4-14　空指令应用注意的问题说明

(8)SET/RESET 指令：置位/复位指令。

用 SET 指令设定的线圈，一旦条件满足，则该线圈被置位，并保持接通状态(即便是该回路又被断开)，只有当设定同一线圈的 RESET 指令有效时，才能使被 SET 指令设定的线圈断开。

SET/RESET 一般成对使用，也可以只用其中之一。这两条指令之间可以插入别的指令语句。当 SET、RESET 指令的操作数是保持继电器 HR 时，具有掉电保持功能。

用编程器输入这两条指令，按以下顺序操作：

"FUN 键——→SET(或 RESET)键——→数字键——→WRITE 键"。

SET/RESET 键的使用参考图 4-15。

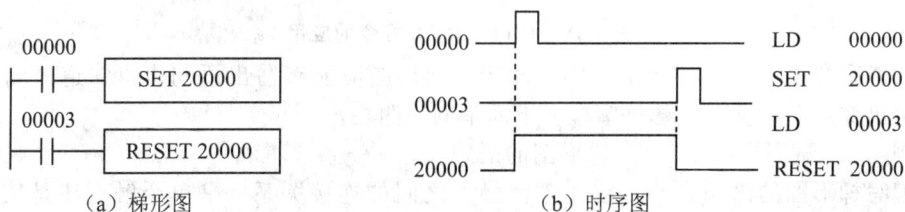

(a) 梯形图　　　　　　　　　(b) 时序图

图 4-15　SET/RESET 的功能

(9)KEEP $\boxed{FUN(11)}$：保持指令。

KEEP 指令功能、格式如图 4-16 所示。

S、R 端同时为 ON 时，操作数(继电器)为 OFF，这叫做复位优先。当操作数为保持继电器时，有掉电保持功能。

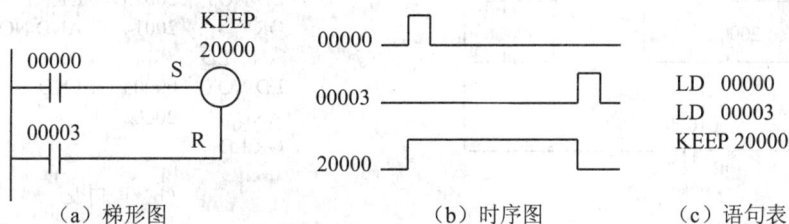

(a) 梯形图　　　　　　(b) 时序图　　　　　　(c) 语句表

图 4-16　KEEP 指令的功能

从 SET/RESET 和 KEEP 的功能可以知道，二者都有起动/保持/停止控制功能。常见的自锁电路(如图 4-17 所示)也有这些功能。

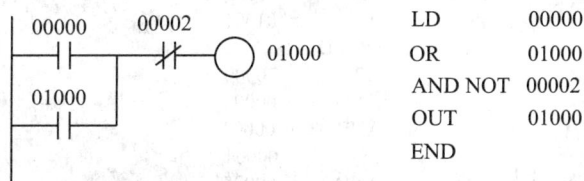

图 4-17　自锁电路

以上三种电路均可以实现保持功能，但上述自锁电路没有掉电保持功能，三者所用语句的数量也不同，具体的使用，用户可根据实际情况采用。

(10)DIFU $\boxed{FUN(13)}$ 和 DIFD $\boxed{FUN(14)}$ 指令：上升沿和下降沿微分指令。

DIFU：当执行条件由 OFF 变成 ON 时，使指定的继电器接通一个扫描周期。

DIFD：当执行条件由 ON 变成 OFF 时，使指定的继电器接通一个扫描周期。

DIFU、DIFD 指令的应用如图 4-18 所示。

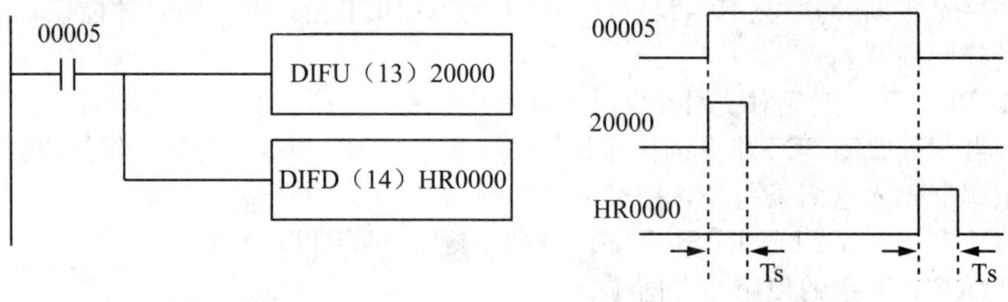

（a）梯形图　　　　　　　　　　　（b）时序图

图 4-18　DIFU、DIFD 指令的应用

梯形图和语句表可以互相转换，即知道梯形图应能够写出语句表，知道语句表应能够画出梯形图，读者应熟练掌握。下面举例说明之。

例 4.1：试写出图 4-19(a)梯形图的语句表。

编写梯形图的语句表，一定要理清触点之间的连接关系，是单个触点还是块，是常闭还是常开。本题根据梯形图，写出的语句表如图 4-19(b)所示。

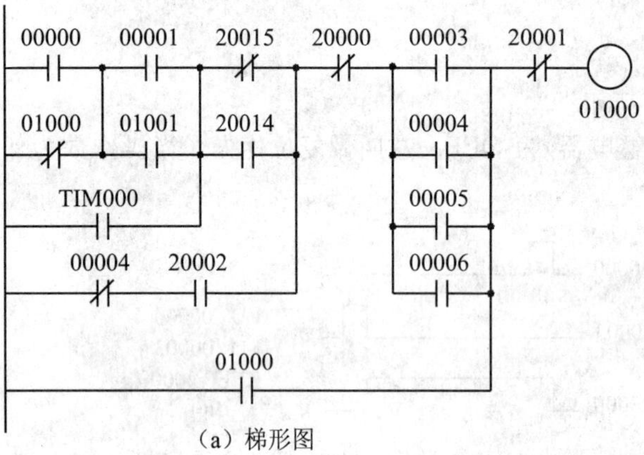

LD	00000	AND NOT	20000
OR NOT	01000	LD	00003
LD	00001	OR	00004
OR	01001	OR	00005
AND LD		OR	00006
OR TIM000		AND LD	
LD NOT	20015	OR	01000
OR	20014	AND NOT	20001
AND LD		OUT	01000
LD NOT	00004	END	
AND	20002		
OR LD			

（a）梯形图　　　　　　　　　　　（b）语句表

图 4-19　由梯形图写语句表例子

例 4.2：试画出图 4-20 语句表的梯形图。

```
LD        00000
AND       00001
LD        01000
AND       01001
OR LD
OR        20000
AND       00002
AND NOT   00003
LD        00004
AND       00005
LD        00006
AND NOT   20001
OR  LD
AND LD
OUT       01000
END
```

图 4-20　语句表

根据语句表，画出的梯形图如图 4-21 所示。

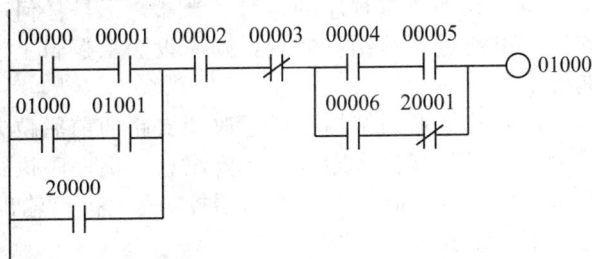

图 4-21　梯形图

▶ 第四节　CPM1A 系列 PLC 的应用指令

CPM1A 系列 PLC 有 136 条应用指令，本节介绍几个常用的应用指令。

1. IL `FUN(02)`/ILC `FUN(03)`指令

分支/分支结束指令。当程序中出现分支形成分支母线时采用。使用时应注意以下几点：

(1)不论 IL 的输入条件是 ON 还是 OFF，CPU 都要对 IL～ILC 之间的程序进行扫描。

(2)如果 IL 的执行条件为 OFF，则位于 IL～ILC 之间的程序不执行，此时 IL～ILC 之间各内部器件的状态如下：所有的 OUT 和 OUT NOT 指令的输出位为 OFF；所有定时器都复位；KEEP 指令的操作位、计数器、移位寄存器以及 SET 和 RESET 指令的操作位都保持 IL 为 OFF 以前的状态。

(3)IL/ILC 指令可以成对使用，也可以多个 IL 指令共用一个 ILC 指令，但不准嵌套使用。

(4)当一级分支和二级分支有共同的结束点时，则可以共用一个 ILC。如果二级分支结束后，在一级母线上还有其他支路，此时要注意更改调整梯形图，否则将出现嵌套使用的情况，致使梯形图所表达的逻辑结果与本意相悖。如图 4-22 所示。

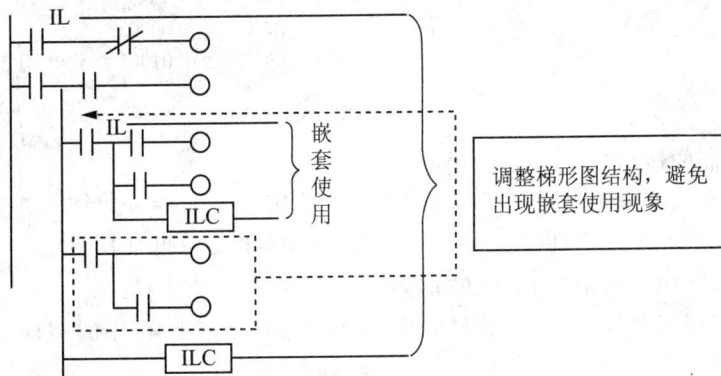

图 4-22　IL/ILC 嵌套使用的处理

一般情况下，当一级分支和二级分支具有共同的分支结束点时，ILC 可共用，程序检查时显示"ERR"，但这并不影响程序的执行。当然，不是任何一个梯形图都可以经过调整而解决，如果难以通过调整结构实现，则应设法从逻辑上改变梯形图，但动作的结果要满足控制要求。

需要指出的是，上述调整梯形图结构是通过改变支路的前后位置，这一调整对梯形图有没有影响？一般说来不会有什么影响，但要注意，从程序执行角度来看，这是有区别的。在第一章里我们已经知道，继电-接触器控制是"并行"输出形式，而 PLC 却是"串行"输出形式的。下面结合图 4-23 加以说明。

在图 4-23 中，当控制逻辑 00000 接通，则 20000 动作，01000 和 01001 有输出，但必须知道，01000 先动，01001 后动，只是这之间时间差极其短暂，几乎是同时动作。如果把 01000 支路与 01001 支路对调，如图 4-24 所示，则先动作的是 01001，后动作的是 01000，动作的时间差同样是极其短暂的，我们当然感觉不出来，但这一先后顺序始终是存在的。

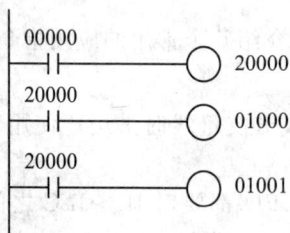

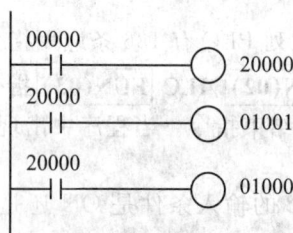

图 4-23 图例   图 4-24 对调后图例

2. 暂存继电器 TR

暂存继电器用来存储当前指令执行的结果。CPM1A 系列 PLC 有编号为 TR0～TR7 的 8 个暂存继电器。

用语句表编程时，要注意编程方法。请参考下面的例子，如图 4-25 所示。

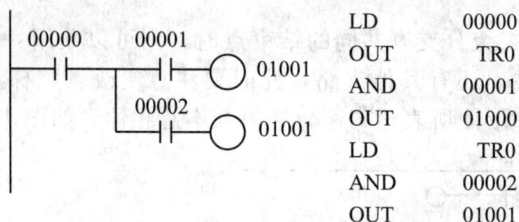

图 4-25 TR 继电器的应用

暂存继电器的使用要注意以下两点：

在同一分支程序段中，同一 TR 号不能重复使用。

TR 不是编程指令，只能配合 LD 或 OUT 等基本指令一起使用。

3. JMP FUN(04)/JME FUN(05) 指令

JMP/JME 是条件跳转开始/跳转结束指令，常用于控制程序的流向。如表 4-7，图 4-26所示。

表 4-7

格式	梯形图符号	操作数的含义及范围	指令的功能
JMP(04) JME(05)	—[JMP(04)N] —[JME(05)N]	N 为跳转号，其范围 为：00～49	JMP 是跳转开始指令，JME 是跳转结束指令。当 JMP 的执行条件为 OFF 时，跳过 JMP 和 JME 之间的程序而转去执行 JME 之后的程序；当 JMP 的执行条件为 ON 时，JMP 和 JME 之间的程序被执行

使用 JMP N 和 JME N 指令的注意事项：

发生跳转时，JMP N 和 JME N 之间的程序不执行，且不占用扫描时间。

发生跳转时，所有继电器、定时器、计数器均保持跳转前的状态不变。

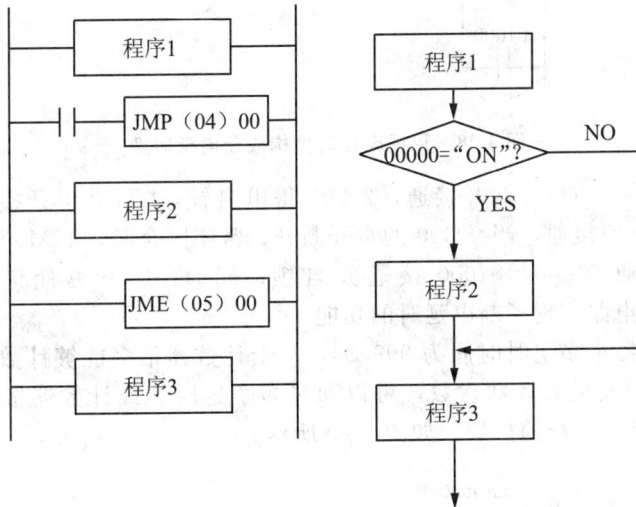

图 4-26　JMP/JME 的功能

对同一个跳转号 N，JMP N/JME N 只能在程序中使用一次。但 N 取 00 时，JMP 00/JME 00 可以在程序中多次使用。

以 00 作为跳转号时，指令的执行时间比其他跳转号的执行时间长，因为 CPU 要花更多时间去寻找下一个 JME 00。

跳转指令可以嵌套使用，但必须是不同跳转号的嵌套，如 JMP 00-JMP 01-JME 01-JME 00。JMP/JME 指令的用法如图 4-27 所示。

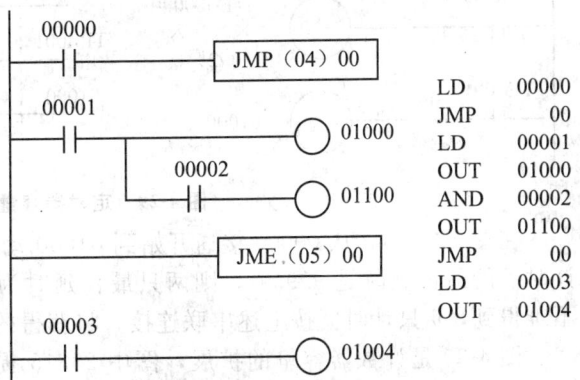

```
LD    00000
JMP      00
LD    00001
OUT   01000
AND   00002
OUT   01100
JMP      00
LD    00003
OUT   01004
```

图 4-27　JMP/JME 的应用

4. 定时器/计数器 TIM/CNT

(1)定时器/计数器同在一个 TC 区，它们共同使用编号 000～127，一共 128 点。当某一编号已用作定时器，在同一程序段内就不能再用作计数器，例如，同一程序段内不能同时有 CNT000 和 TIM000。

(2)定时器没有掉电保持功能，计数器有掉电保持功能。

(3)定时器只有通电延时型，而没有断电延时型。因此，要使用断电延时型定时器，可用通电延时型定时器经过一定的梯形图改造而得。如图 4-28 所示。

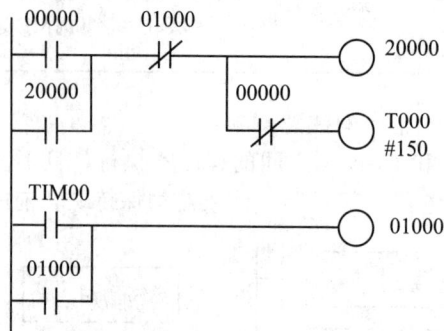

图 4-28　用通电延时型构成断电延时型

S 在图 4-28 中，00000 常开接通，20000 得电自锁，00000 常开接通期间，00000 的常闭使 TIM000 不接通，当 00000 的常开断开、常闭闭合时，TIM000 接通，开始延时，延时到，接通 01000，01000 接通并自锁，同时 01000 常闭断开 20000 以及 TIM000。可见，电路实现了断电延时的功能。

(4)一个定时器最多定时时间为 999.9s，一个计数器最多能够计数为 9999 次，要获得更长时间延时或更大计数次数，可以通过多个定时器或计数器按一定方式连接，获得定时时间或计数次数的扩展。如图 4-29 所示。

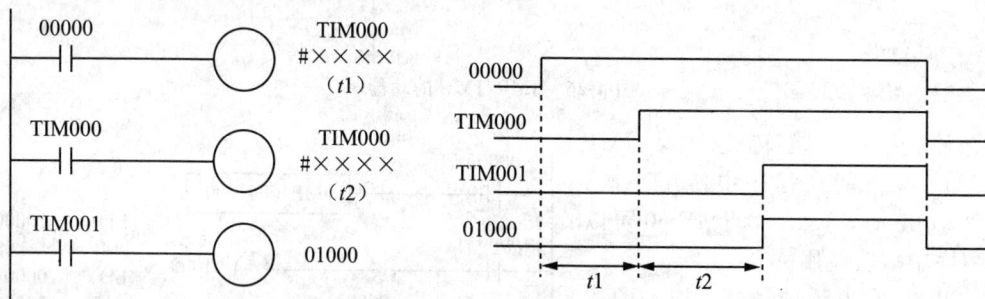

图 4-29　定时器容量的扩展

在图 4-29 中，从 00000 接通开始到 01000 动作的总延时为 $t1+t2$，显然，每一只计时器的最长延时是 999.9s，则两只最长延时为 999.9+999.9，即 $2\times999.9s$，由此不难得到，n 只计时器按上述串联连接，将获得的最大延时为 $n\times999.9s$。

图 4-30 是计数器容量的扩展，图中 25315 提供初始化脉冲，PLC 上电后，25315 接通一个扫描周期，使计数器 CNT000、CNT001 复位，00001 输入 CNT000 计数个数，CNT000 计数到达，接通一次，给 CNT001 输入一次计数脉冲，同时，CNT000 的复位端(R)由 CNT000 自身接通进行复位，CNT000 进行下一循环的计数，当 CNT001

计数满，CNT001 动作，接通输出继电器 01000，同时保持使 CNT000 处于复位状态，CNT000 不再计数(复位优先)，而 CNT001 保持动作状态。通过 00002 可以使 CNT001 复位，系统重新进行计数。显然，两只计数器最大计数值为 9999×9999 次，即 9999^2 次，不难得出，n 只计数器串级使用，最大计数次数为 9999^n 次。

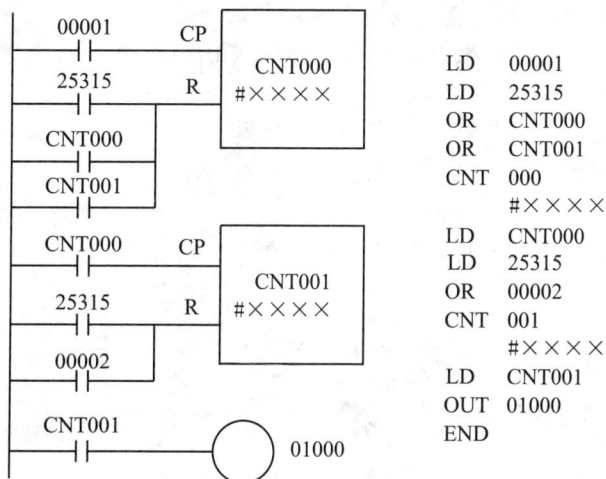

图 4-30　计数器容量的扩展

图 4-31 为 TIM 与 CNT 配合进行延时时间的扩展，TIM001 延时时间为 5s，00000 接通后，TIM001 延时 5s 到达后，CNT002 计数一次，同时 TIM001 由自身的常闭触点使复位，则 TIM001 又重新开始计时，5s 到达，又使 CNT002 计数一次，TIM001 又复位，又开始计时，依此类推，直到 CNT002 计数次数到达，CNT002 常闭触点使 TIM001 保持断开，CNT002 常开触点接通输出继电器 01001，01001 有输出并保持，直到接通 00001，CNT002 复位。很显然，从 00000 接通到 01001 有输出，经历的时间为 5×100s，如此，该电路最长延时时间为 999.9×9999s。

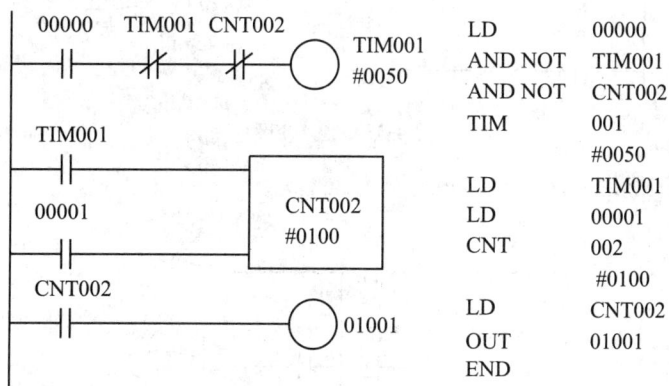

图 4-31　TIM 与 CNT 配合进行时间的扩展

需要说明的是，定时器除有 TIM 之外，还有高速定时器 TIMH，其定时的时间为 (假设设定值 #SV)SV×0.01s。

计数器除 CNT 外(CNT 为单向减计数器)，还有可逆循环计数器 CNTR，它们的编号均为 000～127。

>>> **习题与思考题**

4-1 对照实物，指出 CPM1A 主机面板上各部分名称及作用。

4-2 对照外围接线已接好的 PLC 实物，画出 CPM1A 完整的外围接线图。

4-3 简述 CPM1A 系列的主要功能。

4-4 什么是"位"、"数字"、"字节"、"字"? CPM1A 中一个通道有多少"位"、有多少"数字"、有多少"字节"、有多少"字"?

4-5 200CH 状态为"0FA8"，201CH 的状态为"E6B9"，那么继电器从 20000～20015 及 20100～20115 的通断情况是什么?

4-6 试写出 CPM1A 系列各继电器通道号范围，并指出其点数及各种继电器的功能。

4-7 把图 4-32(a)(b)(c)转换为语句表，并输入 PLC 进行调试。

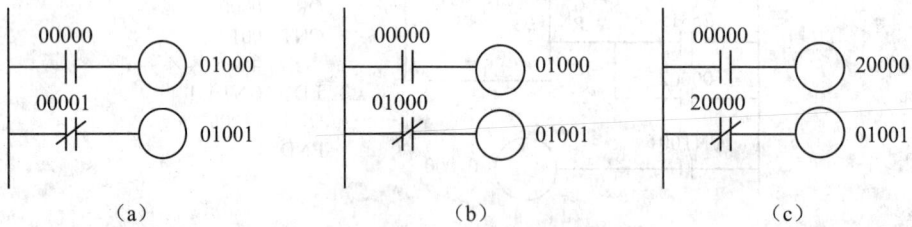

图 4-32 题 4-7 图

4-8 写出如图 4-33 所示梯形图的语句表。

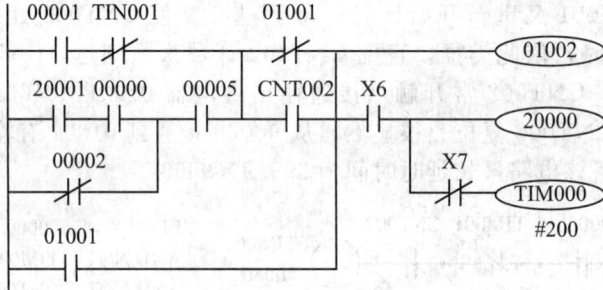

图 4-33 题 4-8 图

4-9 写出如图 4-34 所示梯形图的语句表。

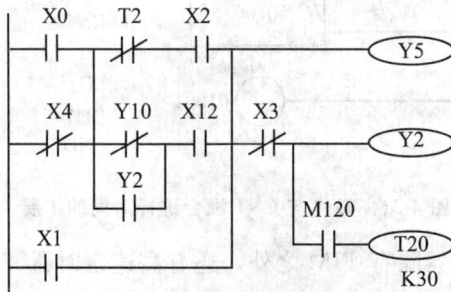

图 4-34 题 4-9 图

4-10　写出如图 4-35 所示梯形图的语句表。

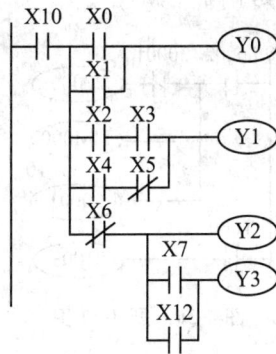

图 4-35　题 4-10 图

4-11　画出下列指令表程序对应的梯形图。

(1)LD 00001

AND 00002

OR 00003

AND NOT 00004

OR 20001

LD 00005

AND 00006

OR 20002

AND LD

OR NOT 20003

OUT 01002

(2)LD 00000

IL

LD 00001

OR 00002

OUT 01000

LD 00003

AND 00004

LD 00005

AND 00006

AND LD

OR 01000

AND NOT 00007

OUT 01001

OUT 01002

ILC

LD 00008

OR 00009

OUT 01003

4-12 画出图 4-36 中 20000 和 01003 波形。

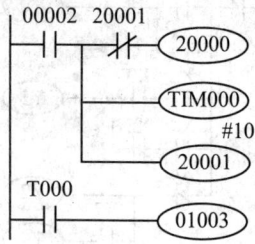

```
    00002  20001
 ┤├────┤/├────( 20000 )

              ( TIM000 )
                  #10
              ( 20001 )
    T000
 ┤├──────────( 01003 )
```

图 4-36 题 4-12 图

4-13 用 SET、RST 指令和微分指令设计满足如图 4-37 所示的梯形图。

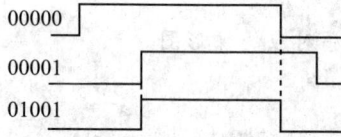

```
00000  ┌─────────────────┐
       │                 └──

00001        ┌───────────┐
             │           └──

01001        ┌──────────────┐
             │              └──
```

图 4-37 题 4-13 图

3. 输入程序

在 PROGRAM 方式下输入程序。

建立程序首地址，然后再输入指令。每输入一条指令后要按一次"WRITE"键，且地址自动加 1。

在输入双字节指令时，当输入指令、按"WRITE"键后地址并不加 1，而是提示下一字节的内容。在输入下一字节的内容后再按"WRITE"键，地址才加 1。

输入微分型的操作步骤：按 FUN 键 —→ 输入指令码 —→ 按"NOT"键 —→ 按"WRITE"键，表示微分型指令的"@"就显示出来，再按一次"NOT"键，"@"就消失。非微分型指令不必按"NOT"键。

如果输入的语句中有错误，只需在出错的地址处重新输入正确的语句即可。

如果出现的是逻辑性错误，程序输入时一般机子自身不会发现；但如果出现的是语法错误，比如，输入继电器号时输入 20016，则机子立即发出报警信号。因为 20016 继电器不存在。

4. 程序的读出

在 RUN、MONITOR 和 PROGRAM 方式下读出程序。用于检查程序的内容。

CLR 清屏，显示 00000 时，可从 00000 地址逐一读出，用"↑"或"↓"键进行翻阅。要从某一地址开始翻阅，"CLR"键清屏，显示 000000 时，输入地址号，按"↑"或"↓"键进行翻阅。

5. 程序的检查

在 PROGRAM 方式下检查程序。程序错误类型分为 A、B、C 三类和 0、1、2 三级。A 类错误影响程序的正常运行，必须通过检查并修改程序消除之。0 级检查用于 A、B、C 三类错误，1 级检查用于检查 A、B 两类错误，2 级检查用于检查 A 类错误。表 5-1 为 A、B、C 三类错误的出错显示以及对各类错误的处理方法一览表。

操作步骤："CLR —→ SRCH —→ 0 或 1 或 2"每按"SRCH"键一次，就会显示下一个出错的内容和地址。

（注意：不是任何错误都可以通过上述检查步骤完成。程序的错误通常分为两大类：语法错误和逻辑错误。通过上述检查，通常是检查语法错误，而逻辑错误要通过人为检查才能发现。什么是语法错误？什么是逻辑错误？语法错误通常是指程序编制过程中，指令、继电器的使用不正确，编程的方法和原则不符合规定等；而逻辑错误通常是指编制的程序原理不正确。如图 5-2 所示，图 5-2(a)是语法错误，图 5-2(b)是逻辑错误。

6. 指令的检索

在 RUN、MONITOR 和 PROGRAM 方式下检索指令。

欲检索用户程序中的某条指令，操作步骤为：建立开始检索的首地址 —→ 输入要检索的指令 —→ 按"SRCH"键 —→ 显示出要检索的指令内容及地址 —→ 按"↓"键 —→ 显示出操作数（对于有一个或多个操作数的指令要进行最后一步的操作）。

如果要检索 TIM/CNT 指令的设定值，要先检索到 TIM/CNT 指令后，再按"↓"键，就显示出要检索的 TIM/CNT 指令的设定数据。

连续按"SRCH"键可继续向下检索，一直检索到 END 指令。如果程序中无 END 指令，则一直找到程序存储器的最后一个地址。见表 5-1。

表 5-1 A、B、C 三类错误的出错显示及处理方法

等级	出错显示	处 理
A	?????	程序已破坏，应重新写入程序
	NO END INSTR	程序的结尾没有 END 指令，应在程序结尾处写入 END 指令
	CIRCUIT ERR	程序逻辑错误。这种错误大多是因为多输入或少输入一条指令所致，应仔细检查并修改之
	LOCN ERR	当前显示的指令在错误的区域
	DUPL	重复错误。当前使用的子程序编号或 JME 编号在程序中已使用过，应改正程序，使用不同的编号
	SBN UNDEFD	调用的子程序不存在
	JMP UNDEFD	一个转移程序段有首无尾，即对于一个给出的 JMP 没有相应的 JME 与之对应
	OPER AND ERR	指定的可变操作数据错误，检查程序并改正之
	STEP ERR	步进操作错误，检查并修改程序
B	IL-ILC ERR	IL-ILC 没有成对出现。它不一定是真正的错误，因为有时就需要 IL－ILC 不成对出现
	JMP-JME ERR	JMP-JME 没有成对出现。检查并确认该处程序是否真正有错
	SBN-RET ERR	SBN-RET 没有成对出现，检查并改正程序
C	JMP UNDEFD	对于一个给出的 JME 没有 JMP 与之对应，检查并改正程序
	SBS UNDEFD	一个定义的子程序没有调用过。对于中断子程序来说，出现这种情况是正常的
	COIL DUPL	一个位号被多次用作输出，检查并确定程序是否真正有错

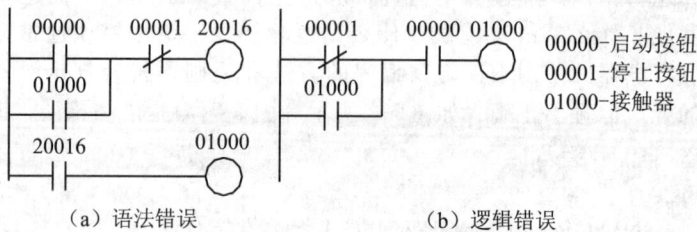

（a）语法错误　　　　（b）逻辑错误

图 5-2　逻辑错误和语法错误例子

7. 触点检索

在 RUN、MONITOR 和 PROGRAM 方式下检索触点。

操作步骤：输入开始检索的地址──→按"SHIFT"、"$\frac{CONT}{\#}$"键──→输入要查找的触点号──→按"SRCH"键──→显示含有触点的指令。连续按"SRCH"键可继续显示含有触点的指令。

8. 插入指令

在 PROGRAM 方式下插入指令。要在 n、$n+1$ 地址之间插入一条指令（如插入 AND 20000），则：

操作步骤：翻阅到 $n+1$ 地址——→输入要插入的语句（如 AND 20000）——→按"INS"键——→显示"INSERT?"的画面——→按"↓"键，则指令被插入。

插入指令后，其后的指令地址将自动加 1（插入的指令其地址为 $n+1$，未插入之前的 $n+1$ 地址的语句其地址变为 $n+2$。）

若插入多字节指令，在输入指令助记符后，要继续输入其操作数，每输入一个操作数时要按一次"WRITE"键。

9. 删除指令

在 PROGRAM 方式下删除指令。

操作步骤：找到要删除的指令所在地址——→按"DEL"键——→显示"DELETE?"的提示画面——→按"↑"键则指令被删除。

若指令有操作数也一起删除，删除指令后，其后的指令地址自动减 1。

10. 位、数字和字的监视

在 RUN、MONITOR 和 PROGRAM 方式下执行这三种监视。

(1)TIM/CNT 监视。

TIM/CNT 监视操作用于对 TIM/CNT 的当前值及状态的监视。例如，在 MON-TR 或 RUN 方式下，监视 TIM000 的操作步骤如下：

先清除显示屏——→按"TIM"键——→输入 TC 号 000 ——→按"MONTR"键，则显示 TIM000 的当前值和动态变化情况。例如，屏幕上显示如图 5-3 所示的信息。

```
T000
0049
```

图 5-3 监视 TIM000 显示

画面中的 0049 是 TIM000 的当前值。其当前值每隔 100ms 减 1，盲到减为 0000 为止。此时屏幕上显示如图 5-4 所示的信息。

```
T000
O0000
```

图 5-4 TIM 减至 0000 显示

画面中 0000 前面的字母 O，表示 TIM000 的状态为 ON。

使用"↑"、"↓"键可继续观察其他 TC 号的 TIM/CNT。

(2)位监视。

位监视操作用于监视 I/O、IR、AR、HR、SR、LR 通道中某位的状态。例如，要监视输入点 00006 的状态，操作步骤：CLR 清屏——→按"SHIFT"键——→按"$\frac{CONT}{\#}$"键——→输入要监视的位号 6 ——→按"MONTR"键。屏幕显示如图 5-5 所示的信息。按"↑"、"↓"键可继续显示与当前显示位相邻的其他位的状态。若要直接监视另一个位，可以输入位号，再按"MONTR"键。

```
00006
∧ ON
```

图 5-5 监视输入点 00006 显示

（3）通道监视。

通道监视操作以通道为单位进行监视，它可以监视 IR、AR、HR、SR、LR、DM 等通道内的内容。例如，要监视链接继电器 LR01 通道的内容，其操作步骤如下：

①CLR 清屏 → 按"SHIFT"键 → 按"$\frac{CH}{*DM}$"键 → 按"$\frac{*EM}{LR}$"键 → 输入继电器号 "1" → 按"MONTR"键 → 显示 LR01 的内容［如图 5-6(a)：E03F 所示］。

②按"↑"、"↓"键 → 显示 LR 通道内与 LR01 相邻的 LR 继电器状态［如按"↑"键 LR00：0301，如图 5-6(b)所示］。

③按"SHIFT"键 → 按"MONTR"键 → 显示当前通道（LR00）中每位的状态［如 图 5-6(c)所示］。

④按"↑"、"↓"键 → 显示与当前通道相邻的其他通道的各位状态（若欲继续查看 其他通道内容，只要输入通道号，再按"MONTR"键即可）。

请读者思考下列问题：如果当前显示的状态是如图 5-6(a)所示，那么，依次按 "SHIFT"、"MONTR"键后，显示出的 LR01 每位的状态是什么？

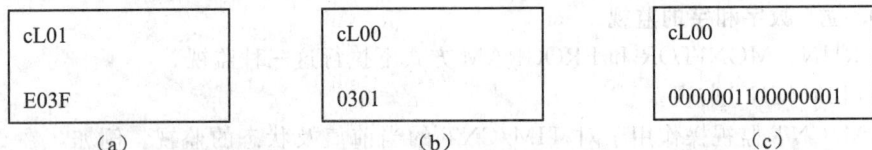

cL01	cL00	cL00
E03F	0301	0000001100000001
(a)	(b)	(c)

图 5-6　显示器状态

（4）监视程序内的位、通道。

在 RUN、MONITOR 方式下，按"CLR"键，输入欲监视的位或通道地址，再按 "↑"、"↓"键，可在显示屏上观察到各继电器、TIM/CNT、数据存储器在程序运行过 程中的状态。图 5-7(a)表示输入继电器 00002 接通，图 5-7(b)表示输出继电器 01000 没接通，图 5-7(c)表示计数器 CNT000 当前输出为 ON。

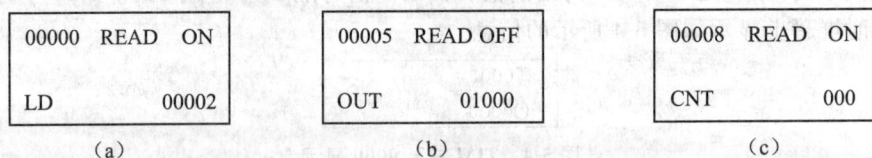

00000　READ　ON	00005　READ　OFF	00008　READ　ON
LD　　　　00002	OUT　　　01000	CNT　　　　000
(a)	(b)	(c)

图 5-7　继电器、TIM/CNT、数据存储器状态

11. 多点监视

在 RUN、MONITOR 方式下执行多点监视。

在监控程序运行时，经常需要同时监视多个接点或通道的状态，这时需要进行多 点监视。例如，第一个监视 TIM000，在依次按"CLR" → "TIM" → "0" → "MON-TR"键后，屏幕显示如图 5-8(a)所示。接着监视 00001 点，依次按"SHIFT" → "$\frac{CONT}{\#}$" → "1" → "MONTR"键后，屏幕显示如图 5-8(b)所示的画面。再监视 DM0000 通道，依次按"DM" → "0" → "MONTR"键，显示如图 5-8(c)所示的画面。

T000		00001　T000		D0000　00001　T000
0100		∧ OFF　0100		0000　　∧ OFF　0100
（a）		（b）		（c）

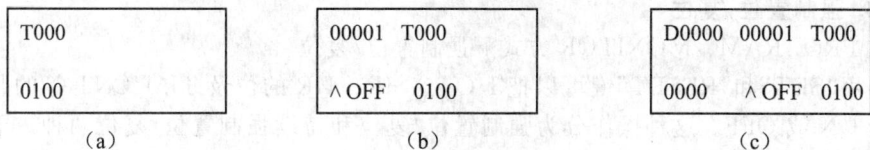

图 5-8　各监视对象状态

观察以上操作可见，第一个被监视对象的显示在屏幕左边，当监视第二点或通道时，第一个被监视对象的显示就向右移动。如果被监视的对象为 4 个时，第一个被监视的对象就移出显示屏（移到内部寄存器中），这时，显示屏上从左到右显示的是第四个、第三个、第二个被监视对象。屏幕上的内容与寄存器中的内容形成一个环，可以用"MONTR"键再调出环上的某一个。显示器显示 3 个，寄存器内存 3 个，因此，最多可以同时监视 6 个点或通道。如果要监视第七个对象，则最先被监视的那个内容被挤出并丢失，如图 5-9 所示。

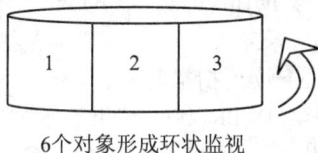

6个对象形成环状监视

图 5-9　6 个对象形成环状监视

如果显示器最左边显示的是点，则可以强迫其置为 ON 或 OFF。如果最左边显示的是通道、TIM/CNT、DM 等，则可以改变它们的值。

12. 修改 TIM/CNT 的设定值 1

在 PROGRAM、MONITOR 方式下修改 TIM/CNT 的设定值。

（1）在 PROGRAM 方式下用编程器修改参数的操作不再叙述。在 MONTOR 方式下，当程序运行时能改变 TIM/CNT 的设定值。例如，如图 5-10 所示，要把 TIM000 的设定值改为 # 0400，其操作步骤为：

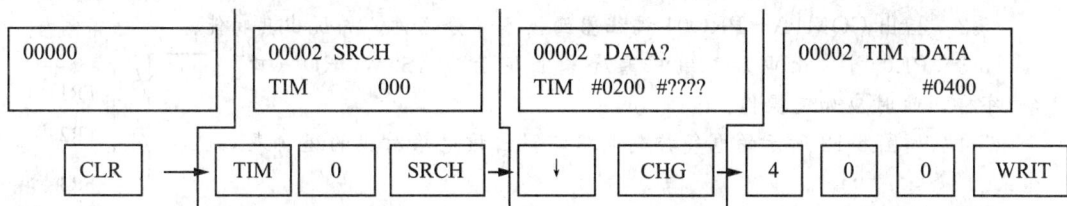

00000		00002　SRCH		00002　DATA?		00002　TIM DATA
		TIM　　　000		TIM　#0200　#????		#0400

CLR	→	TIM	0	SRCH	→	↓	CHG	4	0	0	WRIT

图 5-10　设 TIM000 的值为 # 0400 操作步骤及显示

（2）若将 TIM000 的设定值改为一个通道，则可依次按"CHG"、"SHIFT"、"$\frac{CH}{*\,DM}$"键及通道号，最后按"WRITE"键。

13. 修改当前值 1

在 PROGRAM、MONITOR 方式下修改当前值 1。

这个操作用来改变 I/O、AR、HR 和 DM 通道的当前值（4 位十六进制）及 TIM/CNT 的当前值。其操作步骤为：先对被修改的通道或 TIM/CNT 进行监视，然后按"CHG"键——→输入修改后的数值——→按"WRITE"键（253～255 的内容不能修改）。

14. 强制置位/复位

在 PROGRAM、MONITOR 方式下强制置位/复位。

使用"SET"和"RESET"键可以把 I/O 点、IR、HR 的位及 TIM/CNT 等的状态强制置为 ON 或 OFF。这种操作分为强制置位/复位和持续强制置位/复位两种。下面介绍的是在 MONITOR 方式下的强制置位/复位操作。

(1)强制置位/复位。

监视状态下──按住"SET"键(置位)或"RESET"键(复位)──松开:恢复。

(2)持续强制置位/复位。

监视状态下──按"SHIFT"键──按"SET"键(置位)──按"NOT"或"RESET"键:恢复(复位操作与此类似)。

对 TIM/CNT 执行强制 ON/OFF 操作时,要注意:

①在强制 ON 时,是把 TIM/CNT 的当前值置为 0000,而对之施行强制 OFF 时,是恢复 TIM/CNT 的设定值。

②强制 ON/OFF 操作时,要按住"SET"、"RESET"键不松手。

15. 读出扫描时间

在 MONITOR、RUN 方式下读出扫描时间。

操作步骤:"CLR"键──"MONTR"键。结果显示如图 5-11 所示。

读出的扫描时间是一个平均值,在不同时间按"MONTR"键,每次读出的数值多少有点差别。

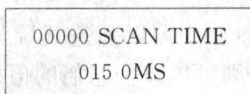

```
00000 SCAN TIME
015 0MS
```

图 5-11　扫描时间显示

>>> 习题与思考题

5-1　按下列逻辑表达式画出它所表征的电路图。
$$KM=[SB \cdot KA1+KM(KA1+KA2)] \cdot FR$$

5-2　指出 CQM1A-PRO01 编程器面板各部分名称,并说出其功能。

5-3　PLC 首次上电后,编程器屏幕上显示"PASSWORD"(口令)字样,此时应如何操作?

5-4　如图 5-12 所示的电气控制电路,写出该电路对应的逻辑表达式。

5-5　要把 CPM1A 存储器中的程序、各继电器、定时器/计数器、数据存储器中的数据全部清除,该如何操作?写出其操作步骤。

5-6　什么是语法错误?什么是逻辑错误?如何通过 CQM1A-PRO01 编程器检查程序?

5-7　在步序 10 和 11 之间插入 NOP 指令,如何操作?

5-8　如果发现程序中某一语句是多余的,是否可以把该语句直接变为空指令 NOP?

5-9　删除程序中多余的语句,应如何操作?

5-10　发现程序中"OUT20000"一句误写为"20001",如何修改?

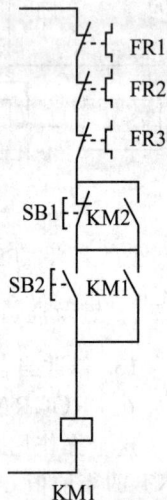

FR1
FR2
FR3
SB1　KM2
SB2　KM1

KM1

图 5-12

第六章　常用的典型环节基本程序

PLC 应用程序往往是一些典型的控制环节和基本单元电路的组合，熟练掌握这些典型环节和基本单元电路，可以使程序的设计变得简单。要提高设计和认识 PLC 程序的水平，需要熟悉并掌握这些常见的 PLC 典型环节程序，并通过工作积累，掌握各种编程技巧。本章介绍 PLC 编程的基本原则和常用的基本程序。

▶ 第一节　PLC 的编程原则和方法

掌握了 PLC 的基本编程指令之后，就可以根据控制要求编写简单的应用程序了。为了提高编程质量和编程效率，必须首先了解编写梯形图程序的基本规则和基本编程方法。

基本编程规则和方法有：

(1)线圈右侧不能设有触点，右母线可以省略。

(2)线圈不能直接与母线相连。必要时，可采取一定方法，例如，在母线与线圈之间串入一个无关的其他继电器的常闭接点(若采用 25313—常开，则应用其常开)。

(3)双线圈输出不可用。所谓"双线圈输出"，指在同一程序中，两次及两次以上重复使用同一个继电器线圈。

一般情况下，在梯形图中同一线圈只能出现一次。对于"双线圈输出"，有些 PLC将其视为语法错误，绝对不允许；有些 PLC 则将前面的输出视为无效，只有最后一次输出有效；而有些 PLC，在含有跳转指令或步进指令的梯形图中允许双线圈输出。

(4)梯形图可以进行分解。尤其是不能直接编写语句表的梯形图，是十分必要的。例如，下面的"桥式梯形图"如图 6-1 所示，就不可以直接编程，经过分解后就可以编程了(为了说明问题的方便，图中用 1、2、3、4…来代替触点，用 Y1、Y2、Y3 来表示线圈)。

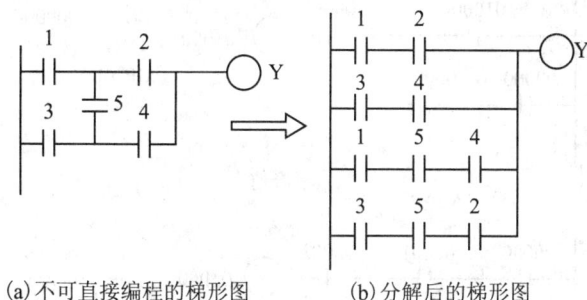

(a)不可直接编程的梯形图　　　　(b)分解后的梯形图

图 6-1　梯形图分解示例之一

梯形图分解的基本要领或方法：

以线圈为核心，理出所有能够使线圈接通的支路，把这些支路并联起来后，再接到该线圈上。

在图 6-2 中，从断开点 2、断开点 3 处断开后，剩下的部分即为对 Y1 起作用的部分，单独画出，从断开点 1、断开点 3 处断开后，剩下的部分即为对 Y2 起作用的部分，单独画出。从断开点 1、断开点 2 处断开后，剩下的部分即为对 Y3 起作用的部分，单独画出。画出后的梯形图如图 6-3 所示，但梯形图中除主控指令外不允许触点纵向连接。

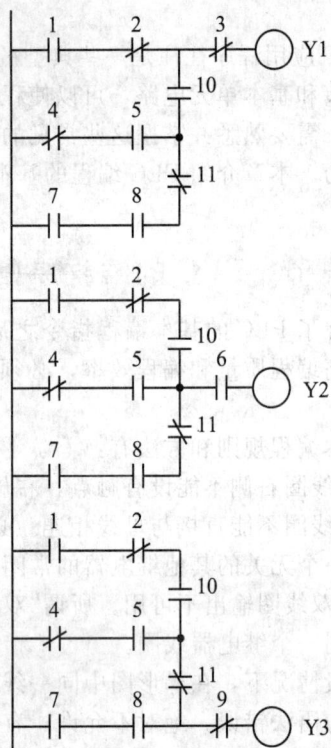

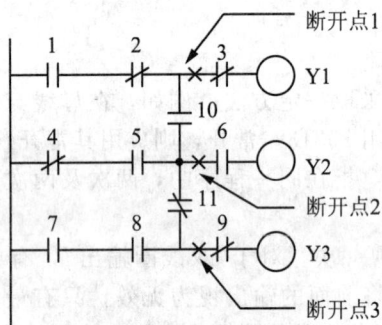

图 6-2　梯形图分解示例之二

图 6-3　图 6-2 分解后的梯形图

(5)触点组与单个触点并联时，单个触点应放置在触点组的下方。如图 6-4 所示，触点组与单个触点串联时，单个触点应放置在触点组的后面，如图 6-5 所示，这样编写的程序简洁。

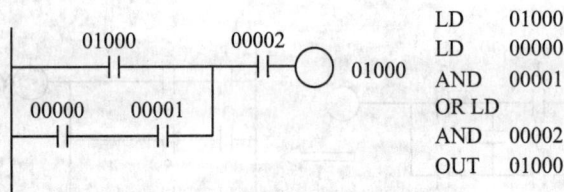

（a）不恰当

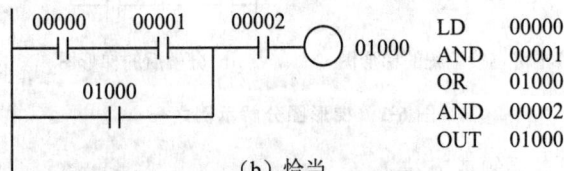

（b）恰当

图 6-4　"块"应置于单个触点之上说明图

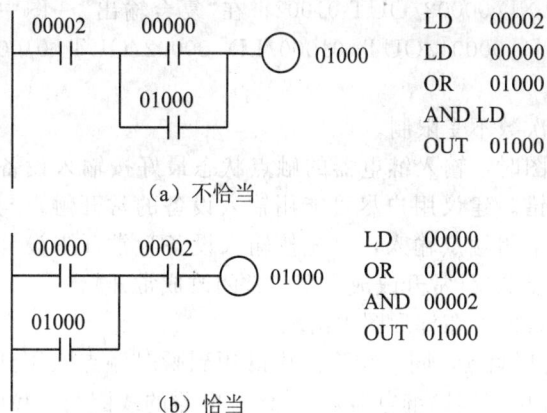

LD　　00002
LD　　00000
OR　　01000
AND LD
OUT　01000

（a）不恰当

LD　　00000
OR　　01000
AND　 00002
OUT　01000

（b）恰当

图 6-5　"块"应置于单个触点之前说明图

(6)梯形图必须遵循从左到右，从上到下的顺序编写。一般来讲，支路与支路在梯形图中位置一般可以调换。

(7)程序结束时，一定要采用 END 指令，否则程序将不被执行。

(8)有些梯形图难于用 AND LD 或 OR LD 编程时，应进行分解或调整其结构。如图 6-6 所示。

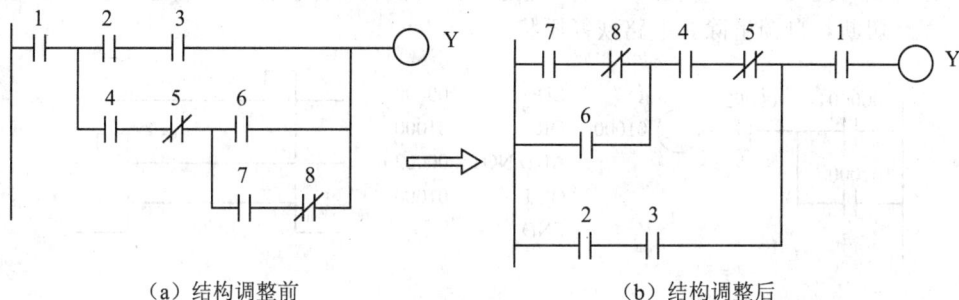

（a）结构调整前　　　　　　　　　　　　（b）结构调整后

图 6-6　梯形图结构的调整

(9)多种输出方式的合理编程。输出方式常见的有并联输出、连续输出和复合输出。三种不同的输出方式要区分开来，如图 6-7 所示。

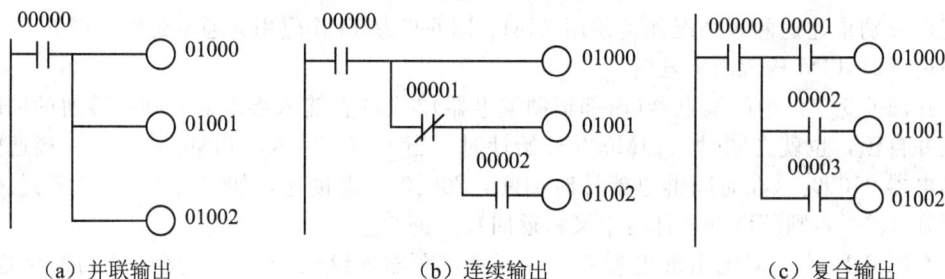

（a）并联输出　　　　　　　　　　（b）连续输出　　　　　　　　　（c）复合输出

图 6-7　几种不同的输出方式

在图 6-7"并联输出中"，语句表应为：LD 00000/OUT 01000/OUT 01001/OUT 01002；在"连续输出"一图中，对应的语句表为：LD 00000/OUT 01000/AND NOT

00001/OUT 01001/AND 00002/OUT 01002；在"复合输出"一图中，对应的语句表应为：LD 00000/IL/LD 00001/OUT 01000/LD 00002/OUT 01001/LD 00003/OUT 01002/ILC。

(10)触点的使用次数不受限制。

(11)在设计梯形图时，输入继电器的触点状态最好按输入设备全部为常开进行设计更为合适，不易出错。建议用户尽可能用输入设备的常开触点与 PLC 输入端连接，如果某些信号只能用常闭触点输入，可先按输入设备为常开来设计，然后将梯形图中对应的输入继电器触点取反(常开改成常闭，常闭改成常开)。

(12)输入继电器线圈不在梯形图中出现。

(13)TIM 没有瞬时触点，同一梯形图中既用到瞬时触点又用到延时触点时，应引入一个其他继电器(如中间辅助继电器)，把该继电器的线圈与 TIM 并联，用该引入的继电器的触点代替 TIM 的瞬时触点(注意常开、常闭触点要对应)。

▶ 第二节　常用的基本程序

一、起动与自锁

起动与自锁控制的梯形图以及时序图如图 6-8 所示。图中，00000 接通，01000 有输出且自锁，此时 00000 断开，01000 通过其自锁触点仍保持接通，直至 00002 常闭断开，回路切断，自锁解除，电路恢复原状。

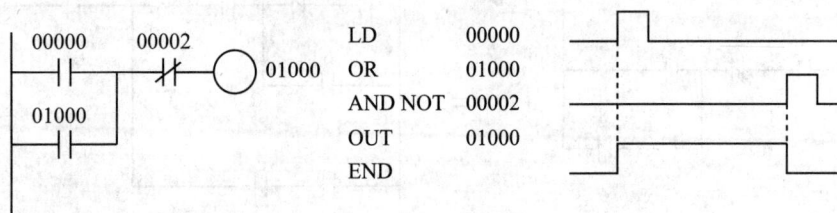

图 6-8　起动与自锁

二、通电延时与断电延时

在前面章节已知，PLC 中的计时器 TIM(或称定时器、时间继电器)只有延时接通型的，没有断电延时型的。我们在使用时，应根据控制要求合理设计和正确应用。下面我们分别重述这两种情况如何使用 TIM。图 6-9 为 TIM 应用为通电延时，图 6-10 为用通电延时 TIM 构成断电延时。

在图 6-9 中，中间继电器(内部辅助继电器)20000 在输入继电器 00000 接通的同时接通并自锁，也就在同时，TIM000 开始计时，当 $t=5$s 到达，TIM000 动作，接通输出继电器 01000。(在时间继电器计时期间，20000 一直接通，如果计时 5s 尚未到达，就断开 00001，则 TIM000 计时中又将返回)。

在图 6-10 中，对输出继电器 01000 而言，在输入继电器 00000 接通的同时接通，经过一定时间(如本图中 $t=5$s)，由 TIM000 的常闭断开，这就实现了延时断开的功能。这里 00000 在延时未到之前一直接通，但如果 00000 采用的是按钮输入，要求按钮按下去之后又立即松手恢复，这种情况可设置一定的自锁来解决问题，如图 6-11 所示。

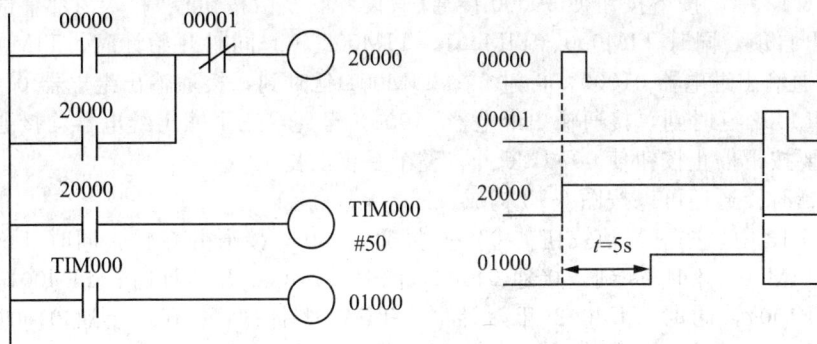

图 6-9　延时接通的 PLC 程序

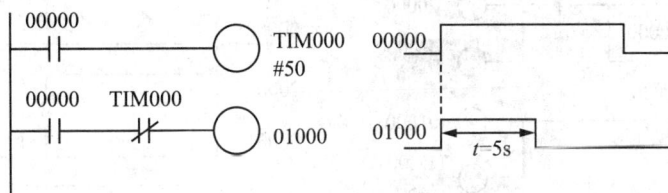

图 6-10　延时断开的 PLC 程序

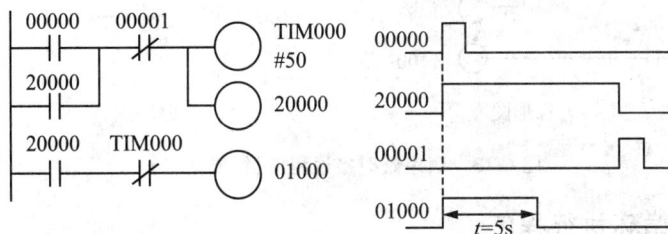

图 6-11　具有自锁的延时断开 PLC 程序

三、顺序延时接通程序

如图 6-12 所示为三个定时器组成的顺序延时接通程序的梯形图及时序图。

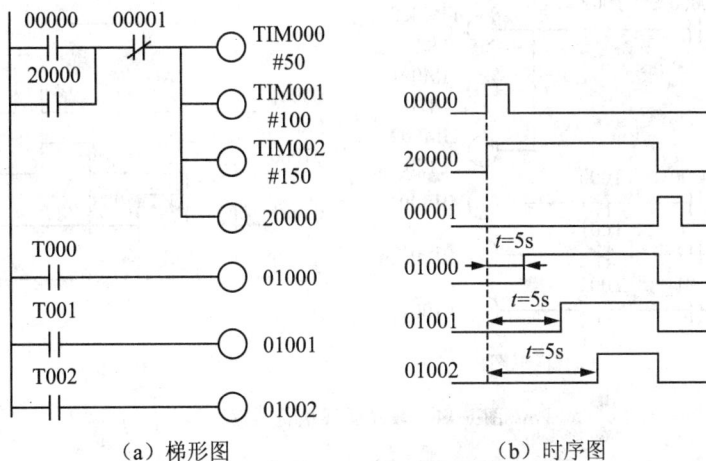

（a）梯形图　　　　　　（b）时序图

图 6-12　顺序延时接通程序（构成之一）

在图 6-12 中，按下按钮使 00000 接通（假设 00000 由按钮控制），内部辅助继电器 20000 通电自锁，同时 TIM000、TIM001、TIM002 一起同时开始计时，TIM000 延时到 5s，接通输出继电器 01000，再过 5s；TIM001 延时到，接通输出继电器 01001，再过 5s；TIM002 延时到，接通输出继电器 01002。至此，三个输出继电器均接通。要断开，只需要按下停止按钮使 00001 断开，整个系统恢复。

顺序延时接通还可以按图 6-13 构成。

在图 6-13 中，按下起动按钮使 00000 接通，20000 接通并自锁，同时 TIM000 开始计时；TIM000 计时 5s 到，接通 01000，同时 TIM001 开始计时；TIM001 计时 5s 到，接通 01001，同时 TIM002 开始计时；TIM002 计时 5s 到，接通 01001。按下 00001，系统恢复。

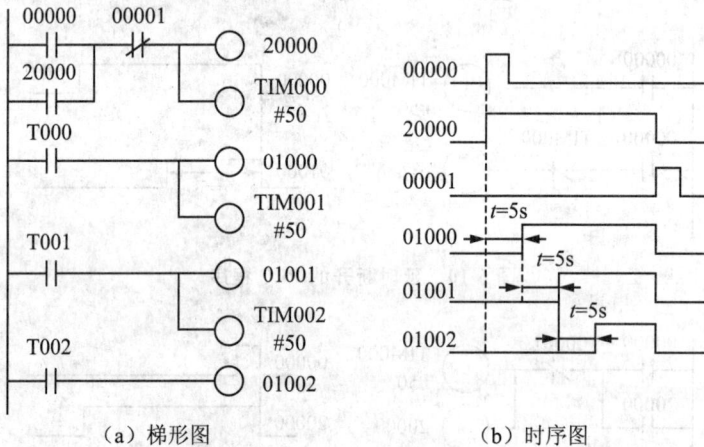

（a）梯形图　　　　　　　　（b）时序图

图 6-13　顺序延时接通程序（构成之二）

四、顺序循环执行程序

如图 6-14 所示为三个定时器组成的具有循环执行程序功能的梯形图及时序图。

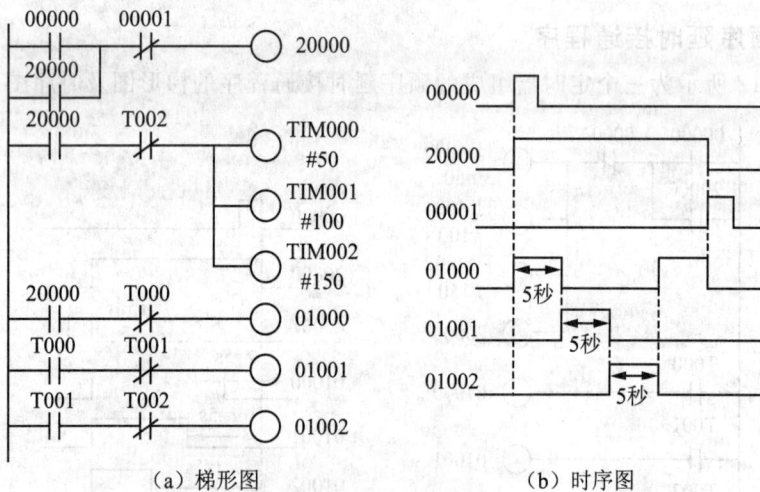

（a）梯形图　　　　　　　　（b）时序图

图 6-14　顺序循环执行程序

在图 6-14 中，按下起动按钮 00000 接通，20000 通电并自锁，01000 接通输出，同时 TIM000、TIM001、TIM002 一起同时开始计时，5s 到，TIM000 动作，断开 01000，接通 01001；再过 5s，TIM001 动作，断开 01001，接通 01002；再过 5s，TIM002 动作，断开 01002，并使 TIM000、TIM001、TIM002 复位，重新开始一个新的循环。要使整个系统复位，只需要按下 00001 即可。

五、优先程序

优先程序执行时，能在多个输入信号中接受最先一个输入信号，作出反应，其后的输入信号无效。此原则常用于抢答器中。图 6-15 所示为优先程序的实例。图中 00000、00001、00002、00003 共 4 个输入，01000、01001、01002、01003 是对应的 4 个输出，哪一个输入抢在最先，对应的输出指示灯亮（即用 01000、01001、01002、01003 4 个输出起动 4 盏指示灯）。

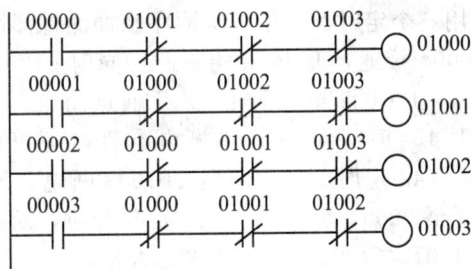

图 6-15　优先程序梯形图

图 6-15 仅仅是 4 个输入、4 个输出的优先程序，如果有若干输入、输出，构成方式依次可得。读者不妨自己尝试。

六、脉冲信号发生器

1. 周期可调的脉冲信号发生器

如图 6-16 所示为采用定时器 T000 产生一个周期可调节的连续脉冲。当 00000 常开触点闭合后，第一次扫描到 T000 常闭触点时，它是闭合的，于是 T000 线圈得电，经过 1s 的延时，T000 常闭触点断开。T000 常闭触点断开后的下一个扫描周期中，当扫描到 T000 常闭触点时，因它已断开，使 T000 线圈失电，T000 常闭触点又随之恢复闭合。这样，在下一个扫描周期扫到 T000 常闭触点时，又使 T000 线圈得电，重复以上动作，T000 的常开触点连续闭合、断开，就产生了脉宽为一个扫描周期、脉冲周期为 1s 的连续脉冲。改变 T000 的设定值，就可改变脉冲周期。

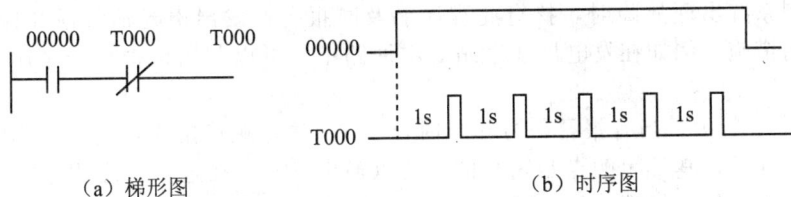

（a）梯形图　　　　　　　　　（b）时序图

图 6-16　周期可调的脉冲信号发生器

2. 占空比可调的脉冲信号发生器

图 6-17 为占空比可调的脉冲信号发生器梯形图及其时序图。当输入 00000 接通后，

输出 01000 出现接通和断开交替进行的振荡现象。接通时间为 1s，由定时器 T000 设定，断开时间为 2s，由定时器 TIM001 设定。

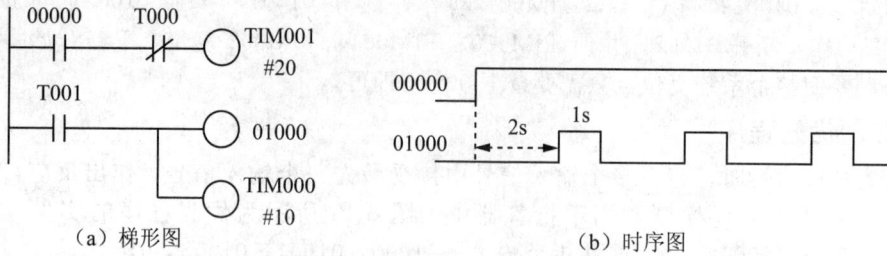

(a) 梯形图　　　　　　　　　　(b) 时序图

图 6-17　占空比可调的脉冲信号发生器

3. 顺序脉冲发生器

如图 6-18(a)所示为用三个定时器产生一组顺序脉冲的梯形图程序，顺序脉冲波形如图 6-18(b)所示。当 00004 接通，T040 开始延时，同时 01001 通电，定时 10s 时间到，T040 常闭触点断开，01001 断电。T040 常开触点闭合，T041 开始延时，同时 01002 通电，当 T041 定时 15s 时间到，01002 断电。T041 常开触点闭合，01002 开始延时。同时 01003 通电，T042 定时 20s 时间到，01003 断电。如果 00004 仍接通，重新开始产生顺序脉冲，直至 00004 断开。当 00004 断开时，所有的定时器全部断电，定时器触点复位，输出 01001、01002 及 01003 全部断电。

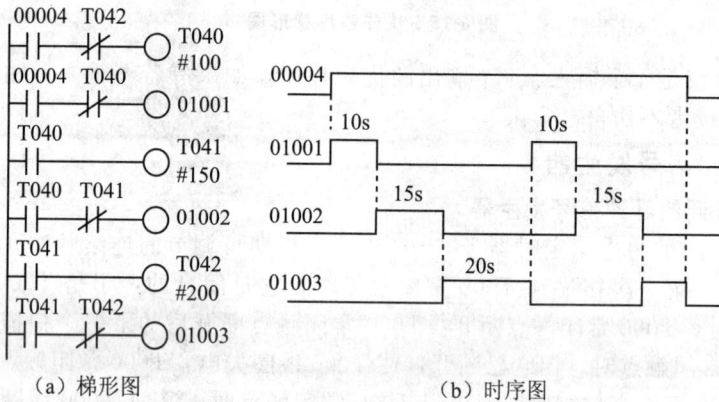

(a) 梯形图　　　　　　　　　　(b) 时序图

图 6-18　顺序脉冲发生器

七、报警程序

当控制系统出现故障时，执行此程序能及时报警，发出声光信号通知操作人员，采取相应的措施。例如在发电厂变电站二次回路中，可以利用该报警程序作为事故报警信号用。

如图 6-19 所示。当有报警信号输入时，00000 常开触点接通，此时内部辅助继电器 20000 未导通，其常闭触点是闭合的，所以输出 01000 接通，与之相连的报警蜂鸣器通电发出声音信号报警；与此同时，25502(特殊内部辅助继电器，1s 时钟脉冲，占空比 1∶1)导通后周期性通断，使接在 01001 输出处的报警指示灯发出闪光信号。待操作人员发现报警声、光后，按一下报警蜂鸣器的复位按钮，使 00001 常开触点接通，因为与之串联的 00000 是接通的，导致内部辅助继电器 20000 接通，而 20000 常闭触点断开，输出继电器 01000 随之断开，蜂鸣器停响。20000 常开触点接通，使输出继电器

01001 持续接通，报警指示灯持续发光（由发闪光变为发平光）。如再去掉报警输入信号，使 01000 常开触点断开，报警指示灯熄灭。

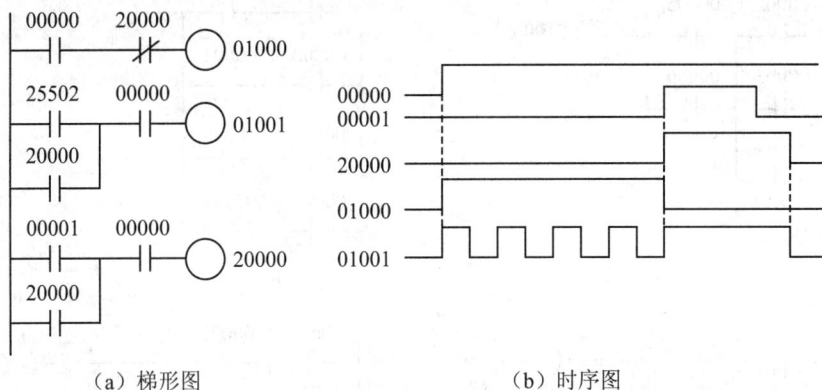

（a）梯形图　　　　　　　　　　（b）时序图

图 6-19　报警程序

八、二分频程序

如图 6-20 所示。在 t_1 时刻，输入 00000 信号接通的上升沿，内部辅助继电器 20000 接通一个扫描周期，使输出 01000 接通，其常开触点闭合。在 t_2 时刻，输入 00000 第二个信号脉冲的上升沿到来时，由于 01000 是接通的，导致内部辅助继电器 20001 接通，其常闭触点断开，使 01000 断开。由此可见，输入 00000 闭合时，输出 01000 也闭合，直到输入 00000 的第二个信号脉冲上升沿到来时，01000 变为断开，即输出 01000 的变化频率是输入 00000 变化频率的 1/2，故此程序称为二分频程序。

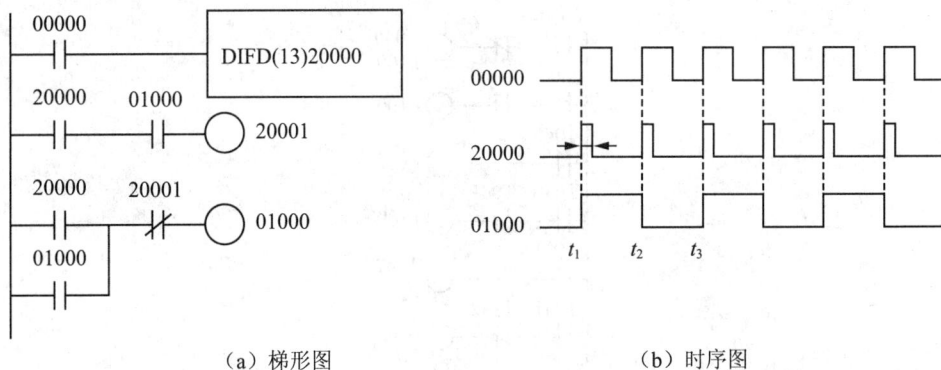

（a）梯形图　　　　　　　　　　（b）时序图

图 6-20　二分频 PLC 程序

>>> **习题与思考题**

6-1　起动与自锁电路可以采用哪些梯形图和指令来实现？如果要实现失电保持，应采用哪一种方式？

6-2 写出图 6-21 所示各梯形图的语句表，输入 PLC 加以验证。

（a）　　　　　　　　　　　（b）

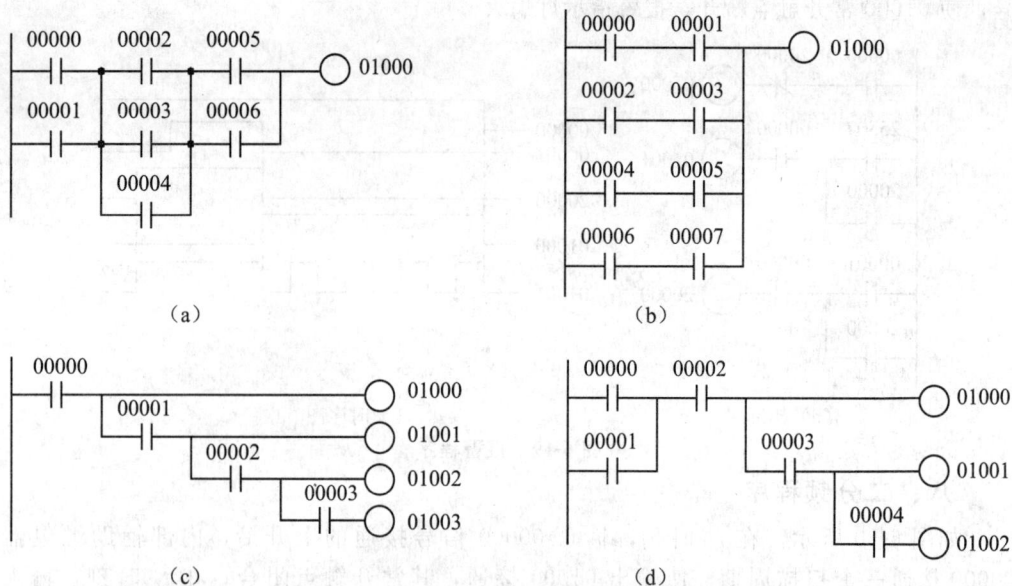

（c）　　　　　　　　　　　（d）

图 6-21　各梯形图语句表

6-3 如图 6-22 所示梯形图，读懂梯形图，画出 00004、01001、01002 及 01003 的时序图，叙述其原理，输入 PLC 加以验证。

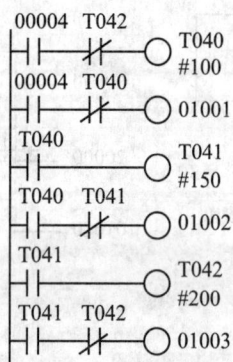

图 6-22　梯形图

6-4 如图 6-23 所示梯形图，写出语句表并画出 0000、01000 时序图。

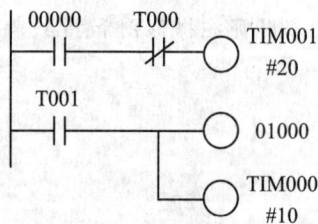

图 6-23　题 6-4 图

6-5 分解本章图 6-7 几种不同的输出方式各图，然后进行编程。

6-6　指出图 6-24 的梯形图中存在哪些错误，试说明并改正之。

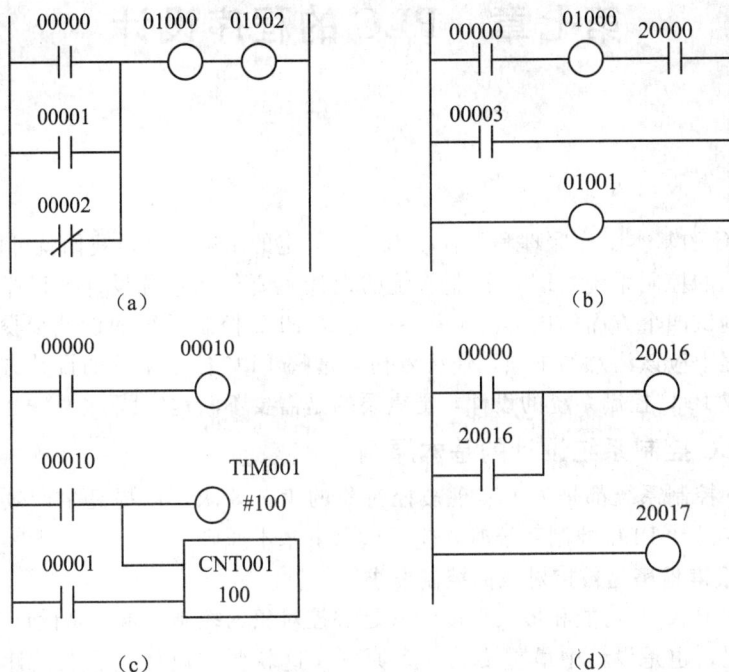

（a）

（b）

（c）

（d）

图 6-24　题 6-6 图

6-7　写出图 6-25 语句表，不可编程的要进行调整或分解，不要出现 IL/ILC 嵌套使用的情况。

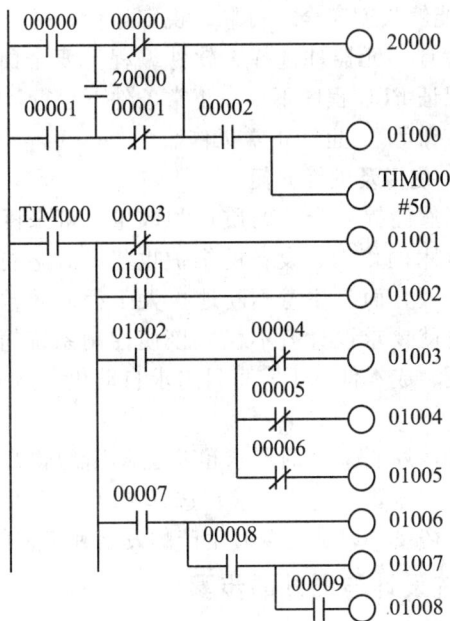

图 6-25　题 6-7 图

第七章 PLC 的程序设计

▶ 第一节 概 述

在对 PLC 的基本工作原理和编程技术有了一定的了解之后，我们就可以用 PLC 来构成一个实际的控制系统。PLC 控制系统的设计主要包括系统设计、程序设计、施工设计和安装调试四个方面的内容。本章主要介绍 PLC 控制系统的设计步骤和内容、设计与实施过程中应该注意的事项，使读者初步掌握 PLC 控制系统的设计方法。要达到能顺利地完成 PLC 控制系统的设计，更重要的是需要不断地实践。

一、PLC 控制系统设计的基本原则

任何一种控制系统都是为了实现被控对象的工艺要求，以提高生产效率和产品质量。因此，在设计 PLC 控制系统时，应遵循以下基本原则：

1. 最大限度地满足被控对象的控制要求

充分发挥 PLC 的功能和最大限度地满足被控对象的控制要求，是设计 PLC 控制系统的首要前提，也是设计中最重要的一条原则。这就要求设计人员在设计前就要深入现场进行调查研究，收集控制现场的资料，收集相关先进的国内、国外资料。同时要注意和现场的工程管理人员、工程技术人员、现场操作人员紧密配合，拟定控制方案，共同解决设计中的重点问题和疑难问题。

2. 保证 PLC 控制系统安全可靠

保证 PLC 控制系统能够长期安全、可靠、稳定运行，是设计控制系统的重要原则。这就要求设计者在系统设计、元器件选择、软件编程上要全面考虑，以确保控制系统安全可靠。例如，应该保证 PLC 程序不仅在正常条件下运行，而且在非正常情况下（如突然掉电再上电、按钮按错等），也能正常工作。

3. 力求简单、经济、使用及维修方便

一个新的控制工程固然能提高产品的质量和数量，带来巨大的经济效益和社会效益，但新工程的投入、技术的培训、设备的维护也将导致运行资金的增加。因此，在满足控制要求的前提下，一方面要注意不断地扩大工程的效益；另一方面也要注意不断地降低工程的成本。这就要求设计者不仅应该使控制系统简单、经济，而且要使控制系统的使用和维护方便、成本低，不宜盲目追求自动化和高指标。

4. 适应发展的需要

由于技术的不断发展，控制系统的要求也将会不断地提高，设计时要适当考虑到今后控制系统发展和完善的需要。这就要求在选择 PLC、输入/输出模块、I/O 点数和内存容量时，要适当留有裕量，以满足今后生产的发展和工艺的改进。

二、PLC 控制系统设计与调试的步骤

(一)分析被控对象并提出控制要求

详细分析被控对象的工艺过程及工作特点，了解被控对象机、电、液之间的配合，提出被控对象对 PLC 控制系统的控制要求，确定控制方案，拟定设计任务书。

(二)确定输入/输出设备

根据系统的控制要求，确定系统所需的全部输入设备(如按钮、位置开关、转换开关及各种传感器等)和输出设备(如接触器、电磁阀、信号指示灯及其他执行器等)，从而确定与 PLC 有关的输入/输出设备，以确定 PLC 的 I/O 点数。

(三)选择 PLC

PLC 选择包括对 PLC 的机型、容量、I/O 模块、电源等的选择。

(四)分配 I/O 点并设计 PLC 外围硬件线路

1. 分配 I/O 点

画出 PLC 的 I/O 点与输入/输出设备的连接图或对应关系表，该部分也可在第 2 步中进行。

2. 设计 PLC 外围硬件线路

画出系统其他部分的电气线路图，包括主电路和未进入 PLC 的控制电路等。

由 PLC 的 I/O 连接图和 PLC 外围电气线路图组成系统的电气原理图。到此为止系统的硬件电气线路已经确定。

(五)程序设计

1. 程序设计

根据系统的控制要求，采用合适的设计方法来设计 PLC 程序。程序要以满足系统控制要求为主线，逐一编写实现各控制功能或各子任务的程序，逐步完善系统指定的功能。程序通常包括以下内容：

(1)PLC 控制的主体程序。针对控制要求设计出来的、能够满足控制的动作逻辑、动作过程的程序。

(2)初始化程序。在 PLC 上电后，一般都要做一些初始化的操作，为起动做必要的准备，避免系统发生误动作。初始化程序的主要内容有：对某些数据区、计数器等进行清零，对某些数据区所需数据进行恢复，对某些继电器进行置位或复位，对某些初始状态进行显示等。

(3)检测、故障诊断和显示等程序。这些程序相对独立，一般在程序设计基本完成时再添加。

(4)保护和连锁程序。保护和连锁是程序中不可缺少的部分，必须认真加以考虑。它可以避免由于非法操作而引起的控制逻辑混乱。

2. 程序模拟调试

程序模拟调试的基本思想是，以方便的形式模拟产生现场实际状态，为程序的运行创造必要的环境条件。根据产生现场信号的方式不同，模拟调试有硬件模拟法和软件模拟法两种形式。

(1)硬件模拟法是使用一些硬件设备(如用另一台 PLC 或一些输入器件等)模拟产生现场的信号，并将这些信号以硬接线的方式连到 PLC 系统的输入端，其时效性较强。

(2)软件模拟法是在 PLC 中另外编写一套模拟程序，模拟提供现场信号，其简单易行，但时效性不易保证。模拟调试过程中，可采用分段调试的方法，并利用编程器的监控功能。

(六)硬件实施

硬件实施方面主要是进行控制柜(台)等硬件的设计及现场施工。主要内容有：

(1)设计控制柜和操作台等部分的电器布置图及安装接线图。

(2)设计系统各部分之间的电气互连图。

（3）根据施工图纸进行现场接线，并进行详细检查。

由于程序设计与硬件实施可同时进行，因此 PLC 控制系统的设计周期可大大缩短。

（七）联机调试

联机调试是将通过模拟调试的程序进一步进行在线统调。联机调试过程应循序渐进，从 PLC 只连接输入设备、再连接输出设备、再接上实际负载等逐步进行调试。如不符合要求，则对硬件和程序作调整。通常只需修改部分程序即可。

全部调试完毕后，交付试运行。经过一段时间运行，如果工作正常，程序不需要修改，应将程序固化到 EPROM 中，以防程序丢失。

（八）整理和编写技术文件

技术文件包括设计说明书、硬件原理图、安装接线图、电气元件明细表、PLC 程序以及使用说明书等。

三、应用程序的质量

对同一个控制要求，即使选用同一个机型的 PLC，用不同设计方法所编写的程序，其结构也可能不同。尽管几种程序都可以实现同一控制功能，但是程序的质量却可能差别很大。程序的质量可以由以下几个方面来衡量：

（1）程序的正确性。应用程序的好坏，最根本的一条就是正确。所谓正确的程序必须能经得起系统运行实践的考验，离开这一条而对程序所做的评价都是没有意义的。

（2）程序的可靠性高。好的应用程序可以保证系统在正常和非正常（短时掉电再复电、某些被控量超标、某个环节有故障等）工作条件下都能安全可靠地运行，也能保证在出现非法操作（如按动或误触动了不该动作的按钮）等情况下不至于出现系统控制失误。

（3）参数的易调整性强。PLC 控制的优越性之一就是灵活性好，容易通过修改程序或参数而改变系统的某些功能。例如，有的系统在一定情况下需要变动某些控制量的参数（如定时器或计数器的设定值等），在设计程序时必须考虑怎样编写才能易于修改。

（4）程序要简练。编写的程序应尽可能简练，减少程序的语句，一般可以减少程序扫描时间，提高 PLC 对输入信号的响应速度。当然，如果过多地使用那些执行时间较长的指令，有时虽然程序的语句较少，但是其执行时间也不一定短。

（5）程序的可读性好。程序不仅仅给设计者自己看，系统的维护人员也要读。另外，为了有利于交流，也要求程序有一定的可读性。

▶第二节 转换（移植）设计法

转换设计法指根据现有的继电器-接触器控制线路进行转化为 PLC 控制的梯形图的方法。继电器-接触器控制系统是 PLC 控制的基础，PLC 应用的梯形图从形式上与继电器-接触器控制系统图是一致的。因此继电器-接触器控制系统不仅是学习 PLC 知识的基础，也是设计 PLC 程序的根本。

PLC 控制取代继电气控制已是大势所趋，如果用 PLC 改造继电气控制系统，根据原有的继电器电路图来设计梯形图显然是一条捷径。这是由于原有的继电气控制系统经过长期的使用和考验，已经被证明能完成系统要求的控制功能，而继电器电路图又与梯形图有很多相似之处，因此可以将继电器电路图经过适当的"翻译"，从而设计出具有相同功能的 PLC 梯形图程序，所以将这种设计方法称为"移植设计法"或"翻译法"。

在分析 PLC 控制系统的功能时，可以将 PLC 想象成一个继电气控制系统中的控制箱。PLC 外部接线图描述的是这个控制箱的外部接线，PLC 的梯形图程序是这个控制箱内部的"线路图"，PLC 输入继电器和输出继电器是这个控制箱与外部联系的"中间继电器"，这样就可以用分析继电器电路图的方法来分析 PLC 控制系统。

我们可以将输入继电器的触点想象成对应的外部输入设备的触点，将输出继电器的线圈想象成对应的外部输出设备的线圈。外部输出设备的线圈除了受 PLC 的控制外，可能还会受外部触点的控制。用上述的思想就可以将继电器电路图转换为功能相同的 PLC 外部接线图和梯形图。

一、转换设计法的一般设计步骤

1. 分析原有系统的工作原理

了解被控设备的工艺过程和机械的动作情况，根据继电器电路图分析和掌握控制系统的工作原理。

2. PLC 的 I/O 分配

确定系统的输入设备和输出设备，进行 PLC 的 I/O 分配，画出 PLC 外部接线图。

3. 建立其他元器件的对应关系

确定继电器电路图中的中间继电器、时间继电器等各器件与 PLC 中的辅助继电器和定时器的对应关系。

以上 2 和 3 两步建立了继电器电路图中所有的元器件与 PLC 内部编程元件的对应关系，对于移植设计法而言，这非常重要。在这过程中应该处理好以几个问题：

(1)继电器电路中的执行元件应与 PLC 的输出继电器对应，如交直流接触器、电磁阀、电磁铁、指示灯等；

(2)继电器电路中的主令电器应与 PLC 的输入继电器对应，如按钮、位置开关、选择开关等。热继电器的触点可作为 PLC 的输入，也可接在 PLC 外部电路中，主要是看 PLC 的输入点是否富裕。注意处理好 PLC 内、外触点的常开和常闭的关系；

(3)继电器电路中的中间继电器与 PLC 的辅助继电器对应；

(4)继电器电路中的时间继电器与 PLC 的定时器或计数器对应，但要注意：时间继电器有通电延时型和断电延时型两种，而定时器只有"通电延时型"一种。

4. 设计梯形图程序

根据上述的对应关系，将继电器电路图"翻译"成对应的"准梯形图"，再根据梯形图的编程规则将"准梯形图"转换成结构合理的梯形图。对于复杂的控制电路可化整为零：先进行局部的转换，最后再综合起来。

5. 仔细校对，认真调试

对转换后的梯形图一定要仔细校对，认真调试，以保证其控制功能与原图相符。

二、典型继电-接触器控制线路转换设计举例

(一)电动机的点动、自锁控制

图 7-1 所示为既有点动、又有自锁的电动机的继电-接触器控制电路。

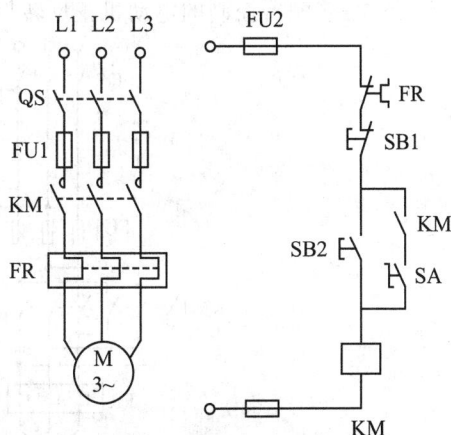

图 7-1　电动机点动、自锁控制线路

1. 输入/输出元件的确定及元件地址分配

在图 7-1 控制线路中，属于输入元件的有 SB1、SB2、FR；属于输出元件的有 KM。输入、输出的地址分配见表 7-1。短路保护设在外电路中。

表 7-1　图 7-1 控制线路输入、输出地址分配

输入元件		输出元件	
元件	输入继电器	元件	输出继电器
SB1	00000		
SB2	00001	KM	01000
FR	00002		

2. 外围接线

根据上述地址分配，可画出如图 7-2 的外围接线图。

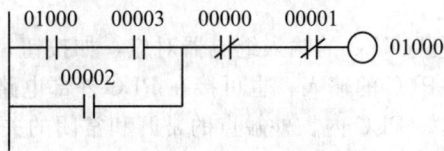

3. 画出对应的梯形图，写出语句表

画出的 PLC 梯形图及语句表如图 7-3 所示。

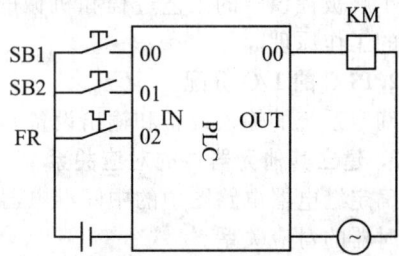

图 7-2　外围接线图

```
LD        01000
AND       00003
OR        00002
AND NOT   00000
AND NOT   00001
OUT       01000
END
```

图 7-3　梯形图和语句表

(二)电动机正反转控制

继电-接触器控制的电动机正反转控制线路如图 7-4 所示。

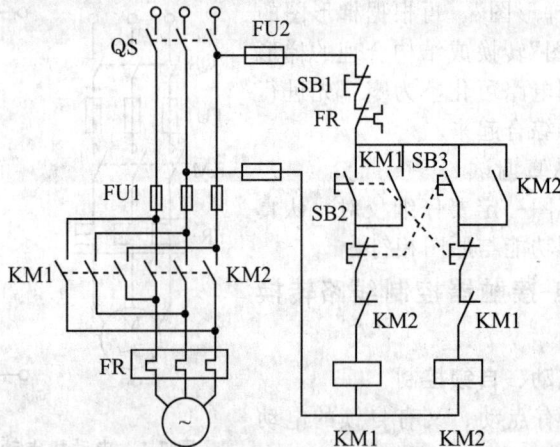

图 7-4　电动机正反转控制线路

1. 输入/输出元件的确定及元件地址分配

在图 7-4 控制线路中，属于输入元件的有 SB1、SB2、SB3、FR；属于输出元件的有 KM1、KM2。输入、输出的地址分配见表 7-2。

表 7-2　图 7-4 控制线路输入、输出地址分配

输入元件		输出元件	
元件	输入继电器	元件	输出继电器
SB1	00000	KM1	01000
SB2	00001		
SB3	00002	KM2	01001
FR	00003		

2. 外围接线

根据上述地址分配，可画出如图 7-5 所示的外围接线图。

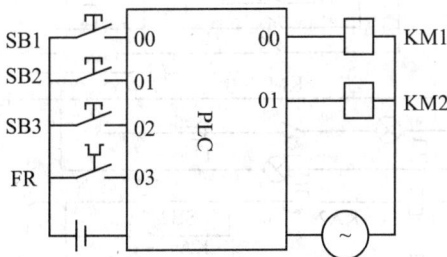

图 7-5　外围接线图

3. 画出对应的梯形图，写出语句表

画出的 PLC 梯形图及语句表如图 7-6 所示。

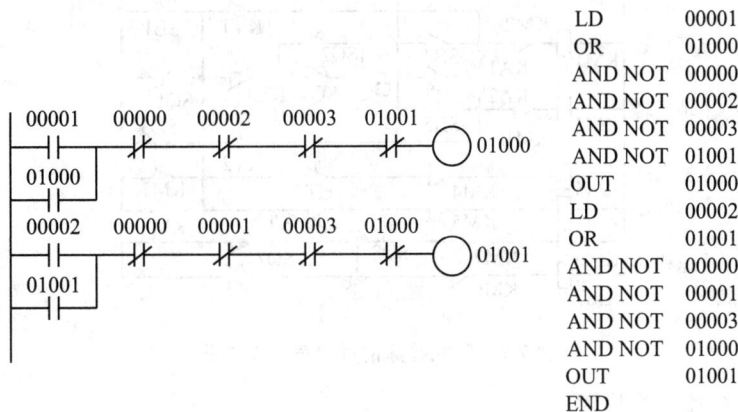

```
LD          00001
OR          01000
AND NOT     00000
AND NOT     00002
AND NOT     00003
AND NOT     01001
OUT         01000
LD          00002
OR          01001
AND NOT     00000
AND NOT     00001
AND NOT     00003
AND NOT     01000
OUT         01001
END
```

图 7-6　电动机正反转 PLC 控制梯形图及语句表

（三）卧式镗床 PLC 控制

1. 继电气控制系统分析

如图 7-7 所示为某卧式镗床继电气控制系统的电路图，其中包括主电路、控制电路、照明电路和指示电路。镗床的主轴电机 M1 是双速异步电动机，中间继电器 KA1

和 KA2 控制主轴电动机的起动和停止，接触器 KM1 和 KM2 控制主轴电动机的正反转，接触器 KM4、KM5 和时间继电器 KT 控制主轴电动机的变速，接触器 KM3 用来短接串在定子回路的制动电阻。SQ1、SQ2 和 SQ3、SQ4 是变速操纵盘上的限位开关；SQ5 和 SQ6 是主轴进刀与工作台移动互锁限位开关；SQ7 和 SQ8 是镗头架和工作台的正、反向快速移动开关。

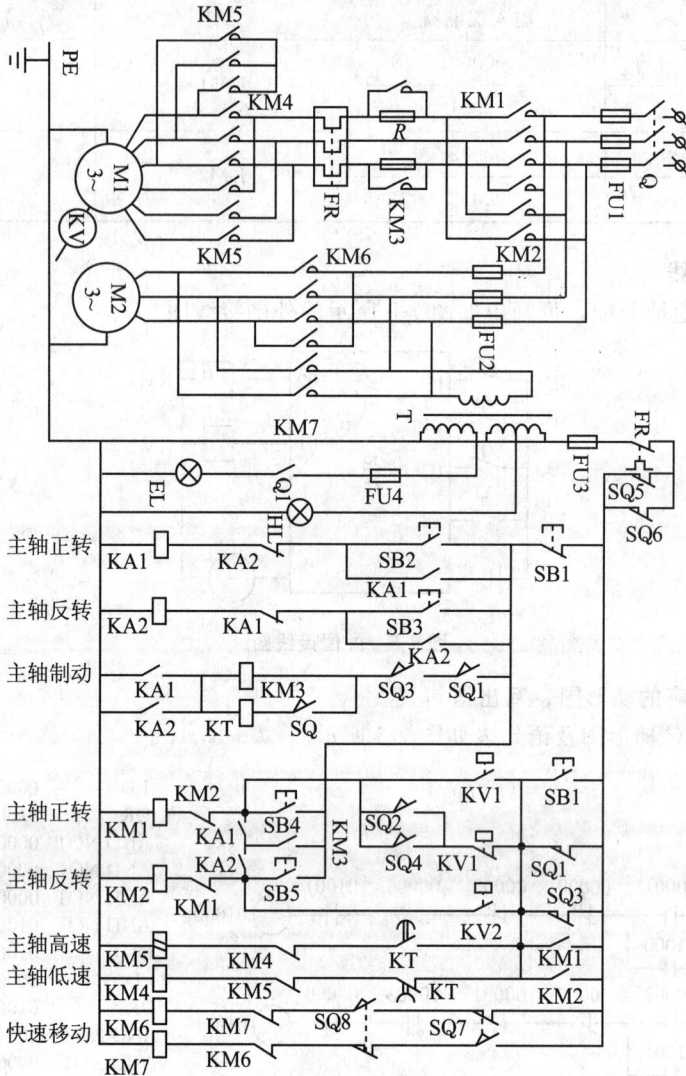

图 7-7　卧式镗床的继电气控制电路

2. 画 PLC 外部接线图

改造后的 PLC 控制系统的外部接线图中，主电路、照明电路和指示电路同原电路不变，控制电路的功能由 PLC 实现，PLC 的 I/O 接线图如图 7-8 所示。

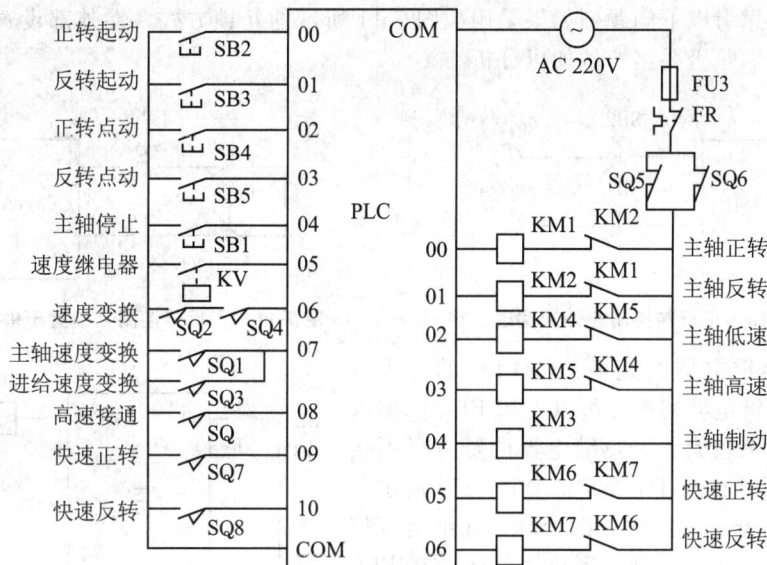

图 7-8 卧式镗床 PLC 控制系统 I/O 接线图

3. 设计梯形图

根据 PLC 的 I/O 对应关系，再加上原控制电路（图 7-7）中 KA1、KA2 和 KT 分别与 PLC 内部的 M300、M301 和 T0 相对应，可设计出 PLC 的梯形图如图 7-9 所示。

设计过程中应注意梯形图与继电器电路图的区别。梯形图是一种软件，是 PLC 图形化的程序，PLC 梯形图是串行工作的，而在继电器电路图中，各电器可以同时动作（并行工作）。

移植设计法主要是用来对原有机电控制系统进行改造，这种设计方法没有改变系统的外部特性，对于操作工人来说，除了控制系统的可靠性提高之外，改造前后的系统没有什么区别，他们不用改变长期形成的操作习惯。这种设计方法一般不需要改动控制面板及器件，因此可以减少硬件改造的费用和改造的工作量。

三、设计中的几个特殊问题

1. 对于有互锁的控制电路，比如电动机正反转控制，除了在程序内部设置"软"互锁（如图 7-6 所示），还需要在外部实施互锁。如图 7-10 所示。

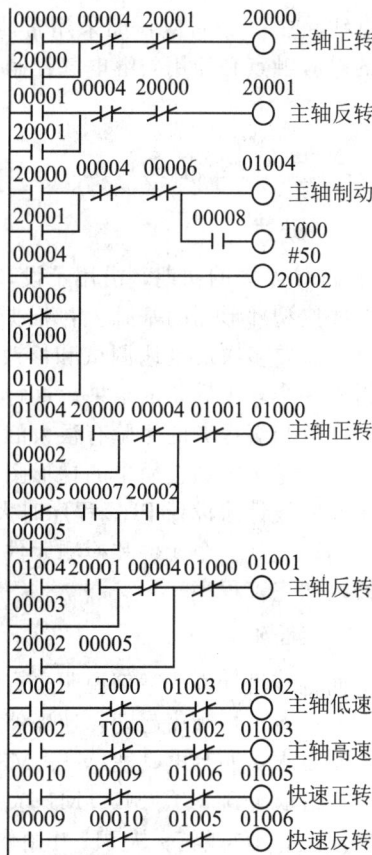

图 7-9 卧式镗床 PLC 控制系统的梯形图

请读者思考以下问题：如果采用如图 7-11 所示的互锁方式，在外部设置的互锁如放在输入端，是否妥当？试加以分析。

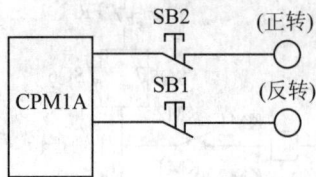

图 7-10　正反转控制在外部实现互锁

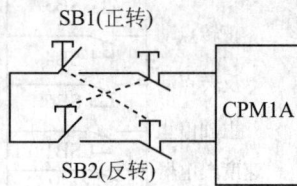

图 7-11　正反转控制互锁置于输入端

2. 对热继电器的处理：若 PLC 的输入点较富裕，热继电器的触点可以占用 PLC 的输入点，若输入点较紧张，热继电器的触点可不接入 PLC，而接在外部电路中。如图 7-12 所示。

3. 对常开、常闭触点的处理。在继电气控制线路中，起动用常开，停止用常闭。在 PLC 中，一般都用常开。但用常闭也可以，在用常开时，梯形图中对应的输入继电器触点与继电气控制线路中一一对应，如采用常闭，则梯形图中的对应触点必须用与继电气控制中相反的触点。

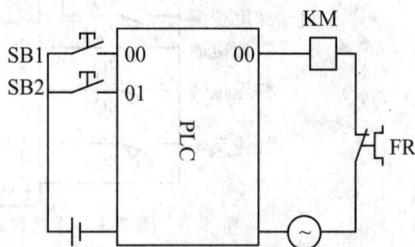

图 7-12　热继电器触点置于外电路

▶ 第三节　经验设计法

一、概述

在 PLC 发展的初期，沿用了设计继电器电路图的方法来设计梯形图程序，即在已有的一些典型梯形图的基础上，根据被控对象对控制的要求，不断地修改和完善梯形图。有时需要多次反复地调试和修改梯形图，不断地增加中间编程元件和触点，最后才能得到一个较为满意的结果。这种方法没有普遍的规律可以遵循，设计所用的时间、设计的质量与编程者的经验有很大的关系，所以有人把这种设计方法称为经验设计法。它可以用于逻辑关系较简单的梯形图程序设计。

用经验设计法设计 PLC 程序时大致可以按下面几步来进行：分析控制要求、选择控制原则；设计主令元件和检测元件，确定输入输出设备；设计执行元件的控制程序；检查修改和完善程序。

二、举例

下面就该设计方法举例说明之。

例一：电动机顺序起动，逆序停止控制。

控制要求：四台电动机 M4、M3、M2、M1，起动的过程为顺序起动，即每隔 5s 从 M4 开始依次到 M3、M2、M1 逐一起动，最后所有电机均处于运行状态；停止过程为逆序停止，即每隔 5s 从 M1 开始依次到 M2、M3、M4 逐一停止。

本例中，按照控制要求，输入元件有：控制系统起动、停止的两个按钮——起动按钮和停止按钮，用 SB1、SB2 表示（如果要求能够实现任何时候都可以全部同时停止，则可增设一个按钮 SB3，梯形图的修改读者可自行完成），热继电器在本例中不占用输入点。输出元件有：四只交流接触器，分别表示为 KM1、KM2、KM3、KM4。通道分配见表 7-3。

表 7-3　输入、输出地址分配

输入元件		输出元件	
元件	输入继电器	元件	输出继电器
SB1	00000	KM1	01001
		KM2	01002
SB2	00001	KM3	01003
		KM4	01004

外围接线如图 7-13 所示。

梯形图如图 7-14 所示。

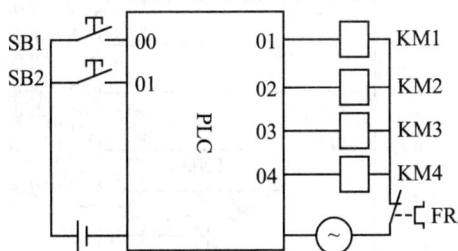

图 7-13　四台电动机顺序起动、停止外围接线

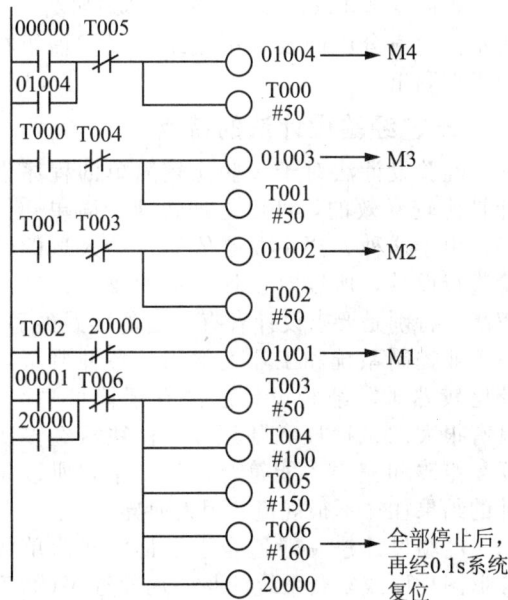

图 7-14　四台电动机顺序起动、停止梯形图程序

请读者思考：

1. 如果上述梯形图仅用一个按钮控制，第一次按实现顺序起动过程，第二次按实现逆序停止过程，则程序该如何修改？

2. 如果上述四台电动机改为四盏灯，且要使它们按上述过程自动循环起来，在全部点亮后 5s 再实施逆序熄灭的过程，全部熄灭 5s 后再实施顺序点亮的过程，又如何修改程序？

例二：交通十字路口红绿灯控制梯形图设计。

控制要求：（示意图如图 7-15 所示）

(1) 东西方向车流量少，允许放行的时间短（25s）；南北方向车流量多，允许放行的时间长（30s）。

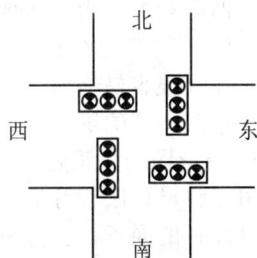

图 7-15　交通灯控制示意图

145

(2)同一方向的绿灯亮——→绿灯闪(3s)——→黄灯亮(2s),在这一时间段内,另一方向的红灯一直保持亮。而后前者由黄变为红亮,后者执行绿灯亮——→绿灯闪(3s)——→黄灯亮(2s)的过程,如此循环下去。时序图如图7-16所示。

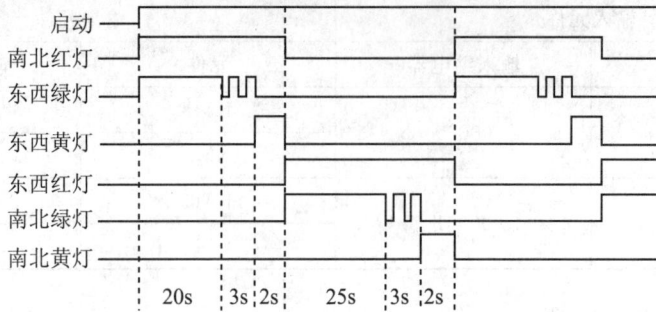

图7-16 交通灯动作时序图

根据控制要求,设计出的梯形图如图7-17所示。通道分配图及外围接线图限于篇幅在此不在画出。

三、经验设计法的特点

经验设计法对于一些比较简单的程序设计是比较奏效的,可以更加快速、简单。但是,由于这种方法主要是依靠设计人员的经验进行设计,所以对设计人员的要求也就比较高,特别是要求设计者有一定的实践经验,对工业控制系统和工业上常用的各种典型环节比较熟悉。经验设计法没有规律可遵循,具有很大的试探性和随意性,往往需经多次反复修改和完善才能符合设计要求,所以设计的结果往往不很规范,因人而异。

经验设计法一般适合于设计一些简单的梯形图程序或复杂系统的某一局部程序(如手动程序等)。如果用来设计复杂系统梯形图,存在以下问题:

1. 考虑不周、设计麻烦、设计周期长

用经验设计法设计复杂系统的梯形图程序时,要用大量的中间元件来完成记忆、联锁、互锁等功能,由于需要考虑的因素很多,并且它们往往又交织在一起,分析起来非常困难,并且很容易遗漏一些问题。修改某一局部程序时,很可能会对系统其他部分程序产生意想不到的影响,往往花了很长时间,还得不到一个满意的结果。

图7-17 交通灯控制梯形图

2. 梯形图的可读性差、系统维护困难

用经验设计法设计的梯形图是按设计者的经验和习惯的思路进行设计。因此,即使是设计者的同行,要分析这种程序也非常困难,更不用说维修人员了,这给PLC系统的维护和改进带来许多困难。

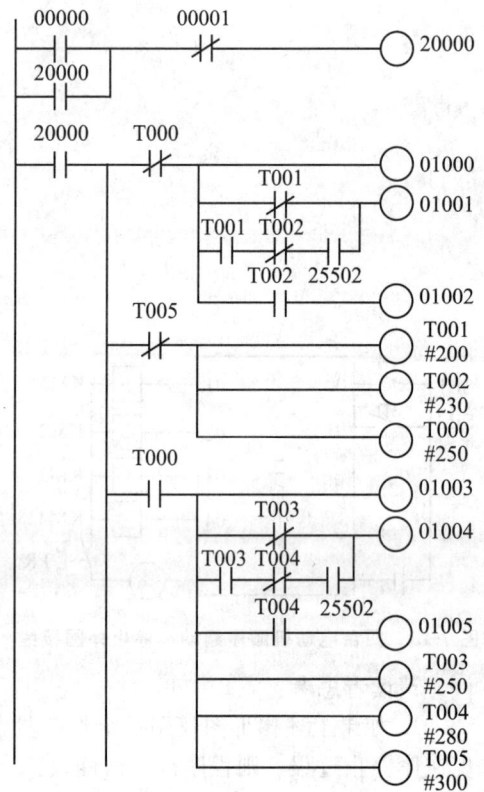

▶ 第四节　逻辑设计法

逻辑设计方法是以逻辑组合或逻辑时序的方法和形式来设计 PLC 程序，可分为组合逻辑设计法和时序逻辑设计法两种。这些设计方法既有严密可循的规律性，明确可行的设计步骤，又具有简便、直观和十分规范的特点。

一、逻辑设计法基础

数字电路是一种开关电路，开关有"开通"与"关断"两种状态，在二进制里，用"1"和"0"来表示。数字电路的输入量与输出量之间的关系是一种因果关系，它们可以用逻辑表达式来描述，因而数字电路又称为逻辑电路。

逻辑代数（又称布尔代数）是研究逻辑电路的数学工具，它为分析和设计逻辑电路提供了理论基础。

（一）基本逻辑运算

逻辑代数是按一定逻辑规律进行运算的代数，虽然它和普通代数一样也是用字母表示变量，但两种代数中变量的含义是完全不同的，它们之间有着本质的区别，逻辑代数中的变量（逻辑变量）只有两个值，即 0 和 1，而没有中间值。0 和 1 并不表示数量的大小，而是表示两种对立的逻辑状态。

在逻辑代数中，有"与"、"或"、"非"三种基本逻辑运算。它可以用逻辑表达式、真值表及逻辑符号来描述。

（二）逻辑代数的基本定律

根据逻辑加、乘、非三种基本运算法则，可导出逻辑运算的一些基本定律。

一个逻辑代数式可以由其真值表获得，获得的逻辑代数式可能不是最简化的，此时，可用上述逻辑代数定律进行化简，也可以采用"卡诺图"进行化简，在此不再一一赘述。

（三）逻辑函数与梯形图的关系

逻辑设计法的理论基础是逻辑代数。我们知道，逻辑代数的三种基本运算"与"、"或"、"非"都有着非常明确的物理意义。逻辑函数表达式的线路结构与 PLC 梯形图相互对应，可以直接转化。

如图 7-18 所示为逻辑函数与梯形图的相关对应关系，其中图 7-18（a）是多变量的逻辑"与"运算函数与梯形图，图 7-18（b）为多变量"或"运算函数与梯形图，图 7-18（c）为多变量"或"/"与"运算函数与梯形图，图 7-18（d）为多变量"与"/"或"运算函数与梯形图。

由图 7-18 可知，当一个逻辑函数用逻辑变量的基本运算式表达出来后，实现这个逻辑函数的梯形图也就确定了。

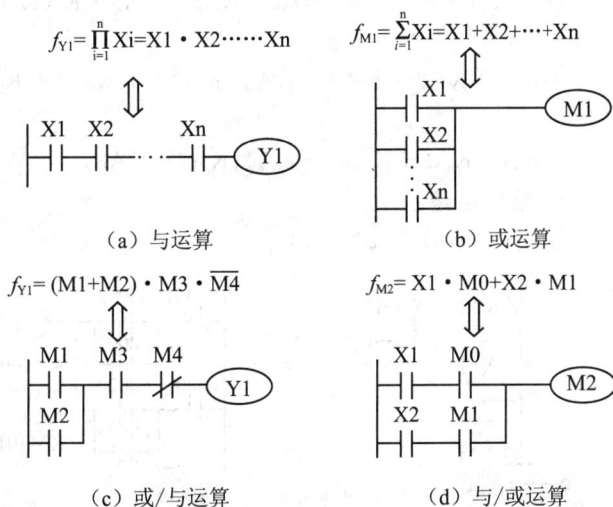

$$f_{Y1} = \prod_{i=1}^{n} Xi = X1 \cdot X2 \cdots \cdots Xn$$

（a）与运算

$$f_{M1} = \sum_{i=1}^{n} Xi = X1 + X2 + \cdots + Xn$$

（b）或运算

$$f_{Y1} = (M1 + M2) \cdot M3 \cdot \overline{M4}$$

（c）或/与运算

$$f_{M2} = X1 \cdot M0 + X2 \cdot M1$$

（d）与/或运算

图 7-18　逻辑函数与梯形图

二、逻辑设计法

当主要对开关量进行控制时，使用逻辑设计法较适宜。

(一)逻辑设计法的基本步骤

1. 根据控制要求列出真值表；
2. 由真值表写出逻辑代数表达式；
3. 化简：可以用逻辑代数定律对代数表达式化简，也可以用卡诺图进行化简；
4. 绘制电路图。

(二)举例

控制要求：KA1、KA2、KA3 三个中间继电器，有一个或两个动作时运转，其他条件下均不运转。试设计出满足上述要求的梯形图。

1. 真值表见表 7-4

表 7-4　真值表

真值表			
KA1	KA2	KA3	KM
0	0	0	0
0	0	1	1
0	1	0	1
0	1	1	1
1	0	0	1
1	0	1	1
1	1	0	1
1	1	1	0

2. 写出逻辑代数式并化简

$KM=(\overline{KA1}\cdot\overline{KA2}\cdot KA3)+(\overline{KA1}\cdot KA2\cdot\overline{KA3})+(\overline{KA1}\cdot KA2\cdot KA3)+(KA1\cdot\overline{KA2}\cdot\overline{KA3})+(KA1\cdot\overline{KA2}\cdot KA3)+(KA1\cdot KA2\cdot\overline{KA3})$

$=\overline{KA1}(\overline{KA2}\cdot KA3+KA2\cdot\overline{KA3}+KA2\cdot KA3)+KA1(\overline{KA2}\cdot\overline{KA3}+\overline{KA2}\cdot KA3+KA2\cdot\overline{KA3})$

$=\overline{KA1}[\overline{KA2}\cdot KA3+KA2(\overline{KA3}+KA3)]+KA1[\overline{KA2}(\overline{KA3}+KA3)+KA2\cdot\overline{KA3}]$

$=\overline{KA1}(KA2+KA3)+KA1(\overline{KA2}+\overline{KA3})$

3. 绘制电路图

见图 7-19(a)、(b)、(c)

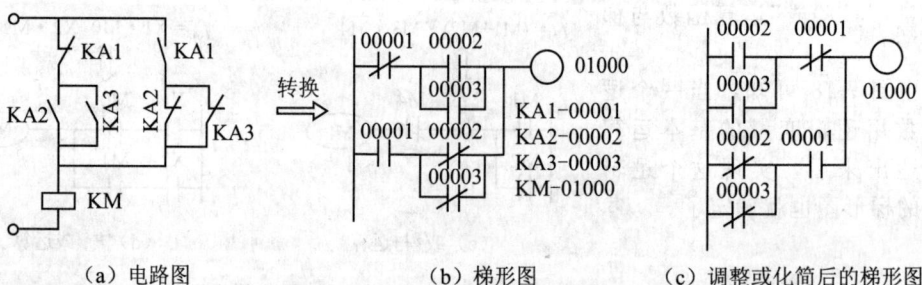

(a) 电路图　　　　　　(b) 梯形图　　　　　(c) 调整或化简后的梯形图

图 7-19　控制电路及梯形图

▶ 第五节   PLC 应用中的几个问题

PLC 在实际应用中常碰到这样两个问题：一是 PLC 的 I/O 点数不够，需要扩展，然而增加 I/O 点数将提高成本；二是已选定的 PLC 可扩展的 I/O 点数有限，无法再增加。因此，在满足系统控制要求的前提下，合理使用 I/O 点数，尽量减少所需的 I/O 点数是很有意义的。下面将介绍几种常用的减少 I/O 点数的措施。

一、节约输入点数的措施

1. 分组输入

一般系统都存在多种工作方式，但系统同时又只选择其中一种工作方式运行，也就是说，各种工作方式的程序不可能同时执行。因此，可将系统输入信号按其对应的工作方式不同分成若干组，PLC 运行时只会用到其中的一组信号，所以各组输入可共用 PLC 的输入点，这样就使所需的输入点减少。

例一：图 7-20 所示为多地控制一盏灯或一台电动机。该图反映的是三地控制一台电动机的外围接线情况。(a)图中用到了 6 个输入点，而(b)图中仅仅用到 2 个输入点。这样，不仅节约了输入点数，而且编制的程序也较为简单(SB1～SB3 为起动按钮；SB4～SB6 为停止按钮)，读者不妨自己画一画梯形图。

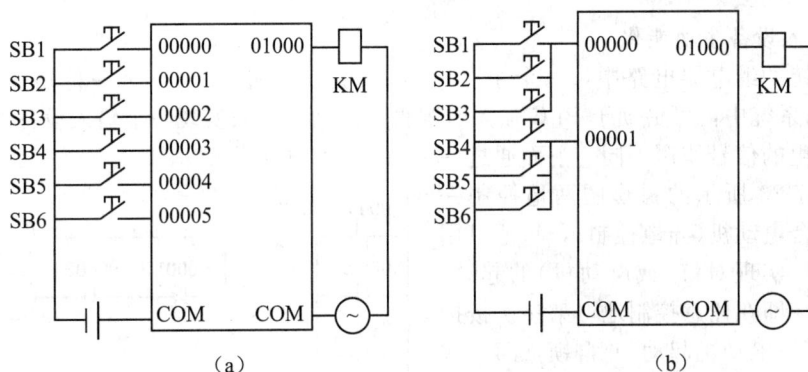

图 7-20   分组输入例(之一)

例二：如图 7-21 所示，系统有"自动"和"手动"两种工作方式，其中 S1～S8 为自动工作方式用到的输入信号、Q1～Q8 为手动工作方式用到的输入信号。两组输入信号共用 PLC 的输入点 00～07(00000～00007)，如 S1 与 Q1 共用输入点 00(00000)。用"工作方式"选择开关 SA 来切换"自动"和"手动"信号的输入电路，并通过 10(00010)让 PLC 识别是"自动"还是"手动"，从而执行自动程序或手动程序。

图中的二极管是为了防止出现寄生回路，产生错误输入信号而设置的。例如，当 SA 扳到"自动"位置，若 S1 闭合，S2 断开，虽然 Q1、Q2 闭合，也应该是 00000 有输入，而 00001 无输入，但如果无二极管隔离，则电流从

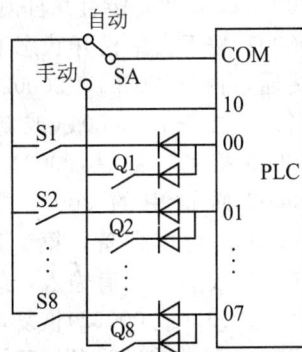

图 7-21   分组输入例(之二)

00000 流出，经 Q2 —→ Q1 —→ S1 —→ COM 形成寄生回路，从而使得 00001 错误地接通。因此，必须串入二极管切断寄生回路，避免错误输入信号的产生。

2. 组合输入

对于不会同时接通的输入信号，可采用组合编码的方式输入。如图 7-22(a)所示，三个输入信号 Q1、Q2、Q3 只要占用两个输入点，再通过如图 7-22(b)所示程序的译码，又还原成与 Q1、Q2、Q3 对应的 20000、20001、20002 三个信号。采用这种方法应特别注意要保证各输入开关信号不会同时接通。

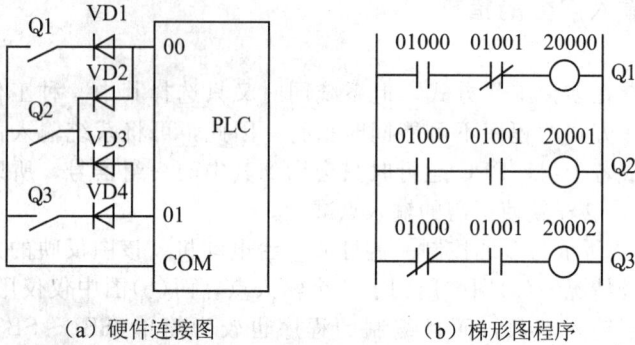

(a) 硬件连接图　　　　(b) 梯形图程序

图 7-22　组合输入

3. 输入设备多功能化

在传统的继电器电路中，一个主令电器(开关、按钮等)只产生一种功能的信号。而在 PLC 系统中，可借助于 PLC 强大的逻辑处理功能，来实现一个输入设备在不同条件下，产生的信号作用不同。下面通过一个简单的例子来说明。

如图 7-23 所示的梯形图两地控制一盏灯或一台电动机(异地控制)，每地只用一个按钮，实现对灯(或电动机)的起动、停止控制，即在任意控制地，第一次按按钮，灯亮(或电动机起动)并自锁，第二次按按钮，停止。

图中第一次按下按钮使 00001(或 00002)，01000 接通并自锁，在 00001(或 00002)按下去未松开状态下，20000 不会接通，由此 20001、20002 也不会接通。当松开按钮使 00001(或 00002)复位时，20000 接通，致使 20001 接通并自锁，20002 回路中的 20001 常开接通，为 20002 接通作准备。第二次按下按钮使

图 7-23　两地各用一只按钮实现对同一输出的控制

00001(或 00002)有输入，此时 20002 接通，20002 使 01000、20000、20001 断电，松开手，00001(或 00002)恢复，系统恢复。

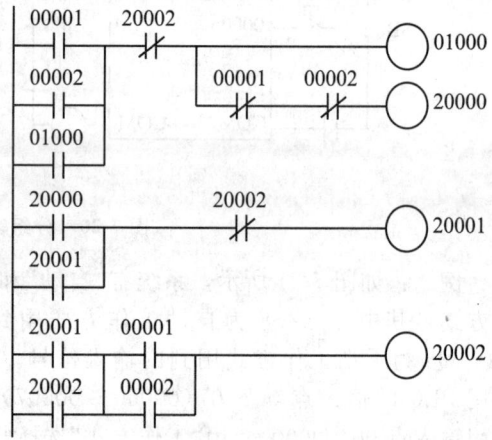

4. 某些输入设备可不进 PLC

系统中有些输入信号功能简单、涉及面很窄，如某些手动按钮、电动机过载保护的热继电器触点等，有时就没有必要作为 PLC 的输入，将它们放在外部电路中同样可

以满足要求,如图 7-24 所示。

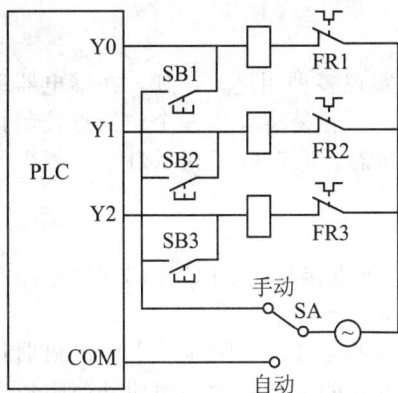

图 7-24　输入信号设在 PLC 外部

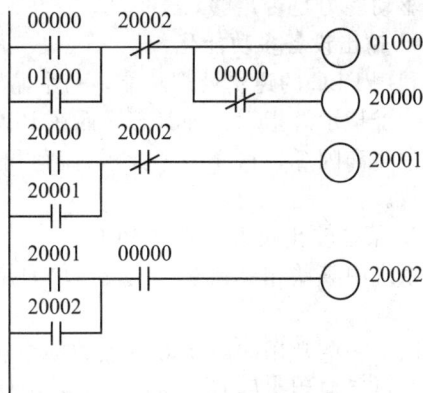

图 7-25　节约点数的 PLC 实现

5. 编程节约点数

如只用一个按钮既可实现起动,又可实现停止。第一次按起动,第二次按停止,第三次按起动,第四次按停止,依此类推。在 PLC 中可以用触点实现,也可以用计数器实现。如图 7-25 所示。

二、节约输出点数的措施

1. 矩阵输出

图 7-26 中采用 8 个输出组成 4×4 矩阵,可接 16 个输出设备(负载)。要使某个负载接通工作,只要控制它所在的行与列对应的输出继电器接通即可,例如,要使负载 KM1 得电工作,必须控制 Y10 和 Y14 输出接通。

应该特别注意:当只有某一行对应的输出继电器接通,各列对应的输出继电器才可任意接通,或者当只有某一列对应的输出继电器接通,各行对应的输出继电器才可任意接通,否则将会出现错误接通负载。因此,采用矩阵输出时,必须要将同一时间段接通的负载安排在同一行或同一列中,否则无法控制。

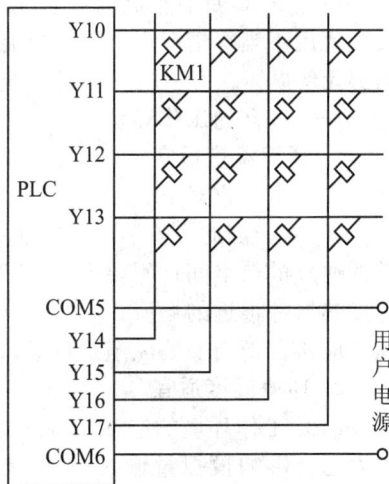

图 7-26　矩阵输出

2. 分组输出

当两组输出设备或负载不会同时工作,可通过外部转换开关或通过受 PLC 控制的电器触点进行切换,所以 PLC 的每个输出点可以控制两个不同时工作的负载。如图 7-27 所示,KM1、KM3、KM5 与 KM2、KM4、KM6 两组不会同时接通,用转换开关 SA 进行切换。

3. 并联输出

当两个通断状态完全相同的负载,可并联后共

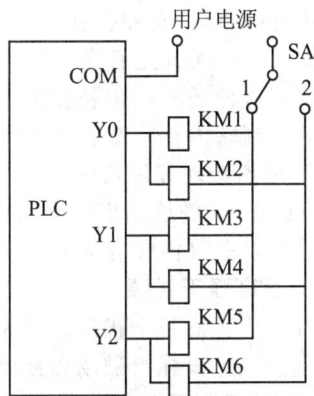

图 7-27　分组输出

用 PLC 的一个输出点。但要注意 PLC 输出点同时驱动多个负载时，应考虑 PLC 输出点的驱动能力是否足够。

4. 输出设备多功能化

利用 PLC 的逻辑处理功能，一个输出设备可实现多种用途。例如，在继电器系统中，一个指示灯指示一种状态，而在 PLC 系统中，很容易实现用一个输出点控制指示灯的常亮和闪烁，这样一个指示灯就可指示两种状态；既节省了指示灯，又减少了输出点数。

5. 某些输出设备可不进 PLC

系统中某些相对独立、比较简单的控制部分，可直接采用 PLC 外部硬件电路实现控制。

以上一些常用的减少 I/O 点数的措施，仅供读者参考，实际应用中应该根据具体情况，灵活使用。同时应该注意不要过分去减少 PLC 的 I/O 点数，而使外部附加电路变得复杂，从而影响系统的可靠性。

三、提高 PLC 控制系统可靠性的措施

虽然 PLC 具有很高的可靠性，并且有很强的抗干扰能力，但在过于恶劣的环境或安装使用不当等情况下，都有可能引起 PLC 内部信息的破坏而导致控制混乱，甚至造成内部元件损坏。为了提高 PLC 系统运行的可靠性，使用时应注意以下几个方面的问题。

(一)适合的工作环境

1. 环境温度适宜

各生产厂家对 PLC 的环境温度都有一定的规定。通常 PLC 允许的环境温度约在 0℃～55℃。因此，安装时不要把发热量大的元件放在 PLC 的下方；PLC 四周要有足够的通风散热空间；不要把 PLC 安装在阳光直接照射或离暖气、加热器、大功率电源等发热器件很近的场所；安装 PLC 的控制柜最好有通风的百叶窗，如果控制柜温度太高，应该在柜内安装风扇强迫通风。

2. 环境湿度适宜

PLC 工作环境的空气相对湿度一般要求小于 85%，以保证 PLC 的绝缘性能。湿度太大也会影响模拟量输入/输出装置的精度。因此，不能将 PLC 安装在结露、雨淋的场所。

3. 注意环境污染

不宜把 PLC 安装在有大量污染物(如灰尘、油烟、铁粉等)、腐蚀性气体和可燃性气体的场所，尤其是有腐蚀性气体的地方，易造成元件及印刷线路板的腐蚀。如果只能安装在这种场所，在温度允许的条件下，可以将 PLC 封闭；或将 PLC 安装在密闭性较高的控制室内，并安装空气净化装置。

4. 远离振动和冲击源

安装 PLC 的控制柜应当远离有强烈振动和冲击的场所，尤其是连续、频繁的振动。必要时可以采取相应措施来减轻振动和冲击的影响，以免造成接线或插件的松动。

5. 远离强干扰源

PLC 应远离强干扰源，如大功率晶闸管装置、高频设备和大型动力设备等，同时 PLC 还应该远离强电磁场和强放射源，以及易产生强静电的地方。

(二)合理的安装与布线

1. 注意电源安装

电源是干扰进入 PLC 的主要途径。PLC 系统的电源有两类：外部电源和内部电源。

外部电源是用来驱动 PLC 输出设备(负载)和提供输入信号的,又称用户电源,同一台 PLC 的外部电源可能有多规格。外部电源的容量与性能由输出设备和 PLC 的输入电路决定。由于 PLC 的 I/O 电路都具有滤波、隔离功能,所以外部电源对 PLC 性能影响不大。因此,对外部电源的要求不高。

内部电源是 PLC 的工作电源,即 PLC 内部电路的工作电源。它的性能好坏直接影响到 PLC 的可靠性。因此,为了保证 PLC 的正常工作,对内部电源有较高的要求。一般 PLC 的内部电源都采用开关式稳压电源或原边带低通滤波器的稳压电源。

在干扰较强或可靠性要求较高的场合,应该用带屏蔽层的隔离变压器,对 PLC 系统供电。还可以在隔离变压器二次侧串接 LC 滤波电路。同时,在安装时还应注意以下问题:

(1)隔离变压器与 PLC 和 I/O 电源之间最好采用双绞线连接,以控制串模干扰;

(2)系统的动力线应足够粗,以降低大容量设备起动时引起的线路压降;

(3)PLC 输入电路用外接直流电源时,最好采用稳压电源,以保证正确地输入信号。否则可能使 PLC 接收到错误的信号。

2. 远离高压

PLC 不能在高压电器和高压电源线附近安装,更不能与高压电器安装在同一个控制柜内。在柜内 PLC 应远离高压电源线,二者间距离应大于 200mm。

3. 合理的布线

(1)I/O 线、动力线及其他控制线应分开走线,尽量不要在同一线槽中布线。

(2)交流线与直流线、输入线与输出线最好分开走线。

(3)开关量与模拟量的 I/O 线最好分开走线,对于传送模拟量信号的 I/O 线最好用屏蔽线,且屏蔽线的屏蔽层应一端接地。

(4)PLC 的基本单元与扩展单元之间电缆传送的信号小、频率高,很容易受干扰,不能与其他的连线敷埋在同一线槽内。

(5)PLC 的 I/O 回路配线,必须使用压接端子或单股线,不宜用多股绞合线直接与 PLC 的接线端连接,否则容易出现火花。

(6)与 PLC 安装在同一控制柜内,虽不是由 PLC 控制的感性元件,也应并联 RC 或二极管消弧电路。

(三)正确的接地

良好的接地是 PLC 安全可靠运行的重要条件。为了抑制干扰,PLC 一般最好单独接地,与其他设备分别使用各自的接地装置,如图 7-28(a)所示;也可以采用公共接地,如图 7-28(b)所示;但禁止使用如图 7-28(c)所示的串联接地方式,因为这种接地方式会产生 PLC 与设备之间的电位差。

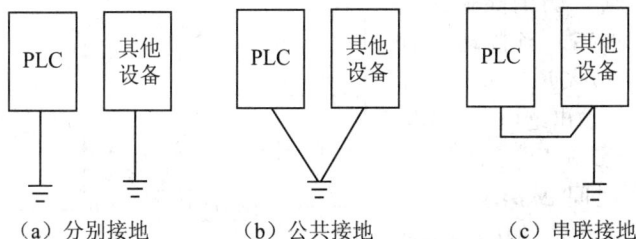

(a) 分别接地　　(b) 公共接地　　(c) 串联接地

图 7-28　PLC 的接地

PLC的接地线应尽量短，使接地点尽量靠近PLC。同时，接地电阻要小于100Ω，接地线的截面应大于2mm²。

另外，PLC的CPU单元必须接地，若使用了I/O扩展单元等，则CPU单元应与它们具有共同的接地体，而且从任一单元的保护接地端到地的电阻都不能大于100Ω。

(四)必须的安全保护环节

1. 短路保护

当PLC输出设备短路时，为了避免PLC内部输出元件损坏，应该在PLC外部输出回路中装上熔断器，进行短路保护。最好在每个负载的回路中都装上熔断器。

2. 互锁与联锁措施

除在程序中保证电路的互锁关系，PLC外部接线中还应该采取硬件的互锁措施，以确保系统安全可靠地运行，如电动机正、反转控制，要利用接触器KM1、KM2常闭触点在PLC外部进行互锁。在不同电动机或电器之间有联锁要求时，最好也在PLC外部进行硬件联锁。采用PLC外部的硬件进行互锁与联锁，这是PLC控制系统中常用的做法。

3. 失压保护与紧急停车措施

PLC外部负载的供电线路应具有失压保护措施，当临时停电再恢复供电时，不按下"起动"按钮，PLC的外部负载就不能自行起动。这种接线方法的另一个作用是，当特殊情况下需要紧急停机时，按下"停止"按钮就可以切断负载电源，而与PLC毫无关系。

(五)必要的软件措施

有时硬件措施不一定完全消除干扰的影响，采用一定的软件措施加以配合，对提高PLC控制系统的抗干扰能力和可靠性起到很好的作用。

1. 消除开关量输入信号抖动

在实际应用中，有些开关输入信号接通时，由于外界的干扰而出现时通时断的"抖动"现象。这种现象在继电器系统中由于继电器的电磁惯性一般不会造成什么影响，但在PLC系统中，由于PLC扫描工作的速度快，扫描周期比实际继电器的动作时间短得多，所以抖动信号就可能被PLC检测到，从而造成错误的结果。因此，必须对某些"抖动"信号进行处理，以保证系统正常工作。

如图7-29(a)所示，输入X0抖动会引起输出Y0发生抖动，可采用计数器或定时器，经过适当编程，以消除这种干扰。

如图7-29(b)所示为消除输入信号抖动的梯形图程序。当抖动干扰X0断开时间间隔 $\Delta t < K \times 0.1$ s，计数器C0不会动作，输出继电器Y0保持接通，干扰不会影响正常工作；只有当X0抖动断开时间 $\Delta t \geq K \times 0.1$ s时，计数器C0计满K次动作，C0常闭断开，输出继电器Y0才断开。K为计数常数，实际调试时可根据干扰

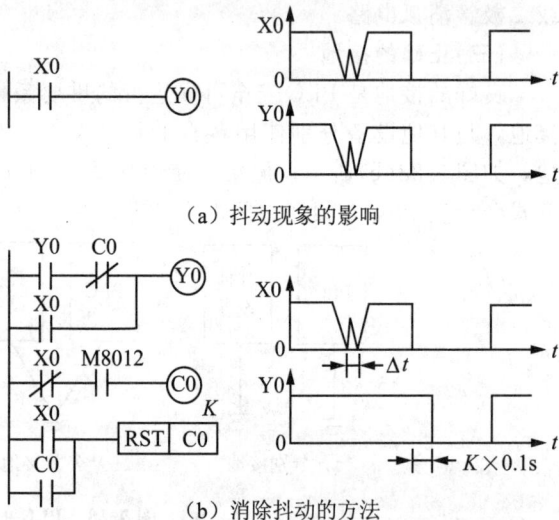

(a) 抖动现象的影响

(b) 消除抖动的方法

图7-29 输入信号抖动的影响及消除

情况而定。

2. 故障的检测与诊断

PLC 的可靠性很高且本身有很完善的自诊断功能，如果 PLC 出现故障，借助自诊断程序可以方便地找到故障的原因，排除后就可以恢复正常工作。

大量的工程实践表明，PLC 外部输入、输出设备的故障率远远高于 PLC 本身的故障率，而这些设备出现故障后，PLC 一般不能觉察出来，可能使故障扩大，直至强电保护装置动作后才停机，有时甚至会造成设备和人身事故。停机后，查找故障也要花费很多时间。为了及时发现故障，在没有酿成事故之前使 PLC 自动停机和报警，也为了方便查找故障，提高维修效率，可用 PLC 程序实现故障的自诊断和自处理。

现代的 PLC 拥有大量的软件资源，如 FX2N 系列 PLC 有几千点辅助继电器、几百点定时器和计数器，有相当大的裕量，可以把这些资源利用起来，用于故障检测。

(1)超时检测。机械设备在各工步的动作所需的时间一般是不变的，即使变化也不会太大，因此可以以这些时间为参考，在 PLC 发出输出信号，相应的外部执行机构开始动作时起动一个定时器定时，定时器的设定值比正常情况下该动作的持续时间长20%左右。例如设某执行机构(如电动机)在正常情况下运行 50s 后，它驱动的部件使限位开关动作，发出动作结束信号。若该执行机构的动作时间超过 60s(即对应定时器的设定时间)，PLC 还没有接收到动作结束信号，定时器延时接通的常开触点发出故障信号，该信号停止正常的循环程序，起动报警和故障显示程序，使操作人员和维修人员能迅速判别故障的种类，及时采取排除故障的措施。

(2)逻辑错误检测。在系统正常运行时，PLC 的输入、输出信号和内部的信号(如辅助继电器的状态)相互之间存在着确定的关系，如果出现异常的逻辑信号，则说明出现了故障。因此，可以编制一些常见故障的异常逻辑关系，一旦异常逻辑关系为 ON 状态，就应按故障处理。例如，某机械运动过程中先后有两个限位开关动作，这两个信号不会同时为 ON 状态，若它们同时为 ON，说明至少有一个限位开关被卡死，应停机进行处理。

3. 消除预知干扰

某些干扰是可以预知的，如 PLC 的输出命令使执行机构(如大功率电动机、电磁铁)动作，常常会伴随产生火花、电弧等干扰信号，它们产生的干扰信号可能使 PLC 接收错误的信息。在容易产生这些干扰的时间内，可用软件封锁 PLC 的某些输入信号，在干扰易发期过去后，再取消封锁。

(六)采用冗余系统或热备用系统

某些控制系统(如化工、造纸、冶金、核电站等)要求有极高的可靠性，如果控制系统出现故障，由此引起停产或设备损坏，将造成极大的经济损失。因此，仅仅通过提高 PLC 控制系统的自身可靠性是满足不了要求的。在这种要求极高可靠性的大型系统中，常采用冗余系统或热备用系统来有效地解决上述问题。

1. 冗余系统

所谓冗余系统是指系统中有多余的部分，没有它系统照样工作，但在系统出现故障时，这多余的部分能立即替代故障部分而使系统继续正常运行。冗余系统一般是在控制系统中最重要的部分(如 CPU 模块)由两套相同的硬件组成，当某一套出现故障立即由另一套来控制。是否使用两套相同的 I/O 模块，取决于系统对可靠性的要求程度。

如图 7-30(a)所示，两套 CPU 模块使用相同的程序并行工作，其中一套为主 CPU 模块，另一套为备用 CPU 模块。在系统正常运行时，备用 CPU 模块的输出被禁止，

由主 CPU 模块来控制系统的工作。同时，主 CPU 模块还不断通过冗余处理单元 (RPU)同步地对备用 CPU 模块的 I/O 映像寄存器和其他寄存器进行刷新。当主 CPU 模块发出故障信息后，RPU 在 1～3 个扫描周期内将控制功能切换到备用 CPU。I/O 系统的切换也是由 RPU 来完成的。

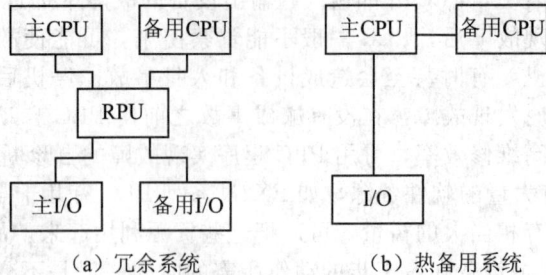

（a）冗余系统　　　　　　　（b）热备用系统

图 7-30　冗余系统与热备用系统

2. 热备用系统

热备用系统的结构较冗余系统简单，虽然也有两个 CPU 模块在同时运行一个程序，但没有冗余处理单元 RPU。系统两个 CPU 模块的切换，是由主 CPU 模块通过通信口与备用 CPU 模块进行通信来完成的。如图 7-30(b)所示，两套 CPU 通过通信接口连在一起。当系统出现故障时，由主 CPU 通知备用 CPU，并实现切换，其切换过程一般较慢。

>>>　习题与思考题

7-1　PLC 控制系统与继电气控制系统的设计过程相比，有何特点？

7-2　选择 PLC 的主要依据是什么？

7-3　如何提高 PLC 控制系统的可靠性？

7-4　用定时器设计一个消除输入信号抖动的梯形图程序。

7-5　某系统有自动和手动两种工作方式。现场的输入设备有：6 个行程开关(SQ1～SQ6)和 2 个按钮(SB1～SB2)仅供自动时使用；6 个按钮(SB3～SB8)仅供手动时使用；3 个行程开关(SQ7～SQ9)为自动、手动共用。是否可以使用一台输入只有 12 点 PLC？若可以，试画出 PLC 的输入接线图。

7-6　用一个按钮(X1)来控制三个输出(Y1、Y2、Y3)。当 Y1、Y2、Y3 都为 OFF 时，按一下 X1，Y1 为 ON，再按一下 X1，Y1、Y2 为 ON，再按一下 X1，Y1、Y2、Y3 都为 ON，再按 X1，回到 Y1、Y2、Y3 都为 OFF 状态。再操作 X1，输出又按以上顺序动作。试用两种不同的程序设计方法设计其梯形图程序。

7-7　设计一个可用于四支比赛队伍的抢答器。系统至少需要 4 个抢答按钮、1 个复位按钮和 4 个指示灯。试画出 PLC 的 I/O 接线图，设计出梯形图并加以调试。

7-8　用 PLC 设计一个先输入优先电路。辅助继电器 20000～20003 分别表示接受 00000～00003 的输入信号(若 00000 有输入，20000 线圈接通，以此类推)。电路功能如下：

(1)当未加复位信号时(00004 无输入)，这个电路仅接受最先输入的信号，而对以后的输入不予接收。

(2)当有复位信号时(00004 加一短脉冲信号)，该电路复位，可重新接受新的输入信号。

7-9　编程实现"通电"和"断电"均延时的继电器功能。具体要求是：若 00000 由断变通，延时 10s 后 01001 得电；若 00000 由通变断，延时 5s 后 01001 断电。

7-10　按一下起动按钮，灯亮 10s，暗 5s，重复 3 次后停止工作。试设计梯形图。

7-11　某广告牌上有六个字，每个字显示 1 秒后六个字一起显示 2 秒，然后全灭。1 秒后再从第一个字开始显示，重复上述过程。试用 PLC 实现该功能。

7-12　某动力头按如图 7-31(a)所示的步骤动作：快进、工进 1、工进 2、快退。输出 Y0～Y3 在各步的状态如图 7-31(b)所示，表中的"1"、"0"分别表示接通和断开。设计该动力头系统的梯形图程序，要求设置手动、连续、单周期、单步 4 种工作方式。

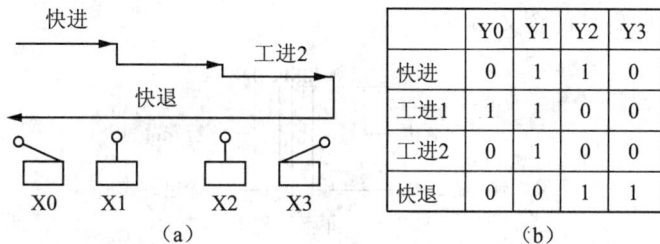

	Y0	Y1	Y2	Y3
快进	0	1	1	0
工进1	1	1	0	0
工进2	0	1	0	0
快退	0	0	1	1

(a)　　　　　　　　　　(b)

图 7-31　题 7-12 图

7-13　试用转换设计法设计出图 7-32 继电-接触器控制系统的 PLC 控制的梯形图，通道分配图及外围接线图。

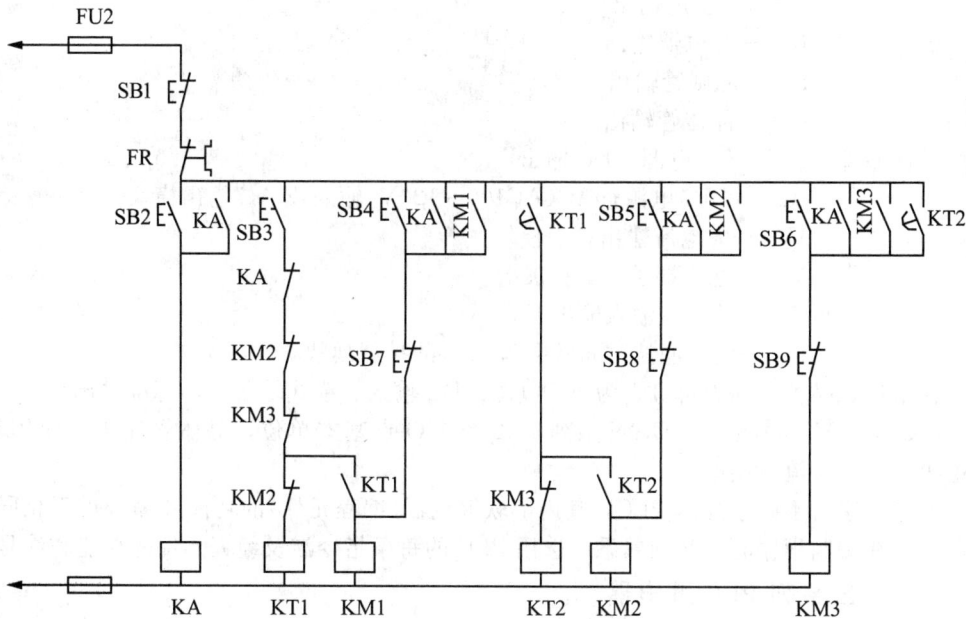

图 7-32　继电-接触器控制系统

7-14　用逻辑设计法设计出满足下列要求的梯形图。

有 3 台锅炉，如果有 1 台投入，红灯发闪光(0.2s 脉冲)；有 2 台投入，红灯发平光；3 台均投入，绿灯发闪光(0.2s 脉冲)；全部停止，绿灯发平光。

第八章　其他厂家 PLC 指令简介

▶ **第一节　FX 系列可编程控制器及指令系统**

一、FX 系列 PLC 的型号说明

FX 系列 PLC 型号的含义如下：

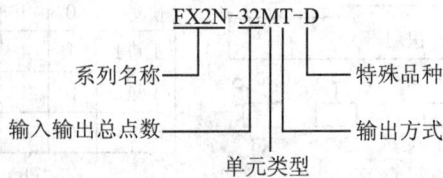

FX2N-32MT-D

系列名称　　　　　　　特殊品种
输入输出总点数　　　　输出方式
单元类型

其中系列名称：如 0、2、0S、ON、1N、2N 和 2NC 等。

单元类型：M——基本单元

　　　　　E——输入输出混合扩展单元

　　　　　EX——扩展输入模块

　　　　　EY——扩展输出模块

输出方式：R——继电器输出

　　　　　S——晶闸管输出

　　　　　T——晶体管输出

特殊品种：D——DC 电源，DC 输出

　　　　　A1——AC 电源，AC(AC100～120V)输入或 AC 输出模块

　　　　　H——大电流输出扩展模块

　　　　　V——立式端子排的扩展模块

　　　　　C——接插口输入输出方式

　　　　　F——输入滤波时间常数为 1ms 的扩展模块

如果特殊品种一项无符号，为 AC 电源、DC 输入、横式端子排、标准输出。

FX2N-32MT-D 表示：FX2N 系列，32 个 I/O 点基本单位，晶体管输出，使用直流电源，24V 直流输出型。

不同厂家、不同系列的 PLC，其内部软继电器(编程元件)的功能和编号也不相同，因此用户在编制程序时，必须熟悉所选用 PLC 的每条指令涉及编程元件的功能和编号。

二、FX 系列 PLC 继电器

FX 系列中几种常用型号 PLC 的编程元件及编号如表 8-1 所示。FX 系列 PLC 编程元件的编号由字母和数字组成，其中输入继电器和输出继电器用八进制数字编号，其他均采用十进制数字编号。为了能全面了解 FX 系列 PLC 的内部软继电器，本节以 FX2N 为背景进行介绍。

(一)输入继电器及功能

FX 系列 PLC 的输入继电器以八进制进行编号，FX2N 输入继电器的编号范围为 X000～X267(184 点)。注意，基本单元输入继电器的编号是固定的，扩展单元和扩展

模块是从最靠近基本单元开始，顺序进行编号。例如，基本单元 FX2N-64M 的输入继电器编号为 X000~X037(32 点)，如果接有扩展单元或扩展模块，则扩展的输入继电器从 X040 开始编号。

表 8-1　FX 系列(PLC 的内部软继电器及编号)性能指标

PLC 型号 编程元件种类		FX0S	FX1S	FX0N	FX1N	FX2N (FX2NC)
输入继电器 X (按 8 进制编号)		X0~X17 (不可扩展)	X0~X17 (不可扩展)	X0~X43 (可扩展)	X0~X43 (可扩展)	X0~X77 (可扩展)
输出继电器 Y (按 8 进制编号)		Y0~Y15 (不可扩展)	Y0~Y15 (不可扩展)	Y0~Y27 (可扩展)	Y0~Y27 (可扩展)	Y0~Y77 (可扩展)
辅助继电器 M	普通用	M0~M495	M0~M383	M0~M383	M0~M383	M0~M499
	保持用	M496~M511	M384~M511	M384~M511	M384~M1535	M500~M3071
	特殊用	M8000~M8255(具体见使用手册)				
状态寄存器 S	初始状态用	S0~S9	S0~S9	S0~S9	S0~S9	S0~S9
	返回原点用	—	—	—	—	S10~S19
	普通用	S10~S63	S10~S127	S10~S127	S10~S999	S20~S499
	保持用	—	S0~S127	S0~S127	S0~S999	S500~S899
	信号报警用	—	—	—	—	S900~S999
定时器 T	100ms	T0~T49	T0~T62	T0~T62	T0~T199	T0~T199
	10ms	T24~T49	T32~T62	T32~T62	T200~T245	T200~T245
	1ms	—		T63		—
	1ms 累积	—	T63	—	T246~T249	T246~T249
	100ms 累积	—		—	T250~T255	T250~T255
计数器 C	16 位增计数(普通)	C0~C13	C0~C15	C0~C15	C0~C15	C0~C99
	16 位增计数(保持)	C14、C15	C16~C31	C16~C31	C16~C199	C100~C199
	32 位可逆计数(普通)	—	—	—	C200~C219	C200~C219
	32 位可逆计数(保持)	—	—	—	C220~C234	C220~C234
	高速计数器	C235~C255(具体见使用手册)				

PLC 型号 编程元件种类		FX0S	FX1S	FX0N	FX1N	FX2N (FX2NC)
数据寄存器 D	16 位普通用	D0～D29	D0～D127	D0～D127	D0～D127	D0～D199
	16 位保持用	D30、D31	D128～D255	D128～D255	D128～D7999	D200～D7999
	16 位特殊用	D8000～ D8069	D8000～ D8255	D8000～ D8255	D8000～ D8255	D8000～ D8195
	16 位变址用	V Z	V0～V7 Z0～Z7	V Z	V0～V7 Z0～Z7	V0～V7 Z0～Z7
指针 N、P、I	嵌套用	N0～N7	N0～N7	N0～N7	N0～N7	N0～N7
	跳转用	P0～P63	P0～P63	P0～P63	P0～P127	P0～P127
	输入中断用	I00＊～I30＊	I00＊～I50＊	I00＊～I30＊	I00＊～I50＊	I00＊～I50＊
	定时器中断	—	—	—	—	I6＊＊～I8＊＊
	计数器中断					I010～I060
常数 K、H	16 位	K：−32，768～32，767 H：0000～FFFFH				
	32 位	K：−2，147，483，648～2，147，483，647 H：00000000～FFFFFFFF				

（二）输出继电器（Y）

输出继电器是用来将 PLC 内部信号输出传送给外部负载（用户输出设备）的元件。输出继电器线圈是由 PLC 内部程序的指令驱动，其线圈状态传送给输出单元，再由输出单元对应的硬触点来驱动外部负载。

每个输出继电器在输出单元中都对应有唯一一个常开硬触点，但在程序中供编程的输出继电器，触点不管是常开还是常闭触点，都可以无数次使用。

FX 系列 PLC 的输出继电器也是八进制编号，其中 FX2N 编号范围为 Y000～Y267（184 点）。与输入继电器一样，基本单元的输出继电器编号是固定的，扩展单元和扩展模块的编号也是从最靠近基本单元开始，顺序进行编号。

在实际使用中，输入、输出继电器的数量，要看具体系统的配置情况。

（三）辅助继电器（M）

辅助继电器是 PLC 中数量最多的一种继电器，一般的辅助继电器与继电气控制系统中的中间继电器相似。

辅助继电器不能直接驱动外部负载，负载只能由输出继电器的外部触点驱动。辅助继电器的常开与常闭触点在 PLC 内部编程时可无限次使用。

辅助继电器采用 M 与十进制数共同组成编号（只有输入输出继电器才用八进制数）。

1. 通用辅助继电器（M0～M499）

FX2N 系列共有 500 点通用辅助继电器。通用辅助继电器在 PLC 运行时，如果电源突然断电，则全部线圈均 OFF。当电源再次接通时，除了因外部输入信号而变为 ON 外，其余的仍将保持 OFF 状态，它们没有断电保护功能。通用辅助继电器常在逻辑运算中用做辅助运算、状态暂存、移位等。

根据需要可通过程序设定，将 M0～M499 变为断电保持辅助继电器。

2. 断电保持辅助继电器（M500～M3071）

FX2N 系列有 M500～M3071 共 2572 个断电保持辅助继电器。它与普通辅助继电器不同的是具有断电保护功能，即能记忆电源中断瞬时的状态，并在重新通电后再现其状态。它之所以能在电源断电后保持其原有的状态，是因为电源中断后用 PLC 的内部锂电池保持它们映像寄存器中的内容。其中 M500～M1023 可由软件将其设定为通用辅助继电器。

3. 特殊辅助继电器

PLC 内有大量的特殊辅助继电器，它们都有各自的特殊功能。FX2N 系列中有 256 个特殊辅助继电器，可分成触点型和线圈型两大类。

（1）触点型

其线圈由 PLC 自动驱动，用户只可使用其触点。例如：

M8000：运行监视器（在 PLC 运行中接通），M8001 与 M8000 逻辑相反。

M8002：初始脉冲（仅在运行开始时瞬间接通），M8003 与 M8002 逻辑相反。

M8011、M8012、M8013 和 M8014 分别是产生 10ms、100ms、1s 和 1min 时钟脉冲的特殊辅助继电器。

M8000、M8002、M8012 的波形图如图 8-1 所示。

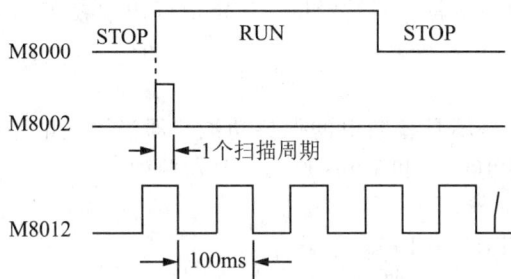

图 8-1　M8000、M8002、M8012 波形图

（2）线圈型

由用户程序驱动线圈后 PLC 执行特定的动作。例如：

M8033：若使其线圈得电，则 PLC 停止时保持输出映像寄存器和数据寄存器内容。

M8034：若使其线圈得电，则将 PLC 的输出全部禁止。

M8039：若使其线圈得电，则 PLC 按 D8039 中指定的扫描时间工作。

（四）状态器（S）

状态器用来记录系统运行中的状态。是编制顺序控制程序的重要编程元件，它与后述的步进顺控指令 STL 配合应用。

如图 8-2 所示，我们用机械手动作简单介绍状态器 S 的作用。当驱动信号 X0 有效时，机械手下降，到下降限位 X1 开始夹紧工件，加紧到位信号 X2 为 ON 时，机械手上升到上限 X3 则停止。整个过程可分为三步，每一步都用一个状态器 S20、S21、S22 记录。每个状态器都有各自的置位和复位信号（如 S21 由 X1 置位，X2 复位），并有各自要做的操作（驱动 Y0、Y1、Y2）。从起动开始由上至下随着状

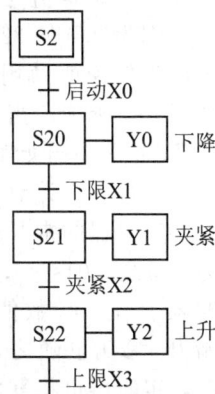

图 8-2　状态器（S）的作用

态动作的转移，激活下一状态动作则上面状态自动复位。这样使每一步的工作互不干扰，不必考虑不同步元件之间的互锁，使设计清晰简洁。

状态器有五种类型：初始状态器 S0～S9 共 10 点；回零状态器 S10～S19 共 10 点；通用状态器 S20～S499 共 480 点；具有状态断电保持的状态器有 S500～S899，共 400 点；供报警用的状态器(可用作外部故障诊断输出)S900～S999，共 100 点。

在使用状态器时应注意：

1)状态器与辅助继电器一样有无数常开和常闭触点；

2)状态器不与步进顺控指令 STL 配合使用时，可作为通用辅助继电器 M 使用；

3)FX2N 系列 PLC 可通过程序设定将 S0～S499 设置为有断电保持功能的状态器。

(四)定时器(T)

PLC 中的定时器(T)相当于继电气控制系统中的通电延时型时间继电器。但它可以提供无限对常开常闭延时触点。定时器中有一个设定值寄存器(一个字长)，一个当前值寄存器(一个字长)和一个用来存储其比较结果的映像寄存器(一个二进制位)，这三个量使用同一地址编号。但使用场合不一样，意义也不同。

FX2N 系列中定时器时可分为通用定时器、积算定时器两种。它们是通过对一定周期的时钟脉冲进行累计而实现定时的，时钟脉冲有周期为 1ms、10ms、100ms 三种，当所计数达到设定值时映像寄存器被置位。设定值可用常数 K 或数据寄存器 D 的内容来设置。

1. 通用定时器

通用定时器的特点是不具备断电的保持功能，即当输入电路断开或停电时，定时器复位。通用定时器有 100ms 和 10ms 通用定时器两种。

(1)100ms 通用定时器(T0～T199)。

共 200 点，其中 T192～T199 为子程序和中断服务程序专用定时器。这类定时器是对 100ms 时钟累积计数，设定值为 1～32767，所以其定时范围为 0.1～3276.7s。

(2)10ms 通用定时器(T200～T245)。

共 46 点。这类定时器是对 10ms 时钟累积计数，设定值为 1～32767，所以其定时范围为 0.01～327.67s。

下面举例说明通用定时器的工作原理。如图 8-3 所示，当输入 X0 接通时，定时器 T200 从 0 开始对 10ms 时钟脉冲进行累积计数，当计数值与设定值 K123 相等时，定时器的常开接通 Y0，经过的时间为 $123 \times 0.01s = 1.23s$。当 X0 断开后定时器复位，计数值变为 0，其常开触点断开，Y0 也随之 OFF。若外部电源断电，定时器也将复位。

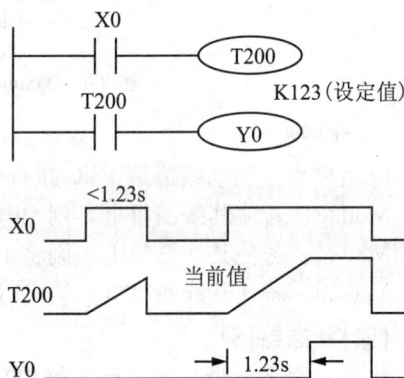

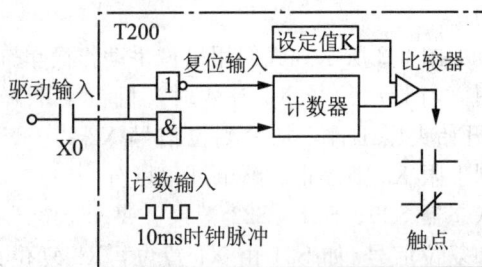

图 8-3 通用定时器工作原理

2. 积算定时器

积算定时器具有计数累积的功能。

在定时过程中如果断电或定时器线圈 OFF，积算定时器将保持当前的计数值（当前值），通电或定时器线圈 ON 后继续累积，即其当前值具有保持功能，只有将积算定时器复位，当前值才变为 0。

(1)1ms 积算定时器（T246～T249）。

共 4 点，是对 1ms 时钟脉冲进行累积计数的，定时的时间范围为 0.001～32.767s。

(2)100ms 积算定时器（T250～T255）。

共 6 点，是对 100ms 时钟脉冲进行累积计数，定时的时间范围为 0.1～3276.7s。

以下举例说明积算定时器的工作原理。如图 8-4 所示，当 X0 接通时，T253 当前值计数器开始累积 100ms 的时钟脉冲的个数。当 X0 经 t_0 后断开，而 T253 尚未计数到设定值 K345，其计数的当前值保留。当 X0 再次接通，T253 从保留的当前值开始继续累积，经过 t_1 时间，当前值达到 K345 时，定时器的触点动作。累积的时间为 $t_0 + t_1 = 0.1 \times 345 = 34.5s$。当复位输入 X1 接通时，定时器才复位，当前值变为 0，触点也跟随复位。

(五)计数器(C)

FX2N 系列计数器分为内部计数器和高速计数器两类。

1. 内部计数器

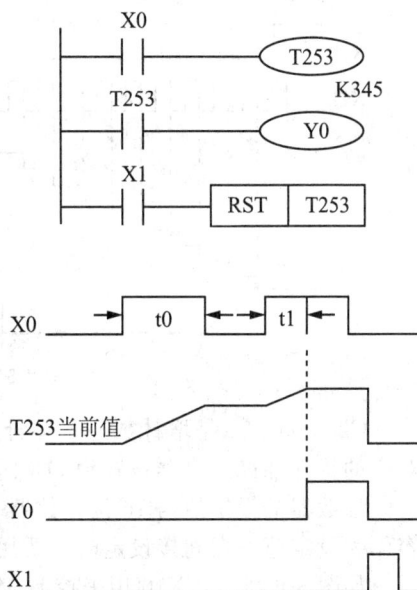

图 8-4   积算定时器工作原理

内部计数器是在执行扫描操作时对内部信号（如 X、Y、M、S、T 等）进行计数。内部输入信号的接通和断开时间应比 PLC 的扫描周期稍长。

(1)16 位增计数器（C0～C199）。

共 200 点，其中 C0～C99 为通用型，C100～C199 为断电保持型（断电保持型即断电后能保持当前值待通电后继续计数）。这类计数器为递加计数，应用前先对其设置一定值，当输入信号（上升沿）个数累加到设定值时，计数器对应映像寄存器置 1，其常开触点闭合、常闭触点断开。计数器的设定值为 1～32767(16 位二进制)，设定值除了用常数 K 设定外，还可间接通过指定数据寄存器设定。

下面举例说明通用型 16 位增计数器的工作原理。如图 8-5 所示，X10 为复位信号，当 X10 为 ON 时，C0 复位。X11 是计数输入，每当 X11 接通一次，计数器当前值增加 1（注意 X10 断开，计数器不会复位）。当计数器计数当前值为设定值 10 时，计数器 C0 的对应映像寄存器置 1 输出触点动作，Y0 被接通。此后即使输入 X11 再接通，计数器的当前值也保持不变。当复位输入 X10 接通时，执行 RST 复位指令，计数器复位，对应映像寄存器被复位输出触点也复位，Y0 被断开。

(2)32 位增/减计数器（C200～C234）。

共有 35 点 32 位增/减计数器，其中 C200～C219（共 20 点）为通用型，C220～C234（共 15 点）为断电保持型。这类计数器与 16 位增计数器除位数不同外，还在于它能通过控制实现增/减双向计数。设定值范围均为 -214783648～+214783647(32 位)。

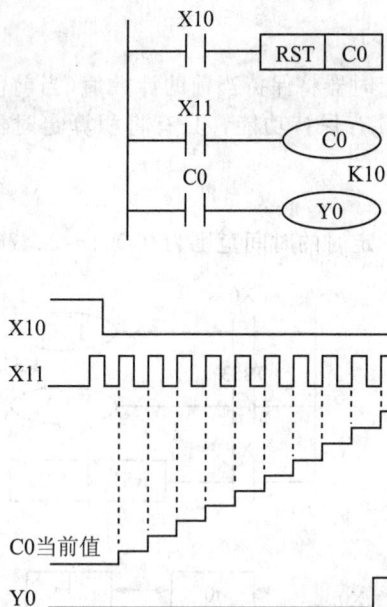

加减计数器的经过值=设定值后只要还有计数脉冲数值将继续变化

图 8-5　通用型 16 位增计数器

C200～C234 是增计数还是减计数，分别由特殊辅助继电器 M8200～M8234 设定。对应的特殊辅助继电器被置为 ON 时为减计数，置为 OFF 时为增计数。

计数器的设定值与 16 位计数器一样，可直接用常数 K 或间接用数据寄存器 D 的内容作为设定值。在间接设定时，要用编号紧连在一起的两个数据寄存器。

如图 8-6 所示，X10 用来控制 M8200，X10 闭合时为减计数方式。X12 为计数输入，C200 的设定值为 5(可正、可负)。设 C200 置为增计数方式(M8200 为 OFF)，当 X12 计数输入累加由 4 —→5 时，计数器的输出触点动作。当前值大于 5 时，计数器仍为 ON 状态。只有当前值由 5 —→4 时，计数器才变为 OFF。只要当前值小于 4，则输出则保持为 OFF 状态。复位输入 X11 接通时，计数器的当前值为 0，输出触点也随之复位。

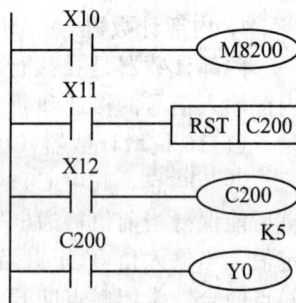

图 8-6　32 位增/减计数器

2. 高速计数器(C235～C255)

高速计数器与内部计数器相比，除允许输入频率高之外，应用也更为灵活，高速计数器均有断电保持功能，通过参数设定也可变成非断电保持。FX2N 有 C235～C255 共 21 点高速计数器。适合用来作为高速计数器输入的 PLC 输入端口有 X0～X7。X0～X7 不能重复使用，即某一个输入端已被某个高速计数器占用，它就不能再用于其他高速计数器，也不能用做它用。各高速计数器对应的输入端如表 8-2 所示。

高速计数器可分为四类：

(1)单相单计数输入高速计数器(C235～C245)。

其触点动作与 32 位增/减计数器相同，可进行增或减计数(取决于 M8235～M8245 的状态)。

如图 8-7(a)所示为无起动/复位端单相单计数输入高速计数器的应用。当 X10 断开，M8235 为 OFF，此时 C235 为增计数方式（反之为减计数）。由 X12 选中 C235，从表 8-2 中可知其输入信号来自于 X0，C235 对 X0 信号增计数，当前值达到 1234 时，C235 常开接通，Y0 得电。X11 为复位信号，当 X11 接通时，C235 复位。

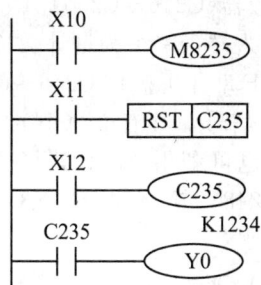

```
X10
─┤├────────────( M8235 )

X11
─┤├──────────[ RST  C235 ]

X12
─┤├────────────( C235 )
              K1234
C235
─┤├────────────( Y0 )
```
（a）无启动/复位端

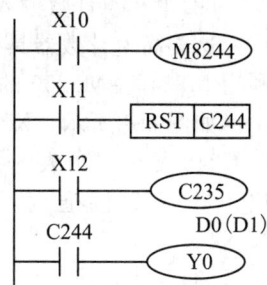

```
X10
─┤├────────────( M8244 )

X11
─┤├──────────[ RST  C244 ]

X12
─┤├────────────( C235 )
              D0(D1)
C244
─┤├────────────( Y0 )
```
（b）带启动/复位端

图 8-7　单相单计数输入高速计数器

如图 8-7(b)所示为带起动/复位端单相单计数输入高速计数器的应用。由表 8-2 可知，X1 和 X6 分别为复位输入端和起动输入端。利用 X10 通过 M8244 可设定其增/减计数方式。当 X12 为接通、且 X6 也接通时，则开始计数，计数的输入信号来自于 X0，C244 的设定值由 D0 和 D1 指定。除了可用 X1 立即复位外，也可用梯形图中的 X11 复位。

表 8-2　高速计数器简表

输入 计数器		X0	X1	X2	X3	X4	X5	X6	X7
单相单计数输入	C235	U/D							
	C236		U/D						
	C237			U/D					
	C238				U/D				
	C239					U/D			
	C240						U/D		
	C241	U/D	R						
	C242			U/D	R				
	C243				U/D	R			
	C244	U/D	R					S	
	C245			U/D	R				S
单相双计数输入	C246	U	D						
	C247	U	D	R					
	C248			U	D	R			
	C249	U	D	R			S		
	C250			U	D	R		S	
双相	C251	A	B						
	C252	A	B	R					
	C253			A	B	R			
	C254	A	B	R			S		
	C255			A	B	R		S	

注：表中，U 表示加计数输入，D 为减计数输入，B 表示 B 相输入，A 为 A 相输入，R 为复位输入，S 为起动输入。X6、X7 只能用作起动信号，而不能用作计数信号。

（2）单相双计数输入高速计数器（C246～C250）。

这类高速计数器具有两个输入端，一个为增计数输入端；另一个为减计数输入端。利用 M8246～M8250 的 ON/OFF 动作可监控 C246～C250 的增数/减计数动作。

如图 8-8 所示，X10 为复位信号，其有效（ON）则 C248 复位。由表 8-2 可知，也可利用 X5 对其复位。当 X11 接通时，选中 C248，输入来自 X3 和 X4。

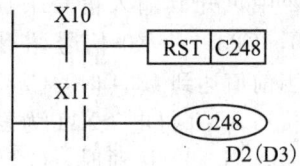

（3）双相高速计数器（C251～C255）。

A 相和 B 相信号决定计数器是增计数还是减计数。当 A 相为 ON 时，B 相由 OFF 到 ON，则为增计数；当 A 相为 ON 时，若 B 相由 ON 到 OFF，则为减计数，如图 8-9（a）所示。

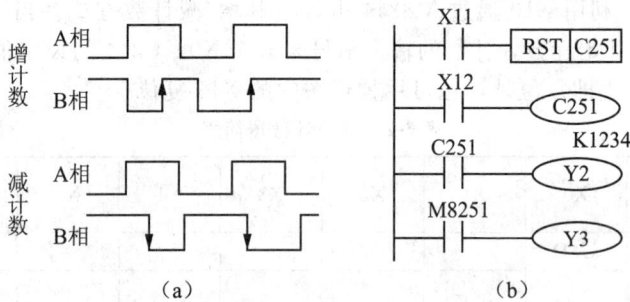

图 8-8　单相双计数输入高速计数器

图 8-9　双相高速计数器

如图 8-9（b）所示，当 X12 接通时，C251 计数开始。由表 8-2 可知，其输入来自 X0（A 相）和 X1（B 相）。只有当计数当前值超过设定值时，Y2 为 ON。如果 X11 接通，则计数器复位。根据不同的计数方向，Y3 为 ON（增计数）或为 OFF（减计数），即用 M8251～M8255，可监视 C251～C255 的加/减计数状态。

注意：高速计数器的计数频率较高，它们的输入信号的频率受两个方面的限制。一是全部高速计数器的处理时间。因它们采用中断方式，所以计数器用得越少，可计数频率就越高。二是输入端的响应速度，其中 X0、X2、X3 最高频率为 10kHz，X1、X4、X5 最高频率为 7kHz。

（六）数据寄存器（D）

PLC 在进行输入输出处理、模拟量控制、位置控制时，需要许多数据寄存器存储数据和参数。数据寄存器为 16 位，最高位为符号位。可用两个数据寄存器来存储 32 位数据，最高位仍为符号位。数据寄存器有以下几种类型：

1. 通用数据寄存器（D0～D199）

共 200 点。当 M8033 为 ON 时，D0～D199 有断电保护功能；当 M8033 为 OFF 时，则它们无断电保护，这种情况 PLC 由 RUN ——→STOP 或停电时，数据全部清零。

2. 断电保持数据寄存器（D200～D7999）

共 7800 点，其中 D200～D511（共 312 点）有断电保持功能，可以利用外部设备的参数设定改变通用数据寄存器与有断电保持功能数据寄存器的分配；D490～D509 供通信用；D512～D7999 的断电保持功能不能用软件改变，但可用指令清除它们的内容。根据参数设定可以将 D1000 以上作为文件寄存器。

3. 特殊数据寄存器(D8000～D8255)

共 256 点。特殊数据寄存器的作用是监控 PLC 的运行状态,如扫描时间、电池电压等。未加定义的特殊数据寄存器,用户不能使用。具体可参见用户手册。

4. 变址寄存器(V/Z)

FX2N 系列 PLC 有 V0～V7 和 Z0～Z7 共 16 个变址寄存器,它们都是 16 位的寄存器。变址寄存器 V/Z 实际上是一种特殊用途的数据寄存器,其作用相当于微机中的变址寄存器,用于改变元件的编号(变址),例如,V0＝5,则执行 D20V0 时,被执行的编号为 D25(D20＋5)。变址寄存器可以像其他数据寄存器一样进行读写,需要进行 32 位操作时,可将 V、Z 串联使用(Z 为低位,V 为高位)。

(七)指针(P、I)

在 FX 系列中,指针用来指示分支指令的跳转目标和中断程序的入口标号。分为分支用指针、输入中断指针及定时中断指针和记数中断指针。

1. 分支用指针(P0～P127)

FX2N 有 P0～P127 共 128 点分支用指针。分支指针用来指示跳转指令(CJ)的跳转目标或子程序调用指令(CALL)调用子程序的入口地址。

如图 8-10 所示,当 X1 常开接通时,执行跳转指令 CJ P0,PLC 跳到标号为 P0 之后的程序去执行。

2. 中断指针(I0～I8)

中断指针是用来指示某一中断程序的入口位置。执行中断后遇到 IRET(中断返回)指令,则返回主程序。中断用指针有以下三种类型:

(1)输入中断用指针(I00～I50)。

共 6 点,它是用来指示由特定输入端的输入信号而产生中断的中断服务程序的入口位置,这类中断不受 PLC 扫描周期的影响,可以及时处理外界信息。输入中断用指针的编号格式如下:

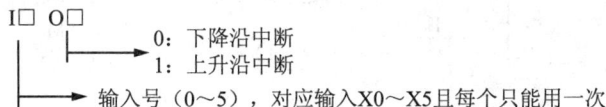

图 8-10　分支用指针

例如:I101 为当输入 X1 从 OFF ——→ON 变化时,执行以 I101 为标号后面的中断程序,并根据 IRET 指令返回。

(2)定时器中断用指针(I6～I8)。

共 3 点,是用来指示周期定时中断的中断服务程序的入口位置,这类中断的作用是 PLC 以指定的周期定时执行中断服务程序,定时循环处理某些任务。处理的时间也不受 PLC 扫描周期的限制。表示定时范围,可在 10～99ms 中选取。

(3)计数器中断用指针(I010～I060)。

共 6 点,它们用在 PLC 内置的高速计数器中。根据高速计数器的计数当前值与计数设定值之关系确定是否执行中断服务程序。它常用于利用高速计数器优先处理计数结果的场合。

(八)常数(K、H)

K 是表示十进制整数的符号,主要用来指定定时器或计数器的设定值及应用功能指令操作数中的数值;H 是表示十六进制数,主要用来表示应用功能指令的操作数值。

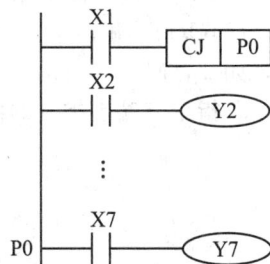

例如：20 用十进制表示为 K20，用十六进制则表示为 H14。

三、FX 系列 PLC 的基本指令

FX 系列 PLC 有基本逻辑指令 20 或 27 条、步进指令 2 条、功能指令 100 多条（不同系列有所不同）。本节以 FX2N 为例，介绍其基本逻辑指令和步进指令及其应用。

（一）FX 系列 PLC 的基本逻辑指令

FX2N 共有 27 条基本逻辑指令，其中包含了有些子系列 PLC 的 20 条基本逻辑指令。

1. 取指令与输出指令（LD/LDI/LDP/LDF/OUT）

（1）LD（取指令）。一个常开触点与左母线连接的指令，每一个以常开触点开始的逻辑行都用此指令。

（2）LDI（取反指令）。一个常闭触点与左母线连接指令，每一个以常闭触点开始的逻辑行都用此指令。

（3）LDP（取上升沿指令）。与左母线连接的常开触点的上升沿检测指令，仅在指定位元件的上升沿（由 OFF $\longrightarrow$ ON）时接通一个扫描周期。

（4）LDF（取下降沿指令）。与左母线连接的常闭触点的下降沿检测指令。

（5）OUT（输出指令）。对线圈进行驱动的指令，也称为输出指令，但不一定有输出，如 T，M。

取指令与输出指令的使用如图 8-11 所示。

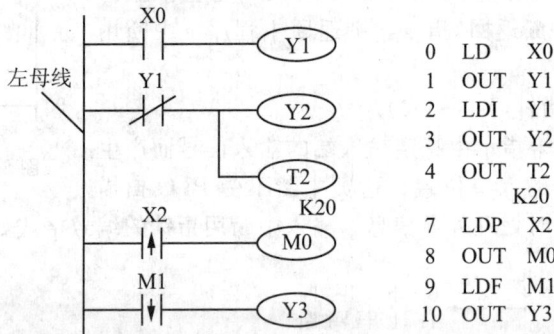

图 8-11 取指令与输出指令的使用

取指令与输出指令的使用说明：

（1）LD、LDI 指令既可用于输入左母线相连的触点，也可作为 ANB、ORB 主控指令步进指令等分支电路的起点。

（2）LDP、LDF 指令仅在对应元件有效时维持一个扫描周期的接通。图 8-12 中，当 M1 有一个下降沿时，则 Y3 只有一个扫描周期为 ON；

（3）LD、LDI、LDP、LDF 指令的目标元件为 X、Y、M、T、C、S；

（4）OUT 指令可以连续使用若干次（相当于线圈并联），对于定时器和计数器，在 OUT 指令之后应设置常数 K 或数据寄存器。

（5）OUT 指令目标元件为 Y、M、T、C 和 S，不能用于 X。

2. 触点串联指令（AND/ANI/ANDP/ANDF）

（1）AND（与指令）。一个常开触点串联连接指令，完成逻辑"与"运算。

（2）ANI（与反指令）。一个常闭触点串联连接指令，完成逻辑"与非"运算。

（3）ANDP。上升沿检测串联连接指令。

（4）ANDF。下降沿检测串联连接指令。

触点串联指令的使用如图 8-12 所示。

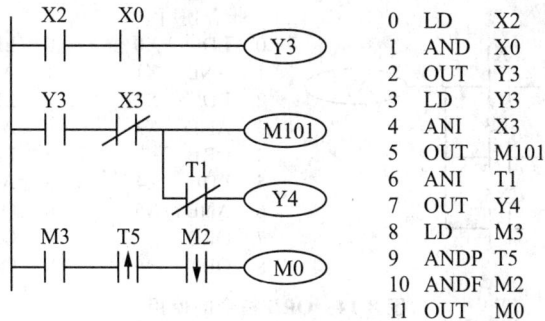

0	LD	X2
1	AND	X0
2	OUT	Y3
3	LD	Y3
4	ANI	X3
5	OUT	M101
6	ANI	T1
7	OUT	Y4
8	LD	M3
9	ANDP	T5
10	ANDF	M2
11	OUT	M0

图 8-12　触点串联指令的使用

触点串联指令的使用说明：

（1）AND、ANI、ANDP、ANDF 都指是单个触点串联连接的指令，串联次数没有限制，可反复使用。

（2）AND、ANI、ANDP、ANDF 的目标元件为 X、Y、M、T、C 和 S。

（3）图 8-12 中 OUT M101 指令之后通过 T1 的触点去驱动 Y4 称为连续输出。

3. 触点并联指令(OR /ORI /ORP /ORF)

（1）OR(或指令)。用于单个常开触点的并联，实现逻辑"或"运算。

（2）ORI(或非指令)。用于单个常闭触点的并联，实现逻辑"或非"运算。

（3）ORP。上升沿检测并联连接指令。

（4）ORF。下降沿检测并联连接指令。

触点并联指令的使用如图 8-13 所示。

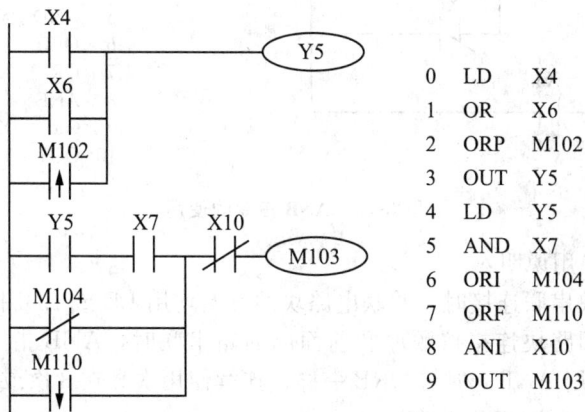

0	LD	X4
1	OR	X6
2	ORP	M102
3	OUT	Y5
4	LD	Y5
5	AND	X7
6	ORI	M104
7	ORF	M110
8	ANI	X10
9	OUT	M103

图 8-13　触点并联指令的使用

触点并联指令的使用说明：

（1）OR、ORI、ORP、ORF 指令都是指单个触点的并联，并联触点的左端接到 LD、LDI、LDP 或 LPF 处(如图 8-13 所示的左母线)，右端与前一条指令对应触点的右端相连。触点并联指令连续使用的次数不限；

（2）OR、ORI、ORP、ORF 指令的目标元件为 X、Y、M、T、C 和 S。

4. 块操作指令(ORB /ANB)

(1)ORB(块或指令)。用于两个或两个以上的触点串联连接的电路块之间的并联。即串联电路块的并联 ORB 指令的使用如图 8-14 所示。

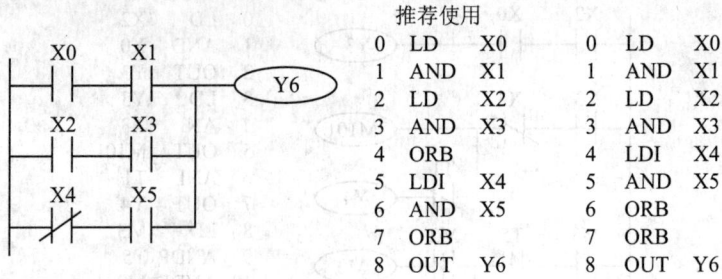

推荐使用

0　LD　　X0	0　LD　　X0
1　AND　X1	1　AND　X1
2　LD　　X2	2　LD　　X2
3　AND　X3	3　AND　X3
4　ORB	4　LDI　　X4
5　LDI　　X4	5　AND　X5
6　AND　X5	6　ORB
7　ORB	7　ORB
8　OUT　Y6	8　OUT　Y6

图 8-14　ORB 指令的使用

ORB 指令的使用说明:

(1)几个串联电路块并联连接时,每个串联电路块开始时应该用 LD 或 LDI 指令;

(2)有多个电路块并联,如对每两电路块使用 ORB 指令,则并联的电路块数量没有限制;

(3)ORB 指令也可以连续使用,但这种程序写法不推荐使用,LD 或 LDI 指令的使用次数不得超过 8 次,也就是 ORB 只能连续使用 8 次或以下。

(2)ANB(块与指令)。用于两个或两个以上触点并联连接的电路块之间的串联。即并联电路块的串联 ANB 指令的使用说明如图 8-15所示。

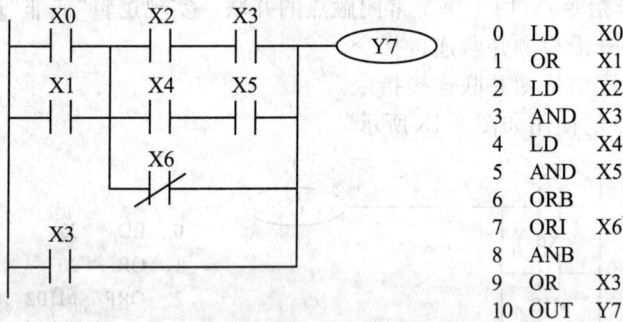

0　LD　　X0
1　OR　　X1
2　LD　　X2
3　AND　X3
4　LD　　X4
5　AND　X5
6　ORB
7　ORI　　X6
8　ANB
9　OR　　X3
10　OUT　Y7

图 8-15　ANB 指令的使用

ANB 指令的使用说明:

(1)并联电路块串联连接时,并联电路块的开始均用 LD 或 LDI 指令;

(2)多个并联回路块连接按顺序和前面的回路串联时,ANB 指令的使用次数没有限制。也可连续使用 ANB,但与 ORB 一样,连续使用次数在 8 次或以下。

5. 置位与复位指令(SET /RST)

(1)SET(置位指令)。它的作用是使被操作的目标元件置位并保持。

(2)RST(复位指令)。使被操作的目标元件复位并保持清零状态。

SET、RST 指令的使用如图 8-16 所示。当 X0 常开接通时,Y0 变为 ON 状态并一直保持该状态,即使 X0 断开 Y0 的 ON 状态仍维持不变;只有当 X1 的常开闭合时,Y0 才变为 OFF 状态并保持,即使 X1 常开断开,Y0 也仍为 OFF 状态。

SET、RST 指令的使用说明：

(1)SET 指令的目标元件为 Y、M、S，RST 指令的目标元件为 Y、M、S、T、C、D、V、Z。RST 指令常被用来对 D、Z、V 的内容清零，还用来复位积算定时器和计数器。

(2)对于同一目标元件，SET、RST 可多次使用，顺序也可随意，但最后执行者有效。

6. 微分指令(PLS/PLF)

(1)PLS(上升沿微分指令)。在输入信号上升沿产生一个扫描周期的脉冲输出。

(2)PLF(下降沿微分指令)。在输入信号下降沿产生一个扫描周期的脉冲输出。

微分指令的使用如图 8-17 所示，利用微分指令检测到信号的边沿，通过置位和复位命令控制 Y0 的状态。

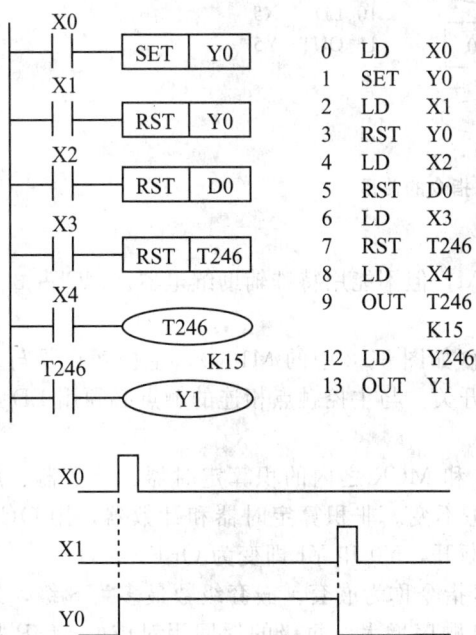

图 8-16　置位与复位指令的使用　　　图 8-17　微分指令的使用

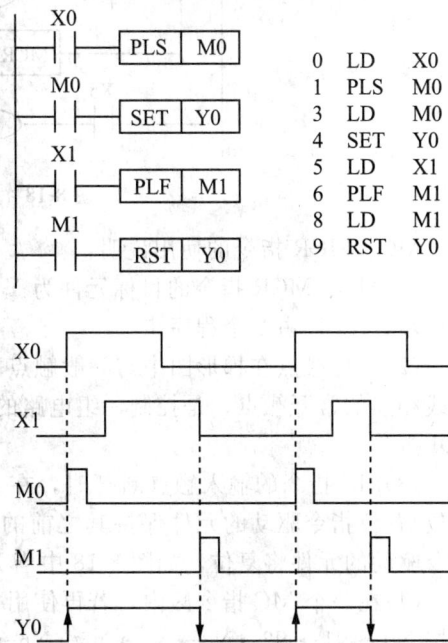

PLS、PLF 指令的使用说明：

(1)PLS、PLF 指令的目标元件为 Y 和 M；

(2)使用 PLS 时，仅在驱动输入为 ON 后的一个扫描周期内目标元件 ON，如图 8-17 所示，M0 仅在 X0 的常开触点由断到通时的一个扫描周期内为 ON；使用 PLF 指令时只是利用输入信号的下降沿驱动，其他与 PLS 相同。

7. 主控指令(MC/MCR)

(1)MC(主控指令)。用于公共串联触点的连接。执行 MC 后，左母线移到 MC 触点的后面。

(2)MCR(主控复位指令)。它是 MC 指令的复位指令，即利用 MCR 指令恢复原左母线的位置。

在编程时常会出现这样的情况，多个线圈同时受一个或一组触点控制，如果在每个线圈的控制电路中都串入同样的触点，将占用很多存储单元，使用主控指令就可以解决这一问题。MC、MCR 指令的使用如图 8-18 所示，利用 MC、N0、M100 实现左母线右移，使 Y0、Y1 都在 X0 的控制之下，其中 N0 表示嵌套等级，在无嵌套结构中 N0 的使用次数无限制；利用 MCR N0 恢复到原左母线状态。如果 X0 断开则会跳过 MC、MCR 之间的指令向下执行。

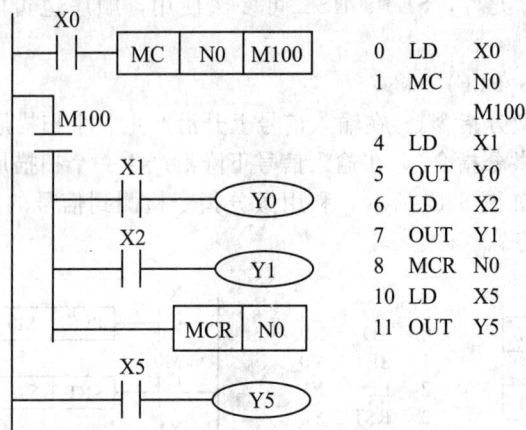

0	LD	X0
1	MC	N0
		M100
4	LD	X1
5	OUT	Y0
6	LD	X2
7	OUT	Y1
8	MCR	N0
10	LD	X5
11	OUT	Y5

图 8-18　主控指令的使用

MC、MCR 指令的使用说明：

(1)MC、MCR 指令的目标元件为 Y 和 M，但不能用特殊辅助继电器。MC 占 3 个程序步，MCR 占 2 个程序步。

(2)主控触点在梯形图中与一般触点垂直(如图 8-18 中的 M100)。主控触点是与左母线相连的常开触点，是控制一组电路的总开关。与主控触点相连的触点必须用 LD 或 LDI 指令。

(3)MC 指令的输入触点断开时，在 MC 和 MCR 之内的积算定时器、计数器、用复位/置位指令驱动的元件保持其之前的状态不变。非积算定时器和计数器，用 OUT 指令驱动的元件将复位，如图 8-18 中当 X0 断开，Y0 和 Y1 即变为 OFF。

(4)在一个 MC 指令区内，若再使用 MC 指令称为嵌套。嵌套级数最多为 8 级，编号按 N0→N1→N2→N3→N4→N5→N6→N7 顺序增大，每级的返回用对应的 MCR 指令，从编号大的嵌套级开始复位。

8. 堆栈指令(MPS/MRD/MPP)

堆栈指令是 FX 系列中新增的基本指令，用于多重输出电路，为编程带来便利。在 FX 系列 PLC 中有 11 个存储单元，它们专门用来存储程序运算的中间结果，被称为栈存储器。

(1)MPS(进栈指令)。将运算结果送入栈存储器的第一段，同时将先前送入的数据依次移到栈的下一段。

(2)MRD(读栈指令)。将栈存储器的第一段数据(最后进栈的数据)读出且该数据继续保存在栈存储器的第一段，栈内的数据不发生移动。

(3)MPP(出栈指令)。将栈存储器的第一段数据(最后进栈的数据)读出且该数据从栈中消失，同时将栈中其他数据依次上移。

堆栈指令的使用如图 8-19 所示，其中图 8-19(a)为一层栈，进栈后的信息可无限使用，最后一次使用 MPP 指令弹出信号；图 8-19(b)为二层栈嵌套，它用了两个栈单元。

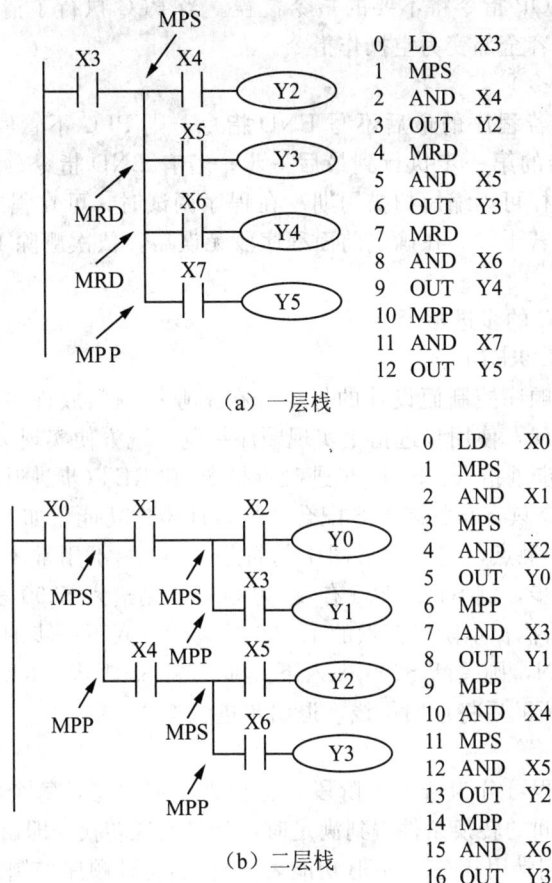

0	LD X3
1	MPS
2	AND X4
3	OUT Y2
4	MRD
5	AND X5
6	OUT Y3
7	MRD
8	AND X6
9	OUT Y4
10	MPP
11	AND X7
12	OUT Y5

（a）一层栈

0	LD X0
1	MPS
2	AND X1
3	MPS
4	AND X2
5	OUT Y0
6	MPP
7	AND X3
8	OUT Y1
9	MPP
10	AND X4
11	MPS
12	AND X5
13	OUT Y2
14	MPP
15	AND X6
16	OUT Y3

（b）二层栈

图 8-19 堆栈指令的使用

堆栈指令的使用说明：

(1)堆栈指令没有目标元件；

(2)MPS 和 MPP 必须配对使用；

(3)由于栈存储单元只有 11 个，所以栈的嵌套层次最多 11 层。

9. 逻辑反、空操作与结束指令(INV /NOP /END)

(1)INV(反指令)。

执行该指令后将原来的运算结果取反。反指令的使用如图 8-20 所示，如果 X0 断开，则 Y0 为 ON，否则 Y0 为 OFF。使用时应注意 INV 不能像指令表的 LD、LDI、LDP、LDF 那样与母线连接，也不能像指令表中的 OR、ORI、ORP、ORF 指令那样单独使用。

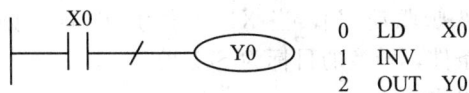

0	LD X0
1	INV
2	OUT Y0

图 8-20 反指令的使用

(2)NOP(空操作指令)。

不执行操作，但占一个程序步。执行 NOP 时并不做任何事，有时可用 NOP 指令短接某些触点或用 NOP 指令将不要的指令覆盖。当 PLC 执行了清除用户存储器操作后，用户存储器的内容全部变为空操作指令。

（3）END（结束指令）。

表示程序结束。若程序的最后不写 END 指令，则 PLC 不管实际用户程序多长，都从用户程序存储器的第一步执行到最后一步；若有 END 指令，当扫描到 END 时，则结束执行程序，这样可以缩短扫描周期。在程序调试时，可在程序中插入若干 END 指令，将程序划分为若干段，在确定前面程序段无误后，依次删除 END 指令，直至调试结束。

（二）FX 系列 PLC 的步进指令

1. 步进指令（STL／RET）

步进指令是专为顺序控制而设计的指令。在工业控制领域许多的控制过程都可用顺序控制的方式来实现，使用步进指令实现顺序控制，既方便实现又便于阅读修改。

FX2N 中有两条步进指令：STL（步进触点指令）和 RET（步进返回指令）。

STL 和 RET 指令只有与状态器 S 配合才能实现步进功能。如 STL S200 表示状态常开触点，称为 STL 触点，它在梯形图中的符号为 ─∥├，不用常闭触点。我们用每个状态器 S 记录一个工步，例 STL S200 有效（为 ON），则进入 S200 表示的一步（类似于本步的总开关），开始执行本阶段该做的工作，并判断进入下一步的条件是否满足。一旦结束本步信号为 ON，则关断 S200 进入下一步，如 S201 步。RET 指令是用来复位 STL 指令的。执行 RET 后将重回母线，退出步进状态。

2. 状态转移图

一个顺序控制过程可分为若干个阶段，也称为步或状态，每个状态都有不同的动作。当相邻两状态之间的转换条件得到满足时，就将实现转换，即由上一个状态转换到下一个状态执行。我们常用状态转移图（功能表图）描述这种顺序控制过程。如图 8-21 所示，用状态器 S 记录每个状态，X 为转换条件。如当 X1 为 ON 时，则系统由 S20 状态转为 S21 状态。

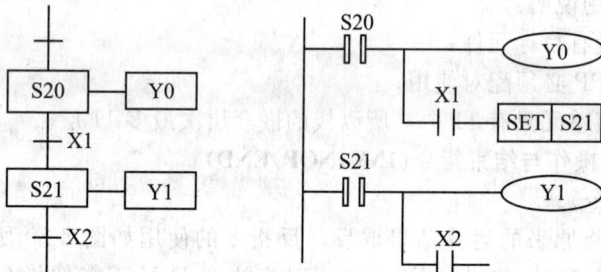

图 8-21 状态转移图与步进指令

状态转移图中的每一步包含三个内容：本步驱动的内容，转移条件及指令的转移目标。如图 8-21 中，S20 步驱动 Y0，当 X1 有效为 ON 时，则系统由 S20 状态转为 S21 状态，X1 即为转换条件，转换的目标为 S21 步。

3. 步进指令的使用说明

（1）STL 触点是与左侧母线相连的常开触点，某 STL 触点接通，则对应的状态为活动步；

（2）与 STL 触点相连的触点应用 LD 或 LDI 指令，只有执行完 RET 后才返回左侧母线；

(3)STL 触点可直接驱动或通过别的触点驱动 Y、M、S、T 等元件的线圈；

(4)由于 PLC 只执行活动步对应的电路块，所以使用 STL 指令时允许双线圈输出（顺控程序在不同的步可多次驱动同一线圈）；

(5)STL 触点驱动的电路块中不能使用 MC 和 MCR 指令，但可以用 CJ 指令；

(6)在中断程序和子程序内，不能使用 STL 指令。

▶第二节 松下 FP1 系列 PLC 指令系统

一、基本规格

FP1 系列 PLC 是日本松下电工株式会社生产的小型 PLC 产品，该产品有 C14～C72 等多种规格，形成系列，特别适合在中小型企业中推广使用。FP1 产品规格参数如表 8-3 所示。其中 Ry 是 Relay(继电器)的英文缩写，Tr 是 Transistor(晶体管)的英文缩写。

表 8-3　FP1 系列产品规格简表

品名	I/O点数	电源电压	输入电压	输出规格	品号	备注
FP1-C16 控制单元	8/8	AC100～240		Ry	AFP12216	
		AC100～240		Tr	AFP12146	
		DC24V		Ry	AFP02112	
		DC24V		Tr	AFP12142	
FP1-C24 控制单元	16/8	AC100～240		Ry	AFP12216	
		AC100～240		Tr	AFP12246	
		DC24V		Ry	AFP12212	
		DC24V		Tr	AFP12242	在品号末端加"C"者具有 RS232C 及时钟功能的控制单元；Ry 指继电器输出型；Tr 指晶体管输出型
FP1-C24C 控制单元	16/8	AC100～240	DC24V	Ry	AFP12216C	
		AC100～240		Tr	AFP02246C	
		DC24V		Ry	AFP12212C	
		DC24V		Tr	AFP12242C	
FP1-C40 控制单元	24/16	AC100～240		Ry	AFP12416	
		AC100～240		Tr	AFP12446	
		DC24V		Ry	AFP12412	
		DC24V		Tr	AFP12442	
FP1-C40C 控制单元	24/16	AC100～240		Ry	AFP02416C	
		AC100～240		Tr	AFP12446C	
		DC24V		Ry	AFP12412C	
		DC24V		Tr	AFP12442C	

二、区域分配

下面以 C40 机为例说明。表 8-4 为 C40 机区域分配情况。

表 8-4　C40 机区域分配表

符号	编号	功能
X	X0～X12F	输入继电器
Y	Y0～Y12F	输出继电器
R	R0～R62F	内部通用寄存器(继电器)
	R9000～R903F	特殊寄存器(继电器)
T	T0～T99	定时器
C	C100～C143	计数器
WX	WX0～WX12	"字"输入继电器
WY	WY0～WY12	"字"输出继电器
WR	WR0～WR62	通用"字"寄存器(继电器)
	WR900～WR903	专用"字"寄存器(继电器)
DT	DT0～DT8999	通用数据寄存器
	DT9000～DT9069	专用数据寄存器
SV	SV0～SV143	设定值寄存器
EV	EV0～EV143	经过值寄存器
IX		索引寄存器
IY		索引寄存器
K		十进制常数寄存器
H		十六进制常数寄存器

（1）表 8-4 中，寄存器 X、WX 和 Y、WY 均为 I/O 继电器，可以直接和输入/输出端子传递信息；其中 X、Y 是按"位"寻址，WX、WY 是按"字"寻址。

（2）表 8-4 中，R0～R62F 和 WR0～WR62 均为内部通用寄存器，用户可以使用。而 R9000～R903F 和 WR900～WR903 均为特殊寄存器，用户不能占用，它们均有特殊用途。DT9000～DT9069 也为特殊数据寄存器，SV 和 EV 只是用来存放定时器和计数器的预置值和中间值的寄存器，使用时，其编号应和其对应的定时器、计数器编号一致。

（3）K 为十进制常数标记，其值为 -32768～+32767 之间的整数；H 为十六进制常数标志，其值为 0000～FFFF 之间。

三、FP1 的指令系统

(一)常用指令

表 8-5 为 FP1 系列常用基本指令表。

表 8-5　FP1 系列常用基本指令表

序号	名称	助记符	功能说明
1	初始	ST	一个常开触点与母线连接或初始加载
2	初始非	ST/	一个常闭触点与母线连接或初始加载非
3	输出	OT	将操作结果送至规定的输出处
4	非	/	将该指令处的运行结果取反

序号	名称	助记符	功能说明
5	与	AN	串联一个常开触点
6	与非	AN/	串联一个常闭触点
7	或	OR	并联一个常开触点
8	或非	OR/	并联一个常闭触点
9	组与	ANS	指令块的与操作
10	组或	ORS	指令块的或操作
11	推入堆栈	PSHS	存储该指令处的操作结果
12	读出堆栈	RDS	读出由 PSHS 指令存储的操作结果
13	弹出堆栈	POPS	读出并清除由 PSHS 指令存储的操作结果
14	上升沿微分	DF	当检测到触发信号上升沿时，触点仅接通一个扫描周期
15	下降沿微分	DF/	当检测到触发信号下降沿时，触点仅接通一个扫描周期
16	置位	SET	当触发信号接通时，输出接通并保持
17	复位	RST	当触发信号接通时，输出断开并保持
18	定时器	TM	当触发信号到达后可按预先设置要求延时接通触点
19	计数器	CT	具有复位端的按输入端脉冲减 1 计数
20	空操作	NOP	在程序中留出空位，方便于程序的检查或修改
21	条件结束	CNED	当程序执行到该处时，若此指令具备接通条件则结束
22	结束	ED	表示全部程序(一个扫描周期)的结束

1. PSHS、RDS、POPS 指令的应用

PSHS、RDS、POPS 指令的应用如表 8-6 所示。

表 8-6　PSHS、RDS、POPS 指令的应用

梯形图	指令表	
	地址	指令
X0　　X1　　　　Y0 ├─┤├─┤├──────( ) 　　↑ 推入堆栈 X2　　　　　　Y1 ├─┤├──────( ) 　↑ 读出堆栈 X3　　　　　　Y2 ├─┤├──────( ) 　↑ 弹出堆栈	0	ST X0
	1	PSHS
	2	AN X1
	3	OT Y0
	4	RDS
	5	AN X2
	6	OT Y1
	7	POPS
	8	AN/ X3
	9	OT Y2

表 8-6 中梯形图所示的程序功能是：(1)在 PSHS(推入堆栈)存储指令处，当 X1 接通时，Y0 输出接通；(2)在 RDS(读出堆栈)存储指令处，当 X2 接通时，Y1 输出接通；(3)在 POPS(弹出堆栈)读出并清除存储指令处，当 X3 断开时，Y2 输出接通(此时 PHPS 存储结果被清除)。

对应表 8-6 梯形图的时序图如图 8-22 所示。

图 8-22　时序图

2. KP 指令的应用

KP 指令的应用如表 8-7 所示。表 8-7 中梯形图的功能是：当 X0 接通时，Y0 接通并保持。当 X1 接通时，Y0 断开。通常把 KP 指令称为"保持"指令。

表 8-7　KP 指令的应用

梯形图	指令表	
	地址	指令
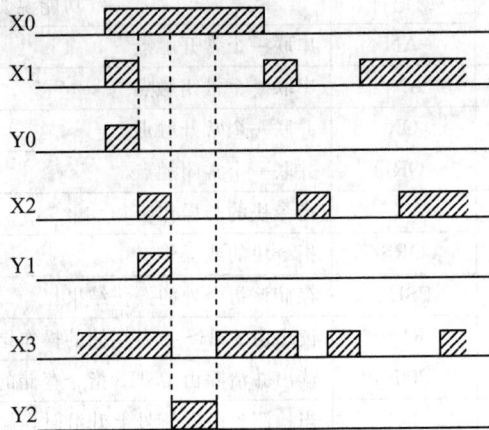	0	ST X1
	1	ST X2
	2	KP Y0

3. TM/CT 使用

(1)在 FP1 中有 100 个定时器，编号为 T0～T99。同一程序中，每个定时器只能使用一次。

(2)定时器有三种类型：

TMR：时钟精度为 0.01 秒(最大定时时间为 327.67 秒)；

TMX：时钟精度为 0.1 秒(最大定时时间为 3276.7 秒)；

TMY：时钟精度为 1 秒(最大定时时间为 32767 秒)。

(3)定时器的定时时间等于时间常数乘以该定时器时钟精度。时间常数可以是 1～32767 范围内的任意十进制常数。

(4)定时器为减 1 计数。每当输入接点由断开到接通(OFF→ON)的瞬间装入时间常数并开始计数。时间常数减为 0 时，定时器开始动作，其常开触点接通，常闭触点断开。而当定时器输入接点再断开时定时器复位，即常开触点断开，常闭触点接通。

(5)定时器输入接点后面不能加 DF 指令。

(6)在 FP1 中，计数器编号为 C100～C143。计数器有两个输入端，时钟端(CP)和复位端(R)，分别由两个输入接点控制。

（7）计数器是在复位端有触发信号时装入初始值，并在复位触发信号消失，按照时钟端输入的触发脉冲减 1 计数，直至减为 0 时计数器开始动作。此时，如果复位端又有触发信号时，计数器在进行复位，即重新装入初始值，即常开触点断开，常闭触点接通。

（8）当计数器同时接收到计数触发信号和复位触发信号时，复位优先，计数器只复位不计数。

（9）即使是断电或工作方式由运行状态切换到编程状态，计数器也不会自行复位，必须在复位端有触发信号时，计数器才复位。即计数器有断电保持功能。

4. CNDE 和 ED 应用

表 8-8 中，梯形图所示，程序内 CNDE 和 ED 指令的功能是：(1)当 X0 断开时，PLC 执行完程序I后并不结束，继续执行程序II到 ED 指令处，结束全部程序并返回起始地址。在此阶段，CNDE 不起作用，只有 ED 起作用；(2)当 X0 接通时，PLC 执行完程序I后，遇到 CNDE 指令不再继续向下执行程序，而是返回起始地址，重新执行程序I。

表 8-8　CNDE 和 ED 的应用

梯形图	指令表	
	地址	指令
程序 I　　　　　 20　—X0—（CNDE）　　　程序 II　　　100—（ED）	0　:　:　20　21　:　:　100	程序 I　　ST X0　CNDE　程序 II

(二)特殊指令

1. 主控指令(MC/MCE)

该指令的功能是当预置触发信号接通时，执行 MC(主控置位指令)至 MCE(主控复位指令)间的程序，否则跳过此段程序。

MC/MCE 的应用如表 8-9 所示。

表 8-9　MC/MCE 指令应用

梯形图	指令表		备注
	地址	指令	
预置触　 MC指令　发信号　 编号　X0—[MC 0]　X1——Y0[ ]　X2——Y1[ ]　[MCE 0]	0　1　2　3　4　5　6	ST X0　MC 0　ST X1　OT Y0　ST/ X2　OT Y1　MEC	MC 指令个数：FP1 的 C14 和 C16 系列为 0～15 (16 点)；FP1 和 FP-M 的 C24、C40、C56 和 C72 系列为 0～31(32 点)

图 8-23 为程序执行情况的时序图。

说明：

(1)MC 指令不能直接从母线开始。程序中，MC 指令之前一定要有预置触发接点（如表 8-9 中梯形图中的 X0）。

(2)当 MC 指令无触发信号或 MC 和 MCE 指令顺序颠倒时，程序不能执行。

(3)在一对主控指令（MC/MCE）之间可以有另一对主控指令，如图 8-24 所示。这种结构称为嵌套。

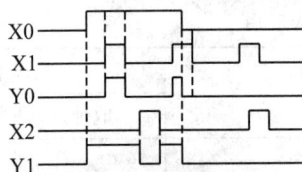

图 8-23 时序图

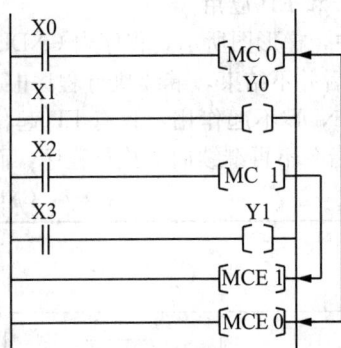

图 8-24 主控指令嵌套

2. 跳转指令（JP/LBL）

该指令的功能是当预置触发信号接通时，程序从 JP(跳转指令)处跳转到与 JP 指令编号相同的 LBL(目标号转入指令或简称标号指令)处并执行后面的程序。如图 8-25 所示。

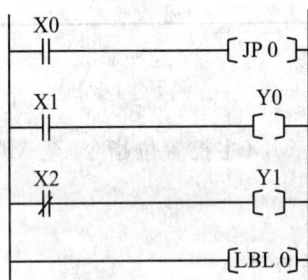

图 8-25 梯形图

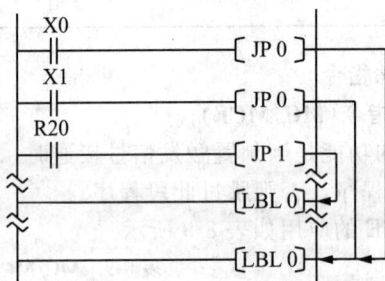

图 8-26 跳转指令嵌套

说明：

(1)当执行 JP/LBL 跳转指令时，编号相同的两个或多个 JP 指令可以用在同一程序里。但是，在同一程序中，不能使用编号相同两个或多个 LBL 指令。

(2)在一对 JP 和 LBL 指令间，可以编入另一 JP 和 LBL 指令对，如图 8-26 所示，称为嵌套结构。

3. 子程序调用指令（CALL、SUB、RET）

子程序调用指令是由 CALL(调用子程序指令)、SUB(进入子程序指令)和 RET(由子程序返回指令)这三条具体指令构成的具有调用子程序的功能的指令组合。

MC/MCE 的应用如表 8-10 所示。

表 8-10　MC/MCE 的应用

梯形图	指令表		备注
	地址	指令	
(见图)	10	ST X0	子程序可用数目：FP1 的 C14 和 C16 系列为：8 个子程序（0～7）；FP1 和 FP-M 的 C24、C40、C56 和 C72 系列 16 个子程序（0～15）
	11	CALL 1	
	:	:	
	:	:	
	20	ED	
	21	SUB 1	
	:	:	
	:	:	
	30	RET	

说明：

(1)X0 变为接通(ON)时执行 CALL 指令，执行指定的子程序。执行完子程序后返回到 CALL 指令的下一条指令。

(2)子程序必须放在 ED 指令之后。且每一子程序结束应有 RET 指令表示返回主程序。即 SUB 和 RET 必须成对出现。同一程序中 SUB 的标号不能重复。

(3)子程序可以嵌套，最多 5 层。

4. 步进指令(SSTP、NSTP、NSTL、CSTP、STPE)

步进指令由 SSTP、NSTP、NSTL、CSTP 和 STPE 组成，各自功能简介如下：

(1)SSTP(步进开始指令)：表示步进过程开始。

(2)NSTP(脉冲式步进转移指令)：当检测到触发脉冲的上升沿时，执行当前过程，并将前一过程复位。

(3)NSTL(扫描式步进转移指令)：在触发信号接通状态下，每次扫描均执行当前过程，并将前一过程复位。

(4)CSTP(步进清除指令)：执行清除指定的过程。

(5)STPE(步进结束指令)：表示步进过程结束。

步进指令的应用如表 8-11 所示。

表 8-11　步进指令的应用

梯形图	指令表		备注
	地址	指令	
(见图)	10	ST X0	步进过程编号：FP1 的 C14 和 C16 系列为：64 个（0～63）；FP1 和 FP-M 的 C24、C40、C56 和 C72 系列为：128 个(0～127)
	11	NSTP 1	
	14	SSTP 1	
	17	OT Y0	
	18	ST X1	
	19	NSTL 2	
	22	SSTP 2	
	100	ST X3	
	101	CSTP 50	
	104	STPE	

说明：

(1)在整个步进程序区中不能使用转移控制指令或结束指令。

(2)步进指令可以不按编号顺序存放。每一编号对应一个流程，同一编号不能重复使用。

(3)在步进程序中可以由母线直接进行输入控制。

(4)使用步进指令可以实现顺序控制等各种流程控制。

▶ 第三节　S7-200 系列 PLC 指令系统

本节主要讲解 S7-200 的常用指令及使用方法。

一、基本指令

S7-200 系列的基本逻辑指令与 FX 系列和 CPM1A 系列基本逻辑指令大体相似，编程和梯形图表达方式也相差不多，这里列表表示 S7-200 系列的基本逻辑指令（见表 8-12）。

表 8-12　S7-200 系列的基本逻辑指令

指令名称	指令符	功能	操作数
取	LD bit	读入逻辑行或电路块的第一个常开接点	Bit：I，Q，M，SM，T，C，V，S
取反	LDN bit	读入逻辑行或电路块的第一个常闭接点	
与	A bit	串联一个常开接点	
与非	AN bit	串联一个常闭接点	
或	O bit	并联一个常开接点	
或非	ON bit	并联一个常闭接点	
电路块与	ALD	串联一个电路块	无
电路块或	OLD	并联一个电路块	
输出	＝bit	输出逻辑行的运算结果	Bit：Q，M，SM，T，C，V，S
置位	S bit，N	置继电器状态为接通	Bit：Q，M，SM，V，S
复位	R bit，N	使继电器复位为断开	

二、功能指令

一般的逻辑控制系统用软继电器、定时器和计数器及基本指令就可以实现。利用功能指令可以开发出更复杂的控制系统，以致构成网络控制系统。这些功能指令实际上是厂商为满足各种客户的特殊需要而开发的通用子程序。功能指令的丰富程度及其合用的方便程度是衡量 PLC 性能的一个重要指标。

S7-200 的功能指令很丰富，大致包括这几方面：算术与逻辑运算、传送、移位与循环移位、程序流控制、数据表处理、PID 指令、数据格式变换、高速处理、通信以及实时时钟等。

功能指令的助记符与汇编语言相似，略具计算机知识的人学习起来也不会有太大困难。但 S7-200 系列 PLC 功能指令毕竟太多，一般读者不必准确记忆其详尽用法，需要时可查阅产品手册。本节仅对 S7-200 系列 PLC 的功能指令作列表归纳，不再一一说明。

1. 四则运算指令

四则运算指令如表 8-13 所示。

表 8-13　四则运算指令

名称	指令格式（语句表）	功能	操作数寻址范围
加法指令	+I IN1，OUT	两个 16 位带符号整数相加，得到一个 16 位带符号整数 执行结果：IN1＋OUT＝OUT（在 LAD 和 FBD 中为：IN1＋IN2＝OUT）	IN1，IN2，OUT：VW，IW，QW，MW，SW，SMW，LW，T，C，AC，* VD，* AC，* LD IN1 和 IN2 还可以是 AIW 和常数
	+D IN1，IN2	两个 32 位带符号整数相加，得到一个 32 位带符号整数 执行结果：IN1＋OUT＝OUT（在 LAD 和 FBD 中为：IN1＋IN2＝OUT）	IN1，IN2，OUT：VD，ID，QD，MD，SD，SMD，LD，AC，* VD，* AC，* LD IN1 和 IN2 还可以是 HC 和常数
	+R IN1，OUT	两个 32 位实数相加，得到一个 32 位实数 执行结果：IN1＋OUT＝OUT（在 LAD 和 FBD 中为：IN1＋IN2＝OUT）	IN1，IN2，OUT：VD，ID，QD，MD，SD，SMD，LD，AC，* VD，* AC，* LD IN1 和 IN2 还可以是常数
减法指令	−I IN1，OUT	两个 16 位带符号整数相减，得到一个 16 位带符号整数 执行结果：OUT−IN1＝OUT（在 LAD 和 FBD 中为：IN1−IN2＝OUT）	IN1，IN2，OUT：VW，IW，QW，MW，SW，SMW，LW，T，C，AC，* VD，* AC，* LD IN1 和 IN2 还可以是 AIW 和常数
	−D IN1，OUT	两个 32 位带符号整数相减，得到一个 32 位带符号整数 执行结果：OUT−IN1＝OUT（在 LAD 和 FBD 中为：IN1−IN2＝OUT）	IN1，IN2，OUT：VD，ID，QD，MD，SD，SMD，LD，AC，* VD，* AC，* LD IN1 和 IN2 还可以是 HC 和常数
	−R IN1，OUT	两个 32 位实数相加，得到一个 32 位实数 执行结果：OUT−IN1＝OUT（在 LAD 和 FBD 中为：IN1−IN2＝OUT）	IN1，IN2，OUT：VD，ID，QD，MD，SD，SMD，LD，AC，* VD，* AC，* LD IN1 和 IN2 还可以是常数

名称	指令格式（语句表）	功能	操作数寻址范围
乘法指令	* I IN1，OUT	两个 16 位符号整数相乘，得到一个 16 位整数 执行结果：IN1 * OUT＝OUT（在 LAD 和 FBD 中为：IN1 * IN2＝OUT）	IN1，IN2，OUT：VW，IW，QW，MW，SW，SMW，LW，T，C，AC，* VD，* AC，* LD IN1 和 IN2 还可以是 AIW 和常数
	MUL IN1，OUT	两个 16 位带符号整数相乘，得到一个 32 位带符号整数 执行结果：IN1 * OUT＝OUT（在 LAD 和 FBD 中为：IN1 * IN2＝OUT）	IN1，IN2：VW，IW，QW，MW，SW，SMW，LW，AIW，T，C，AC，* VD，* AC，* LD 和常数 OUT：VD，ID，QD，MD，SD，SMD，LD，AC，* VD，* AC，* LD
	* D IN1，OUT	两个 32 位带符号整数相乘，得到一个 32 位带符号整数 执行结果：IN1 * OUT＝OUT（在 LAD 和 FBD 中为：IN1 * IN2＝OUT）	IN1，IN2，OUT：VD，ID，QD，MD，SD，SMD，LD，AC，* VD，* AC，* LD IN1 和 IN2 还可以是 HC 和常数
	* R IN1，OUT	两个 32 位实数相乘，得到一个 32 位实数 执行结果：IN1 * OUT＝OUT（在 LAD 和 FBD 中为：IN1 * IN2＝OUT）	IN1，IN2，OUT：VD，ID，QD，MD，SD，SMD，LD，AC，* VD，* AC，* LD IN1 和 IN2 还可以是常数
除法指令	/I IN1，OUT	两个 16 位带符号整数相除，得到一个 16 位带符号整数商，不保留余数 执行结果：OUT/IN1＝OUT（在 LAD 和 FBD 中为：IN1/IN2＝OUT）	IN1，IN2，OUT：VW，IW，QW，MW，SW，SMW，LW，T，C，AC，* VD，* AC，* LD IN1 和 IN2 还可以是 AIW 和常数
	DIV IN1，OUT	两个 16 位带符号整数相除，得到一个 32 位结果，其中低 16 位为商，高 16 位为结果 执行结果：OUT/IN1＝OUT（在 LAD 和 FBD 中为：IN1/IN2＝OUT）	IN1，IN2：VW，IW，QW，MW，SW，SMW，LW，AIW，T，C，AC，* VD，* AC，* LD 和常数 OUT：VD，ID，QD，MD，SD，SMD，LD，AC，* VD，* AC，* LD
	/D IN1，OUT	两个 32 位带符号整数相除，得到一个 32 位整数商，不保留余数 执行结果：OUT/IN1＝OUT（在 LAD 和 FBD 中为：IN1/IN2＝OUT）	IN1，IN2，OUT：VD，ID，QD，MD，SD，SMD，LD，AC，* VD，* AC，* LD IN1 和 IN2 还可以是 HC 和常数
	/R IN1，OUT	两个 32 位实数相除，得到一个 32 位实数商 执行结果：OUT/IN1＝OUT（在 LAD 和 FBD 中为：IN1/IN2＝OUT）	IN1，IN2，OUT：VD，ID，QD，MD，SD，SMD，LD，AC，* VD，* AC，* LD IN1 和 IN2 还可以是常数

续表

名称	指令格式（语句表）	功能	操作数寻址范围
数学函数指令	SQRT IN, OUT	把一个 32 位实数（IN）开平方，得到 32 位实数结果（OUT）	IN, OUT：VD, ID, QD, MD, SD, SMD, LD, AC, *VD, *AC, *LD IN 还可以是常数
	LN IN, OUT	对一个 32 位实数（IN）取自然对数，得到 32 位实数结果（OUT）	
	EXP IN, OUT	对一个 32 位实数（IN）取以 e 为底数的指数，得到 32 位实数结果（OUT）	
	SIN IN, OUT COS IN, OUT TAN IN, OUT	分别对一个 32 位实数弧度值（IN）取正弦、余弦、正切，得到 32 位实数结果（OUT）	
增减指令	INCB OUT	将字节无符号输入数加 1 执行结果：OUT＋1＝OUT（在 LAD 和 FBD 中为：IN＋1＝OUT）	IN, OUT：VB, IB, QB, MB, SB, SMB, LB, AC, *VD, *AC, *LD IN 还可以是常数
	DECB OUT	将字节无符号输入数减 1 执行结果：OUT－1＝OUT（在 LAD 和 FBD 中为：IN－1＝OUT）	
	INCW OUT	将字（16 位）有符号输入数加 1 执行结果：OUT＋1＝OUT（在 LAD 和 FBD 中为：IN＋1＝OUT）	IN, OUT：VW, IW, QW, MW, SW, SMW, LW, T, C, AC, *VD, *AC, *LD IN 还可以是 AIW 和常数
	DECW OUT	将字（16 位）有符号输入数减 1 执行结果：OUT－1＝OUT（在 LAD 和 FBD 中为：IN－1＝OUT）	
	INCD OUT	将双字（32 位）有符号输入数加 1 执行结果：OUT＋1＝OUT（在 LAD 和 FBD 中为：IN＋1＝OUT）	IN, OUT：VD, ID, QD, MD, SD, SMD, LD, AC, *VD, *AC, *LD IN 还可以是 HC 和常数
	DECD OUT	将字（32 位）有符号输入数减 1 执行结果：OUT－1＝OUT（在 LAD 和 FBD 中为：IN－1＝OUT）	

2. 逻辑运算指令

逻辑运算指令如表 8-14 所示。

表 8-14 逻辑运算指令

名称	指令格式(语句表)	功能	操作数
字节逻辑运算指令	ANDB IN1, OUT	将字节 IN1 和 OUT 按位作逻辑与运算, OUT 输出结果	IN1, IN2, OUT: VB, IB, QB, MB, SB, SMB, LB, AC, * VD, * AC, * LD IN1 和 IN2 还可以是常数
	ORB IN1, OUT	将字节 IN1 和 OUT 按位作逻辑或运算, OUT 输出结果	
	XORB IN1, OUT	将字节 IN1 和 OUT 按位作逻辑异或运算, OUT 输出结果	
	INVB OUT	将字节 OUT 按位取反, OUT 输出结果	
字逻辑运算指令	ANDW IN1, OUT	将字 IN1 和 OUT 按位作逻辑与运算, OUT 输出结果	IN1, IN2, OUT: VW, IW, QW, MW, SW, SMW, LW, T, C, AC, * VD, * AC, * LD IN1 和 IN2 还可以是 AIW 和常数
	ORW IN1, OUT	将字 IN1 和 OUT 按位作逻辑或运算, OUT 输出结果	
	XORW IN1, OUT	将字 IN1 和 OUT 按位作逻辑异或运算, OUT 输出结果	
	INVW OUT	将字 OUT 按位取反, OUT 输出结果	
双字逻辑运算指令	ANDD IN1, OUT	将双字 IN1 和 OUT 按位作逻辑与运算, OUT 输出结果	IN1, IN2, OUT: VD, ID, QD, MD, SD, SMD, LD, AC, * VD, * AC, * LD IN1 和 IN2 还可以是 HC 和常数
	ORD IN1, OUT	将双字 IN1 和 OUT 按位作逻辑或运算, OUT 输出结果	
	XORD IN1, OUT	将双字 IN1 和 OUT 按位作逻辑异或运算, OUT 输出结果	
	INVD OUT	将双字 OUT 按位取反, OUT 输出结果	

3. 数据传送指令

数据传送指令如表 8-15 所示。

表 8-15　数据传送指令

名称	指令格式 （语句表）	功能	操作数
单一传送指令	MOVB IN, OUT	将 IN 的内容拷贝到 OUT 中 IN 和 OUT 的数据类型应相同，可分别为字，字节，双字，实数	IN, OUT：VB, IB, QB, MB, SB, SMB, LB, AC, *VD, *AC, *LD IN 还可以是常数
	MOVW IN, OUT		IN, OUT：VW, IW, QW, MW, SW, SMW, LW, T, C, AC, *VD, *AC, *LD IN 还可以是 AIW 和常数 OUT 还可以是 AQW
	MOVD IN, OUT		IN, OUT：VD, ID, QD, MD, SD, SMD, LD, AC, *VD, *AC, *LD IN 还可以是 HC, 常数, &VB, &IB, &QB, &MB, &T, &C
	MOVR IN, OUT		IN, OUT：VD, ID, QD, MD, SD, SMD, LD, AC, *VD, *AC, *LD IN 还可以是常数
	BIR IN, OUT	立即读取输入 IN 的值，将结果输出到 OUT	IN：IB OUT：VB, IB, QB, MB, SB, SMB, LB, AC, *VD, *AC, *LD
	BIW IN, OUT	立即将 IN 单元的值写到 OUT 所指的物理输出区	IN：VB, IB, QB, MB, SB, SMB, LB, AC, *VD, *AC, *LD 和常数 OUT：QB
块传送指令	BMB IN, OUT, N	将从 IN 开始的连续 N 个字节数据拷贝到从 OUT 开始的数据块 N 的有效范围是 1～255	IN, OUT：VB, IB, QB, MB, SB, SMB, LB, *VD, *AC, *LD N：VB, IB, QB, MB, SB, SMB, LB, AC, *VD, *AC, *LD 和常数
	BMW IN, OUT, N	将从 IN 开始的连续 N 个字数据拷贝到从 OUT 开始的数据块 N 的有效范围是 1～255	IN, OUT：VW, IW, QW, MW, SW, SMW, LW, T, C, *VD, *AC, *LD IN 还可以是 AIW OUT 还可以是 AQW N：VB, IB, QB, MB, SB, SMB, LB, AC, *VD, *AC, *LD 和常数
	BMD IN, OUT, N	将从 IN 开始的连续 N 个双字数据拷贝到从 OUT 开始的数据块 N 的有效范围是 1～255	IN, OUT：VD, ID, QD, MD, SD, SMD, LD, *VD, *AC, *LD N：VB, IB, QB, MB, SB, SMB, LB, AC, *VD, *AC, *LD 和常数

4. 移位与循环移位指令

移位与循环移位指令如表 8-16 所示。

表 8-16　移位与循环移位指令

名称	指令格式（语句表）	功能	操作数
字节移位指令	SRB OUT，N	将字节 OUT 右移 N 位，最左边的位依次用 0 填充	IN，OUT，N：VB，IB，QB，MB，SB，SMB，LB，AC，＊VD，＊AC，＊LD IN 和 N 还可以是常数
	SLB OUT，N	将字节 OUT 左移 N 位，最右边的位依次用 0 填充	
	RRB OUT，N	将字节 OUT 循环右移 N 位，从最右边移出的位送到 OUT 的最左位	
	RLB OUT，N	将字节 OUT 循环左移 N 位，从最左边移出的位送到 OUT 的最右位	
字移位指令	SRW OUT，N	将字 OUT 右移 N 位，最左边的位依次用 0 填充	IN，OUT：VW，IW，QW，MW，SW，SMW，LW，T，C，AC，＊VD，＊AC，＊LD IN 还可以是 AIW 和常数 N：VB，IB，QB，MB，SB，SMB，LB，AC，＊VD，＊AC，＊LD，常数
	SLW OUT，N	将字 OUT 左移 N 位，最右边的位依次用 0 填充	
	RRW OUT，N	将字 OUT 循环右移 N 位，从最右边移出的位送到 OUT 的最左位	
	RLW OUT，N	将字 OUT 循环左移 N 位，从最左边移出的位送到 OUT 的最右位	
双字移位指令	SRD OUT，N	将双字 OUT 右移 N 位，最左边的位依次用 0 填充	IN，OUT：VD，ID，QD，MD，SD，SMD，LD，AC，＊VD，＊AC，＊LD IN 还可以是 HC 和常数 N：VB，IB，QB，MB，SB，SMB，LB，AC，＊VD，＊AC，＊LD，常数
	SLD OUT，N	将双字 OUT 左移 N 位，最右边的位依次用 0 填充	
	RRD OUT，N	将双字 OUT 循环右移 N 位，从最右边移出的位送到 OUT 的最左位	
	RLD OUT，N	将双字 OUT 循环左移 N 位，从最左边移出的位送到 OUT 的最右位	
位移位寄存器指令	SHRB DATA，S_BIT，N	将 DATA 的值（位型）移入移位寄存器；S_BIT 指定移位寄存器的最低位，N 指定移位寄存器的长度（正向移位＝N，反向移位＝－N）	DATA，S_BIT：I，Q，M，SM，T，C，V，S，L N：VB，IB，QB，MB，SB，SMB，LB，AC，＊VD，＊AC，＊LD，常数

5. 交换和填充指令

交换和填充指令如表 8-17 所示。

表 8-17　交换和填充指令

名称	指令格式（语句表）	功能	操作数
换字节指令	SWAP IN	将输入字 IN 的高位字节与低位字节的内容交换，结果放回 IN 中	IN：VW，IW，QW，MW，SW，SMW，LW，T，C，AC，* VD，* AC，* LD
填充指令	FILL IN，OUT，N	用输入字 IN 填充从 OUT 开始的 N 个字存储单元 N 的范围为 1～255	IN，OUT：VW，IW，QW，MW，SW，SMW，LW，T，C，AC，* VD，* AC，* LD IN 还可以是 AIW 和常数 OUT 还可以是 AQW N：VB，IB，QB，MB，SB，SMB，LB，AC，* VD，* AC，* LD，常数

6. 表操作指令

表操作指令如表 8-18 所示。

表 8-18　表操作指令

名称	指令格式（语句表）	功能	操作数
表存数指令	ATT DATA，TABLE	将一个字型数据 DATA 添加到表 TABLE 的末尾。EC 值加 1	DATA，TABLE：VW，IW，QW，MW，SW，SMW，LW，T，C，AC，* VD，* AC，* LD DATA 还可以是 AIW，AC 和常数
表取数指令	FIFO TABLE，DATA	将表 TABLE 的第一个字型数据删除，并将它送到 DATA 指定的单元。表中其余的数据项都向前移动一个位置，同时实际填表数 EC 值减 1	DATA，TABLE：VW，IW，QW，MW，SW，SMW，LW，T，C，* VD，* AC，* LD DATA 还可以是 AQW 和 AC
表取数指令	LIFO TABLE，DATA	将表 TABLE 的最后一个字型数据删除，并将它送到 DATA 指定的单元。剩余数据位置保持不变，同时实际填表数 EC 值减 1	

名称	指令格式 （语句表）	功能	操作数
表查找指令	FND＝TBL，PTN，INDEX FND＜＞TBL，PTN，INDEX FND＜TBL，PTN，INDEX FND＞TBL，PTN，INDEX	搜索表 TBL，从 INDEX 指定的数据项开始，用给定值 PTN 检索出符合条件（＝，＜＞，＜，＞）的数据项 如果找到一个符合条件的数据项，则 INDEX 指明该数据项在表中的位置。如果一个也找不到，则 INDEX 的值等于数据表的长度。为了搜索下一个符合的值，在再次使用该指令之前，必须先将 INDEX 加 1	TBL：VW，IW，QW，MW，SMW，LW，T，C，＊VD，＊AC，＊LD PTN，INDEX：VW，IW，QW，MW，SW，SMW，LW，T，C，AC，＊VD，＊AC，＊LD PTN 还可以是 AIW 和 AC

7. 数据转换指令

数据转换指令如表 8-19 所示。

表 8-19　数据转换指令

名称	指令格式 （语句表）	功能	操作数
数据类型转换指令	BTI IN，OUT	将字节输入数据 IN 转换成整数类型，结果送到 OUT，无符号扩展	IN：VB，IB，QB，MB，SB，SMB，LB，AC，＊VD，＊AC，＊LD，常数 OUT：VW，IW，QW，MW，SW，SMW，LW，T，C，AC，＊VD，＊AC，＊LD
	ITB IN，OUT	将整数输入数据 IN 转换成一个字节，结果送到 OUT。输入数据超出字节范围（0～255）则产生溢出	IN：VW，IW，QW，MW，SW，SMW，LW，T，C，AIW，AC，＊VD，＊AC，＊LD，常数 OUT：VB，IB，QB，MB，SB，SMB，LB，AC，＊VD，＊AC，＊LD
	DTI IN，OUT	将双整数输入数据 IN 转换成整数，结果送到 OUT	IN：VD，ID，QD，MD，SD，SMD，HC，AC，＊VD，＊AC，＊LD，常数 OUT：VW，IW，QW，MW，SW，SMW，LW，T，C，AC，＊VD，＊AC，＊LD
	ITD IN，OUT	将整数输入数据 IN 转换成双整数（符号进行扩展），结果送到 OUT	IN：VW，IW，QW，MW，SW，SMW，LW，T，C，AIW，AC，＊VD，＊AC，＊LD，常数 OUT：VD，ID，QD，MD，SD，SMD，LD，AC，＊VD，＊AC，＊LD

名称	指令格式 （语句表）	功能	操作数
数据类型转换指令	ROUND IN，OUT	将实数输入数据 IN 转换成双整数，小数部分四舍五入，结果送到 OUT	IN，OUT：VD，ID，QD，MD，SD，SMD，LD，AC，＊VD，＊AC，＊LD IN 还可以是常数 在 ROUND 指令中 IN 还可以是 HC
	TRUNC IN，OUT	将实数输入数据 IN 转换成双整数，小数部分直接舍去，结果送到 OUT	
	DTR IN，OUT	将双整数输入数据 IN 转换成实数，结果送到 OUT	IN，OUT：VD，ID，QD，MD，SD，SMD，LD，AC，＊VD，＊AC，＊LD IN 还可以是 HC 和常数
	BCDI OUT	将 BCD 码输入数据 IN 转换成整数，结果送到 OUT。IN 的范围为 0～9999	IN，OUT：VW，IW，QW，MW，SW，SMW，LW，T，C，AC，＊VD，＊AC，＊LD IN 还可以是 AIW 和常数 AC 和常数
	IBCD OUT	将整数输入数据 IN 转换成 BCD 码，结果送到 OUT。IN 的范围为 0～9999	
编码译码指令	ENCO IN，OUT	将字节输入数据 IN 的最低有效位（值为 1 的位）的位号输出到 OUT，指定的字节单元的低 4 位	IN：VW，IW，QW，MW，SW，SMW，LW，T，C，AIW，AC，＊VD，＊AC，＊LD，常数 OUT：VB，IB，QB，MB，SB，SMB，LB，AC，＊VD，＊AC，＊LD
	DECO IN，OUT	根据字节输入数据 IN 的低 4 位所表示的位号将 OUT 所指定的字单元的相应位置 1，其他位置 0	IN：VB，IB，QB，MB，SB，SMB，LB，AC，＊VD，＊AC，＊LD，常数 IN：VW，IW，QW，MW，SW，SMW，LW，T，C，AQW，AC，＊VD，＊AC，＊LD
段码指令	SEG IN，OUT	根据字节输入数据 IN 的低 4 位有效数字产生相应的七段码，结果输出到 OUT，OUT 的最高位恒为 0	IN，OUT：VB，IB，QB，MB，SB，SMB，LB，AC，＊VD，＊AC，＊LD IN 还可以是常数
字符串转换指令	ATH IN，OUT，LEN	把从 IN 开始的长度为 LEN 的 ASCⅡ 码字符串转换成 16 进制数，并存放在以 OUT 为首地址的存储区中。合法的 ASCⅡ 码字符的 16 进制值在 30H～39H，41H～46H 之间，字符串的最大长度为 255 个字符	IN，OUT，LEN：VB，IB，QB，MB，SB，SMB，LB，＊VD，＊AC，＊LD LEN 还可以是 AC 和常数

8. 特殊指令

特殊指令如表 8-20 所示。PLC 中一些实现特殊功能的硬件需要通过特殊指令来使用，可实现特定的复杂的控制目的，同时程序的编制非常简单。

表 8-20　特殊指令

名称	指令格式（语句表）	功能	操作数
中断指令	ATCH INT，EVNT	把一个中断事件（EVNT）和一个中断程序联系起来，并允许该中断事件	INT：常数 EVNT：常数（CPU221/222：0～12，19～23，27～33；CPU224：0～23，27～33；CPU226：0～33）
	DTCH EVNT	截断一个中断事件和所有中断程序的联系，并禁止该中断事件	
	ENI	全局地允许所有被连接的中断事件	
	DISI	全局地关闭所有被连接的中断事件	无
	CRETI	根据逻辑操作的条件从中断程序中返回	
	RETI	位于中断程序结束，是必选部分，程序编译时软件自动在程序结尾加入该指令	
通信指令	NETR TBL，PORT	初始化通信操作，通过指令端口（PORT）从远程设备上接收数据并形成表（TBL）。可以从远程站点读最多 16 个字节的信息	TBL：VB，MB，＊VD，＊AC，＊LD PORT：常数
	NETW TBL，PORT	初始化通信操作，通过指定端口（PORT）向远程设备写表（TBL）中的数据，可以向远程站点写最多 16 个字节的信息	
	XMT TBL，PORT	用于自由端口模式。指定激活发送数据缓冲区（TBL）中的数据，数据缓冲区的第一个数据指明了要发送的字节数，PORT 指定用于发送的端口	TBL：VB，IB，QB，MB，SB，SMB，＊VD，＊AC，＊LD PORT：常数（CPU221/222/224 为 0；CPU226 为 0 或 1）
	RCV TBL，PORT	激活初始化或结束接收信息的服务。通过指定端口（PORT）接收的信息存储于数据缓冲区（TBL），数据缓冲区的第一个数据指明了接收的字节数	
	GPA ADDR，PORT	读取 PORT 指定的 CPU 口的站地址，将数值放入 ADDR 指定的地址中	ADDR：VB，IB，QB，MB，SB，SMB，LB，AC，＊VD，＊AC，＊LD 在 SPA 指令中 ADDR 还可以是常数 PORT：常数
	SPA ADDR，PORT	将 CPU 口的站地址（PORT）设置为 ADDR 指定的数值	

续表

名称	指令格式 (语句表)	功能	操作数
时钟指令	TODR T	读当前时间和日期并把它装入一个 8 字节的缓冲区(起始地址为 T)	T：VB，IB，QB，MB，SB，SMB，LB，＊VD，＊AC，＊LD
	TODW T	将包含当前时间和日期的一个 8 字节的缓冲区(起始地址是 T)装入时钟	
高速计数器指令	HDEF HSC，MODE	为指定的高速计数器分配一种工作模式。每个高速计数器使用之前必须使用 HDEF 指令，且只能使用一次	HSC：常数(0～5) MODE：常数(0～11)
	HSC N	根据高速计数器特殊存储器位的状态，按照 HDEF 指令指定的工作模式，设置和控制高速计数器。N 指定了高速计数器号	N：常数(0～5)
高速脉冲输出指令	PLS Q	检测用户程序设置的特殊存储器位，激活由控制位定义的脉冲操作，从 Q0.0 或 Q0.1 输出高速脉冲 可用于激活高速脉冲串输出(PTO)或宽度可调脉冲输出(PWM)	Q：常数(0 或 1)
PID回路指令	PID TBL，LOOP	运用回路表中的输入和组态信息，进行 PID 运算。要执行该指令，逻辑堆栈顶(TOS)必须为 ON 状态。TBL 指定回路表的起始地址，LOOP 指定控制回路号 回路表包含 9 个用来控制和监视 PID 运算的参数：过程变量当前值(PV_n)，过程变量前值(PV_{n-1})，给定值(SP_n)，输出值(M_n)，增益(Kc)，采样时间(Ts)，积分时间(Ti)，微分时间(Td)和积分项前值(MX) 为使 PID 计算是以所要求的采样时间进行，应在定时中断执行中断服务程序或在由定时器控制的主程序中完成，其中定时时间必须填入回路表中，以作为 PID 指令的一个输入参数	TBL：VB LOOP：常数(0～7)

>>> **习题与思考题**

8-1　欧姆龙 C 系列 PLC 和三菱 F 系列 PLC 的基本指令，有哪些指令的功能和指令助记符都相同？哪些功能相同但助记符不同？

8-2　列表比较欧姆龙 CPM1A、西门子 S7-200、松下 FP1 和三菱 FX 系列的基本指令？

8-3 按一下起动按钮后，电动机运转 10s，停止 5s，反复如此动作 3 次后停止运转。试分别用欧姆龙 C 系列 PLC 和西门子 S7-200 设计梯形图和指令助记符程序。

8-4 试采用 PLC 的两种长延时方式分别设计一个延时时长为 1800s 的电路。（分别用欧姆龙 C 系列 PLC 和西门子 S7-200）

8-5 试分别用欧姆龙 C 系列 PLC 和西门子 S7-200 设计三相异步电动机的正、停、反控制。

8-6 试分别用欧姆龙 C 系列 PLC 和西门子 S7-200 设计一个抢答器，要求：有 4 个答题人，出题人提出问题，答题人按动按钮开关，仅仅是最早按的人输出，出题人按复位按钮，引出下一个问题，试画出梯形图及 PC 的 I/O 接线图。

8-7 试分别用欧姆龙 CPM1A、西门子 S7-200、松下 FP1 和三菱 FX 编制电动机 Y-△ 控制电路的 PLC 控制梯形图。

*第九章　LOGO！的基本原理和应用

▶第一节　LOGO！的基本知识

　　LOGO！（通用逻辑控制器）是一种超小型可编程序控制器，除此之外，小型可编程序控制器还有控制继电器（easy），简单应用控制器（小阿尔发）、可选模式控制器（控制小灵通）和 RD100 系列（多功能控制模块）。这类产品可靠，用户容易掌握其使用方法。

　　LOGO！是可编程序控制器（PLC）的新一代超小型控制器，亦称可编程通用逻辑控制模块，与以往的 PLC 相比具有诸多的优点。

一、LOGO！的特点

　　1. 编程操作简单。

　　不管哪家公司的 PLC，都必须使用编程工具（如编程器或计算机加编程软件），而 LOGO！编程可在本机上直接操作。

　　2. 编程语言简单。对 PLC 编程，必须学习编程语言（梯形图和语句表），还要了解 PLC 的内部地址分配，而 LOGO！编程是将需要实现的功能所对应的功能块连接起来，就像用时间继电器、中间继电器通过导线连接一样简单和方便。

　　3. 输出电流大。PLC 输出端所能够承受的电流一般为 2A（继电器输出，阻性负载），而 LOGO！输出端可以承受电流达 10A（继电器输出，阻性负载）。

　　4. 自带显示面板、参数设定方便。PLC 自身不带面板，如要显示或修改内部参数就必须增加额外的显示面板，甚至还要对面板进行编程和组态，而 LOGO！不需要增加任何辅助设备，可直接在自带面板上设置、更改和显示参数。

　　5. 具有通信功能。带 AS-Ⅰ总线功能的 LOGO！可作为远程 I/O（输入/输出）使用。

　　6. 价格低廉。与同点数的小型 PLC 相比，LOGO！具有更低的价格和更高的性价比。

　　7. 面向大众、方便用户。LOGO！不需要专门编程训练，只要懂得一些电知识就行。工厂的电工十分容易掌握它的使用。LOGO！主要控制功能有：开关量输入和输出；友好操作界面和显示面板；由 6 种基本功能块和 11 种特殊功能块来实现各种控制任务。

二、LOGO！的基本工作原理

1. 面板结构

　　LOGO！的面板结构见图 9-1 所示。

　　(1)电源连接端：用来连接电源。电压有直流 24V、交流 115V 或交流 230V。

　　(2)数字量输入端：直接连接开关、按钮和传感器等。

　　(3)数字量输出端：可用容量为 8/10A 的开关来控制负载（如照明、小功率发电机、阀门等）。

　　(4)液晶显示面板：进入控制程序后所有步骤（例如逻辑操作和设定值）及集成的基本和特殊功能（如计时器、计数器和时钟等）均显示为功能方块图，在运行过程中，可

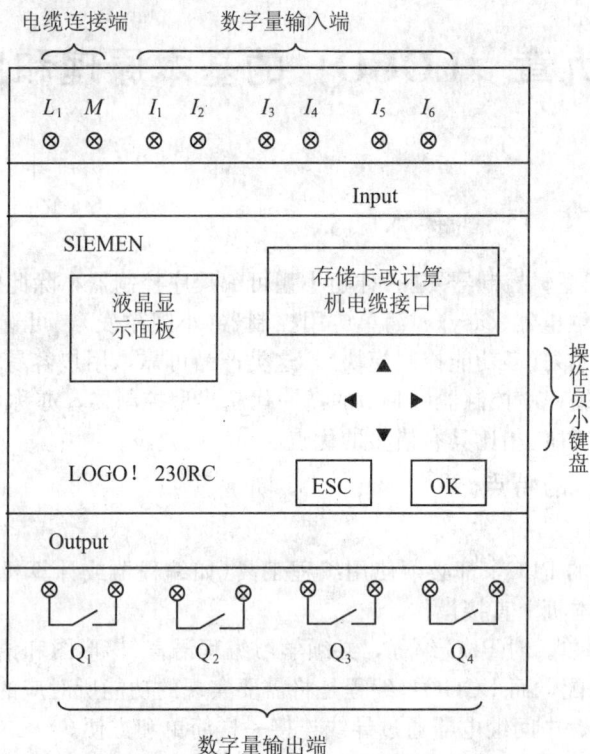

图 9-1　LOGO！的面板结构

显示 I/O 口的开关状态及星期和时间。

（5）操作员小键盘：用键盘上的 6 个操作键输入需要的控制程序，按操作键就能将集成后的功能组合起来，按一下"OK"（确定）键就能对布线功能进行排序。

（6）存储卡或计算机电缆接口：控制程序和设定值永远存储在集成的 EEROM（电可擦只读存储器）中，即使发生断电也不会丢失。还可用 LOGO！存储卡将存储的程序复制到下一个应用。也可根据需要用电缆把 LOGO！连接到计算机上。利用 LOGO！Soft 编程软件创建、仿真、存档和打印控制程序。

2. 用 LOGO！完成一项控制应用的使用步骤

（1）描述控制任务，即确定控制对象及其所执行的操作。

（2）将 LOGO！放在 DIN（35mm）标准导轨上，连接好输入端和输出端。

（3）根据任务描述，选择所需要的功能块，按相应的按键把这些功能块组合在一起。

（4）进行必要的测试和起动运行。

▶第二节　LOGO！的基本功能块和特殊功能块

LOGO！的编程就是将 LOGO！内部的集成功能块进行逻辑组合。它有别于可编程序控制器（PLC）用梯形图和语句表编程，用起来更直观、更简单。

LOGO！采用两种方法编程：一种是直接在 LOGO！控制器的操作显示面板上编程；另一种是用软件在计算机上编程。

LOGO！内部集成有 6 种基本功能块和 11 种特殊功能块。它们的组合不仅能替代所有继电器(包括时间继电器)线路。而且功能更多、更强。

一、基本功能—GF

1. AND(与功能块)

当常开触点串联时，采用 AND。符号见图 9-2。当输入信号 I_1、I_2、I_3 的状态均为 1 时，输出端 Q 的状态才为 1(即输出闭合)。

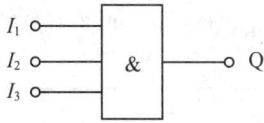

图 9-2　与功能块　　　　图 9-3　或功能功

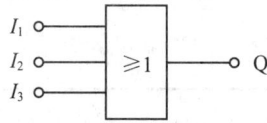

2. OR(或功能块)

当常开触点并联时，采用 OR。符号见图 9-3。当输入信号 I_1 或 I_2 或 I_3 至少有一个状态为 1 时，输出端信号 Q 的状态为 1(即输出闭合)。

3. NOT(非功能块)

当常开触点反相时，采用 NOT。符号见图 9-4。当输入信号 I_1 的状态为 0 时，输出端信号 Q 的状态为 1，反之亦然。

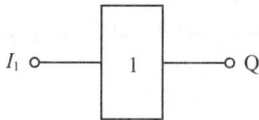

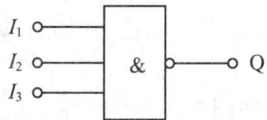

图 9-4　非功能块　　　　图 9-5　与非功能块

4. NAND(与非功能块)

当常闭触点并联时，采用 NAND。符号见图 9-5。当输入端信号 I_1、I_2 和 I_3 状态均为 1(即闭合)时，其输出端 Q 的状态才为 0(即断开)。

5. NOR(或非功能块)

当常闭触点串联时，采用 NOR，符号见图 9-6。当输入信号均为 0(即断开)时，输出端 Q 的状态才为 1(即接通)。

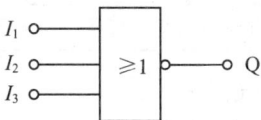

图 9-6　或非功能块　　　　图 9-7　异或功能块

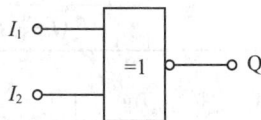

6. XOR(异或功能块)

当两个换向触点串联时，采用 XOR。符号见图 9-7。当输入信号的状态不同时，输出端 Q 的状态为 1。

二、特殊功能—SF

1. 接通延时

见表 9-1。时序图如图 9-8 所示。

表 9-1　接通延时特殊功能表

LOGO! 中的符号	信 号 端	功　能
Trg T	Trg—触发输入信号	由 Trg 起动接通延时继电器的定时（Trg 保持触发）
	T—时间参数	Trg 起动接通并经时间 T 后，输出端 Q 由 0 变 1
	Q—输出信号	如 Trg 仍然存在，当 T 时间到后，输出端接通一次

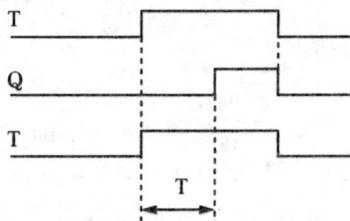

图 9-8　接通适时时序图

当触发输入信号 Trg 的状态从 0 变为 1 时，定时器 Ta（LOGO! 内部定时器）开始计时，如此保持状态 1 足够长的时间，则经过设定的定时时间 T 后，输出 Q 为 1。

2. 断开延时

见表 9-2。时序图如图 9-9 所示。

表 9-2　断开适时特殊功能表

LOGO! 中的符号	信 号 端	功　能
Trg R T	Trg—触发输入信号	Trg 断开触发延时继电器的定时
	R—复位输入信号	复位输入，复位停止延时继电器的定时并将输出端信号设置为 0（R 的优先级别高于触发输入）
	T—时间参数	延时继电器的时间参数
	Q—输出信号	Trg 断开后，Q 保持接通 T 时间才复位

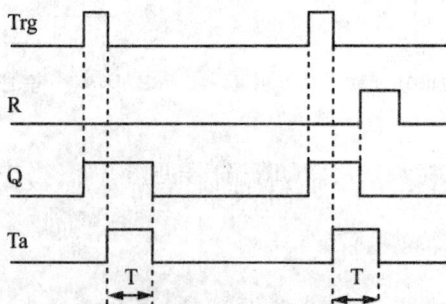

图 9-9　断开延时时序图

当触发输入信号 Trg 的状态从 0 变为 1 时，Q 立即变为 1，如 Trg 从 1 变为 0 时，定时器 Ta（LOGO! 内部定时器）开始起动，Q 仍保持为 1，当 Ta 时间到达设定值 T

后，输出 Q 置为 0。复位信号 R 使输出 Q 立即置为 0。

3. 时钟（时间开关）

见表 9-3。

表 9-3　特殊功能时钟表

LOGO！中的符号	信号端	功能
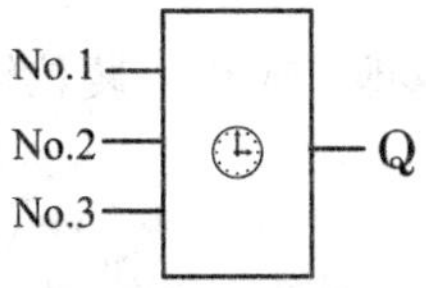 No.1 No.2 No.3 ⊕ —Q	参数设定： No. 1 No. 2 No. 3	用 No. 1、No. 2、No. 3 参数设置三个使输出端接通或断开的时间段。
	Q—输出信号	输出端信号

在型号中有字母 C（时钟）的 LOGO！可提供时间开关（例如 LOGO！230RC），每个时钟有三个时间段。时间段参数 No. 1，No. 2，No. 3 的设置示例见图 9-10。

BO1：No.1 Day=Mo…Fr On=08：00 Off=08：01	BO1：No.2 Day=Mo…Fr On=11：30 Off=11：31	BO1：No.3 Day=Mo…Fr On=13：00 Off=13：01

图 9-10　时间段参数设置

在图 9-10 中，时钟模块 BO1 表示：第一个时间段（No. 1）的设置是从星期一到星期五的 8：00～8：01 使输出端 Q 接通；第二个时间段（No. 2）的设置是从星期一到星期五的 11：30～11：31 使输出端 Q 接通；第三个时间段（No. 3）的设置是从星期一到星期五的 13：00～13：01 使输出端 Q 接通。这显然可以用于单位上、下班响铃的驱动。

Day 有以下选择：Su（星期日），Mo（星期一），Tu（星期二），We（星期三），Th（星期四），Fr（星期五），Sa（星期六）。Mo…Fr（星期一到星期五），Mo…Sa（星期一到星期六），Mo…Su（星期一到星期日），Sa…Su（星期六和星期日）。

接通时间从 00：00～23：59 中的任何时间；断开时间从 00：00～23：59 的任何时间。

4. 脉冲继电器

见表 9-4，时序图如图 9-11 所示。

表 9-4　特殊功能脉冲继电器

LOGO！中的符号	信号端	功能
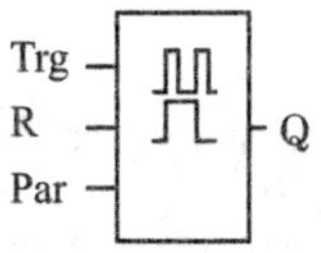 Trg R Par ⊓⊓ —Q	Trg—触发输入信号	Trg 为触发输入，使输出 Q 接通或断开
	R—复位信号	复位输入，复位信号使输出信号断开（R 的优先级高于 Trg）
	Par—参数	仅 LOGO！…L…型才提供 Par 参数，具有断电保持 Q 状态的功能（LOGO！内须装有内存卡时） Rem off：表示断电后状态不保持 Rem on：表示断电后状态保持
	Q—输出信号	脉冲输出信号

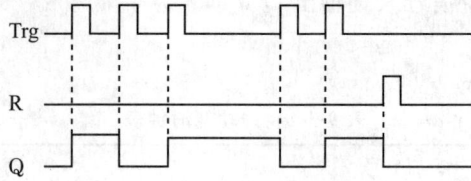

图 9-11 脉冲继电器时序图

每次当输入 Trg 的状态从 0 变为 1 时，输出 Q 的状态随之改变（即 1 或 0），复位输入是将输出 Q 置为 0。

5. 锁定继电器

见表 9-5。一个线路如果经常需要保持其输出为接通状态，这就是锁定。

表 9-5 特殊功能锁定继电器

LOGO! 中的符号	信 号 端	功 能
	S—置位输入	S 输入（置位），设置输出 Q 为 1
	R—复位输入	R 端输入（复位），使输出 Q 置为 0（复位优先）
S R RS Q Par	Par—参数	仅 LOGO! …L…型提供此功能，使用 Par 参数在断电时可保持 Q 的状态（装内存卡时）Rem off：断电不保持；Rem on：断电保持
	Q—输出信号	输出信号端

锁定继电器是一个简单的二进制触发器，其输出值取决于输入状态和原来的输出状态。其开关特性见表 9-6。

表 9-6 锁定继电器开关特性

S	R	Q
0	0	保持原状态
0	1	复位（Q=0）
1	0	置位（Q=1）
1	1	复位（复位优先）（Q=0）

6. 对称时钟脉冲发生器

见表 9-7，时序图如图 9-12 所示。

当 En 有信号输入时，输出 Q 以时间 T 作 0 和 1 的周期运行。直到 En 为 0 时停止，输出 Q 为 0。

表 9-7 特殊功能对称时钟脉冲发生器

LOGO! 中的符号	信 号 端	功 能
En T Q	En—输入信号	使时钟脉冲发生的输出 Q 按 T 时间交替接通断开
	T—设定参数	输出 Q 接通或断开的时间
	Q—输出信号	输出端信号（时钟脉冲）

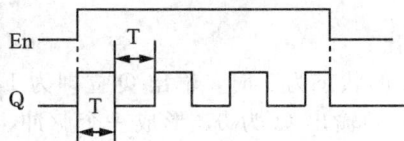

图 9-12　脉冲发生器时序图

7. 保持接通继电器

见表 9-8，时序图见图 9-13。当 Trg 输入状态从 0 变为 1 时，定时器 Ta 起动，当 Ta 到达时间 T 后，输出 Q 置为 1，此时若再有一个 Trg 输入信号，则对 Ta 和 Q 都没有影响，直至复位输入 R 为 1，将输出 Q 复位为 0。

表 9-8　特殊功能保持接通继电器

LOGO! 中的符号	信 号 端	功　　能
	Trg—触发输入信号	触发输入端，起动接通延时的定时器
	R—复位输入信号	复位输入端，停止接通延时定时器，并置输出 Q 为 0（复位优先）
	T—设置参数	在触发输入信号经 T 时间后，输出 Q 接通
	Q—输出信号	输出端信号

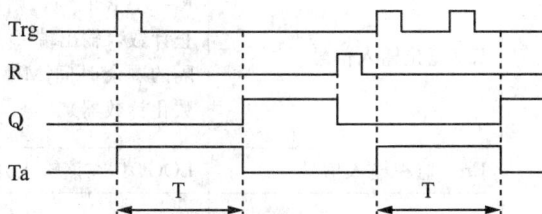

图 9-13　保持接通继电器时序图

8. 加减计数器

见表 9-9，Cnt 输入的上升沿，使内部计数器加 1（Dir＝0）或减 1（Dir＝1），如果内部计数器的值大于或等于设置的参数值，则输出 Q 为 1。复位输入 R 将使内部计数器值复位变成 0，使输出 Q 也为 0。

表 9-9　特殊功能加减计数器

LOGO! 中的符号	信 号 端	功　　能
	R—复位输入信号	复位输入端（其优先级别高于 Cnt 端），复位内部计数器值和复位输出 Q 为 0
	Cnt—计数输入信号	计数输入端，当从状态 0 到状态 1 变化时，内部计数器加 1 减 1。该输入端信号最大的计数频率为 5Hz
	Dir—计数方向设置输入信号	计数方向的设置：Dir＝0 为加计数，Dir＝1 为减计数
	Par—输出信号 Q—输出信号	输出信号端，当内部计数器达到 Par 值，该输出端接通

9. 脉冲继电器(脉冲输出)

见表 9-10。当输入 Trg 的状态为 1 时，输出 Q 立即为 1，同时起动 LOGO! 的定时器。当定时器到达 T 值时，输出 Q 为 0，形成一个脉冲。如果到达 T 时间值之前 Trg 由 1 变为 0，则输出 Q 立即为 0。

表 9-10　特殊功能脉冲继电器

LOGO! 中的符号	信号端	功能
Trg — ⊓⊔ — Q T	Trg—输入信号	信号输入端，该信号使输出端 Q 接通并起动脉冲继电器的定时器
	T—时间参数	输入端信号为 1，经 T 时间后输出端 Q 断开(产生宽度为 T 的脉冲)
	Q—输出信号	输出端信号

10. 运行时间计数器

见表 9-11。仅 LOGO! …L 型有此功能块。

表 9-11　特殊功能运行时间计数器

LOGO! 中的符号	信号端	功能
R En Ral Par	R—复位输入信号	R=0，Ral≠1，则允许计数；R=1，停止计数，输出端 Q 复位且将监视时间间隔的剩余时间 MN 设置为 MN=MI(参数化计数器)
	En—监视输入信号	LOGO! 在该输入开始监视运行时间
	Ral—全复位输入信号	Ral=0，如 R≠1，则允许计数，Ral=1，停止计数 通过 Ral(全部复位)复位计时器和输出，即输出 Q 置为 0，运行时间(OT)测量 =0 监视时间间隔的剩余时间(MN)=参数计数值
	Par—参数：MI	MI：监视时间，以小时设定，MI 可以在 0～9999h 之间的任何数
	Q—输出信号	如果剩余时间(MN)=0，则该输出端信号为 1

11. 用于频率的阈值开关

见表 9-12 所示。

表 9-12　特殊功能用于频率的阈值开关

LOGO！中的符号	信号端	功能
	Fre—频率输入信号	计数脉冲输入端，LOGO！输入端 I12 用于快速计数（24V 输入），最大可达 150Hz，其他输入端可用于低频率计数
	Par—参数 SW↑ SW↓ C—T	SW↑：接通阈值，即输出端 Q 接通 SW↓：断开阈值，即输出端 Q 断开 C—T：测量脉冲的时间间隔
	Q—输出信号	输出信号端，当 Fre 输入脉冲的频率大于 SW↑时为 1，当 Fre 输入脉冲的频率小于 SW↓时为 1

在了解了 LOGO！的功能块以后，就可以将传统的电路转化为 LOGO！方框图，即完成了 LOGO！的编程。

例如：负载 H 的供电是通过开关 S1、S2 与 S3 闭合或断开来控制的，其电路如图 9-14 所示。LOGO！实现的控制功能图如图 9-15 所示。

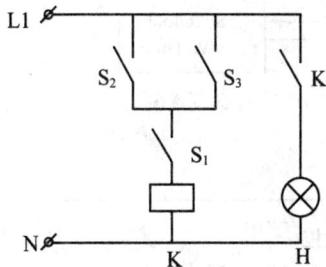

图 9-14　负载为 H 的电器　　　　图 9-15　LOGO！实现的控制功能

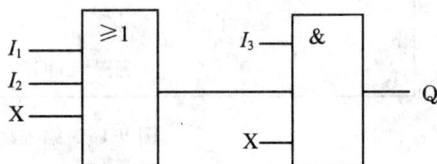

▶第三节　LOGO！的编程技术——功能块的编程方法

一、编程规则

规则 1：三键控制（即用左右箭头键和 OK 键）于编程模式下输入线路，同时左右和 OK 三键进入编程模式。（◀ + ▶ + OK——进入编程模式）

在参数化模式下可以改变定时器值和参数。同时按 ESC 键和 OK 键，进入参数化模式。（ESC + OK——进入参数化模式）

规则 2：从输出到输入（按从输出到输入的顺序输入线路）。

规则 3：光标和光标移动，输入线路时有以下规定：当光标以下划线形式出现时，可以移动光标，用 ◀（左）▶（右）▲（上）▼（下）键在线路中移动光标，按 OK 键选择连接器/功能块，按 ESC 退出线路；当光标以实心方块形式■出现时，可选择连接器/功能块，用▲（上）或▼（下）键选择连接器/功能块，按 OK 键确定选择；按 ESC 键返回到上一步。

规则 4：只能存储完整的程序，如输入一个不完整的程序，则 LOGO! 不能退出编程状态。

二、编程

LOGO! 的操作面板有三种显示模式：编程模式、运行模式和参数设置模式。菜单有主菜单、编程菜单、PC/Card 菜单和参数设置共四幅显示菜单和一幅运行监控画面。如图 9-16 所示。

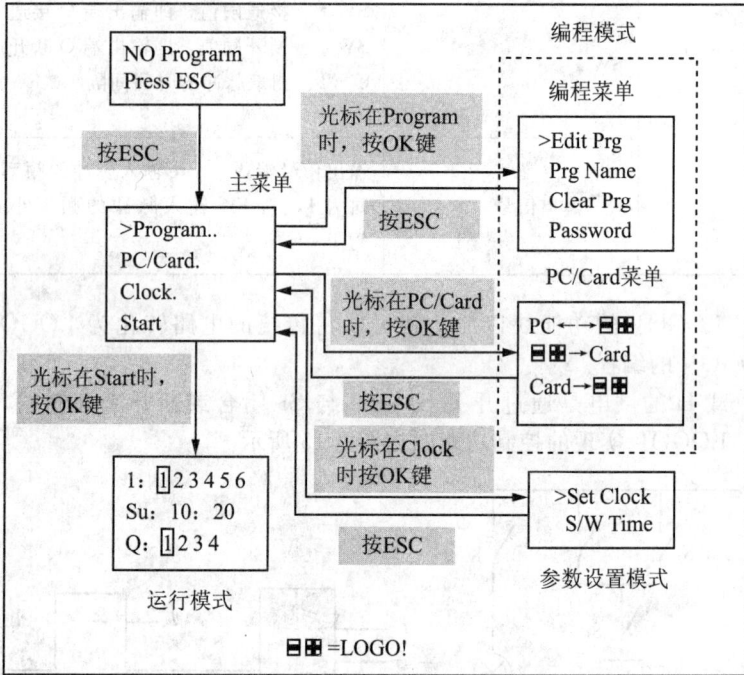

图 9-16　编程运行监控

1. 切换到编程模式

将 LOGO 接通电源，按 ESC 键切换到编程模式。LOGO! 显示主菜单，如图 9-17 所示。

最左边有一个"＞"指示出当前光标所在行的位置。按上键或下键可上下移动"＞"，选择 LOGO! 进入编程菜单（Program）、PC/Card 菜单或 Start（运行）菜单。现将"＞"移到"program"，按 OK 键，则 LOGO! 切换到编程菜单。同样，按▲键或▼键可上下移动"＞"，可以选择 LOGO! 进入 Edit Prg（编辑程序）、Clear（清除程序）和 Prg Name（命名）、Password（设置密码）。现将"＞"移到"Edit Prg"，然后按 OK 键，则 LOGO! 显示第一个输出 Q1，如图 9-18 所示。使用上键或下键可选择其他输出，由此开始输入用户程序。

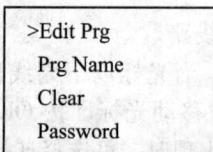

图 9-17　LOGO! 主菜单

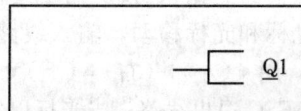

图 9-18　LOGO! 第一个显示输出

现以第三节中图 9-14 的实例来了解 LOGO! 的编程方法。

继电器 KM（即 LOGO! 的 Q1）由开关 S1（LOGO! 的输入 I_1）和开关 S2（LOGO! 的输入 I_2）经"OR"（或）功能块，再和开关 S3（LOGO! 的输入 I_3）经"AND"与功能块控制。LOGO! 的程序如图 9-19。

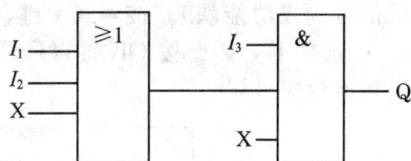

图 9-19　LOGO! 逻辑程序

2. 输入程序

将图 9-19 的程序输入到 LOGO!，一开始，LOGO! 显示第一个输出，见图 9-20。Q1 的 Q 下划线表示光标。光标指示程序的当前位置，按▲、▼、◄、►键可移动光标。现在按左键◄。光标移动到左边，见图 9-21（光标指示用户程序的位置）。

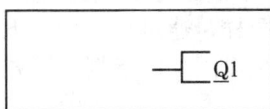

图 9-20　LOGO! 开始显示　　　图 9-21　LOGO! 光标移动

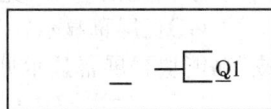

在光标处输入第一个功能块。按 OK 键切换到输入模式，见图 9-22（光标以内含向下箭头的方块形式出现，可选择连接信号端或功能块）。光标不再以下划线的形式出现，而是以闪烁的方块（内含向下箭头）出现。同时 LOGO! 提供第一个选择表 Co（连接信号端），按上键或下键可选择第二个选择表 GF（基本功能块）或第三个选择表 SF（特殊功能块）。根据图 9-19，我们选择 GF 中的"与"功能块。当出现 GF 后，按 OK 键，则 LOGO! 显示基本功能表中的第一个功能块，见图 9-23。

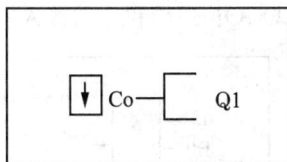

图 9-22　LOGO! 输入模式　　　图 9-23　LOGO! 与功能块

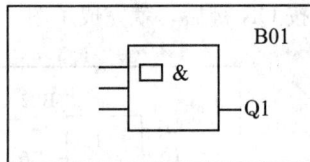

基本功能块中的第一块是 AND。

光标以方块形式出现，指示用户必须选择一个功能块。按▲或▼键，会顺序显示其他基本功能块，直到出现你所需要的模块，然后按 OK 键，即选中功能模块。现在我们选择"与"功能块，按 OK 键，屏幕显示见图 9-24（光标以闪烁的下划线形式出现）。

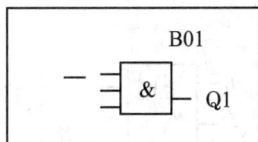

图 9-24　选中与功能块　　　图 9-25　连接信号端 Co

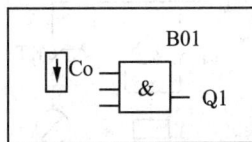

"与"功能块方块图左边的三条横线表示信号输入端。该输入端可以是连接信号端 Co，可以是基本功能块 GF，也可以是特殊功能块 SF。该例中为连接信号端 Co。此时按 OK 键，LOGO! 屏幕显示见图 9-25（光标以带向下箭头的方块形式出现，可选择连

接信号端或功能块）。按▲或▼键，可选择 Co、GF 或 SF。根据图 9-21，我们应该在 Co 中选择 I1，因此按 OK 键，屏幕显示见图 9-26（光标以含有 X 的方块形式出现，可选择连接信号端）。

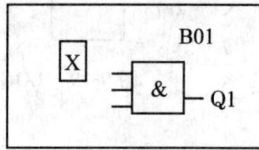

图 9-26　LOGO！信号输入显示　　　图 9-27　LOGO！输入 I3 显示

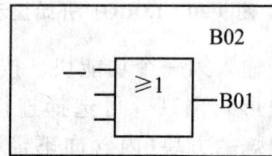

按上键或下键，可选择输入信号端 I1，I2，…，Q1，Q2，…，hi，lo，x，其中 hi 为常 1（接通），1o 为常 0（断开），x 为空（不接）。根据要求我们选择了 I3，然后按 OK 键，LOGO！屏幕显示，见图 9-27（光标以闪烁的下划线形式出现在第二个信号输入端）。按 OK 键，LOGO！屏幕显示，见图 9-28。同样，通过按上键或下键和 OK 键来选择 GF 中的"或"功能块，屏幕显示见图 9-29（光标以闪烁的下划线形式出现在第一个信号输入端）。

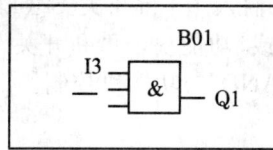

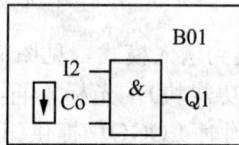

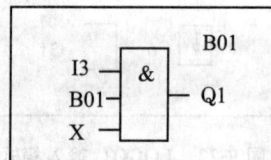

图 9-28　LOGO！输入 I2 显示　　　图 9-29　GF 中"或"功能块

同上方法，可以在第二个方块图 B02 的或门信号输入端选 I1、I2 和 x（x 表示无输入信号），见图 9-30。按 OK 键，屏幕回到第一个方块图（B01），见图 9-31。在第三个输入信号端选择 x，按 OK 键后，就完成了图 9-14 所示的 LOGO！逻辑程序的输入操作。

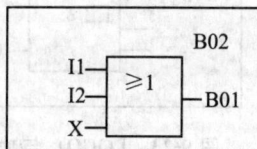

图 9-30　GF 中"或"门功能输入　　　图 9-31　LOGO！输入 I3 显示

3. 选择特殊功能块

如何选择并输入特殊功能块？现以一个照明灯 H 控制为例作介绍，线路图如图 9-32 所示。

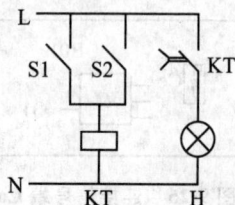

图 9-32　照明灯 H 控制电路　　　图 9-33　LOGO！逻辑框图

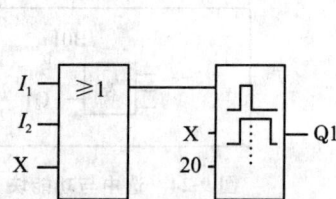

图中 KT 是一个断开延时继电器，开关 S1 和 S2 均断开 20s 后延时继电器 KT 触点断开，H 熄灭。LOGO！的方块图如图 9-33 所示。

图 9-33 与图 9-19 相比，可以看出是将基本功能块中的"与"功能块换成了特殊功能块中的断开延时继电器。其输入方法为选择"SF"，见图 9-34。按 OK 键，屏幕出现第一个特殊功能块，然后按上键或下键选择断开延时继电器模块，见图 9-35。选择好断开延时继电器模块后，按 OK 键，屏幕显示见图 9-36（光标出现在 Trg 处，Trg 输入端可以选择 I 信号端或 Q 信号端或功能块及已编好的 LOGO！程序方块图）。

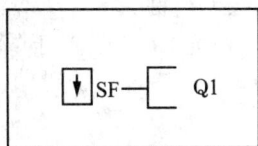

图 9-34　LOGO！特殊功能块　　　　图 9-35　断开延时继电器模块

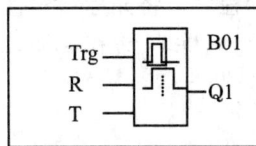

根据图 9-33 和输入程序的方法，在 Trg 输入端连接下一个"或"功能块方块图 B02，R 信号端不连接（接上"x"），T 端为延迟时间的设置，应为 20s（设置方法为光标移到 T 下），按 OK 键，屏幕呈现见图 9-37（光标以方块形式出现在 T 的数据处）。可以用上、下、左、右键来改变 T 的值、时间单位和＋／－的设置。时间单位可以为 s（秒）、m（分）或 h（小时），如果是 s，则 T 最右面的数字只能是 0 或 5。"＋／－"的设置表示：如果为"＋"，则该参数允许在运行时修改；如果为"－"，则该参数不允许在运行时修改。现在我们选择 T＝20.00s，按 OK 键，这样，图 9-35 的断开延时继电器模块 LOGO！程序就编好了。

用上述同样的方法，编出 Q2、Q3、Q4 的 LOGO！方块图程序。

4. 修改 LOGO！程序

修改 LOGO！程序归纳为如下步骤（根据模块的选择方法，按照下列步骤进行）：

（1）将 LOGO！切换到编程模式；

（2）从主菜单中选择"Program"；

（3）在编程菜单中选择"Edit Prg"；

（4）如果要插入程序，则将光标移到被插入的信号端处，按 OK 键，然后选择 BN（LOGO！方块）、Co（I 或 Q 信号）、GF 或 SF；

（5）如果要删除程序方块，则将光标移到被插入的信号端处，按 OK 键，然后选择 Co 中的"x"；或将被删除程序方块的后一个功能块（也可能是 I、Q 信号）直接连接到被删除程序方块的前一个功能块（也可能是 Q 信号）的信号端即可。

5. 修改类型错误

在 LOGO！中很容易修改类型错误（如没有结束输入，按 ESC 键返回上一菜单；如已经结束输入，只是简单地再起动）：

（1）将光标移到错误所在位置；

（2）切换到输入模式：OK；

（3）将正确的接线接到输入端。

如新的功能块和原有的功能块有相同的输入号，则只能替换一个功能块。一般说来，可删除原有的功能块并插入新的功能块，可插入任何类型的功能块。

6. 显示中的"？"

如已输入一个程序并用 ESC 键退出"Edit Prg"，则 LOGO！检查所有功能块的所有输入信号端是否已正确连接。如有输入信号端或参数被遗忘，LOGO！会显示被遗忘的第一个位置，并将所有被遗忘的输入信号端和参数处标记"？"。

7. 删除一个程序，按下列步骤删除

(1)将 LOGO! 切换到编程模式：同时按左、右和 OK 键；

(2)将光标"＞"移到"Program.."，然后按 OK 键；

(3)移动光标"＞"到"ClearPrg"；

(4)确认"ClearPrg"，按 OK 键。

如不想删除程序，将光标"＞"置于"No"，然后按 OK 键。

如确认需要删除存储在 LOGO! 中的程序，将光标"＞"置于"Yes"，然后按 OK 键。

▶第四节　LOGO! 编程技术的应用

LOGO! 在工业、民用和商业等各个领域得到广泛的应用。

Y-△ 起动的控制线路电动机 Y-△ 起动的继电气控制线路如图 9-36 所示。

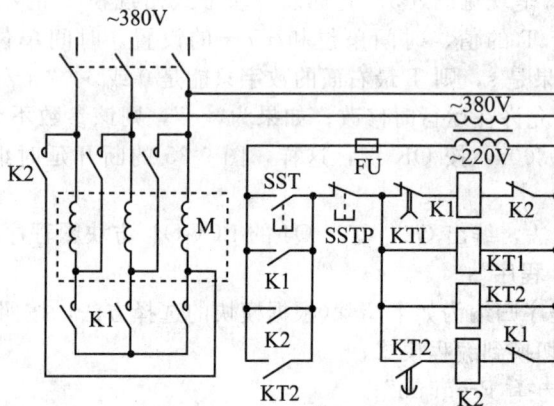

图 9-36　Y-△ 起动控制电路

起动时，按下起动按钮 SST，使接触器 K1 主触点闭合，电动机定子绕组接成星形（K1 的常闭辅助触点断开，以防止 K2 闭合而造成的电源短路）。此时，时间继电器 KT1、KT2 线圈得电，经一定的时间延时后。

KT1 常闭触点断开，K1 线圈失电，其主触点断开，K1 的常闭触点闭合为 K2 的接通做好准备；经一定的时间延时后 KT2 常开触点闭合，使 K2 线圈得电，其主触点闭合，电动机定子绕组接成三角形（蹬的常闭辅助触点串入 K1 的线圈回路，同样是为防止 K2 的主触点接通造成的电源短路）。时间继电器常开瞬动触点 KT2 是为了 K1 的常开辅助触点断开而 K2 尚未闭合时起到保持控制电路仍在接通的自锁作用。SS，IP 为停止按钮。

LOGO! 的应用：

上述是用时间继电气控制的 Y-△ 起动线路原理，现用 LOGO! 来控制，并由以下几个步骤完成。

第一步：设计线路图 LOGO! 的电气控制接线图如图 9-37 所示。

第二步：设计逻辑方框图。LOGO! 的逻辑方框图如图 9-38 所示。

当起动信号 11 接通（按下按钮 SST）时，锁定继电器 B02 输出高电平，此时 Q2 为低电平，经反向器 B05 后为高电平，B02 的输出通过与门 B01 使 Q1 输出接通，K1 得

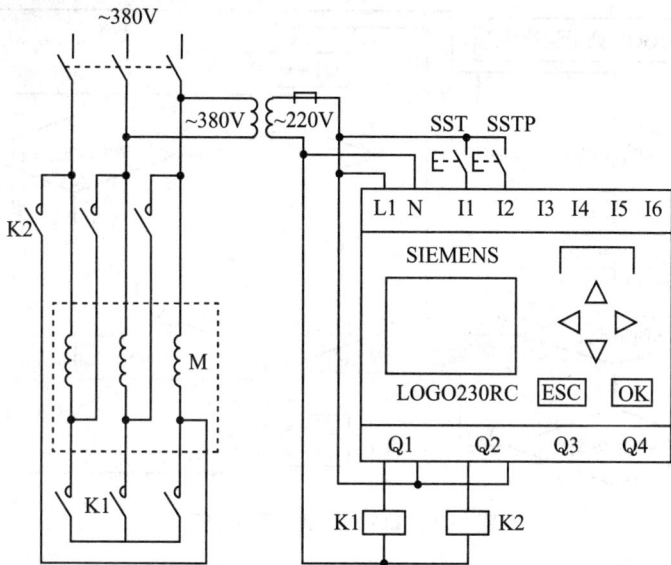

图 9-37　LOGO！Y-Δ 起动电气控制接线

电，从而使 K1 的主触点闭合，电动机定子绕组接成星形。同时，Q1 高电平触发时间延时继电器 B04 计时，经过延时时间 t_1（在 B04 的 T 参数设置）后，B04 的输出端变为高电平，并通过或门 B03 到达 B02 的 R 输入端，将 B02 清零，使 Q1 继电器输出断开，K1 的线圈失电，K1 的主触点断开。B04 的高电平同时也使锁定继电器 B08 的输出置为高电平，触发时间延时继电器 B07 计时，延时时间 t_2 在 B07 的 T 参数设置。经过 t_2 时间后，B07 的输出端变为高电平，并通过与门 B06（因此时 Q1 为低电平，经反向器 B09 后为高电平，允许 B07 的高电平通过），使继电器输出 Q2 接通，K2 线圈得电，其主触点闭合，电动机定子绕组接成三角形。

当按下按钮 SSTP 时，产生停止信号 I2，将 B02 和 B08 锁定继电器输出清零，从而使 Q1 或 Q2 断开，系统停止。

第三步：程序输入按第二节所述的方法，通过 LOGO！操作面板，将图 9-38 逻辑方框图的程序输入到 LOGO！，也可以采用 LOGO！的编程软件来输入程序。

第四步：调试程序可以先在实验室里调试。调试时 LOGO！按图 9-39 流程运行，则是正确的。

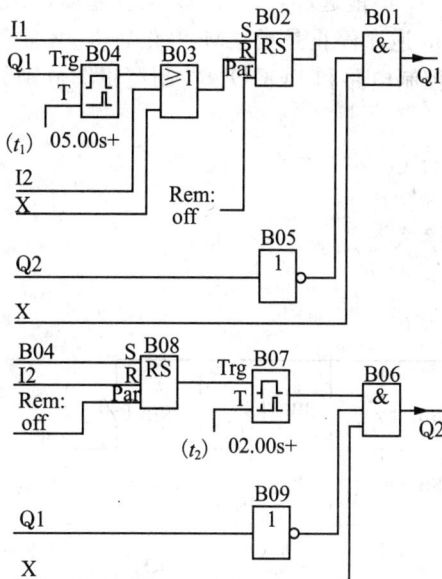

图 9-38　逻辑方框图

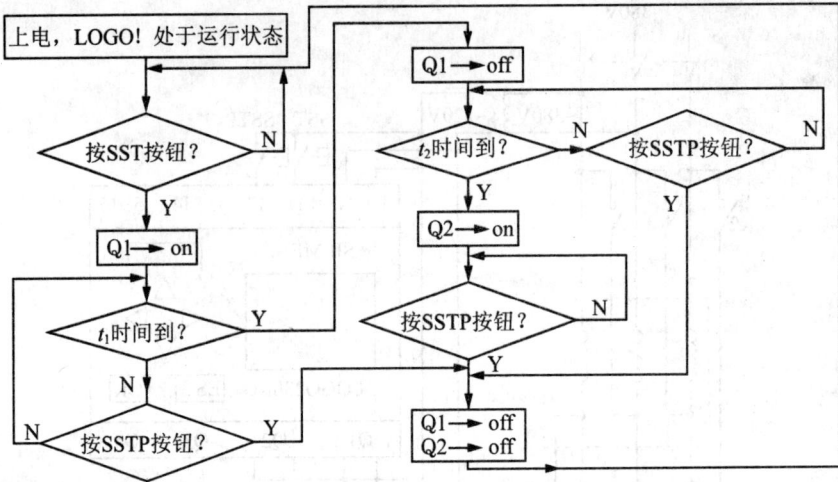

图 9-39　LOGO! 调试程序流程

下面再举一个例子。

控制要求：三台电动机顺序起动，逆序停止。具体要求如下：

1. 电动机用 M_1、M_2、M_3 表示，分别通过接触器 KM_1、KM_2、KM_3 控制，起动按钮分别为 SB_1、SB_2、SB_3，停止按钮分别为 SB_4、SB_5、SB_6。

2. 顺序起动是指：只有按下 SB_1 表 M_1 起动后，再按下 SB_2 M_2 才能起动，只有 M_2 才能起动后，再按下 SB_3 M_3 才能起动，如果在 M_1 没有起动而直接按下 SB_2 或 SB_3，则 M_2、M_3 不能起动，M_1、M_2 没有起动，M_3 不能起动。

3. 逆序停止是指：M_3 停止后 M_2 才能停止，M_2 停止后，M_1 才能停止。

控制电路和 LOGO! 控制逻辑图分别如图 9-40 和图 9-41 所示。

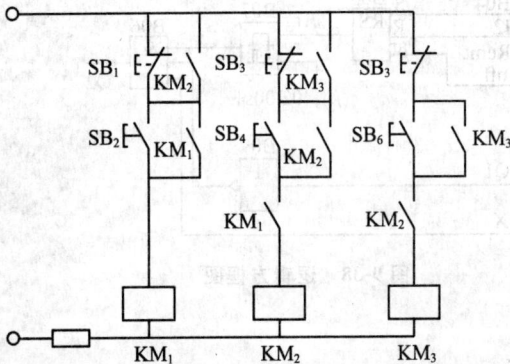

图 9-40　控制电路

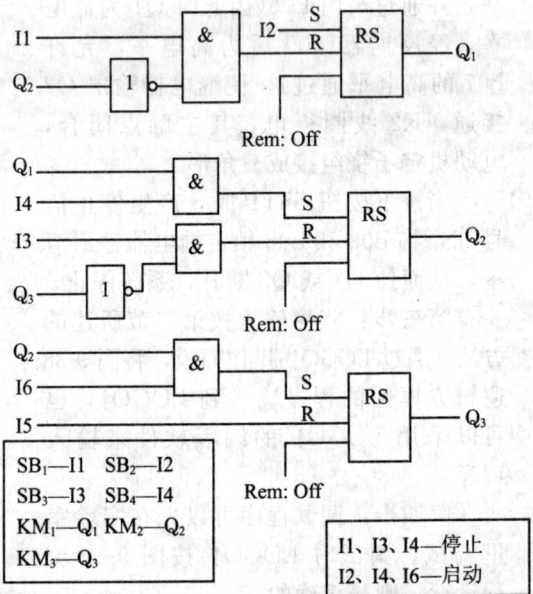

图 9-41　LOGO! 控制逻辑图

>>> 习题与思考题

9-1 什么是LOGO!? LOGO! 有哪些特点?

9-2 对照实物,指出LOGO! 面板上各部分的名称及作用。

9-3 LOGO! 有哪些基本功能块?有哪些特殊功能块?试列表加以说明。

9-4 LOGO! 编程有哪些基本规则?

9-5 怎样修改LOGO! 程序?

9-6 逻辑功能图一些地方显示"?"号,表示什么意思?

9-7 要删除一个程序,操作步骤是怎样的?

9-8 试说明图9-16中各模式下的菜单项含义。

9-9 试画出电动机起动自锁的逻辑功能图,并输入验证。

9-10 试画出电动机正反转控制的逻辑功能图,输入LOGO! 验证。

9-11 试画出如图9-42所示的电动机串电阻降压起动的逻辑功能图,并输入LO-GO! 加以验证。

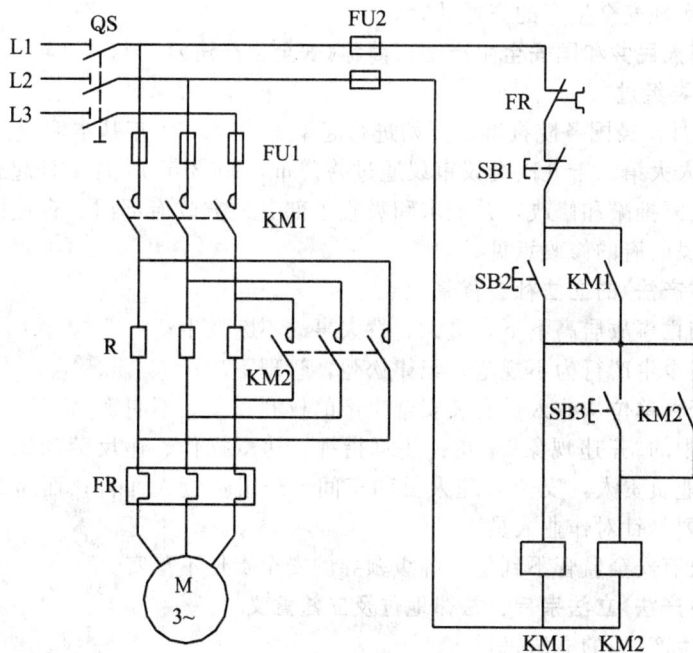

图 9-42 电动机串电阻降压起动电路

9-12 某单位周一到周五上下班分三个时间段:上午8:00～11:30;下午2:30～5:30;晚上7:00～9:50。试用LOGO! 的时钟功能,设计一个电铃指示的程序。

第十章　电工作业安全技术

▶第一节　电气安全基础知识

一、常用电气安全规程

(一)安全生产方针

"安全第一、预防为主、综合治理"是我国安全生产的基本方针。"安全第一"是要求我们在工作中始终把安全放在第一位，即生产必须安全，不安全不能生产。"预防为主"要求我们在工作中要时刻注意预防安全事故的发生，认真履行岗位安全职责，防微杜渐，防患于未然，要积极主动地预防安全事故的发生。"综合治理"就是综合运用经济、法律、行政等手段，人管、法治、技防多管齐下，并充分发挥社会、职工、舆论的监督作用，实现安全生产的齐抓共管。

(二)《中华人民共和国安全生产法》(简称《安全生产法》)

1. 立法简要经过

1981年3月，经国务院批准，开始进行起草工作，2001年基本完成。2002年6月底经九届全国人大第二十九次会议审议通过并公布，2002年11月1日起施行。该法规经过近20次反复推敲和修改，并征求和吸收了部分地方政府部门、企业以及省、自治区、直辖市人民政府的修改意见。

2.《安全生产法》的立法社会背景

(1)各类伤亡事故居高不下，重大、特大事故不断发生；

(2)企业安全生产行为不规范，纪律松弛，管理不严；

(3)生产经营单位从业人员有关安全生产的权利和义务不明确，"三违"现象严重。

生产过程中的"三违现象"是指：违章指挥、违章操作、违反劳动纪律。违章指挥主要是针对企业负责人，安全管理人员和车间、班组负责人而言；而违章操作和违反劳动纪律则主要是针对作业人员。

(4)地方政府安全监管不到位，各级领导的安全责任不落实。

3.《安全生产法》立法宗旨、法律地位及立法意义

(1)《安全生产法》的立法宗旨。

制定《安全生产法》保障生产安全，不仅是为了避免造成人身伤害和财产损失，也是为了保证生产经营活动的顺利进行，促进经济的健康发展。

(2)《安全生产法》的法律地位。

它是我国安全生产法律体系的主体法，是各类生产经营单位及其从业人员实现安全生产所必须遵循的行为准则，是各级人民政府及其有关部门进行监督管理和行政执法的法律依据，是制裁各种安全生产违法犯罪行为的有力武器。

(3)《安全生产法》的立法意义。

《安全生产法》的贯彻实施，有利于各级人民政府加强对安全生产工作的领导；有利于安全生产监管部门和有关部门加强监督管理，依法行政；有利于依法规范生产经营单位的安全生产工作；有利于提高从业人员的安全素质；有利于制裁各种安全违法行为。

4. 安全生产管理的基本方针

安全生产管理的基本方针："安全第一、预防为主、综合治理"。

"安全第一、预防为主，综合治理"方针的落实，《安全生产法》规定了有关的基本制度和措施，主要包括：

(1)安全生产的市场准入制度；

(2)生产经营单位主要负责人对本单位安全生产工作全面负责的制度；

(3)企业必须依法设置安全生产管理机构或安全生产管理人员的制度；

(4)对生产经营单位的主要负责人、安全生产管理人员和从业人员进行安全生产教育、培训、考核的制度；

(5)对特种作业人员实行资格认定和持证上岗的制度；

(6)建设工程项目的安全措施应当与主体工程同时设计、同时施工、同时投入生产和使用的"三同时"制度；

(7)对部分危险性较大的建设工程项目实行安全条件论证、安全评价和安全措施验收的制度；

(8)安全设备的设计、制造、安装、使用、检测、维修和报废必须符合国家标准的制度；

(9)对危险性较大的特种设备实行安全认证和使用许可，非经认证和许可不得使用的制度；

(10)对从事危险品的生产经营活动实行前置审批和严格监管的制度；

(11)对严重危及生产安全的工艺、设备予以淘汰的制度；

(12)生产经营单位对重大危险源的登记建档及向安全监督管理部门报告备案的制度；

(13)对爆破、吊装等危险作业的现场安全管理制度；

(14)生产经营单位的安全生产管理人员对本单位安全生产状况的经常性检查、处理、报告和记录的制度等。

5. 如何保证安全生产管理方针的贯彻落实

(1)制定和完善有关保证安全生产的法律、法规和规章制度。

(2)各级政府领导对"安全第一、预防为主、综合治理"的方针必须要有足够的认识。

(3)企事业单位必须正确处理保证安全与追求效率、效益的关系。

(4)每个从业人员都要牢固树立"安全第一、预防为主"的意识。

6.《安全生产法》的基本原则

(1)人身安全第一的原则；

(2)预防为主的原则；

(3)权责一致的原则；

(4)社会监督、综合治理的原则；

(5)依法从重处罚的原则。

7.《安全生产法》的基本法律制度

(1)安全生产监督管理制度；

(2)生产经营单位安全保障制度；

(3)生产经营单位负责人安全责任制度；

(4)从业人员安全生产权利义务制度；

(5)安全中介服务制度；

(6)安全生产责任追究制度；

(7)事故应急救援和处理制度。

8. 生产经营单位确保安全生产的基本义务

(1)生产经营单位必须遵守安全生产法和其他有关安全生产的法律、法规；

(2)生产经营单位必须加强安全生产管理；

(3)生产经营单位必须建立、健全安全生产责任制度；

(4)生产经营单位必须完善安全生产条件。

9. 从业人员安全生产权利的法律保障

关心和维护从业人员的人身安全权利，是社会主义制度的本质要求，是实现安全生产的重要条件。

生产经营单位的从业人员有依法获得安全生产保障的权利，并应当依法履行安全生产方面的义务。从业人员在安全生产上依法所享的基本权利概括为：

(1)享受工伤保险和伤亡求偿权；

(2)危险因素和应急措施的知情权；

(3)安全管理的批评检举、控告权；

(4)拒绝违章指挥和强令冒险作业权；

(5)紧急情况下的停止作业和紧急撤离权。

10. 从业人员的基本义务

《安全生产法》第四十九条规定从业人员在作业过程中，应当严格遵守本单位的安全生产规章制度和操作规程，服从管理，正确佩戴和使用劳动防护用品。

第五十条 从业人员应当接受安全生产教育和培训，掌握本职工作所需的安全生产知识，提高安全生产技能，增强事故预防和应急处理能力。

第五十一条 从业人员发现事故隐患或者其他不安全因素，应当立即向现场安全生产管理人员或者本单位负责人报告；接到报告的人员应当及时予以处理。

11. 有关特种作业人员的规定

根据国家安全生产监督管理总局相关文件规定，特种作业是指容易发生人员伤亡事故，对操作者本人、他人及周围设施的安全可能造成重大危害的作业。直接从事特种作业的人员称为特种作业人员。

特种作业人员基本条件规定：

(1)年龄满18周岁；

(2)身体健康，无妨碍从事相应工种作业的疾病和生理缺陷；

(3)初中以上文化程度，具备相应工种的安全技术知识，参加国家规定的安全技术理论和实际操作考核并成绩合格；

(4)符合相应工种作业特点需要的其他条件。

特种作业人员必须接受与本工种相适应的、专门的安全技术培训、经安全技术理论考核和实际操作技能考核合格，取得特种作业操作证后，方可上岗作业；未经培训，或培训考核不合格者，不得上岗作业。

特种作业操作证在全国通用。特种作业操作证不得伪造、涂改、转借或转让。

有下列情形之一的，应停止其特种岗位工作：

①未按规定接受复审或复审不合格的；

②违章操作造成严重后果或违章操作记录在案达 3 次以上的；

③弄虚作假取得特种作业操作证的；

④经确认健康状况已不适应继续从事所规定的特种作业。

12. 安全生产违法行为的法律责任

(1)安全生产事故责任追究制度的基本原则和规定通常按"谁主管谁负责"的原则设定，具体为：

①行政首长负责制；

②分级责任制；

③岗位责任制；

④技术责任制。

(2)安全生产违法行为的法律责任方式有三种：行政责任、民事责任、刑事责任。

(3)《安全生产法》的有关规定，依法应予追究法律责任的安全生产违法行为有 37 种。涉及从业人员的是：

①特种作业人员未按照规定经专门的安全作业培训并取得特种作业操作资格证书上岗作业的。

②生产经营单位的从业人员不服从管理，违反安全生产规章制度或者操作规程的。

13. 安全生产事故等级划分及处罚规定

根据生产安全事故(以下简称事故)造成的人员伤亡或者直接经济损失，事故一般分为以下等级：

(1)特别重大事故，是指造成 30 人以上死亡，或者 100 人以上重伤(包括急性工业中毒，下同)，或者 1 亿元以上直接经济损失的事故；

(2)重大事故，是指造成 10 人以上 30 人以下死亡，或者 50 人以上 100 人以下重伤，或者 5000 万元以上 1 亿元以下直接经济损失的事故；

(3)较大事故，是指造成 3 人以上 10 人以下死亡，或者 10 人以上 50 人以下重伤，或者 1000 万元以上 5000 万元以下直接经济损失的事故；

(4)一般事故，是指造成 3 人以下死亡，或者 10 人以下重伤，或者 1000 万元以下直接经济损失的事故。

本条第一款所称的"以上"包括本数，所称的"以下"不包括本数。

(二)电工作业一般规定

1. 电气作业人员必须经专业安全技术培训考试合格，发给许可证后，持"证"上岗、操作。学徒工和其他非持证电工，必须在持证电工的监护和指导下才准进行操作。

2. 电工应掌握电气安全知识，了解岗位责任区域的电气设备性能，熟悉触电急救方法和事故紧急处理措施。

3. 电气作业应严格遵守安全操作规程和有关制度：

(1)工作票制度；

(2)操作票制度；

(3)工作许可制度；

(4)工作监护制度；

(5)工作中断、转移和终结制度；

(6)调度管理制度；

(7)危险作业(登高、带电、易燃易爆场所用火等)审批制度；

(8)临时线审批制度。

4. 电工上岗、操作必须穿合格的绝缘鞋，必要时应戴安全帽及其他防护用品。所用绝缘用具、仪表、安全装置和工具须检查完好、可靠。禁止使用破损、失效的用具。对不同电压等级、工作环境、工作对象，要选用参数相匹配的用具。

5. 在供、配电设备和线路上作业，必须设人监护。监护人不得从事操作或做与监护无关的事情。

6. 任何电气设备、线路未经本人验电以前，一律视为有电，不准触及。需接触操作时应切断该处的电源，经验电或经放电（对电容性设备）之后验电合格，方能接触工作。对于与供配电网络相联系的部分，除进行断电、放电、验电外，还应挂接临时接地线，开关应上锁，防止停电后突然来电。

7. 供配电回路停送电必须凭手续齐全的工作票和操作票进行。禁止临时停送电。动力配电箱的闸刀开关，禁止带负荷拉闸或合闸，必须先将用电设备开关切断，方能操作。手工合（拉）刀闸应一次推（拉）到位。处理事故需拉开带负荷的动力配电箱闸刀开关时，应采用绝缘工具，戴绝缘手套和防护眼镜或采取其他防止电弧烧伤和触电的措施。

8. 未经电气技术负责人许可和批准改造电气设施的结构之前，电工不得改变电气设施的原有接线方式和结构。

9. 各种电气接线的接头要保证导通接触面积不低于导线截面积。应尽可能采用紧固的压接或用工具扎接，不应用手扭接。线头不应突出，接头不得松动。防止带电体碰触屏护引起事故。

10. 使用电动工具应遵守有关电动工具安全操作规程。使用行灯必须采用由隔离变压器供电的安全电压电源。

11. 工作结束，应认真把电气设备使用方面问题向接班人员认真交接清楚。必要时，将有关事宜载入交接班记录。

二、电气安全基础知识

(一)电气伤害事故的种类

电气事故可以按不同的方式分类。按灾害形式，可分为人身事故、设备事故、火灾事故、爆炸事故等；按电路状况，可分为短路事故、断线事故、接地事故、漏电事故等。考虑到事故是由外部能量作用于人体或系统内能量传递发生故障造成的，所以能量是造成事故的基本因素。从这个角度出发，电气事故大致可分为以下几类。

1. 触电伤害事故

触电事故是由电流的能量造成的，触电是电流对人体的伤害。电流对人体的伤害可分为电击和电伤。电击是电流通过人体内部，破坏人的心脏（神经系统、肺部）的正常工作而造成的伤害。人身触及带电的导线、漏电设备的外壳或其他带电体，以及由于雷击或电容器放电，都可能导致电击。触及正常带电体的电击称为直接电击，触及故障带电体的电击称为间接电击。电伤是电流的热效应、化学效应及机械效应对人体外部造成的局部伤害，包括电弧烧伤、烫伤、电烙印等。按照人体触及带电体的方式和电流通过人体的途径，触电可以分为以下几种情况：

(1)直接接触触电。直接接触触电分单相触电和两相触电两类。

①单相触电。人体接触电气设备的任何一相带电导体所发生的触电，称为单相触电。

对于中性点直接接地的电网及中性点不接地的低压电网都能发生单相触电，如图 10-1 和图 10-2 所示。

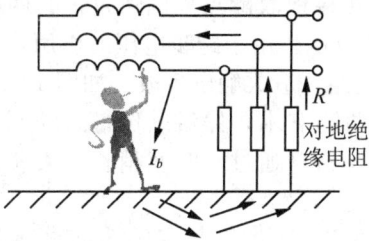

图 10-1　中性点直接接地系统的单相触电　　图 10-2　中性点不接地系统的单相触电

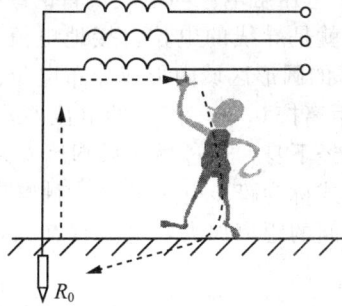

图 10-3 所示为单相触电的实例。图 10-3(a)是某人在带电修理插座时，手触及螺钉旋具的金属部分，造成单相触电；图 10-3(b)是某人带电修理断线时，手触及两断线处的导线，造成双线触电的情况，这种情况比单线触电更加危险。

（a）带电修理插座　　　　　　　　（b）带电修理断线

图 10-3　单相触电的实例

②两相触电。两相带电体之间的触电，称为两相触电。

人体同时接触带电的任何两相电源，不论中性点是否接地，人体受到的电压是线电压，触电后果往往很严重。但是两相触电一般比单相触电事故的发生概率要小一些。两相触电如图 10-4 所示。

(2)间接接触触电。当电气设备的绝缘在运行中发生故障损坏时，使电气设备本来在正常工作状态下不带电的外露金属部件（如外壳、构架、护罩等）呈现危险的对地电压，当人体触及这些金属部件时，就构成间接触电，亦称接触电压触电。

在低压中性点直接接地的配电系统中，电气设备发生碰壳短路将是一种危险的故障。如果该设备没有

图 10-4　两相触电

采取接地保护，一旦人体接触外壳时，加在人体上的接触电压近似等于电源对地电压，这种触电的危险程度相当于直接接触触电，严重时可能导致人身死亡。

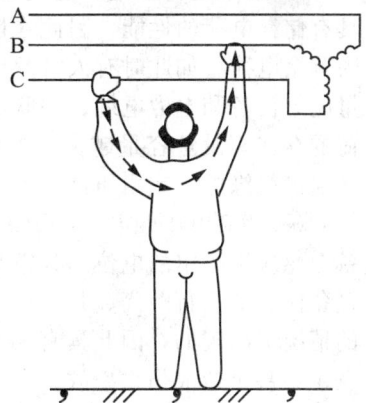

根据历年来触电伤亡事故的统计分析，在低压配电系统中，触电伤亡事故主要是间接接触触电所引起的。因此，防止间接接触触电事故是降低触电事故的重要方面。

(3)跨步电压触电。当电气设备的绝缘损坏或高压架空线路的一相断线落地时，落地点的电位就是导线的电位。接地电流通过接地点向大地流散，在以接地点为圆心、半径为20m的圆形区域内形成分布电位。如有人在接地故障点周围通过，其两脚之间（人的跨步距离按0.8m计算）的电位差就称为跨步电压。由于跨步电压的作用，电流从人的一只脚经下身，通过另一只脚流入大地形成回路，造成触电事故，如图10-5所示。这种触电方式称为跨步电压触电。触电者先感到两脚麻木，然后跌倒。人跌倒后，由于头与脚之间的距离加大，电流将在人体内脏重要器官通过，时间稍长，人就有生命危险。

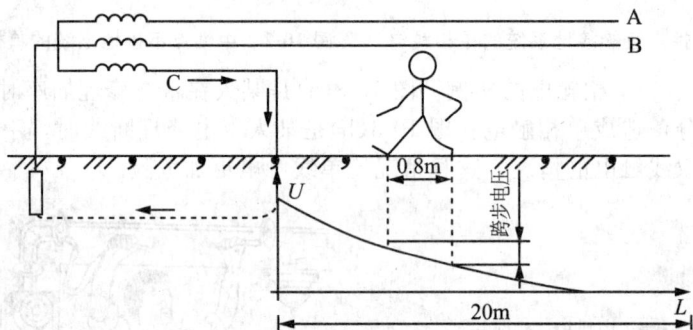

图 10-5　跨步电压触电

跨步电压的高低决定于人体与接地故障点的距离，距故障点越近，跨步电压越高。当人体与故障点的距离达到20m及以上时，可以认为此处的电位为零，跨步电压亦为零。一般来说，当发现电力线断落时，不要靠近。离开导线的落地点8m以外时，就较为安全了。当发生跨步电压触电时，应赶快将双脚并在一起，或赶快用一只脚跳着离开危险区。否则，因触电时间长，也会导致触电死亡。

(4)剩余电荷触电。电气设备的相间绝缘和对地绝缘都存在电容效应。由于电容器具有储存电荷的性能，因此在刚断开电源的停电设备上，都会保留一定量的电荷，称为剩余电荷。如此时有人触及停电设备，就可能遭受剩余电荷的电击。另外，如大容量电力设备和电力电缆、并联电容器等，摇测绝缘电阻后或耐压试验后也会有剩余电荷的存在。设备容量越大、电缆线路越长，这种剩余电荷的积累电压就越高。因此，在摇测绝缘电阻或耐压试验工作结束后，必须注意充分放电，以防剩余电荷触电。

(5)感应电压触电。由于带电设备的电磁感应和静电感应作用，能使附近的停电设备上感应出一定的电位，其数量的大小决定于带电设备电压的高低、停电设备与带电设备两者的平行距离、几何形状等因素。感应电压往往是在电气工作者缺乏思想准备的情况下出现的，因此具有相当大的危险性。在电力系统中，感应电压触电事故屡有发生，甚至造成伤亡事故。

(6)静电触电。静电电位可高达数万伏至数十万伏，可能发生放电，产生静电火花，引起爆炸、火灾，也可能造成对人体的电击伤害。由于静电电击不是电流持续通过人体的电击，而是由于静电放电造成的瞬间冲击性电击，能量较小，通常不会造成人体心室颤动而死亡。但是往往造成二次伤害，如高处坠落或其他机械性伤害，因此同样具有相当大的危险性。

2. 雷电伤害事故

雷电事故是指发生雷击时，由雷电放电而造成的事故。雷电放电具有电流大(可达数十千安至数百千安)、电压高(300～400kV)、陡度高(雷电冲击波的前沿陡度可达500～1000kA/μs)、放电时间短(30～50μs)、温度高(可达20000℃)等特点，释放出来的能量可形成极大的破坏力，除可能毁坏建筑设施和设备外，还可能伤及人、畜，甚至引起火灾和爆炸，造成大规模停电等。因此，电力设施、高大建筑物，特别是有火灾和爆炸危险的建筑物和工程设施，均需考虑防雷措施。

3. 电磁场伤害事故

电磁场伤害即射频伤害。射频伤害是由电磁场的能量造成的，人体在交变电磁场作用下吸收辐射能量，会受到不同程度的伤害，其症状主要是引起人的中枢神经功能失调，明显表现为神经衰弱症状，如头晕、头痛、乏力、睡眠不好等；还能引起植物神经功能失调的症状，如多汗、食欲不振、心悸等。此外，还发现部分人有脱发、视力减退、伸直手臂时手指轻微颤动、皮肤划伤等异常症状，还发现心血管系统症状比较明显，如心动过速或过缓、血压升高或降低、心悸、心区有压迫感、心区疼痛等。

4. 电气线路或设备伤害事故

电气线路或设备故障可能发展成为事故，并可能危及人身安全。

(1)用户影响系统的事故。这类事故是指由于用电单位内部发生电气设备或线路事故，造成公用网络及其他单位停电，或引起系统电压波动，甚至电网解列的重大事故。例如，用户的大型起重吊装设施触及系统高压电网，造成接地或短路事故，引起系统变电站掉闸，甚至系统的电网解列；另一种是用户内部短路事故，继电保护拒动造成越级跳闸，造成上级变电所停电，使系统网络上的其他用户停电；再一种情况是用户出了重大短路事故，使部分地区电压大幅度下降，使用户用电设备大量停止运转。

(2)用户全厂范围的停电事故。这类事故是指由于用户本身内部原因，造成全厂停电并影响生产的事故。

(3)重大设备损坏事故。这类事故是指大型用户(供电容量在10000kVA及以上的工矿企业)的一次设备发生损坏事故，如受电主变压器以及电源侧的主断路器等电气设备的损坏，这类设备损坏时，必然导致全厂停电，经济损失很大。

(二)发生触电伤害事故的原因

发生触电事故的原因很多，主要有以下几个方面：

1. 电气设备安装不合格

例如，室内、外配电装置的最小安全净距离不够；室内配电装置各种通道的最小宽度小于规定值；架空线路的对地距离及交叉跨越的最小距离不符合要求；电气设备的接地装置不符合规定；落地式变压器无护栏；电气照明装置安装不当，如相线未接在开关上，灯头离地面太低；电动机安装太低；电动机安装不合格；导线穿墙无套管；电力线和广播线同杆架设；电杆梢径过小等。

2. 违章作业，不遵守安全工作规程

例如，非电气工作人员操作和维修电气设备；带电移动或维修电气设备；带电登杆或爬上变压器台作业；在线路带电情况下，砍伐靠近线路的树木；在导线下面修建房屋、打井、堆柴；使用行灯和移动式电动工具不符合安全规定；在带电设备附近进行起重工作时，安全距离不够；申请送电后又进行工作；带负荷分合隔离开关或跌落式熔断器，带临时接地线合闸隔离开关和油断路器，带电将两路电源误并列等误操作；私自乱拉乱接临时电线；低压带电作业的工作装置、活动范围、使用工具及操作方法

不正确等。

3. 电气设备维修不及时

例如，架空线路被大风刮断或外力扯断，造成断线接地或与电话线、广播线搭连，电杆倾倒；木杆腐朽等没有及时修复；电气设备外壳损坏，导线绝缘老化破损，致使金属导体外露等没有及时发现和修理。

4. 缺乏安全用电常识

例如，家用电器不按使用说明书的要求接线；私设电网防盗和用电捕鱼、捕鼠；将湿衣服晒在电线上；用活树当电杆等。

5. 偶然因素

其他发生事故的偶然因素也有很多，要经常引起注意。

(三)发生电气事故的规律

(1)误操作和违章作业触电事故多。操作人员违反操作规程而发生的误操作，导致触电。例如，检修人员在停电检修时，思想麻痹，未断电闸，当突然来电时，极易造成触电事故。

(2)季节性明显。一年当中，春冬两季触电事故较少。夏秋两季，特别是7、8、9三个月，触电事故较多，主要原因是这个期间雷雨多，空气湿度大，降低了电气设备的绝缘性能；并且人体多汗，皮肤电阻下降，易导电；衣着单薄，身体裸露部分较多，增加了触电的机会。

(3)单相触电事故多。据统计资料表明，单相触电事故占触电事故的70%以上。

(4)触电事故多发生在电气连接部位。如分支线、电缆线、灯头、插头、电线接头、熔断器、接触器等处。

(5)低压触电事故多于高压触电事故。主要原因是低压电网广、低压设备多、人们接触的机会多。有些人对低压电气设备有麻痹大意的思想，设备一旦有缺陷，就易发生触电事故。据资料统计，低压设备引起的触电事故占触电事故总数的80%以上。

(6)携带式电气设备和移动式电气设备以及家用电器触电事故较多。手持电动工具和设备经常移动。绝缘容易损坏，工作条件较差，容易发生故障，而且这些设备往往是用手紧握之下进行工作的，一旦发生触电很难解脱。

(7)与用电环境有密切的关系。冶金、矿山、建筑、机械行业触电事故多。这些行业作业现场比较混乱，温度湿度高，移动式的电气设备和金属结构设备多，若管理不善，易于发生触电事故。

(8)青年及非电气人员触电事故多。青年工人安全生产经验和电气安全知识不足，并且经常操作接触电气设备，常出现违章作业的现象。

(9)不同地域触电事故不同。农村触电事故多于城市，主要原因是农村用电条件差、设备简陋、技术水平低、缺乏安全用电知识。

(四)电气安全工作的要求与措施

1. 电气安全工作基本要求

(1)遵守规章制度与规程。

合理的规章制度是从人们长期生产实践中总结出来的，是保证安全生产的有效措施。安全操作规程、电气安装规程、运行管理和维护检修制度及其他规章制度都与安全有直接关系。

根据不同工种，应建立各种安全操作规程。如变电室值班安全操作规程、内外线维护检修安全操作规程、电气设备维修安全操作规程、电气实验安全操作规程、非专职电工人员手持电动工具安全操作规程、电焊安全操作规程、电炉安全操作规程、行车司机安全操作规程等。

安装电气线路和电气设备时，必须严格遵循安装操作规程，验收时符合安装操作规程的要求，这是保证线路和设备在良好的、安全的状态下工作的基本条件之一。

根据环境的特点，应建立相适应的运行管理制度和维护检修制度。由于设备缺陷本身就是潜在的不安全因素，设备损坏(如绝缘损坏)往往是造成人身事故的重要原因，设备事故可能伴随着严重的人身事故(如电气设备着火、油开关爆炸)，所以设备的运行管理和维护检修制度是十分重要的，严格执行这些制度，能消除隐患，促进生产的连续发展。运行管理和维护检修应注意经常与定期相结合、专业队伍与生产工人相结合的原则。

对于某些电气设备，应建立专人管理的责任制。开关设备、临时线路、临时设备等容易发生事故的设备，都应有专人负责管理。特别是临时设备，最好能结合现场情况，明确规定安装要求、长度限制、使用期限等项目。

有些项目的检修，应停电进行；有的也允许带电进行，对此应有明确规定。为了保证检修工作，特别是高压检修工作的安全，必须建立必要的安全工作制度，如工作票制度、工作监护制度等。

(2)配备人员并进行安全教育。

应当根据本部门电气设备的构成和状态，根据本部门电气专业人员的组成和素质，以及根据本部门的用电特点和操作特点，建立相应的管理机构，并确定管理人员和管理方式。为了做好电气安全管理工作，安全管理部门、动力部门(或电力部门)等部门必须互相配合，安排专人负责这项工作。专职管理人员应具备必须的电工知识和电气安全知识，并要根据实际情况制订安全措施计划，使安全工作有计划地进行，不断提高电气安全水平。

新入厂的工作人员要接受厂、车间、生产小组等三级安全教育。一般职工要懂得电和安全用电的一般知识；使用电气设备的一般生产工人除懂得一般知识外，还应懂得有关安全规程；独立工作的电工，更应懂得电气装置在安装、使用、维护、检修过程中的安全要求，熟知电工安全操作规程，会扑灭电气火灾的方法，掌握触电急救的技能。电工作业人员要遵守职业道德，忠于职业责任，遵守职业纪律，团结协作，做好安全供用电工作，还要通过考试，取得合格证等。要做到上述各项要求，需要坚持做好群众性的、经常性的安全教育工作，如采用广播、图片、标语、报告、培训班等宣传教育方式。同时，要深入开展交流活动，以推广各单位先进的安全组织措施和安全技术措施。

(3)安全检查并建立档案资料。

群众性的电气安全检查最好每季度进行一次，发现问题及时解决，特别要注意雨季前和雨季中的安全检查。

电气安全检查包括检查电气设备的绝缘有无损坏、绝缘电阻是否合格、设备裸露带电部分是否有防护设施；保护接零或保护接地是否正确、可靠，保护装置是否符合要求；手提灯和局部照明灯电压是否是安全电压或是否采取了其他安全措施；安全用具和电气灭火器材是否齐全；电气设备安装是否合格、安装位置是否合理；制度是否健全等内容。对变压器等重要电气设备要坚持巡视，并作必要的记录；对新安装设备，特别是自制设备的验收工作要坚持原则，一丝不苟；对使用中的电气设备，应定期测定其绝缘电阻；对各种接地装置，应定期测定其接地电阻；对安全用具、避雷器、变

压器油及其他保护电器，也应定期检查测定或进行耐压试验。

为了工作方便和便于检查，应建立高压系统图、低压布线图、全厂架空线路和电缆线路布置图及其他图纸、说明、记录资料。对重要设备应单独建立资料，如技术规格、出厂试验记录、安装试车记录等。每次检修和试验记录应作为资料保存，以便查对。设备事故和人身事故的记录也应作为资料保存。

应当注意收集各种安全标准法规和规范。

2. 保证安全的组织措施

在电气设备上工作，保证安全的组织措施有：工作票制度，工作许可制度，工作监护制度，工作间断、转移和终结制度。

(1)工作票制度。

在电气设备上工作，应填用工作票或按命令执行，工作票是允许在电气设备上工作的书面命令。其方式有下列三种：第一种工作票；第二种工作票；口头或电话命令。

①填用第一种工作票的工作为：

高压设备上工作需要全部停电或部分停电者；高压室内的二次接线和照明等回路上的工作，要将高压设备停电或做安全措施等。

②填用第二种工作票的工作为：

带电作业和在带电设备外壳上的工作；控制盘和低压配电盘、配电箱、电源干线上的工作；二次接线回路上的工作，无须将高压设备停电者；转动中的发电机、同期调相机的励磁路或高压电动机转子电阻回路上的工作；非当值值班人员用绝缘棒和电压互感器定相或用钳形电流表测量高压回路的电源。

③其他工作用口头或电话命令。

口头或电话命令，必须清楚正确，值班员应将发令人、负责人及工作任务详细记入操作记录簿中，并向发令人复诵核对一遍。

④值得注意：

工作票要用钢笔或圆珠笔填写一式两份，应正确清楚，不得任意涂改，如有个别错、漏字需要修改时，应字迹清楚。两份工作票中的一份必须经常保存在工作地点，由工作负责人收执，另一份由值班员收执，按值移交。在无人值班的设备上工作时，第二份工作票由工作许可人收执。值班员应将工作票号码、工作任务、许可工作时间及完工时间记入操作记录簿中。

一位工作负责人只能发给一张工作票。工作票上所列的工作地点，以一个电气连接部分为限。如施工设备属于同一电压、位于同一楼层、同时停送电，且不会触及带电导体时，可允许几个电气连接部分共用一张工作票。在几个电气连接部分上依次进行不停电的同一类型的工作，可以发给一张第二种工作票。若一个电气连接部分或一个配电装置全部停电，则所有不同地点的工作，可以发给一张工作票，但要详细填明主要工作内容。几个班同时进行工作时，工作票可发给一位总的负责人，若至预定时间，一部分工作尚未完成，仍须继续工作而不妨碍送电者，在送电前，应按照送电后现场设备带电情况，办理新的工作票，布置好安全措施后，方可继续工作。

第一、二种工作票的有效时间，以批准的检修期为限。第一种工作票至预定时间，工作尚未完成，应由工作负责人办理延期手续。

(2)工作许可制度。

工作票签发人应由分场、工区(所)熟悉人员技术水平、熟悉设备情况、熟悉本规程的生产领导人、技术人员或经厂、局主管生产领导批准的人员担任。工作票签发人员名单应书面公布。

工作票签发人不得兼任该项工作的工作负责人。工作负责人可以填写工作票。

工作许可人不得签发工作票。

工作负责人和允许办理工作票的值班员（工作许可人）应由分场或工区主管生产的领导书面批准。

工作票中所列人员的安全责任：

①工作票签发人的职责范围：工作必要性；工作是否安全；工作票上所填安全措施是否正确完备；所派工作负责人和工作班人员是否适当和足够，精神状态是否良好。

②工作负责人（监护人）的职责：正确安全地组织工作；结合实际进行安全思想教育；督促、监护工作人员遵守本规程；负责检查工作票所列安全措施是否正确完备、值班员所做的安全措施是否符合现场实际条件；工作前对工作人员交代安全事项；工作班人员变动是否合适。

③工作许可人的职责：负责审查工作票所列安全措施是否正确完备，是否符合现场要件；工作现场布置的安全措施是否完善；负责检查停电设备有无突然来电的危险；对工作票中所列内容即使发生很小疑问，也必须向工作票签发人询问清楚，必要时应要求做详细补充。

工作许可人（值班员）在完成施工现场的安全措施后，还应会同工作负责人到现场再次检查所做的安全措施，以手触试，证明检修设备确无电压；对工作负责人指明带电设备的位置和注意事项；同工作负责人在工作票上分别签名，完成上述许可手续后，工作班方可开始工作。

④工作班成员的职责：认真执行本规程和现场安全措施，互相关心施工安全，并监督本规程和现场安全措施的实施。

工作负责人、工作许可人任何一方不得擅自变更安全措施，值班人员不得变更有关检修设备的运行接线方式。工作中如有特殊情况需要变更时，应事先取得对方的同意。

（3）工作监护制度。

完成工作许可手续后，工作负责人（监护人）应向工作班人员交代现场安全措施、带电部位和其他注意事项。工作负责人（监护人）必须始终在工作现场，对工作班人员的安全进行认真监护，及时纠正违反安全规程的动作。

工作负责人（监护人）在全部停电时，可以参加工作班工作。在部分停电时，只有在安全措施可靠、人员集中在一个工作地点、不致误碰导电部分的情况下，方能参加工作。工作期间，工作负责人若因故必须离开工作地点时，应指派能胜任的人员临时代替，离开前应将工作现场交代清楚，并告知工作班人员。原工作负责人返回工作地点时，也应履行同样的交接手续。若工作负责人需要长时间离开现场，应由原工作票签发人变更新工作负责人，两工作负责人应做好必要的交接。

值班员如发现工作人员违反安全规程或任何危及工作人员安全的情况，应向工作负责人提出改正意见，必要时可暂时停止工作，并立即报告上级。

（4）工作间断、转移和终结制度。

工作间断时，工作班人员应从工作现场撤出，所有安全措施保持不动，工作票仍由工作负责人执存。每日收工，应清扫工作地点，开放已封闭的通路，并将工作票交回值班员。次日复工时，应征得值班员许可，取回工作票，工作负责人必须首先重新认真检查安全措施，确定符合工作票的要求后，方可工作。若无工作负责人或监护人带领，工作人员不得进入工作地点。

全部工作完毕后，工作班应清扫、整理现场。工作负责人应先周密地检查，待全体工作人员撤离工作地点后，再向值班人员讲清所修项目、发现的问题、试验结果和存在问题等，并与值班人员共同检查设备状况，有无遗留物件，是否清洁等，然后在工作票上填明工作终结时间，经双方签名后，工作票方告终结。

只有在同一停电系统的所有工作票结束，拆除所有接地线、临时遮栏和标示牌，恢复常设遮栏，并得到值班调度员或值班负责人的许可命令后，方可合闸送电。

已结束的工作票，保存三个月。

3. 保证安全的技术措施

全部停电或部分停电的检修作业中保证安全的技术措施：

(1)停电。

检修工作中，如人体与其他带电设备的间距较小，10kV 及以下者的距离小于 0.35m，20～35kV 者小于 0.6m 时，该设备应当停电，如距离大于上列数值，但分别小于 0.7m 和 1m 时，应设置遮拦，否则也应停电。停电时，应注意对所有能够给检修部分送电的线路，要全部切断，并采取防止误合闸的措施，而且每处至少要有一个明显的断开点。对于多回路的线路，要注意防止其他方面突然来电，特别要注意防止低压方面的反送电。

(2)放电。

放电的目的是消除被检修设备上残存的静电。放电应采用专用的导线，用绝缘棒或开关操作，人手不得与放电导体相接触。应注意线与地之间、线与线之间均应放电。电容器和电缆的残存电荷较多，最好有专门的放电设备。

(3)验电。

对已停电的线路或设备，不论其正常接入的电压表或其他信号是否指示无电，均应进行验电。验电时，必须用电压等级合适而且合格的验电器。

(4)装设临时接地线。

当验明无电压后，为了防止意外送电和二次系统意外的反送电，以及为了消除其他方面的感应电，应在被检修部分外端装设必要的临时接地线。临时接地线的装拆顺序一定不能弄错，装时先接接地端，拆时后拆接地端。装设接地线必须两人进行，应使用绝缘棒和绝缘手套。

(5)装设遮拦。

在部分停电检修时，应将带电部分遮拦起来，使检修工作人员与带电导体之间保持一定的距离。

(6)悬挂标示牌。

标示牌的作用是提醒人们注意。例如，在一经合闸即可送电到被检修设备的开关上，应挂上"有人工作，禁止合闸"的标示牌；在临近带电部位的遮拦上，应挂上"止步，高压危险"的标示牌等。

严禁工作人员在工作中移动或撤出遮拦、接地线、标示牌。

4. 防止群众性触电的安全措施

(1)普及安全用电常识。

1)用电申请，安装、维修找电工，不准私拉乱接用电设备；

2)安全用电，人人有责，自觉遵守安全用电规章制度，低压线路应安装漏电保护器，要合理选用熔丝(保险丝)、熔片(保险片)或熔管，严禁用铜、铝、铁线代替熔丝；

3)不得在高压电力线路下盖房、打井、打场、堆柴草、栽树等，不准在电力线附近放炮采石；

4)严禁攀登、跨越电力设施的保护围墙或遮栏，严禁往电力线、变压器上扔东西；

5)严禁私设电网防盗、捕鼠、狩猎和用电捕鱼；

6)严禁使用挂钩线、破股线、地爬线和绝缘不合格的导线接电；

7)严禁私自改变低压系统的运行方式、利用低压线路输送广播或通信信号以及采用"一相一地"等方式用电；

8)不准靠近电杆挖坑或取土，不准在电杆上拴牲口，不准破坏拉线，以防倒杆断线，演戏、放电影和集会等活动要远离架空电力线路和其他带电设备，以防触电伤人；

9)不准在电力线上挂晒衣物，晒衣线(绳)与电力线要保持 1.5m 以上的水平距离；

10)不准将通信线、广播线和电力线同杆架设，通信线、广播线、电力线进户时要明显分开，发现电力线与其他线搭接时，要立即找电工处理；

11)在电力线附近立井架、修理房屋和砍伐树木时，必须经电力部门同意，采取防范措施；

12)船只跨过河线时，应及早放下桅杆；马车通过电力线时，不要扬鞭；机动车辆行驶或田间作业时，不要碰电杆和拉线；

(2)采取技术防护措施。

为了防止用电事故，通常采用的技术防护措施有两种：一是用电设备的接地保护；二是安装漏电保护器。而且这两种保护措施应同时使用。

三、电气安全用具与电工仪表

(一)电气安全用具

电工安全用具，是指在电力线路或电气设备上工作，为了保证作业人员的安全，防止触电、坠落、灼伤等事故所必须使用的各种电工专用工具或用具。

1. 绝缘安全用具

绝缘安全用具分为基本安全用具和辅助安全用具。基本安全用具的绝缘强度能长时间承受电气设备的工作电压；辅助安全用具的绝缘强度不能承受电气设备的工作电压，只能加强基本安全用具的保安作用。

(1)基本安全用具。

1)绝缘操作杆。绝缘操作杆又叫绝缘杆、绝缘棒、令克杆等，主要用来拉合 35kV 及以下高压跌落式熔断器、高压隔离开关，安装和拆除便携型接地线，以及进行电气测量和试验等工作。

绝缘操作杆由工作部分、绝缘部分和握手部分构成。

绝缘操作杆的工作部分由铜、铸钢、铝合金等金属材料制成，根据需要，可以做成不同的形状，装于操作杆的顶端。

绝缘操作杆的握手部分和绝缘部分，是由电木、胶木、硬质塑料或经绝缘油煮过的木料制成的，其间由护环隔开。握手部分和绝缘部分的长度，视电压等级和工作环境的不同而定。

绝缘杆在使用和保管中应注意以下事项：

①使用前应用干净的棉布等将绝缘杆表面擦拭干净。

②操作时，应戴绝缘手套，穿绝缘靴或站在绝缘垫(台)上。

③操作者的手握部分不得越过护环，雨天使用一定要有防雨措施。

④使用后应放置在固定的便于取用的地方，并应注意防潮。应垂直存放，放在木支架上或吊挂在室内，不得接触墙壁，以免受潮破坏绝缘。

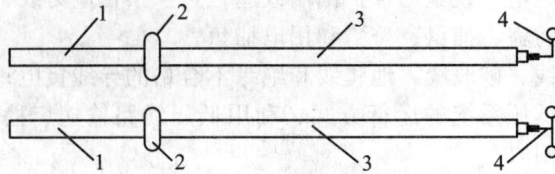

图 10-6　高压绝缘操作杆
1—操作手柄；2—护环；3—绝缘杆；4—金属钩

2）绝缘夹钳。又叫绝缘钳，用来安装和拆卸高压熔断器或执行其他类似工作的工具，35kV 及以下系统。

结构：工作钳口、绝缘部分（钳身）、握手部分（钳把）构成。

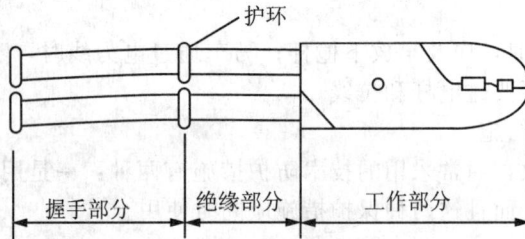

图 10-7　绝缘夹钳

使用时要戴绝缘手套和穿绝缘靴或站在绝缘台（垫）上，带护目镜。夹钳上不允许装接地线。保存在专用的箱子或匣子里。

（2）辅助安全用具。

1）绝缘手套。绝缘手套是用特种橡胶制成的。它是在高压电气设备上操作时的辅助安全用具，也是在低压设备的带电部分上工作时的基本安全用具。根据规程要求，绝缘手套必须定期检查并进行交流耐压试验和泄漏电流试验。

2）绝缘靴。绝缘靴也是用特种橡胶制成的，里面有衬布，通常不上漆。

在操作电气设备时，必须穿绝缘靴，以便与地保持绝缘和防止跨步电压触电，平时不用时要放在干燥无油迹的柜子里，并与其他工具分开。

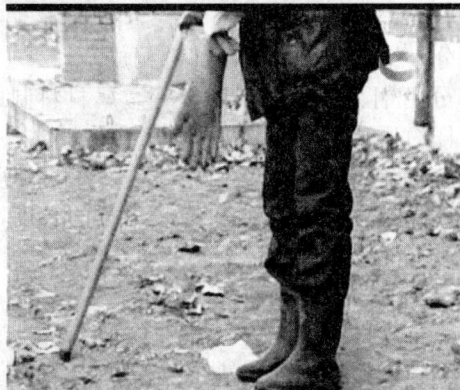

图 10-8　绝缘手套和绝缘靴

根据规程要求，绝缘靴必须定期检查并进行交流耐压和泄漏电流的试验，试验周期一般为 6 个月。应当注意，不能用普通水靴代替绝缘靴，也不能将绝缘靴当普通水靴穿用。

3）绝缘垫、绝缘台。绝缘垫和绝缘台的作用与绝缘靴相同。

绝缘垫一般用特种橡胶制成，通常铺在配电装置周围地面上，以便在操作时增强绝缘。

绝缘垫必须放在干燥的地方，经常保持清洁。一旦发现绝缘垫破损等情况，应立即停止使用。

绝缘台是用干燥而坚固的木条制成的，底部的四角用针式绝缘子（瓷绝缘子）作为支持物。木条与木条之间的距离不得大于 2.5cm，以免鞋跟陷入。台面板用的支持瓷绝缘子高度不得小于 10cm。

2. 一般安全用具

（1）临时接地线。临时接地线一般装设在被检修区段两端的电源线路上。用来防止突然来电、防止邻近高压线路的感应电以及用来放尽线路或设备上可能残留的静电。

（2）安全带。安全带又称安全腰带，是用于防止坠落事故发生的"保险带"。它是高处作业时防止由于操作人员失误或设施有缺陷而发生人身伤亡的"救命带"。因此，一切高处作业人员必须使用安全带。

使用安全带的注意事项：

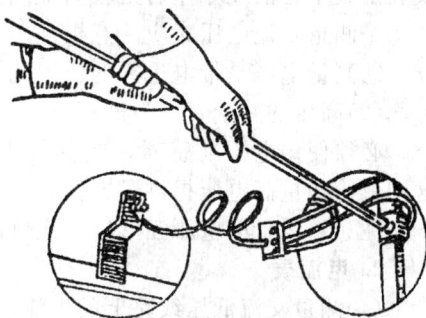

图 10-9　临时接地线

1）使用前应检查安全钩环是否齐全，保险装置是否可靠，大、小带有无老化、脆裂、腐朽等现象，若发现有破损、变质等情况，严禁使用。

2）安全带应高挂低用或平行拴挂，严禁低挂高用。

3）使用安全带时，只有勾好安全钩环，上好保险装置，才可探身或后仰；杆上转位时，不应失去安全带的保护。

4）安全带不应拴挂在杆尖和其他要撤换的部件上，而应系在电杆上合适、可靠的部位。

（3）遮拦。遮拦主要用来防止工作人员无意碰到或过分接近带电体，也用于检修安全距离不够时的安全隔离装置。

（4）标示牌。标示牌是一种安全标志设施。悬挂标示牌的目的是，提醒作业人员和有关工作人员及时纠正将要进行的错误操作或动作，指出正确的工作地点，警告他们不得接近带电部分，提醒他们采取适当的安全措施，或者禁止向有人工作的地点送电。标示牌宜用绝缘材料制作，其式样应符合安全规程的要求。

布置标示牌的数目和地点应根据具体条件和安全工作的要求来决定。

（5）其他安全工器具。在电工作业中，经常使用的一般安全用具还有脚扣、踏板、安全帽、梯子等。

图 10-10　遮拦和标示牌

(二)电工仪表

电气测量仪表的作用:

①监视电气设备的运行情况。

②判断电气设备运行情况。

③检修电气设备的故障。

正确使用电工仪表不仅是技术上的要求,而且对人身安全也是非常重要的。

1. 电压表

(1)低压电压的测量。

电压表是并联在线路中进行测量的。

测量时应注意的事项:

①首先要估计被测电压值的范围,选好挡位,以免损坏仪表。一般以被测量处于仪表最大量程的 2/3 左右处较为准确。

②测量直流电压时应注意极性。

③测量电压是带电进行的,因此要注意安全。

(2)高压的测量。

必须使用电压互感器,或称仪用变压器,俗称 PT。其二次电压一般都是 100V,这样就给测量高电压提供了方便。

注意:运行中电压互感器二次侧严禁短路。

2. 电流表

(1)测量交流低压线路上的电流。

只要把电流表串接在需要测量的电路中即可,不过在测量前要预先估计好被测量线路中的电流最大值,以便选挡位。

测量直流电流时,要注意正负极性不能接错,以防烧坏电表。

(2)测量交流高压线路上的电流。

为了人身和设备的安全,要使用电流互感器,俗称 CT。其二次电流一般为 5A。

注意:运行中,电流互感器二次侧严禁开路。

3. 钳形电流表

钳形电流表又称钳形表,它是一种不须断开电路就可直接测量交流电流的携带式仪表,在电气检修中使用非常方便,应用相当广泛。它的工作部分主要由电磁式电流表和穿心式电流互感器组成,其外形与结构如图 10-11 所示。

测量时,按动扳手,打开钳口,将被测载流导线置于穿心式电流互感器中间即可。

钳形电流表的正确使用要点如下:

1)测量前,应检查电流表指针是否指向零位。否则,应进行机械调零。

2)测量前,应检查钳口的开合情况,要求钳口可动部分开合自如,两边钳口结合面接触紧密。

3)测量时,量程选择旋钮应置于适当位置,以便在测量时使指针超过中间刻度,以减少测量误差。

4)测量时,应使被测导线置于钳口内中心位置,以利于减少测量误差。

5)钳形表不用时,应将量程选择旋钮旋至最高量程挡,以免下次使用时不慎损坏仪表。

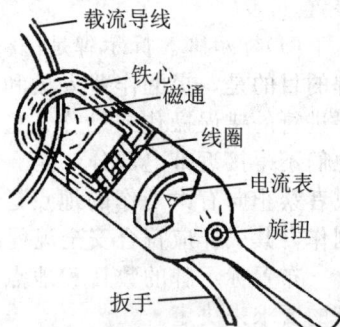

图 10-11 钳形电流表

载流导线
铁心
磁通
线圈
电流表
旋扭
扳手

4. 万用表

万用表又名万能表，是一种多用途、多量限的直读式仪表。一般万用表可用来测量直流电流、直流电压、交流电压、电阻等。有的万用表还可以测量交流电流、电感、电容及晶体管的电流放大系数等参数。万用表使用简单、携带方便，是电工工作人员的常备工具，可用来检测电路及各种电气设备的参数。

1)结构原理。

指针式万用表是磁电式万用表。它主要由高灵敏度的磁电式测量机构(又称表头)、测量电路和转换开关三部分组成。

极性：表盘上的极性与内电池的极性相反；

挡位：电压、电流、电阻，交流、直流；

读数：表头量程应在1/2~2/3处，测量值误差小。

2)使用方法。

万用表虽然有多用途、多量程的优点，但如果使用不当，选择或接线错误，即可能带来烧表或触电的危险。

①正确接线

万用表面板上的插孔(或接线柱)都有极性标记。正确的接线是：红表笔应插入标有"＋"号的插孔，黑表笔应插入标有"－"号的插孔。测量直流电压或直流电流时，应注意被测量的极性和仪表的极性保持一致，防止因极性接反而烧坏表头或撞坏表针。

用欧姆挡去判断二极管的极性时，应记住其"＋"插孔是接自内附电池的负极，而"－"插孔是接自正极。有些万用表还有交、直流2500V的高压测量插孔。使用时，黑表笔仍插入"－"插孔，红表笔则插入2500V的插孔。

②正确选择挡位

测量挡位包括测量对象的选择及量程的选择。应根据不同测量对象，选择转换开关的挡位。如需要测量交流电压，应将转换开关旋到交流挡位置。有的万用表(如500型)面板上有两个转换开关：一个是改变被测物理量，一个是改变量程的。使用时，应先选择被测物理量的挡位，后选择量程挡位。

③正确选择测量量程

选择好测量物理量种类的挡位后，就应正确选择测量的量程。如果测量前不便估计被测量的大致范围，可以从大量程开始试验性测量，尽量使仪表指针指示在满刻度二分之一以上的位置。这样，测量的结果就会比较准确。

④正确操作转换开关

测量中需要切换转换开关时，应当先停止测量。不要在带电的情况下进行，特别是带高电压、大电流的情况下切换，会使转换开关烧伤损坏。

⑤正确读数

万用表的刻度盘上有许多条标度尺，分别用于不同的测量对象。测量时要在相应的标度尺上读取数据(见下图)。

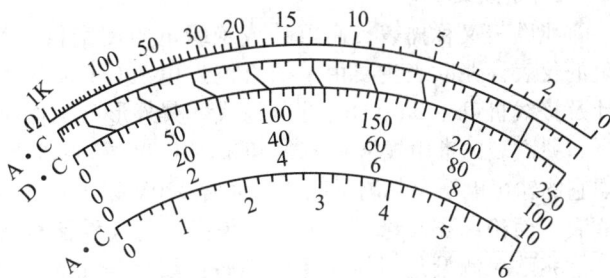

图10-12　万用表刻度

直流电流和直流电压，共用一条标度尺，刻度是均匀的。标度尺的一端或两端标有"DC"或"一"符号，表示测量直流用；标有"AC"或"～"符号，表示测量交流用。交流和直流的标度尺合用读数时，用短斜线将其相应的刻度连起来，读取数据时应特别注意。测量低电压交流的标度尺一般位于标度盘的下方，这样读数比较准确。

⑥正确使用欧姆挡

a. 选择适当的倍率挡：电阻的标度尺大多在标度盘的最上一行，用符号"Ω"标示；读数在线上方；右端为零开始，分格由疏渐密，到左端为"∞"；测量范围由 R×1 到 R×1000 等分成多挡。测量电阻时，一般以指针位于标度盘的中心位置比较准确。

b. 调零：在测量电阻之前，合理选择倍率挡后，首先应将两表笔短接在一起，使指针指在零位。如果指针不在零位，应调节零旋钮，使指针调在零位，以保证测量的准确性。而且，每更换一次倍率挡，应进行一次调零。

3）使用注意事项。

万用表的种类形式很多，表盘上旋钮、测量范围各有差异，因此，在使用之前必须了解仪表的性能及各种部件的作用。

为正确使用万用表，一般应注意以下几点：

①使用万用表时应检查表盘符号，"□"代表平放使用，"⊥"代表垂直使用，如 MF－20 表即属垂直使用类。不应放在振动较大的地方。

②使用前，应先查看表针是否停在表盘最左端的"0"位处，否则应调零。

③根据测量的对象，将旋钮转至所需的位置。

④测量前还应检查二只试笔插的位置，红色的应插入"＋"号插孔内，黑色的应插入"－"号的插孔内。

⑤选择范围应尽可能使指针指在满刻度的 2/3 附近，这样可使读数精确。

⑥不得用万用表的电阻挡去直接测量微安表头、检流计、标准电池等仪表、仪器的内阻。

⑦测量某电路中的电阻前，必须首先切断电源，确认该电阻无电流通过时，才能进行测量。测量电阻的欧姆挡是表内电池供电的，如果带电测量，就相当于接入一个外加电源，不但会使测量结果不准确，而且可能烧坏表头。

⑧使用万用表测量时，应注意人身和仪表的安全。测量时，试笔的拿法应像使用钢笔的拿法，注意手指不要触及表笔的金属部分，以保证安全及测量的精确。

⑨使用完毕后，应将旋钮放置在交流电压的最高挡（或空挡位置上），以防电池漏电。存放时应放在干燥通风、无振动、无灰尘的地方或仪表箱内。

5. 兆欧表

兆欧表又称摇表、高阻计或绝缘电阻测定仪，是一种测量电器设备及电路绝缘电阻的仪表。兆欧表主要由手摇直流发电机（有的用交流发电机加整流器）、磁电式流比计及接线桩（L、E、G）三部分组成，其外形与工作原理如图 10-13 所示。

兆欧表的常用规格有 250、500、1000、2500 和 5000V 等挡级。选用兆欧表主要应考虑它的输出电压及其测量范围，通常 500V 以下低压电气设备和线路选用 500～1000V 兆欧表，而绝缘子、母线、刀开关等高压电气设备和线路应选用 2500V 以上兆欧表。

兆欧表测量范围的选择原则是：要使测量范围适应被测绝缘电阻的数值，否则将发生较大的测量误差。

1）使用前的检查。

①在摇测前，对摇表先做一次开路和短路检查试验。先将 E 和 L 端钮两根连线开

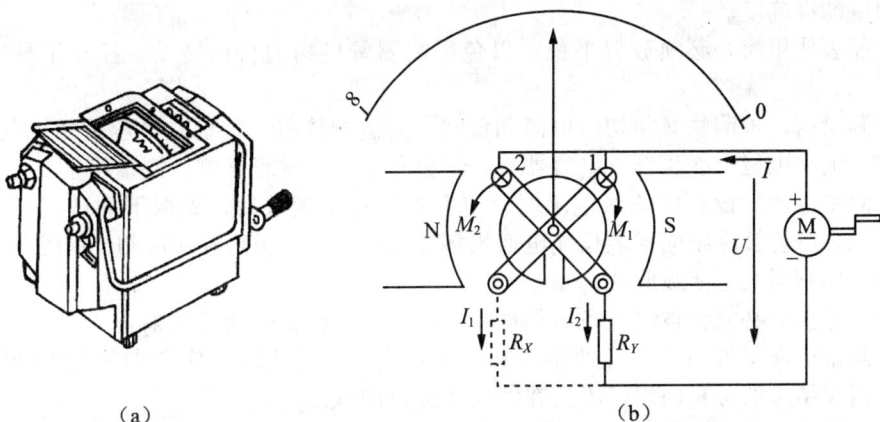

（a）　　　　　　　　　　　　　　（b）

图 10-13　兆欧表

路。摇动手柄达到发电机的额定转速（120r/min），观察指针是否指到"∞"处，再将两根连线短路，慢慢加速摇表，观察指针是否指"0"处，如两次试验指针指示不对，则说明摇表本体内有故障需调修后再使用。

②检查被测电气设备和线路，看其是否已全部切断电源。绝对不允许设备和线路带电时用兆欧表去测量。

③测量前应对设备和线路先行放电，以免设备或线路的电容放电危及人身安全和损坏兆欧表，同时还可以减少测量误差。

2）接线方法。

摇表有三个接线柱：线路（L）、接地（E）、屏蔽（或称保护环）（G）。根据不同的测量对象，应做相应的接线。

①测量设备对地绝缘电阻时，E 端接于地线上，L 端接被测的线路上。

②测量电机或电气设备外壳绝缘电阻时，E 端接在被测设备的外壳上，L 端接在被测导线或绕组的一端。如果泄漏电流过大，则应将 G 端接于导线与外壳之间的绝缘介质上，以消除漏电流。

③测量电机、变压器及其他设备的绕组相间绝缘电阻时，将 E 与 L 端分别接于被测两相的导线或绕组上。

④测量电缆芯线时，将 E 端接在电缆的外表皮（铅套）上，L 端接芯线，G 端接在芯线最外层的绝缘包扎层上，以消除表面泄漏电流而引起的读数误差。

3）手摇发电机的操作。

开始测量时，手摇速度应该慢些，以防止在被测设备有短路现象（指针指"0"）时损坏摇表。测量中，摇把的转速由慢至快，至 120r/min 时，发电机输出额定电压。摇把转速应均匀、稳定，不要时快时慢，一般摇动 1min，待指针稳定下来之后读数。如果手摇的转速太慢，则发电机的电压过低，摇表转矩很小，将给测量结果带来额外的误差。为获得准确的测量结果，要求手摇发电机在额定转速（120r/min）待调速器发生滑动后仍保持转速稳定的情况下测定。

4）使用注意事项。

①在测试前，应选取远离外界磁场的地位。

②应使用仪表专用测量线，或选用绝缘强度较高的两根单芯多股软线，不应选用绞型绝缘软线或平行线。摇测时测试线不可与新测电气设备的外壳、地面接触，以免

影响测量的准确度。

③摇表使用时，必须放置平稳，以免影响测量机构的自由转动，摇动手柄时勿使表受震动。

④测量前，被测物必须切断电源和负载，并进行放电。特别是电容性的电气设备，如电缆、大型电机、变压器、电容器等，应充分放电后进行摇测。测量终了也应放电。

⑤测量电容性设备的绝缘电阻时，应在取得稳定读数后，先取下测试线，再停止摇动摇把，以防被测物向摇表反充电而损坏摇表。记录数值可在 15s 和 60s 时各记录一次数值，以判断其绝缘吸收比。

⑥测量前，必须将被测设备清扫擦拭干净，否则会影响测量结果。

⑦测量前应了解周围环境的温度和湿度，当湿度过大时，应考虑接用屏蔽线，温度可作测量结果的分析因素。不宜在雷雨天进行测试。

⑧在测量过程中，如果指针指向"0"位，表明被测绝缘已经失效。应立即停止转动摇把，防止烧坏摇表。

⑨在测量过程中，禁止无关人员接近被测设备，操作人员也不得触及设备的测量部分或摇表的接线柱、测试线等。对于测量后尚没充分放电的电容性设备，放电前所有人员都不得接近或触及，以防触电。

⑩测量应尽可能在设备刚停止运转时进行，以使测量结果符合运转时的实际温度。

6. 接地电阻测量仪

测量各种接地装置的接地电阻仪由手摇发电机、电流互感器、滑线电阻、转换开关及检流计等组成。接地电阻测量仪一般有 E、P、C 三个端子。测量时按下图进行接线。

首先将两根探针分别插入地中，使接地极 E′、电位探针 P′和电流探针 C′三点摆在一条直线上，E′至 P′的距离为 20m，E′至 C′的距离为 40m，然后用专用的导线分别将 E′、P′、和 C′接至仪表相应的端钮上。将仪器置于水平位置，检查检流计的指针是否指在刻度中间的零位上，如有偏差应用零位调节螺丝进行调整。接地电阻仪不仅有"倍率盘"，而且有用来读数的"测量标度盘"。测量时将倍率盘置于最大倍数。在完成上述步骤后缓缓摇动发电机手柄，调节"测量标度盘"，使检流计的指针趋向零位，当指针接近零位时，加快发电机手柄的转速，达到 120r/min 左右，再调整"测量标度盘"，使指针指于零位上。如果"测量标度盘"的读数小于 1，则应将"倍率盘"置于较小的倍数，再重新调整"测量标度盘"，以便得到正确的读数。当指针完全指零，则"测量标度盘"的读数乘以倍率标度，即为所测的接地电阻值。在测量时如发现检流计的灵敏度过高，可将电位探测针 P′插入土中浅一些；当发现检流计灵敏度不够时，可在电位探测针 P′和电流探针 C′周围注水使其湿润。

测量时，接地线路要与被保护的设备断开，以便得到准确的测量结果。

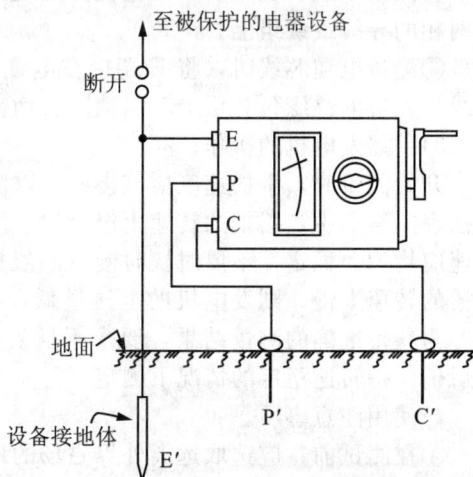

图 10-14 接地电阻测量仪

第二节　防触电技术

一、直接接触电击防护

绝缘、屏护、间距是防止直接接触电击的技术措施。

（一）绝缘

绝缘是用绝缘物把带电体封闭起来。双重绝缘是指基本绝缘外，还有一层独立的附加绝缘。加强绝缘是指绝缘材料对机械强度和绝缘性能都加强了的基本绝缘，它具有与双重绝缘相同的触电保护能力。

1. 绝缘材料

电工绝缘材料是指电阻率一般为 $10^9\Omega\cdot cm$ 以上的材料。电工常用的绝缘材料按其化学性质不同，可分为无机绝缘材料、有机绝缘材料和混合绝缘材料。常用的无机绝缘材料有：云母、石棉、大理石、瓷器、玻璃、硫黄等，主要用做电机、电器的绕组绝缘、开关的底板和绝缘子等。有机绝缘材料有：虫胶、树脂、橡胶、棉纱、纸、麻、人造丝等，大多用以制造绝缘漆，绕组导线的被覆绝缘物等。混合绝缘材料为由以上两种材料经过加工制成的各种成型绝缘材料，用做电器的底座、外壳等。

2. 绝缘材料的性能指标

绝缘性能指标有绝缘电阻、耐压试验、泄漏电流、介质损失角、抗张强度、比重、膨胀系数等。

3. 绝缘材料击穿的基本形式

绝缘材料击穿有三种基本形式：热击穿、电击穿、电化学击穿。

热击穿：绝缘材料在外加电压作用下，产生的泄漏电流使绝缘材料发热，若发热量大于散热量，绝缘电阻随温度升高而减小，泄漏电流增大，进一步发热，最终绝缘材料被击穿。

电击穿：绝缘材料在强电场作用下，其内部存在的少量自由电子产生碰撞游离，使传导电子增多，电流增大，如此激烈地发展下去，最后导致击穿。

电化学击穿：绝缘材料受腐蚀气体、蒸汽、潮湿、粉尘、机械损伤等作用，绝缘性能变坏（老化），最后失去绝缘防护作用。

4. 主要电气设备或线路应达到的绝缘电阻值

1）新装和大修后 1kV 以下的配电装置，每一段绝缘电阻不应小于 $0.5M\Omega$，电力布线绝缘电阻不应小于 $0.5M\Omega$；新装和运行 1kV 以上的电力线路，要求每个绝缘子绝缘电阻不应小于 $300M\Omega$。

2）新投变压器的绝缘电阻值应不低于出厂值的 70%。

3）交流电动机定子线圈的绝缘电阻额定电压为 1000V 以上者，常温下应不低于每千伏 $1M\Omega$，转子线圈的绝缘电阻应不低于每千伏 $0.5M\Omega$。额定电压低于 1000V 以下者，常温下应不低于每千伏 $0.5M\Omega$，温度越高绝缘电阻越低。

（二）安全间距

间距是将可能触及的带电体置于可能触及的范围之外。为了防止人身伤亡和设备事故的发生，应当规定出带电体与带电体之间、带电体与地之间、带电体与其他设备之间、带电体与工作人员之间应保持的最小空气间隙，称为安全距离或安全净距。

安全距离的大小取决于电压高低、设备类型、环境条件和安装方式等因素。架空线路的间距还应考虑气温、风力、覆冰和环境条件的影响。在安全规程中都做出了明确规定，电气工作人员都必须严格遵循。

(三)屏护

屏护是采用遮栏、护罩、护盖、箱闸等将带电体同外界隔绝开来。不论高压设备是否有绝缘，均应采取屏护或其他防止接近的措施。

1. 屏护装置的种类

屏护装置分为永久性的屏护装置、临时性的屏护装置、固定屏护装置和移动屏护装置等。

2. 屏护装置的相关安全条件

①屏护装置应有足够的尺寸，与带电体之间应保持必要的距离。
②被屏护的带电部分应有明显标志，标志用规定的符号或涂上规定的颜色。
③遮拦、栅栏等的屏护装置上，应根据被屏护对象挂上警告牌，必要时应上锁。
④配合采用信号装置和联锁装置。

3. 屏护的应用

屏护装置主要用于电气设备不便于绝缘或绝缘不足以保证安全的场合。以下场合需要屏护：

(1)开关电器的可动部分：闸刀开关的胶盖、铁壳开关的铁壳等；
(2)人体可能接近或触及的裸线、行车滑线、母线等；
(3)高压设备，无论是否有绝缘；
(4)安装在人体可能接近或触及场所的变配电装置；
(5)在带电体附近作业时，作业人员与带电体之间、过道、入口等处应装设可移动临时性屏护装置。

二、间接接触电击防护

保护接地、保护接零、漏电保护、加强绝缘、电气隔离、安全电压、等电位连接、绝缘监视等是防止间接接触电击的技术措施。其中，保护接地、保护接零是防止间接接触电击的基本技术措施。

(一)接地的基本概念

接地——电器设备或装置的某部分与大地之间作良好的电气连接称为接地。
接地体——埋入地中并直接与大地接触的金属物体，称为接地体。
人工接地体——专门为接地而人为装设的接地体，称为人工接地体。
自然接地体——兼做接地体用的直接与大地接触的各种金属物件、金属管道及建筑物的钢筋混凝土基础等，称为自然接地体。
接地线——连接接地体与电气设备或装置接地部分的金属物导体，称为接地线。
接地线与接地体合称"接地装置"，若干接地体在大地中相互用接地线连接起来的一个整体，称为"接地网"。
接地的分类：

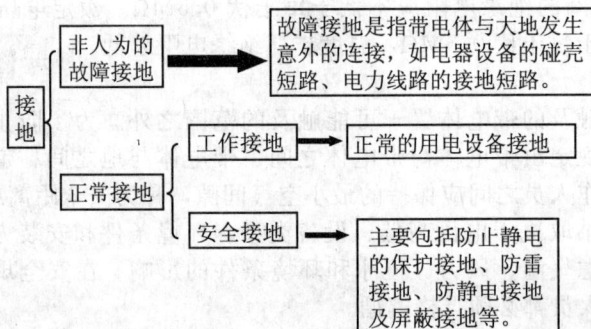

(二)保护接地

保护接地就是把在故障情况下，可能呈现危险的对地电压的金属部分同大地紧密连接起来。

1. 保护接地原理

电气设备外壳未装保护接地时，如图 10-15 所示。

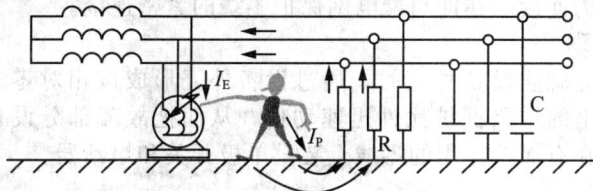

图 10-15   电气设备外壳未装保护接地

当电气设备内部绝缘损坏发生一相碰壳时：由于外壳带电，当人触及外壳，接地电流 I_E 将经过人体入地后，再经其他两相对地绝缘电阻 R 及分布电容 C 回到电源。当 R 值较低、C 较大时，I_E 将达到或超过危险值。

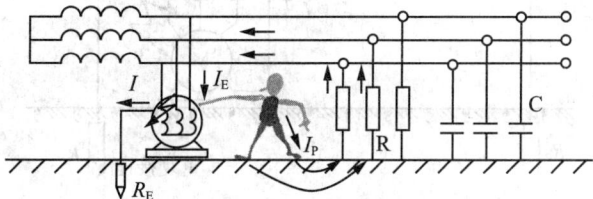

图 10-16   电气设备外壳安装保护接地

电气设备外壳安装保护接地时通过人体的电流：

$$I_P = I_E \frac{R_E}{R_P + R_E}$$

式中：R_P——人体电阻；

R_E——接地电阻；

I_P——人体电流；

I_E——接地电流。

而 $R_P \gg R_E$，所以通过人体的电流可减小到安全值以内。

综上所述，保护接地的作用是把故障电压限制在安全范围以内，即利用接地装置的分流作用来减少通过人体的电流，消除触电危险。在不接地配电网中采用接地保护的系统称为 IT 系统。字母 I 表示配电网不接地或经高阻抗接地、字母 T 表示电气设备外壳接地。

2. 保护接地的应用范围

适用于不接地电网中。电机、变压器、电器、携带式或移动式用电设备的底座和外壳；电气设备的传动装置；互感器的二次线圈；配电柜、控制台、保护屏的金属架和外壳；交直流电力电缆接线盒、终端盒的金属外壳及电缆的金属护层和穿线钢管。

3. 接地电阻值

低压电气设备：380V 不接地电网中，设备保护接地电阻 $R_E \leqslant 4\Omega$；配电变压器或发电机容量 <1000kVA 时，$R_E \leqslant 10\Omega$。

高压电气设备：小接地电流电网（电网中性点不接地或经消弧线圈接地）$R_E \leqslant 10\Omega$，中小容量的 10kV 电网 $R_E \leqslant 4\Omega$；大接地电流电网（电网中性点直接接地）$R_E \leqslant 0.5\Omega$。

（三）保护接零

保护接零是指电气设备在正常情况下，把不带电的金属外壳或构架与电网的零线紧密连接起来，它是在中性点直接接地，电压为 380/220V 的三相四制配电网中，防止在故障带电体上发生触电事故的安全措施。采用接零保护的系统称为 TN 系统。字母 T 表示配电网中性点接地，字母 N 表示电气设备在正常情况下不带电的金属部分与配电中性点之间金属性的连接，亦即与配电网保护零线的紧密连接。

1. 保护接零原理

当某相带电部分碰连设备外壳时，通过设备外壳形成该相对零线的单相短路，短路电流能促使线路上的短路保护元件迅速动作，从而把故障部分设备断开电源，消除电击危险。不允许在有保护作用的零线上装设单极开关和熔断器。

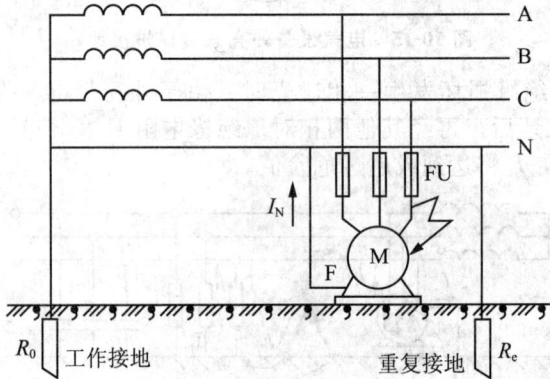

图 10-17　保护接零原理图

2. TN 系统分为 TN−S 系统、TN−C 系统、TN−C−S 系统

TN−S 系统：是中性线和保护线完全分开的三相五线制系统。

TN−C 系统：是中性线和保护线合二为一的三相四线制系统。

TN−C−S 系统：一部分设备的中性线和保护线完全分开；另一部分设备的中性线和保护线合二为一。

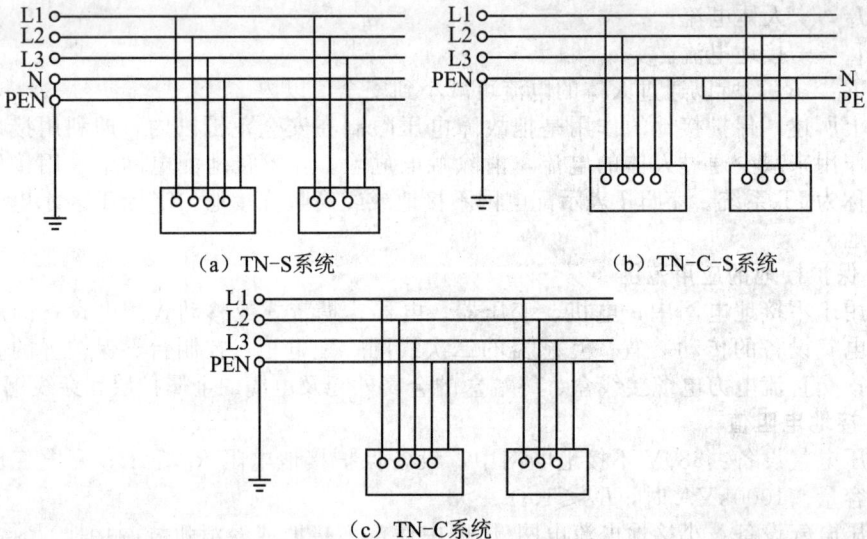

（a）TN-S系统　　　　　　　　（b）TN-C-S系统

（c）TN-C系统

图 10-18　TN 系统分类图

3. 保护接零的应用范围

保护接零用于中性点直接接地的 220/380V 低压配电网。在这种配电网中，凡因绝缘损坏而可能呈现危险对地电压的金属部分均应接零。

4. 重复接地

重复接地是将零线的一处或多处通过接地装置与大地再次连接，如图 10-18 所示。重复接地是保护接零电网中不可缺少的安全措施。

重复接地装置一般要求：架空线路干线和分支线终端及其沿线每隔 1km 就重复接地；车间内部宜采用环路式重复接地，零线与接地装置至少有两点连接，除进线一点外，其对角最远点也应连接，而且车间周边超过 400m 的，每 200m 应有一点接地；接地电阻不应超过 10Ω。

重复接地的作用：

(1)减轻零线断线时的触电危险。如零线没有采用重复接地时发生零线断线，而且在断线后面的某一电气设备又发生一相碰壳，将造成单相接地短路故障，则故障电流通过触及漏电设备的人体和变压器的工作接地构成回路。因为人体电阻 R_P 比工作接地电阻 R_E 大得多，所以人体几乎承受了全部相电压，造成严重触电的危险。

当零线采用了重复接地后，这时接地短路电流主要通过重复接地的电阻形成回路。

(2)降低漏电设备外壳的对地电压。

(3)缩短故障持续时间。当发生碰壳接地短路时，因为重复接地在短路电流返回的途径上增加了一条并联支路，使单相短路电流增大，加速了线路保护装置的动作，缩短了故障持续时间。

(4)改善配电线路的防雷。架空线路零线上的重复接地，对雷电流具有分流作用，因此有利于防止雷电过电压。

5. 工作接地

工作接地是指变压器低压侧中性点与接地装置直接连接，即为中性点接地，也称工作接地。

工作接地的作用：在工作和事故情况下，保证电气设备可靠地运行，降低人体的接触电压，迅速切断故障设备。电气系统中，电力变压器中性点接地、避雷器组的引出线端接地等均属于工作接地。

(四)TT 系统

TT 系统的第一个字母 T 表示配电网中性点接地，第二个字母 T 表示电气设备外壳接地。也是属于保护接地的系统。这种系统虽可降低危险电压，但却不能彻底消除危险，因而一般不允许采用。

采用 TT 系统时，被保护设备的所有外露导电部分均应与接向接地体的保护导体连接起来。采用 TT 系统应当保证在允许故障持续时间内漏电设备的故障对地电压不超过某一限值。

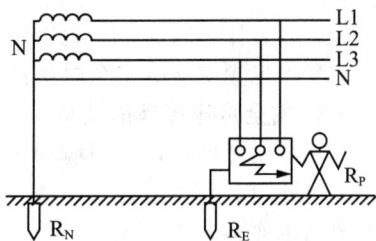

图 10-19　TT 系统原理图

TT 系统主要用于低压共用用户，即用于未装备配电变压器，从外面引进低压电源的小型用户，采用 TT 系统必须装用漏电保护器。

注意：中性点接地系统中(1)不允许采用保护接地，只能采用保护接零；(2)不准保护接地和保护接零同时使用。

因为保护接地和保护接零同时使用时：

$$I_E = \frac{U_P}{R_N + R_E}$$

当 A 相绝缘损坏碰壳时，接地电流：

$$I_E = \frac{220}{4+4} = 27.5(A)$$

式中：R_E——保护接地电阻 4Ω；

R_N——工作接地电阻 4Ω。

此电流不足以使大容量的保护装置动作，而使设备外壳长期带电，其对地电压为 110V。

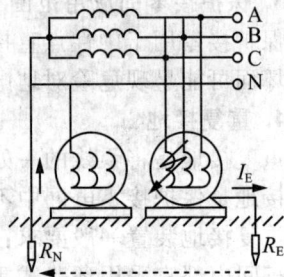

图 10-20　保护接地和保护接零
同时使用示意图

所以在同一低压系统中，TT 系统和 TN 系统不能混用。否则当 TT 系统设备碰壳时，将使得所有采用 TN 系统的设备外壳长期带电，扩大了危险范围。

(五)接地、接零装置的安全要求

(1)导线的连续性。

(2)连接可靠。

(3)足够的机械强度。

(4)足够的导电能力和热稳性。

(5)防止损伤。

(6)防腐蚀。

(7)必要的地下安装距离。

(8)接地、接零支线不得串联。

(9)接地电阻和线路保护装置符合要求。

▶第三节　安全电压和漏电保护

一、安全电压

1. 安全电压概念

安全电压是指接触后而不致于使人短时间内受到伤害的电压。安全电压实际上是相对的。

若取人体电阻为 1700Ω，则安全电压上限值为 1700Ω×30mA=50V。

我国工频交流电安全电压额定值有 42V、36V、24V、12V、6V 五个系列。

2. 安全电压等级的选用

一般要考虑一定的环境和条件：

1)隧道、人防工程、高温、有导电灰尘或灯具离地面高度低于 2m 等场所的照明，电源电压应不大于 36V。

2)在潮湿和易触及带电体场所的照明电源电压不得大于 24V。

3)在特别潮湿的场所、导电良好的地面、锅炉或金属容器内工作的照明电源电压不得大于 12V。

4)水下作业采用 6V 安全电压。

3. 安全电压的供电电源

由特定电源供电，包括独立电源和安全隔离变压器(由安装在同一铁芯上的两个相对独立的线圈构成）。自耦变压器、分压器和半导体装置等不能作为安全电压的供电电源。

4. 安全电压回路必须具备的条件

1）供电电源输入输出必须实行电路上的隔离；

2）工作在安全电压下的电路，必须与其他电气系统无任何电气上的联系（不允许接地，但安全隔离变压器的铁芯应该接地）；

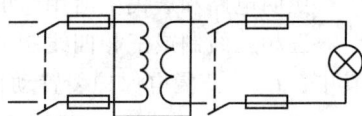

图 10-21　安全隔离变压器

3）采用 24V 以上的安全电压时，必须采取防止直接接触带电体的保护措施，不允许有裸露的带电体；

4）线路符合下列条件：部件和导线的电压等级至少为 250V；安全电压用的插头不能插入较高电压的插座；安全电压的电源要单独自成回路。

二、漏电保护装置

漏电保护装置是一种新型的电气安全装置。适用于 1kV 以下的低压系统。当设备漏电时，三相电流的平衡遭到破坏，出现零序电流；当金属外壳带电，出现对地电压，漏电保护装置检测这两种信号，当零序电流或金属外壳对地电压达到其动作值，漏电保护装置动作，切除故障设备，消除触电危险。

漏电保护装置分为电流型和电压型（已完全淘汰）两种。

1. 漏电保护器的选择

（1）直接接触保护。

图 10-22　电流型安漏电保护装置原理图

对操作人员经常接触的电动工具、移动式电气设备、临时架设的供电线路和没有双重绝缘的手持式电动工具，推荐在供电回路中安装动作电流 30mA，并能在 0.1s 内动作的漏电开关或漏电保护器。

居民住宅安装动作电流 30mA 和在 0.1s 内动作的小容量漏电开关或漏电插座。

额定电压 220V 以上的 I 类电动工具，安装动作电流 15mA 并在 0.1s 内动作的漏电保护器。

（2）间接接触保护。

漏电动作电流：$I \leqslant U/R$。

式中：U——允许接触电压；

R——设备接触电阻。

一般额定电压为 220V 或 380V 的固定电气设备，其外壳接地电阻在 500Ω 以下，单机可配 30mA 且 0.1s 动作的漏电保护器；对额定电流 100A 以上的大型设备或带有多台电气设备的供电回路，也可以选用 500～100mA 动作的漏电开关。

（3）根据工作电压和使用场合选择。

380V/220V 低压电网中，其接地电阻达不到规定值（4Ω 或 10Ω）应装设漏电保护器；潮湿环境即使工作电压低（如 36V），也应安装动作电流 15mA 以下 0.1s 内动作或动作电流 6～10mA 的反时限特性的漏电开关；具有双重绝缘或加强绝缘的低压电气设备，一般情况下不需安装，用在潮湿场所时应安装 15～30mA 并在 0.1s 内动作的漏电

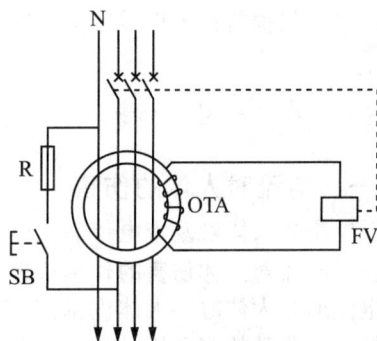

保护，也可安装 10mA 以下动作并有反时限特性的漏电开关。

(4)根据电路和用电设备的正常泄漏电流选择。

泄漏电流不易测，按以下经验公式：

照明电路和居民生活用电的单相电路：$I_{act} \geqslant I_{fmax}/2000$。

三相三线制或三相四线制的动力线路或动力和照明混合线路：$I_{act} \geqslant I_{fmax}/1000$。

其中：I_{act}——漏电保护装置动作电流（A）；

I_{fmax}——电路最大供电电流（A）。

(5)极数和选择

漏电保护器分单极两线、二极三线、三极四线等形式。单极两线，二极三线，三极四线均有一根穿过检测元件而不能断开的中性线，接线时要分清相线和中性线。在安装前首选要分清电网是接地保护还是接零保护，然后弄清用电设备是单相、两相还是三相。

注意事项：装设漏电保护器，同时要装保护线（保护接地或保护接零）；保护线不能穿过漏电保护器；工作零线必须穿过漏电保护器；工作零线不能重复接地。

▶ 第三节　触电急救

一、电流对人体的伤害

触电是指人体触及带电体后，电流对人体造成的伤害。

(一)电流对人体伤害的作用机理及征象

电流通过人体时，人体内部组织将产生复杂的作用。较大的电流通过人体所产生的热效应、化学效应和机械效应，将使人的肌体遭受严重的电灼伤、组织炭化坏死及其他难以恢复的永久性伤害。触电以电灼伤者居多，但在特殊场合，人触及高压后，由于不能自主地脱离电源，将导致迅速死亡的严重后果。

小电流电击使人致命的最危险、最主要的原因是引起心室颤动。发生心室颤动时，血液终止循环，如不及时抢救，很快将导致生物性死亡。

(二)对人体作用电流的划分

对于工频交流电，按照通过人体电流的大小而使人体呈现不同的状态，可将电流划分为三级。

1. 感知电流

用手握带电导体，在直流情况下能感知手心轻轻发热；在交流情况下，因神经受到刺激而感到轻微刺痛。实验证明，对工频交流电而言，成年男性平均感知电流有效值约为 1.1mA，成年女性为 0.7mA。

2. 摆脱电流

电流超过感知电流时，触电者会因肌肉收缩，发生痉挛而紧握带电体，不能自行摆脱电源。人触电后能自行摆脱电源的最大电流值称为摆脱电流。成年男性平均摆脱电流约为 16mA，女性约为 10.5mA。

3. 致命电流

在较短的时间内危及生命的最小电流，又叫室颤电流。

安全电流：在特定时间内，通过人体的电流，对人体未构成生命危险的电流值。IEC 标准对工频交流电是 30mA·s。30mA 是指触电时间不超过 1s 的电流值，即若触电时间超过 1s，30mA 也不安全。

（三）电流对人体伤害程度的因素

电击伤害的程度取决于通过人体电流的大小、持续时间、电流的频率、电流通过人体的途径、电压大小以及个体特征等。

1. 电流强度（大小）对人体的伤害

一般通过人体的电流越大，伤害越严重，死亡危险性也越大。

2. 电流频率对人体的伤害

电流频率在 40Hz～60Hz 对人体的伤害最大。

相同大小的直流电没有交流电危险，但直流电对血液有分解作用，而高频电流不仅没有危害还可以用于医疗保健等。

3. 电流持续时间对人体的伤害

电流通过人体的时间愈长，则伤害愈大。因为通电时间愈长，能量积累增加，引起心室颤动的电流减少；心脏搏动周期与特定的电流相位重合，加重对心脏的伤害；人体电阻因出汗等原因而降低，使得通过人体的电流增大。

4. 电流的路径对人体的伤害

电流通过心脏会导致精神失常、心跳停止、血液循环中断，危险性最大。其中从左手到胸部是最危险的电流路径，其次是从手到脚的路径最危险，而从脚到脚是危险性较小的电流路径。

5. 人体电阻

人体电阻越小，通过人体的电流越大，伤害越严重。人体电阻因人而异，通常为 10^4～$10^5\,\Omega$，当角质外层破坏时，则降到 600～1000Ω。

6. 电压对人体的伤害

触电电压越高，通过人体的电流越大越危险。

二、触电急救

一旦发生人身触电，应迅速准确地进行现场急救，并坚持救治是抢救触电人的关键。不但电工应该正确熟练地掌握触电急救方法，所有用电人都应该懂得触电急救常识，万一发生触电事故就能分秒必争地进行抢救，减少伤亡。触电急救的原则是"迅速、就地、准确、坚持"。

（一）人体触电后脱离电源的方法

发现有人触电时，不要惊慌失措，应赶快使触电者脱离电源，这样才能进一步施行急救的其他措施。应当注意，在脱离电源过程中，救护人员既要救人，也要注意保护自己。触电者未脱离电源前，救护人员不准直接触及伤员。可用"拉、切、挑、拽、垫"的方法使触电者尽快脱离电源。

1. 低压触电时解脱电源的方法

（1）拉闸停电。如果刀开关或插头就在附近，应迅速拉下开关或拔掉插头，以切断电源，如图 10-23 所示。但应注意，如果触电者接触灯线触电，不能认为拉开拉线开关就算停电了，因为拉线开关有可能是错接在零线上的，虽然拉开了拉线开关，但导线仍然有电。所以，应在顺手拉开拉线开关后，再迅速拉开附近的刀开关或保险盒，才比较可靠。

（2）如果开关或插头距触电的距离很远，不能很快把开关或插头拉开，可用带绝缘手柄的电工钳或用干燥木柄的斧头、刀、锄头等利器把电线切断。要注意切断的电线，不可触及人体。如图 10-24 所示。

图 10-23　拉闸断电

图 10-24　切断电源线

（3）当导线断落在触电人身上或压在身下时，可用干燥的木棒、竹竿、木板、木凳等物以免救护人自己触电，迅速地将电线挑开，但千万注意，不能用铁棒等金属物或潮湿的东西去挑电线，也不可将电线挑落在其他人身上。如图 10-25 所示。

（4）如果抢救时身边什么工具也没有，这时若触电人的衣服是干燥的，而且又没有紧缠在身上时，抢救人可用一只手（不可用两只手）厚厚地包上绝缘的物品，如干燥的毛织品、围巾等，拉触电人的衣服，使之脱离电源，注意不要触及触电人的皮肤，也不可拉触电人的脚。如图 10-26 所示。

图 10-25　挑开电源线

进行触电急救时，还必须防护自己和在场人员误触电及加重触电人的外伤。如果有人在高处触电，必须采取防护措施，防止触电人从高处摔下来。

2. 高压触电时脱离电源的方法

（1）若在高压电气设备或高压线路上触电，为使触电者脱离电源，应立即通知有关部门停电，或用适合该电压等级的绝缘工具（如戴绝缘手套、穿绝缘靴并用绝缘棒）脱离触电者，救护人员在抢

图 10-26　拽触电者脱离电源

救过程中，应注意自身与周围带电部分留有足够的安全距离。

（2）触电者在高压带电线路触电，又不可能迅速切断电源开关的，可采用抛挂足够截面积的适当长度的金属短路线方法，使电源开关跳闸，抛挂前，将短路线一端固定在临时接地端上，另一端系重物，但抛挂短路线时，应注意防止电弧伤人或断线危及人员安全。如图 10-27 所示。

（3）如果触电者触及断落在地上的带电高压导线，且尚未验证线路无电，救护人员在未做好安全措施（如穿绝缘靴或临时双脚并紧跳跃地接近触电者）前，不能接近断线点 8～10m 的范围内，以防止跨步电压伤人，触电者脱离带电导线后亦应被迅速带至 8～10m 以外后立即开始急救，只有确定线路已经无电，才可在触电者离开触电导线后，立即就地进行急救。

（二）对症救治

触电者脱离电源后，就地、迅速对触电者进行抢救，同时拨打 120 急救电话。如

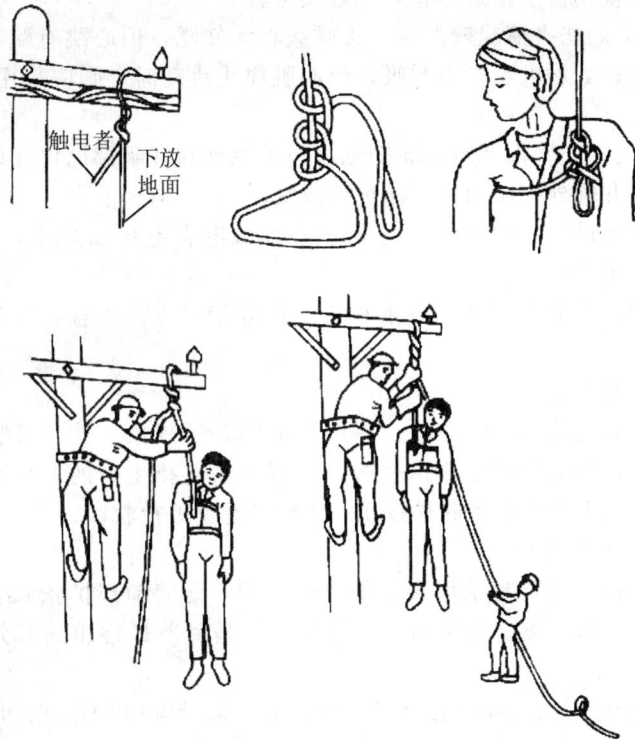

图 10-27　杆上营救

图 10-28 所示。

就地迅速对触电者进行抢救，并坚持不懈，同时拨打120急救电话。

图 10-28　抢救图示

　　首先用看、听、试的方法，迅速检查呼吸、心跳是否停止，瞳孔是否放大。看就是看伤员的胸部、腹部有无起伏动作；听就是用耳贴近伤员的口鼻处，听有无呼吸声音；试就是试测伤员口鼻处有无气流。再用两手指轻试一侧（左或右）喉结旁凹陷处的静动脉有无搏动。如图 10-29 所示。

　　根据上述看、听、试的结果，决定采用何种急救方法。

　　(1) 如果触电人的伤害并不严重，神志还清醒，只是有些心慌、四肢发麻、全身无力或者曾一度昏迷，但很快恢复知觉，则不须做人工呼吸和心脏按压，应让其就地安静地躺下来，休息 1～2h，并注意观察；在观察过程中，如发现触电

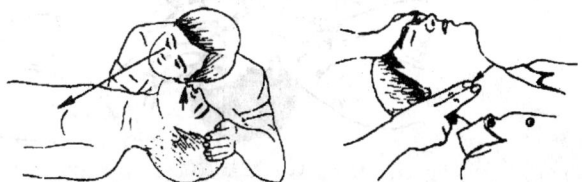

图 10-29　判断触电者呼吸和心跳

243

者呼吸和心跳很不规则甚至接近停止，应赶快抢救。

（2）如果触电人的伤害情况较严重，无呼吸、无知觉，但心跳有跳动时，应采用口对口（鼻）人工呼吸；如触电者虽有呼吸，但心脏停止跳动时，则应采用胸外按压（人工循环）。

（3）如果触电人的伤害很严重，无知觉，心脏跳动和呼吸都已停止时，则需同时采用口对口人工呼吸和胸外按压两种方法进行抢救。

触电急救应就地进行，中间不能停顿。如果触电者电烧伤严重，非送医院不可，在途中也不能对其停止抢救。

在触电急救中，不能用土埋、泼水和压木板等错误方法抢救，避免加快触电者的死亡。

（三）徒手心肺复苏法

人的呼吸和心脏跳动都不能停止。触电后的"假死"现象，就是呼吸和心脏跳动停止造成的。因此，在触电急救中应迅速按心肺复苏法支持生命的三项基本措施，即通畅气道、口对口（鼻）人工呼吸和胸外按压，正确进行就地抢救。

1. 口对口（鼻）人工呼吸

人工呼吸有多种，主要是采用人工的机械作用，促使肺部扩张和收缩，以达到气体交换的目的。口对口呼吸法简单易学，效果好，是目前最常用的有效方法，具体操作步骤如下：

（1）迅速解开触电者的衣扣，松开紧身的内衣、裤带等（解不开时可剪开），使触电者的胸部和腹部能够自由扩张，使触电者仰卧，颈部伸直，掰开触电者的嘴，清除其口腔中的呕吐物、摘下假牙；如果触电者舌头后缩，应把舌头拉出来，使呼吸道畅通（不做人工呼吸时始终拉住舌头，只要舌根不妨碍呼吸就行）；如果触电人的牙关紧闭，可用小木片、金属片等，从嘴角伸入牙缝慢慢撬开，然后，使触电人的头部尽量后仰，以保持呼吸道气流畅通，如图 10-30(a) 所示。

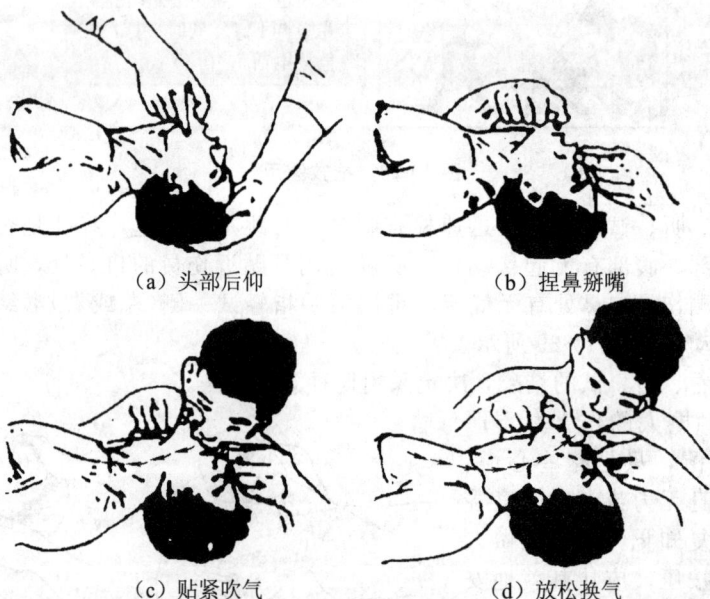

(a) 头部后仰　　　　　　　　　(b) 捏鼻掰嘴

(c) 贴紧吹气　　　　　　　　　(d) 放松换气

图 10-30　口对口呼吸法

（2）救护人在触电者头部的左边或右边，用一只手捏紧触电者的鼻孔（不要漏气），另一只手将其下颌拉向前下方（或托住其后颈），使嘴巴张开（嘴上可盖上一层纱布或薄布），准备接受吹气，如图 10-30（b）所示。

（3）救护人做深吸气后，紧贴触电人的嘴巴向他大口吹气，同时观察其胸部有否膨胀，以决定吹气是否有效和是否适度，如图 10-30（c）所示，每次吹气以使触电者的胸部微微鼓起为宜。

（4）救护人吹气完毕换气时，应立即离开触电人的嘴巴，并放松紧捏的鼻，让他自动呼吸（排气），如图 10-30（d）所示。

（5）抢救开始时，先连续大口吹气两次，每次 1～1.5s，而后，吹气速度应均匀，一般为每 5s 重复一次（吹气 2s，呼气约 3s），即每分钟 12 次；若吹气时有较大阻力，可能是头部后仰不够，应及时纠正；抢救过程中，应每隔 5min 观察一下触电者呼吸是否已经恢复；如触电者已开始自主呼吸时，还应观察呼吸是否会再度停止，如果停止，应再继续进行口对口呼吸，但这时，口对口呼吸要与触电人微弱的自主呼吸规律一致。

口对口呼吸应不间断进行。抢救时，如果触电者牙关紧闭，可采用口对鼻吹气，方法与口对口基本相同。此时，可将触电者嘴唇紧闭，抢救者对准鼻孔吹气。吹气时压力应稍大，时间也应稍长，以利于气体进入触电者肺内。

2. 胸外心脏按压

胸外心脏按压是用人工方法在胸外挤压触电者心跳，代替心脏自然收缩和舒张，从而达到重新产生血液循环的目的，使触电者恢复心脏跳动。此方法不须任何设备，只要通过学习和练习就能掌握。具体操作步骤如下：

（1）正确的按压位置是保证心脏按压效果的前提，确定正确按压位置的方法是用右手食指和中指沿触电者肋弓移至胸骨下的切迹；两手指并齐，中指放在切迹中点（剑突底部），食指平放在触电者胸骨下部，另一只手的掌根紧挨食指上缘，置于触电者胸骨上，即为正确的按压位置。如图 10-31 所示。

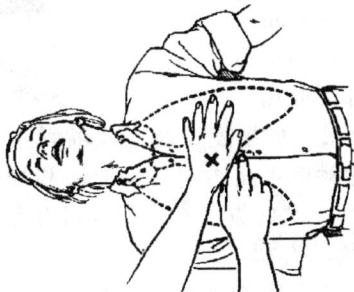

图 10-31　正确按压位置　　　　　图 10-32　两手相扣

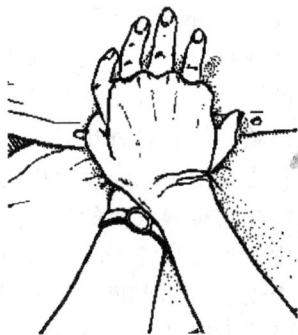

（2）使触电者仰面躺在平硬的地方，救护人员站在或跪在伤员另一侧肩旁，两肩位于伤员胸骨正上方，两臂伸直，肘关节固定不屈，两手相扣，如图 10-32 所示，手指翘起。

（3）救护人以髋关节为支点，利用上身的重力，垂直将触电者压区处的胸骨压 3～5cm（儿童及瘦弱者酌减），以压出心脏里的血液；下压至规定深度后，迅速放松，使胸部利用其弹性恢复原状，心脏舒张，以便血液回流到心脏。

（4）胸外心脏按压要以均匀的速度进行，每分钟 100 次左右，每次按压和放松的时间应相等；按压必须有效，有效的标志是按压过程中可以触及到颈动脉的搏动。

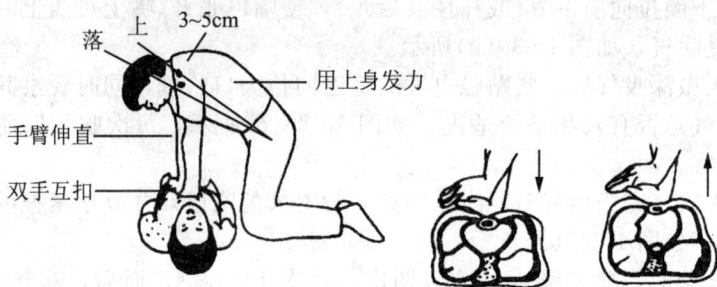

图 10-33　正确按压姿势

采用胸外心脏按压时，还必须注意以下问题：

（1）每次下压结束时，需迅速放松，但手掌根部不要离开胸膛，以防按压部位移动，影响按压效果或发生骨折事故（肋骨骨折可导致气胸、血胸；剑突断裂可引起肝破裂）。

（2）用力方向一定要垂直，并要有节奏、冲击性，否则按压效果不好，且抢救人员易疲劳，不能持久；但用力过小，也达不到按压效果。

（3）按压时间与放松时间应大致相等，此时血流最理想，否则心肺充盈均差，影响血液氧合；另外，为提高按压效果，救护人可用唱数法，自行控制按压速度。

应当指出，人的心脏跳动和呼吸是相互联系的，心脏跳动停止，呼吸很快就会停止，呼吸停止，心脏跳动也维持不了多久。一旦呼吸和心脏跳动都停止，应当同时进行口对口呼吸和胸外心脏按压。其节奏若为单人抢救时，每按压 30 次后吹气两次（30∶2），反复进行。双人抢救时，每按压 5 次后由另一人吹气一次（5∶1），反复进行。

对触电者施行口对口人工呼吸和胸外按压时，抢救要坚持不断，切不可轻率终止。在送往医院的途中也不能停止抢救。抢救过程中，如发现触电者皮肤由

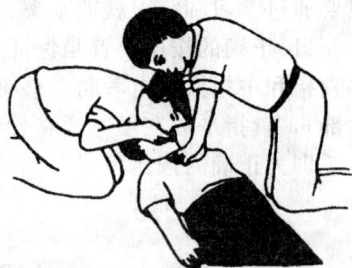

图 10-34　双人心肺复苏

紫变红，瞳孔由大变小，则说明抢救收到了效果。如果发现触电者嘴唇稍有开合或眼皮活动，或喉咙间有咽东西的动作，则应注意触电者是否有自动心跳和呼吸，在正常的抢救过程中，当按吹气 1min 后，应用看、听、试的方法在 10s 时间内完成对伤员呼吸和心脏是否恢复的再判断。若判定静、动脉已有搏动但无呼吸，则暂停胸外按压；如脉搏和呼吸均未恢复，则应继续坚持口对口呼吸和胸外按压。在抢救过程中，要每隔数分钟再判定一次，每次判定时间均不得超过 5~7s。如伤员的心跳和呼吸经抢救后均已恢复，可暂停抢救。但心跳、呼吸恢复的早期有可能再次骤停，应严密监护，要随时准备再次抢救。在抢救中，如果触电者身上出现尸斑或身体僵冷，经医生作出无法救活的诊断后，方可停止抢救。

在抢救伤员的过程中，对触电人打"强心针"，应持慎重态度，如没有必要的诊断设备条件和足够的把握，不得乱用。

所谓"强心针"是指肾上腺素类药物注射液。此类药物能直接兴奋心肌，增强心肌收缩力，并能使冠状动脉扩张，改善心肌的缺氧。这些作用的确有助于停跳的心脏复

跳，故有人称之为"救命针"。但是肾上腺素能增加心肌应激性，在触电者使用时易发生心室纤维性颤动。特别是触电者心跳很微弱时，如误认为无心跳，注射肾上腺素后很可能形成心室纤维性颤动，以致心脏停止跳动而死亡。这样，"强心针"就变成了"送命针"。

▶第四节　电气设备的防火防爆

一、电气火灾和爆炸的原因及相关知识

(一)电气火灾

1. 电气火灾的原因

火灾的酿成必须具备起火源、可燃物和氧气三个条件。如果电气装置设计安装不当，往往在建筑物中因电的原因而形成起火源。电起火源通常以异常高温、电弧(电火花)的形式出现，其发生又是复杂而多样的，一般可归纳为：

(1)线路或电气设备过热：主要是短路、过载、接触不良、散热不良、铁芯发热以及电热设备和照明设备使用不当等原因引起的。

(2)电火花和电弧：电火花和电弧不仅可以直接引燃引爆易燃易爆物质，电弧还会导致金属熔化、飞溅而形成火源。电火花有正常和事故电火花，不论是哪种，在防火防爆环境中都要限制和避免。

(3)静电放电：物体上积聚大量的静电荷后，带静电的物体对地或其他物体放电而将产生静电火花，这实质上仍属于电火花类起因。

火灾的形成，必须满足三个基本条件：火源(能量的积累)、易燃物(易燃环境)和助燃物的存在。因此，防火的最根本所在是从这三个方面采取措施。

2. 电气防火的安全要求

(1)导线容量符合要求；

(2)导线截面满足要求；

(3)绝缘性能满足要求；

(4)安全距离满足要求；

(5)连接处接触良好；

(6)设备无缺陷；

(7)维护保养好。

3. 电气灭火常识

(1)断电灭火：发现火灾时应先切断电源。

(2)带电灭火：使用不导电的灭火器，如：二氧化碳、干粉、"1211"等灭火器；而泡沫灭火器是导电的，不能用以灭火。灭火时应与带电体保持一定的距离和角度。

(二)电气防爆

1. 爆炸

爆炸是指瞬间突发并产生高能量的高温高压气流迅速向四周扩散的现象。

2. 危险环境

不同危险环境选用不同类型的防爆电气设备，正确划分环境的危险程度和级别是必要的。

①GBJ58－83《爆炸和火灾危险场所电力装置设计规范》规定：

第一类：有气体或蒸汽爆炸性混合物场所

Q—1级：在正常情况下，能形成爆炸性混合物的场所。

Q—2级：在正常情况下不能形成，而在不正常情况下能形成爆炸性混合物的场所。

Q—3级：在正常情况下不能形成，在不正常情况下形成爆炸性混合物的可能性较小的场所。

第二类：有粉尘或纤维爆炸性混合物场所

G—1级：在正常情况下，能形成爆炸性混合物的场所。

G—2级：在正常情况下不能形成，而在不正常情况下能形成爆炸性混合物的场所。`

第三类：有火灾危险的场所

H—1级：在生产过程中，生产、使用、加工、储存或转运燃点高于场所环境温度的可燃液体，在其数量和配置上能引起火灾危险的场所。

H—2级：在生产过程中出现悬浮状、堆积状可燃粉尘或可燃纤维，虽不致形成爆炸混合物，但在数量和配置上能引起火灾危险的场所。

H—3级：有固体可燃物质存在，并在数量和配置上能引起火灾危险的场所。

②《爆炸危险场所电气安全规程(试行)》规定：

第一类：气体爆炸危险场所区域

0级区域：在正常情况下，爆炸性气体混合物连续、短时、频繁地出现或长时间存在的场所。

1级区域：在正常情况下，爆炸性气体混合物有可能出现的场所。

2级区域：正常情况下爆炸性气体混合物不能出现，仅在不正常情况下偶然、短时间出现的场所。

第二类：粉尘爆炸危险场所区域

10级区域：正常运行时连续或长时间或短时间频繁出现爆炸性粉尘、纤维的区域。

11级区域：正常运行时不出现，仅在不正常运行时短时间偶然出现爆炸性粉尘、纤维的区域。

3. 防爆安全要求

(1)防爆电气设备选用：根据电气设备安装处的危险级别，选用符合条件的电气设备。应用于危险环境中的电气设备，主要有隔爆型、增安型、本安型、正压型、充油型、充砂型、无火花型、通风充气型等。

(2)防爆电气设备的安装：按规范要求进行安装。选择合理的安装位置，保持必要的安全间距，按规范要求敷设线路。

(3)防爆安全技术：

①消除和减少爆炸性混合物：通风良好，易燃易爆物的密封管理以及其他技术手段。

②隔离。

③消除引燃源。

④接地措施。

二、常用电气设备的防火防爆措施

(一)电力变压器火灾及爆炸预防

(1)保证油箱上的防爆管完好。当变压器油因过热分解，产生大量气体，在压力很大时，它可冲破防爆管、防爆膜向外喷出，保护变压器安全必须保证防爆管和防爆膜完好。

（2）保证变压器装设的保护装置正确完好。当变压器内部或外部发生事故和故障时，保护装置可迅速自动切断电源，保障变压器安全。在变压器运行有异常时，它会向值班人员报警，值班人员可立即处理，避免发生更大事故。

（3）变压器的安装设计必须符合规程规定。如变压器应安装在一级耐火的建筑物内，并有良好的通风；变压器应有蓄油坑、贮油池；两台变压器之间有隔火墙等。施工安装要正确，质量一定要保证。

（4）加强变压器的运行管理和检修工作。要定期检查变压器，监视上层油温不超过85℃；定期做油化试验；定期做变压器的预防性试验。变压器在安装和检修过程中，要防止高低压套管穿心螺栓转动，安装和检修完毕后要根据规定做必要的电气试验等。

（5）可装设离心式水喷雾、"1211"灭火剂组成的固定式的灭火装置及其他自动灭火装置。

（6）干式变压器通风冷却一定要做好，必要时可采取人为措施降低干式变压器的环境温度。

（二）电动机火灾预防

（1）选择、安装电动机要符合防火安全要求。在潮湿、多粉尘场所，应选用封闭型电动机；在比较干燥、清洁的场所，可选用防护型电动机；在易燃、易爆的场所，应选用防爆型电动机。

（2）电动机应安装在耐火材料的基础上。如安装在可燃物的基础上时，应铺上铁板等非燃烧材料，使电动机和可燃烧基础隔开。电动机不能装在可燃结构内。电动机与可燃物应保持一定距离，周围不得堆放杂物。

（3）每台电动机必须装设独立的操作开关和短路保护、过负荷保护装置。对于容量较大的电动机，在三相电源线上可装设缺相保护或装设指示灯监视电源，防止电动机缺相运行。

（4）电动机应经常检查维修、及时清扫、保持清洁；要做好润滑油监视，及时补充和更换润滑油；要保证电刷完整、压力适宜、接触良好；并要控制电动机温度不超过规定值。

（5）电动机使用完毕应立即拉开电动机电源开关，确保电动机和人身安全。

（三）室内电气线路的火灾预防

1. 由于电气线路短路而引起的火灾预防

电气线路发生短路时，由于线路阻抗小，短路电流就相当大，比正常工作电流要大几十倍。这么大的电流使线路在短时间内产生大量热量，如不能立刻发散到周围空气中去，导线温度就会很快升高，引起绝缘材料受热燃烧。有时短路产生的火花也会使距离线路很近的可燃物起火，造成火灾。

由于电气线路短路而引起的火灾预防措施如下：

（1）线路安装好后，要认真严格检查线路敷设质量；测量线路相间绝缘电阻及相对地绝缘电阻（用500V绝缘电阻表测量，绝缘电阻值不应小于0.5MΩ）；检查导线及电气器具产品质量，都应符合国家现行技术标准和要求。

（2）定期检查测量线路的绝缘状况，及时发现缺陷进行修理或更换。

（3）线路中保护设备（熔断器、低压断路器等）要选择正确，动作可靠。

2. 电气线路中由于导线过负荷引起的火灾预防

一定的导线截面积对应一个相应的长期允许电流。线路中最大的工作电流应小于导线长期发热允许电流，只有这样，导线发热才能不超过它的长期允许电流。导线发热若超过其长期发热允许温度，就会加速导线绝缘的老化。温度超过太多时，会引发绝缘材料燃烧，从而引起火灾。

对于导线过负荷引起火灾的预防措施有：

(1)导线截面积要根据线路最大工作电流正确选择，而且导线质量一定要符合现行国家技术标准。

(2)不得在原有的线路中擅自增加用电设备。

(3)经常监视线路运行情况，如发现严重过负荷现象时，应及时切除部分负荷或加大导线截面积。

(4)线路保护设备应完备，一旦发生严重过负荷或长期过负荷电流相当大时，应切断电路，避免事故发生。

3. 电气线路连接部分接触电阻过大造成发热严重引起的火灾预防

线路中导线与导线或导线与开关、熔断器、刀闸，以及负荷连接的地方不牢固、不紧密，连接处的接触电阻就会大大增加，电流通过时就会过热，从而引起火灾。同时，接触不好的地方还会产生电火花，引起附近可燃物起燃，引发火灾。因此，导线连接以及导线与设备连接，必须严格按规范规定进行，必须接触紧密。连接时要认真处理，保证连接后接触电阻符合要求。同时，应尽量减少接头，且在管子内配线、槽板配线等不准有接头。

导线连接要求如下：

(1)连接后与未连接时的导线电阻应一样；

(2)导线连接后恢复绝缘的绝缘电阻应与未连接时的绝缘电阻一样；

(3)连接后导线的机械强度不能减小到原来的80%以下。

(四)特殊用电环境的安全用电

1. 乙炔站或乙炔车间的安全用电

(1)乙炔站的供电一般为三级负荷，不能中断生产用气的可为二级负荷。

(2)乙炔发生器间、乙炔压缩机间、灌瓶间、电石渣坑、丙酮库、乙炔汇流排间、空瓶间、实瓶间、贮罐间、电石库、中间电石库、电石渣泵间、乙炔瓶库、露天设置的贮罐、电石渣处理间、净化器间，应为1区；气瓶修理间、干渣堆场应为2区；机修间、电气设备间、化验室、澄清水泵间、生活间，应为非爆炸危险区。各区域的电气设备及电气线路应按标准要求严格执行。

(3)乙炔接触的计量器具、测温筒、自动控制设备等元件，严禁选用含铜量70%以上的铜合金以及银、锌、镉及其合金材料制造的产品。

(4)乙炔站、乙炔汇流排间的照明，除不能中断生产用气者外，可不设事故照明。乙炔站、乙炔汇流排间和露天设置的贮罐的防雷，应按现行国家标准《建筑物防雷设计规范》的规定执行。

(5)乙炔压缩机、电石破碎机、爆炸危险场所通风设备等，当采用皮带传动机时，皮带应带有消除静电的措施。乙炔设备、乙炔管、乙炔汇流排应有消除静电的接地装置，接地电阻不应大于10Ω。

(6)湿式贮罐的钟罩，应设置上、下限位的控制信号和压缩机的联锁装置，信号的位置应便于操作人员观察。

（7）乙炔站一般应设集中式或分散式气体流量计。

（8）乙炔站的爆炸危险区，应设乙炔可燃气体测爆仪，并与通风机连锁，形成自动排通风系统。

2. 氧气站或制氧车间的安全用电

（1）氧气站、汽化站房的供电一般为三级负荷，不能中断生产用气的可为二级负荷。

（2）氧气站、汽化站房、汇流排间的照明，除不能中断生产用气者外，不设事故照明，但仪表集控间应设局部照明。

（3）制氧间内的高压油开关，其贮油量不应大于25kg。

（4）氧气站、汽化站房等与氧气接触的各类仪表必须无油脂，安装前必须进行脱脂处理。

（5）氧气站、液氧汽化站、氧气汇流排间和露天设置的氧气贮藏罐的防雷措施应有防直击雷、防雷电感应和雷电波侵入的防雷装置。

（6）空分产品加压设备与灌瓶间、贮气囊或湿式贮罐之间，应有联络信号。灌瓶间应设置压缩机紧急停车按钮。

（7）积聚液氧、液体空气的各类设备、氧气管道应有消除静电的接地装置，接地电阻不大于10Ω。

三、电气火灾的扑救方法

（一）带电扑救电气火灾的方法

发生电气火灾时应首先考虑断电灭火，因为断电灭火比较安全。但有时在危急情况下，如等待切断电源后再进行扑救，会延误时机，使火势蔓延，扩大燃烧面积，或者由于断电会严重影响生产，这时就必须在确保灭火人员安全的情况下，进行带电灭火。带电灭火一般在10kV及以下电气设备上进行。

带电灭火很重要的一条就是正确选用灭火器材。例如，绝对不准使用泡沫灭火器对有电的设备进行灭火，一定要用不导电的灭火剂，如"1211"、四氯化碳、二氧化碳和化学干粉等灭火剂。

带电灭火时，为防止发生人身触电事故，必须注意以下几点：

（1）扑救人员及所使用的灭火器材与带电部分必须保持足够的安全距离，并应戴绝缘手套。

（2）不准使用导电灭火剂（如泡沫灭火剂、喷射水流等）对有电设备进行灭火。

（3）使用水枪带电灭火时，扑救人员应穿绝缘鞋、戴绝缘手套，并应将水枪金属喷嘴接地。

（4）在灭火中电气设备发生故障，如电线断落在地上，在局部地区会形成跨步电压。在这种情况下，扑救人员进行灭火时，必须穿绝缘鞋。

（5）扑救架空线路的火灾时，人体与带电导线之间的仰角不应大于45°，并应站在线路外侧，以防导线断落触及人体而发生触电事故。

（二）断电扑救电气火灾的方法

（1）火势较小、火灾面积不大，用就地消防器材可熄灭的火灾，应断开距火源较近的电源。火势较猛、火灾面积较大，用就地消防器材难以熄灭、只有求助外界消防才能熄灭的火灾，应断开距离火源很远的电源。如是晚上必须考虑到断电后不影响灭火作业的照明装置和灭火动力电源。火势凶猛、面积很大、一时难以熄灭的火灾，应考

虑断开远处的电源，但不切断照明及消防泵电源。

(2)断开电源时，必须先切断断路器，再切断隔离开关或刀开关。切断距离火源较近的开关时，必须戴绝缘手套，持绝缘工具，以免由于火烤、烟熏、水淋等原因使其绝缘水平降低而触电。

(3)火势很猛，来不及用开关切断电源时，须用绝缘钳剪断电线。不同相的电线应在不同部位剪断，以避免造成相间短路。在剪断架空电线时，断开点要选在电源方向的支持物的后侧，保证切断的电线不会带电。

(4)剪断电线时，必须单根——剪断，用绝缘工具且站在绝缘台上操作。剪断高压电线必须有安全防护措施和绝缘措施，并戴护目镜且有人监护。

(5)剪断电线时，必须先将着火处的负荷断开，但必须在没有负荷的条件下剪断电线。尽量先将低压负荷关掉，来不及关掉的应拉开负荷的总开关。

(6)情况紧急时允许用有干燥木柄的斧子、铁铲等有绝缘手柄的工具切断电线，但必须遵守上述的规定。

(7)切断电源时必须有第二人监护，只有在情况特别紧急或将发生重大危险时允许一人操作，但必须遵守上述的规定。

(8)切断电源时应考虑该回路上负荷的级别，避免切断后造成更大的损失。当一级负荷将电源倒闸后，才能切断火灾处电源时，同时应与一级负荷的单位取得联系。必要时应进行倒闸操作。

(9)切断电源时必须考虑居民、作业人员及现场其他人员的安全及足够的照明，必要时应启用备用电源。

(三)扑救电气火灾时的注意事项

1. 充油电气设备着火

(1)外部着火时，允许用二氧化碳、"1211"、四氯化碳、干粉等灭火器灭火。使用四氯化碳灭火时，为了防止中毒，灭火人员应站在上风侧，室内灭火必须注意通风。当火势较大时，必须切断电源，用水枪灭火。

(2)油箱破坏、喷油燃烧、火势很大时，必须立即切断电源，同时打开放油阀，将油引入贮油池内，池内及地上的油火应用泡沫灭火器边排边灭，但不得使油流入电缆沟内。一旦流入电缆沟内必须立即堵塞沟口，并用泡沫灭火器将火熄灭。操作放油阀时，灭火器不得停止工作。

(3)充油电气设备的灭火，必须有足够的灭火器材及灭火人员。

2. 电缆及电缆沟着火

(1)电缆着火，必须先切断电源，灭火的同时应寻查着火的原因。灭火时，允许用水枪喷雾、二氧化碳、"1211"、干粉、沙子等。

(2)电缆沟(井、隧道)内电缆着火时，必须先把着火电缆周围的电缆电源切断，然后用手提式干粉灭火器、"1211"或二氧化碳灭火器、喷雾水枪、干沙、干燥黄土等灭火。电缆灭火时，灭火人员必须戴防毒面具、戴绝缘手套、穿绝缘鞋。允许将井、隧道内的隔火门关闭，用窒熄方法灭火。沟内电缆较少且距离很短时，可将两端井口堵住封死而窒熄灭火。

(3)电缆沟内火势较大、扑灭困难较大时，先将电源切断，然后向沟内灌水，直到将着火点用水封住，火便自行熄灭。这时及时将水抽出，然后做干燥处理。

(4)电缆着火时在没有确认停电和放电前，严禁用手直接接触电缆外皮，更不准移动电缆。必要时，应戴绝缘手套、穿绝缘靴用绝缘拉杆操作。手套、靴、拉杆的电压等级要与电缆对应。

(5)室内电缆着火后，必须通风良好，小心中毒。有通风机的建筑物，电气火灾发生后应自动起动通风机。

(四)灭火器材的正确使用及维护

1. 灭火器材的正确使用

电气设备着火时，首先要切断电源，再根据不同的灭火对象选用合适的灭火器材。一般多使用干性化学灭火粉末、二氧化碳灭火器、四氯化碳灭火器等。对有油的设备，多使用干燥的黄沙、泡沫灭火器等。对已经停电的设备灭火，可用水扑灭。

(1)水的正确使用。水的比热较大，并有很好的冷却性能。将水喷洒在火焰土，能大大降低燃烧的温度，从而使火熄灭。

含有各种盐类杂质的水，具有较好的导电性能，所以不能用于带电设备的灭火。

水的比重较大，不能用作比重小的石油、汽油、煤油等油质的灭火物质，这些油类物质能浮在水面上继续燃烧，并使火势继续蔓延。

(2)干性化学灭火粉末的正确使用。它是由碳酸钠、碳酸氢钠、滑石粉、硅藻土、石棉粉等掺和而成。它的粉末落在电气设备的表面时，能分解出雾状的二氧化碳，从而隔离空气，起到灭火的作用。同时它还吸收一些热量，起到遏止燃烧的作用。

(3)二氧化碳灭火器的正确使用。二氧化碳是一种不导电的灭火剂，常用于带电设备的灭火。

二氧化碳灭火器是将液态的二氧化碳压缩在钢瓶里，在常温下的压力为 $600N/cm^2$。当液态二氧化碳为气体时，其体积增大 $400\sim500$ 倍，并吸收热量，使燃烧物的温度急剧下降，起到灭火的作用。使用时要站在距着火地点 $2\sim3m$ 用左手握住灭火器，右手打开开关。二氧化碳汽化时产生强烈的冷却作用，注意不要冻坏手指。

(4)四氯化碳灭火器的正确使用。四氯化碳是一种无色、容易挥发的液体，具有特殊的臭味，并有毒性。四氯化碳蒸发成气体时的冷却效应并不大(lkg 液体的四氯化碳，可形成 145L 气体)，但这种气体聚集在燃烧区上空与燃烧产物混合，就能遏制燃烧。空气中含有 10% 的四氯化碳气体，就可产生灭火效果。

由于四氯化碳不导电，可用于扑灭电机、电器、线路、低压配电装置等的火灾。若着火设备的电压在 $220V$ 以上，为确保救火人员的安全，应穿戴橡胶靴和手套。

(5)泡沫灭火器的正确使用。泡沫灭火器主要用于扑灭油类或其他易燃液体的火灾，但不能扑救忌水和带电物体的火灾。

泡沫灭火器的筒内装有碳酸氢钠、发沫剂、硫酸铝溶液，它是利用硫酸铝与碳酸氢钠反映放出二氧化碳灭火的。由于泡沫的比重较小，能浮在比重不大的液体(如煤油、柴油、酒精等)表面，泡沫层能短时阻断热的传播，灭火效果很好，也可用于固体物的灭火。使用时，将器身倒置就能喷出泡沫。它的射程为 $10m$，可站在距离燃烧点 $5\sim6m$ 的地方喷射。

(6)黄沙的正确使用。黄沙是常用的灭火材料。在易燃烧液体着火时，用干燥的黄沙盖住火焰，隔绝空气，从而达到灭火的目的。

2. 常用灭火器的正确维护

(1)"1211"灭火器的正确维护。手提式灭火器应定期检查，减轻的质量不可超过额定总质量的 10%。推车式灭火器需定期检查氮气压力，低于 $15kg/cm^2$ 时应充氮。

(2)四氯化碳灭火器的正确维护。定期检查灭火筒、阀门、喷嘴有元损坏，有无漏气、腐蚀、堵塞等现象。气压需保持在 $5.5\sim7kg/cm^2$。器内药液减少要补充。灭火

器不可放在高温处。

(3)二氧化碳灭火器的正确维护。二氧化碳灭火器怕高温，存放地点温度不可超过42℃，也不可存放在潮湿地点。每三个月要查一次二氧化碳的质量，减轻的质量不可超过额定总质量的10%。

(4)干粉灭火器的正确维护。保持干燥、密封，避免曝晒，半年查一次干粉是否有结块。每三个月查一次二氧化碳的质量，总有效期一般为4~5年。

▶ 第五节　电气设备的防雷

一、雷电的形成、危害与避雷器

(一)雷电的形成和危害

雷电的形成是高空带电云层电荷积累到一定强度后对大地进行放电的现象。多在夏季的阴雨天里发生。

1. 雷电灾害的分类

(1)直击雷：由高空云层直接对地面的建筑物、避雷针、输电线路、树木、人体放电，产生的放电电流最大可达十万安培以上，可以造成建筑物的直接损坏，引发火灾和人员死亡。

(2)感应雷：在遭到直击雷时，强大的雷电流在通过避雷针引线对地放电时会在导体周围产生高压感应电动势，这种感应电动势会使与其平行或交叉的供电线路、通信线路及其他线路产生出上万伏的高压电势，破坏供电系统，击穿电脑设备和其他通信设备的电子器件，使设备损坏，甚至引起火灾。

(3)雷电波侵入或高电位侵入：是由于架空线路或金属管道遭受直接或间接雷击而引起的过电压波，沿线路或管道侵入变配电所。据统计，其事故占整个雷害事故的50%~70%，因此对雷电波侵入的防护应予以足够的重视。

2. 雷电的危害

主要有：电作用的破坏、热作用的破坏和机械作用的破坏。

3. 防雷的一般措施

防雷的一般措施有避雷针、避雷线、避雷带、避雷网、保护间隙、避雷器、设置自动重合闸等。其中避雷针、避雷线、避雷带、避雷网是用来防直击雷的；避雷器是用来防止雷电产生的过电压波沿线路侵入变配电所或其他建筑物内，以免危及被保护设备的绝缘。

(二)避雷器

电气设备在运行中除承受工作电压外，还会遭到过电压的作用。由雷电引起的过电压或由开关操作引起的操作过电压，其数值远远超过工作电压，将使设备绝缘损伤，设备寿命缩短，甚至造成停电事故。因此，必须采取各种措施来限制过电压。避雷器就是用来限制过电压的一种主要保护电器。避雷器与被保护的线路和设备并联，接在相与地之间。正常时，避雷器中没有电流通过，一旦雷击过电压波沿线路传来，危及被保护物的绝缘时，避雷器立即动作，释放过电压负荷，将雷电流泄入大地，从而将过电压限制在一定水平，保护设备绝缘，使电网能够正常供电。

(三)避雷器的种类及特征

1. 管型避雷器

(1)工作原理。管型避雷器的结构如图10-35所示。它由外间隙和内间隙组成，内间隙装在灭弧管里，灭弧管由能够产生气体的固体材料制成。当过电压将间隙击穿时，在大电流的高温作用下，管壁汽化所产生的高压气体从管口喷出使电弧熄灭，从而达到使线路恢复原状的目的。

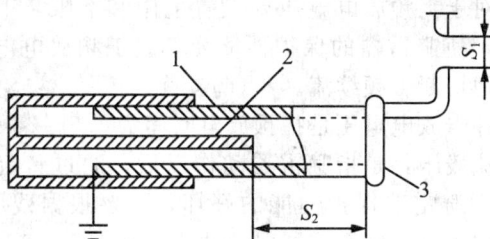

图 10-35　管型避雷器结构
L—灭弧管；2—棒形电极；3—环形电极；S1—外间隙；S2—内间隙

(2)安装方法。选用管型避雷器时，要注意其断开电流的上下限是否合适。若电流太大，管内气压过高，会引起爆炸；若电流太小，又因气压过低而不能灭弧。管型避雷器常用于保护变压器、配电室的进线段，也可用于保护农村的高压配电线路，一般每隔 1～2km 装设一组管型避雷器。安装时，一定要注意固定牢固，并保证外间隙固定不变；还应避免各相避雷器排出的电离气体相交，造成相间短路；10kV 以下的管型避雷器，其外间隙的电极不得垂直安装。

2. 阀型避雷器

(1)结构。阀型避雷器主要由火花间隙、阀片电阻和分路电阻三部分组成。其结构如图 10-36 所示。

1)火花间隙。火花间隙的作用是在正常情况下，使避雷器的阀片与电力系统隔离。当遇到过电压时，则发生击穿，使雷电流泄入大地，以降低过电压的幅值。在过电压过去以后，必须在半个周波内(0.01s)将工频续流截断，然后恢复正常状态。

2)阀片电阻。阀片是一个非线性电阻。在高电压时，阻值小，从而能够限制避雷器在通过大电流时在其两端的电压降，并在灭弧电压下通过小电流，有利于火花间隙灭弧。阀片是由金刚砂及结合剂做成的圆饼，饼的上下两面用喷铝方法做成电极，侧面涂有绝缘油，以防止在高压时沿侧面发生闪络。

3)分路电阻。分路电阻与火花间隙并联，使火花间隙上工频电压分布均匀，对性能要求较高的阀型避雷器，要求装有分路电阻。

(2)技术特性。

1)额定电压。额定电压是指避雷器在电网中安装地点的线电压等级。

2)灭弧电压。灭弧电压是指避雷器在保证灭弧的条件下，允许加在避雷器

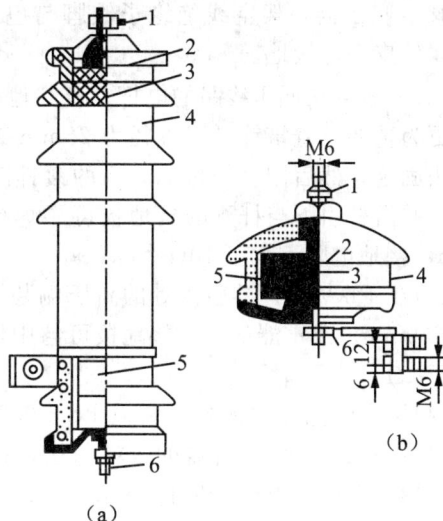

图 10-36　阀型避雷器结构
1—接线螺钉；2—火花间隙；3—云母垫片；
4—瓷套；5—阀片电阻；6—接地螺钉

上的最高工频电压。灭弧电压不等于额定电压。电网电源端的电压一般为额定电压的 1.15 倍。灭弧电压是系统最大工作电压的 1.1 倍，即是额定电压的 $1.15 \times 1.1 = 1.27$ 倍。

3）工频放电电压。对于工频放电电压要设置上限和下限，工频放电电压太高，意味着冲击放电电压也高，使避雷器的保护性能变坏。工频放电电压太低，意味着灭弧电压太低，将不能可靠地切断工频续流。

4）冲击放电电压。冲击放电电压是指预放电时间为 $1.5 \sim 20s$ 的冲击放电电压。

5）残压。即冲击电流残压，是指避雷器动作以后，通过一定雷电流时的电压降数值。一般来说，衡量一个避雷器保护性能的好坏，主要根据残压与灭弧电压的比值，即保护比来决定，保护比越小，则避雷器保护性能越好。

3. 金属氧化物避雷器

金属氧化物避雷器俗称为氧化锌避雷器，是由氧化物电阻片、上下电极、瓷（或橡胶）外套等部分封装而成的，如图 10-37 所示。金属氧化物避雷器与阀型避雷器相比，具有保护特性好、通流能力大、耐污能力强、结构简单、可靠性能高等优点，是阀型避雷器的更新换代产品。

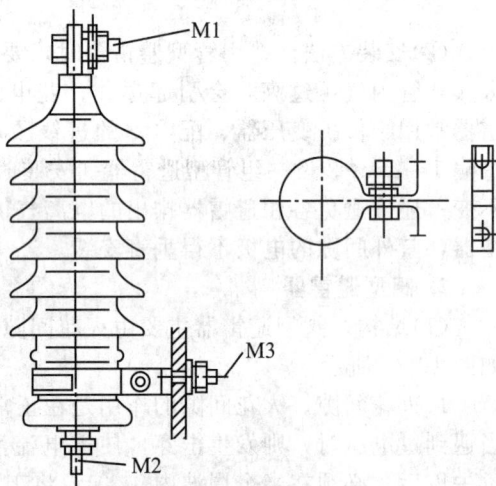

二、电气设备的防雷措施

1. 低压线路终端的防雷措施

（1）对于重要用户，最好采用电缆供电，并将电缆金属外皮接地。条件不允许时，可由架空线转经 50m 以上的直埋电缆供电，并在电缆与架空线连接处装设一组低压阀型避雷器，架空线绝缘子铁脚与电缆金属外皮一起接地。

图 10-37　金属氧化物避雷器

（2）一般可在低压线路的电杆上或其他高处装设独立避雷针，每杆一支，特别是进户杆更为重要。避雷针可用直径为 25mm 镀锌圆钢制作，顶部锻成尖状，底部用抱箍与杆头固定，然后用直径为 12mm 的镀锌圆钢或 $4mm \times 40mm$ 的镀锌扁钢与底部可靠焊接，并沿杆引下与杆下的接地极可靠焊接。接地极可沿杆圆周敷设，距杆中心一般为 2m，接地电阻不大于 10Ω。

（3）在 10kV 变压器引入处的高压侧装设避雷器，每相一组，而且避雷器的间距应大于 300mm。避雷器的下端接地极可与中性点工作接地共用一组接地极，接地电阻应不大于 4Ω。

（4）用户的低压引入处，装设 FS－0.38 低压避雷器，每相一只，工作零线一只，保护零线一只。低压避雷器的末端与接地极可靠连接。也可装设放电间隙，以代替低压避雷器。低压放电保护间隙可用 $4mm \times 40mm$ 的镀锌扁钢做成，上齿与线路连接，下齿与接地极连接，设置与避雷器相同，如图 10-38 所示。

2. 变配电站（所）的防雷措施

10kV 变配电站（所）应在每组母线和每回路架空线路上装设阀型避雷器。其保护接线如图 10-39 所示。母线上避雷器与变压器的电气距离不宜大于表 10-1 所列数值。

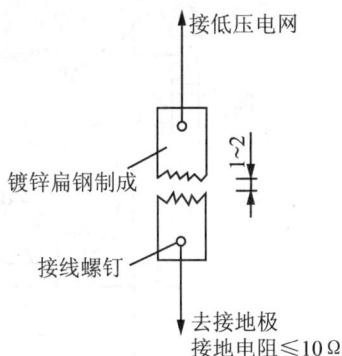

图 10-38　低压放电保护间隙结构示意图　　图 10-39　10kV 变配电所雷电波侵入的保护接地

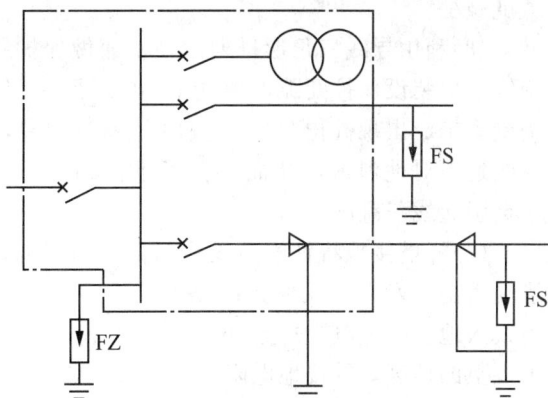

表 10-1　10kV 避雷器与变压器的最大电气距离　　　　（单位：m）

雷雨季经常运行的进出线路数	1	2	3	4 及以上
最大电气距离	15	23	27	30

（1）对于具有电缆进线段的架空线路，阀型避雷器应装设在架空线路与连接电缆的终端头附近。

（2）阀型避雷器的接地端应和电缆金属外皮相连。

（3）如各架空线均有电缆进出线段，则避雷器与变压器的电气距离不受限制。

（4）避雷器应以最短的接地线与变配电所的主拔地连接，包括通过电缆金属外皮与主接地网连接。

（5）在多雷地区，为了防止变压器低压侧雷电波侵入的正变换电压和来自变压器高压侧的反变换电压击穿变压器的绝缘（反变换电压系指高压侧遭受雷击，避雷器放电，其接地装置呈现较高的对地电压，此电压经过变压器低压中性点，通过变压器反转来加到高压侧的电压冲击波），在变压器低压侧宜装设一组低压阀型避雷器或击穿熔断器。如变压器高压侧电压在 35kV 以上，则在变压器的高、低压侧均应装设阀型避雷器保护。

3. 架空电力线路的防雷措施

（1）架设避雷线根据我国情况，110kV 及以上的架空线路架设避雷线（年平均雷暴日不超过 15 天的少雷地区除外），经运行统计证明，是很有效的防雷措施。但是它造价高，所以只在重要的 110kV、220kV 及以上的架空线路上，才沿线路全线装设避雷线。35kV 及以下电力线路一般不全线装设避雷线。有避雷线的线路，每基杆塔不连避雷器线的工频电阻，在雷季干燥时不宜超过表 10-2 所列数值。

表 10-2　有避雷线架空电力线路杆塔的工频接地电阻

土壤电阻率（Ω/m）	100 及以下	100～500	500～1000	1000～2000	2000 以上
接地电阻（Ω）	10	15	20	25	30

（2）加强线路绝缘在铁横担线路上可改用瓷横担或高一等级的绝缘子（10kV 线路），加强线路绝缘，使线路的绝缘耐冲击水平提高。当线路遭受雷击时，发生相间闪络的机会减少，而且雷击闪络后形成稳定工频电弧的可能性也大为减小，线路雷击跳闸次

数就减少。

(3)利用导线三角形排列的顶线兼做保护线在顶线绝缘子上装设保护间隙，如图10-40所示。在线路顶线遭受雷击、出现高电压雷电波时间隙被击穿，雷电流便畅通地对地泄放，从而保护了下面两根导线，一般不会引起线路跳闸。

(4)杆塔接地将铁横担线路的铁横担接地，当线路遭受雷击、发生对铁横担闪络时，雷电流通过接地引下线入地。接地电阻应越小越好，年平均雷暴日在40天以上的地区，其接地电阻不应超过30Ω。

(5)装设自动重合闸装置线路遭受雷击时不可避免要发生相间短路，尤其是10kV等电压较低线路，但运行经验证明，电弧熄灭后，线路绝缘的电气强度一般都能很快恢复。因此，线路装设自动重合闸装置后，只要调整好，有60%～70%的雷击跳闸能自动重合成功，这对保证安全供电起很大作用。

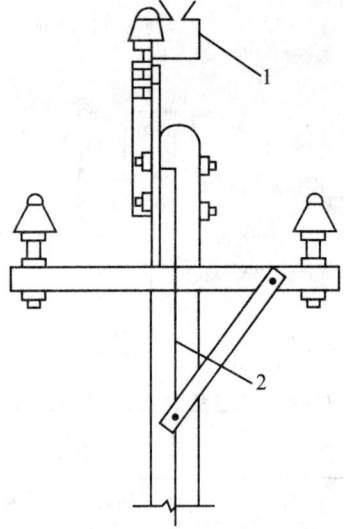

图 10-40

1—保护间隙；2—接地线

(四)防直击雷的措施

安装避雷针、避雷线，是防止直击雷的主要措施。

避雷针分为独立避雷针和附设避雷针。独立避雷针是离开建筑物单独装设的，而附设避雷针是装设在建筑物顶部的。

独立避雷针的接地电阻不得超过10Ω，并禁止在装有避雷针、避雷线的构筑物上架设通信、广播等无关的线路。利用照明灯塔做独立避雷针的支柱时，为了防止将雷电冲击电压引入室内，照明电源必须采用铅护层电缆或穿入钢管，并将铅护层电缆或穿线钢管直接埋入地下10m以上才能引进室内。独立避雷针不应设在人经常通行的地方，应注意防止其接地装置附近可能有跨步电压的危险。

附设避雷针是装设在建筑物顶部，应与建筑物顶部的各种接闪器(包括金属屋面)互相连接起来，并与建筑物的金属结构连接成一个整体。其接地装置可与其他接地装置共用，并沿着建筑四周敷设接地体，其接地电阻不得超过12Ω。若利用自然接地体，为了可靠起见，还应装设人工接地体，而人工接地体的流散电阻不宜超过5Ω。

防雷装置承受雷击时，整套防雷装置(包括接闪器、引下线、接地装置)都将承受很高的冲击电压，可能击穿与临近导体之间的绝缘，发生强烈放电，可能酿成火灾或爆炸，也可能引起人身事故。为了防止事故发生，首先应尽量降低防雷装置的接地电阻，同时必须保证接闪器、引下线、接地装置与临近导体之间有足够的安全距离。如空气中的距离一般不得小于5m，地下的距离一般不得小于3m。对于防雷装置不能保证最小距离时，可将临近不带电的金属导体与防雷装置连接起来，等化其间电位；也可在可能发生反击的地方加装避雷器或保护间隙，以限制带电导体上可能产生的高电压。

(五)防雷电侵入波的措施

电力线路及变配电装置的防雷电波侵入，主要是采用避雷器和避雷线保护；对于各类建筑物则主要是采取相应部位接地的措施，低压线路有时也可用避雷器。

1. 第一类防雷建筑物中的工业建筑物或构筑物

(1)低压线路全线采用电缆直埋敷设,在入户端应将电缆的金属外皮接到防雷电感应的接地装置上。当全线采用电缆有困难时,可采用钢筋混凝土杆配铁横担架空线,但至少应使用一段长度不小于50m的金属铠装电缆直埋引入用户。在电缆与架空线连接处,应装设阀型避雷器。避雷器、电缆金属外皮和绝缘子铁脚及铁横担等应连在一起并接地,冲击接地电阻不大于10Ω。

(2)架空金属管道,在进入建筑物外,应与防雷电感应的接地装置可靠相连;距建筑物100m内的管道,应每隔25m左右接地一次,冲击接地电阻应不大于20Ω。地下金属或钢筋混凝土支架的基础可作为接地装置。埋地或地沟内的金属管道,在进入建筑物处也应与防雷电感应的接地装置可靠相连。

2. 第二类防雷建筑物中的工业建筑物或构筑物

(1)低压架空线宜采用长度不小于50m的金属铠装电缆直接埋地引入用户。入户端电缆的金属外皮应与防雷接地装置可靠相连;在电缆与架空线连接处,应装设阀型避雷器。避雷器、电缆金属外皮和绝缘子铁脚及铁横担应连在一起接地,冲击接地电阻不大于10Ω。

(2)爆炸危险性较小或年平均雷暴日在30日以下地区的第二类防雷建筑物中的工业建筑物,可采用低压架空线直接引入建筑物内,但应符合下列要求:

1)入户处应装设阀型避雷器或2~3mm的保护间隙,并与绝缘子铁脚连在一起接到防雷接地装置上,连接点的冲击接地电阻不大于5Ω。

2)入户端的三基电杆绝缘子铁脚及铁横担应接地,靠近建筑物的电杆,其冲击电阻应不大于10Ω,其余两基电杆不大于20Ω。

(3)架空和直埋的金属管道,入户处应与接地装置相连,架空金属管道在距建筑物25m处还应接地一次,其冲击接地电阻应不大于10Ω。

3. 第三类防雷建筑物中的工业建筑物

为防止雷电波的侵入,应将低压架空线在入户处将绝缘子铁脚及铁横担接到防雷及电力设备的接地装置上,进入建筑物的架空金属管道在入户处宜和上述接地装置相连。

4. 不装设防雷装置的工业建筑物

为防止雷电波沿低压架空线侵入,应在入户处或进户杆上将绝缘子铁脚及铁横担接到电力设备接地装置上,无接地装置时应增设,其冲击接地电阻应不大于30Ω。当符合下列条件之一者,绝缘子铁脚及铁横担可不接地:

(1)年平均雷暴日在30日以下的地区;

(2)受其他建筑物等屏蔽的地方;

(3)低压架空干线的接地点距入户处不超过50m;

(4)土壤电阻率在200Ω/m及以下的地区,使用铁横担的钢筋混凝土杆线路。

5. 第一类防雷建筑物中的民用建筑物

(1)全长采用直埋电缆,在入户处将电缆金属外皮与接地装置可靠连接。

(2)采用架空线转直埋电缆引入时,电缆与架空线连接处应装设阀型避雷器或保护间隙,并与绝缘子铁脚及铁横担一起接到防雷接地装置上,冲击接地电阻不大于10Ω。

(3)采用架空引入时,在入户处设阀型避雷器或保护间隙,并与绝缘子铁脚及铁横

担一起接到防雷接地装置上冲击接地电阻不大于 5Ω。邻近的三基杆的绝缘子铁脚及铁横担应接地，由近至远三基杆上的绝缘子铁脚及铁横担的接地电阻分别为 10Ω、20Ω、30Ω。

(4)金属管道入户处与防雷及电气设备接地装置可靠连接。

6. 第二类防雷建筑物中的民用建筑物

(1)入户处绝缘子铁脚及铁横担接地，冲击接地电阻不大于 30Ω。

(2)金属管道入户处接地，冲击接地电阻不大于 30Ω。

7. 多雷地区

在多雷地区，380/220V 系统必要时应在每户的引入处设置低压金属氧化物避雷器，并与绝缘子铁脚及铁横担一并接地，其接地装置的设置必须符合要求，接地电阻至少应不大于 10Ω。

▶第六节 常用电气安全标志

在城乡电网建设中，为了确保电网安全运行，预防事故发生，引起人们对不安全因素的注意，往往需要在一些必要的地方布置醒目标志。安全标志就是颜色、图形和文字的组合。

一、安全色

安全色是用来表达安全信息含义的颜色，安全色规定为红、蓝、黄、绿四种颜色，用来表示禁止、指令、警告、提示等。红色用来表示禁止、停止，也表示防火，主要用于禁止标志，如禁止合闸、止步、高压危险等；也用于停止信号，如停止按钮、禁止人们触动的部位等。蓝色表示指令、规定。黄色表示警告、注意。绿色表示安全、通行，也用于起动按钮。

(1)红色——用来标志禁止和停止，如信号灯、紧急按钮均用红色，分别表示"禁止通行"、"禁止触动"等禁止的信息。

(2)黄色——用来标志注意、警告、危险，如"当心触电"、"注意安全"等。

(3)蓝色——用来标志强制执行和命令，如"必须戴安全帽"、"必须验电"等。

(4)绿色——用来标志安全无事，如"在此工作"、"由此攀登"等。

(5)黑色——用来标注文字、符号和警告标志的图形等。

(6)白色——用于安全标志红、蓝、绿色的背景色，也可用于安全标志的文字和图形符号。

(7)黄色与黑色间隔条纹一般用来标志警告危险，如防护栏杆。

(8)红色与白色间隔条纹一般用来标志禁止通过、禁止穿越等。

在使用安全色时，为了提高安全色的辨认率，使其更明显醒目，常采用其他颜色作为背景，即对比色。红、蓝、绿的对比色为白色，黄的对比色为黑色，黑色与白色互为对比色。特殊情况下，为了表示强化含义，也可以使用红白相间、蓝白相间、黄黑相间的条纹。

二、安全标志

安全标志是由安全色、几何图形和符号构成，用以表达特定的安全信息。

（1）禁止标志。主要用来表示不准或制止人们的某些行为，如禁放易燃物、禁止吸烟、禁止通行、禁止攀登、禁止烟火、禁止跨越、禁止起动、禁止用水灭火等。禁止标志的几何图形是带斜杠的圆环，斜杠与圆环相连用红色，图形符号用黑色，背景用白色。

（2）警告标志。用来警告人们可能发生的危险，如注意安全、当心火灾、当心触电、当心爆炸、当心坠落、当心弧光、当心电缆、当心静电、当心高温表面、当心落物、当心吊物、当心车辆等。警告标志的几何图形是黑色的正三角形，黑色符号、黄色背景。

（3）命令标志。用来表示必须遵守的命令，如必须戴安全帽、必须系安全带、必须穿防护鞋、必须戴防护眼镜、必须戴防护手套、必须穿工作服等。命令标志的几何图形是圆形，蓝色背景，白色图形符号。

（4）提示命令。用来示意目标的方向，标志的几何图形是方形，绿、红色背景，白色图形符号及文字。绿色背景的有安全通道、太平门、紧急出口、避险处、安全楼梯等。红色背景的有火警电话、地下消火栓、地上消火栓、灭火器、消防水泵结合器、消防警铃等。

（5）补充标志。是对前四种标志的补充说明，有横写和竖写两种，横写的为长方形，写在标志的下方，可以和标志连在一起，也可以分开；竖写的写在标志杆上部。补充标志的颜色，竖写的均为白底黑字，横写的，用于禁止标志的用红底白字，用于警告标志的用白底黑字，用于指令标志的用蓝底白字。

安全标志的尺寸也有好多规定。安全标志的大小与视角关系密切，观察距离愈远，标志牌愈大，一般可按下式推算标志牌的尺寸：

$$S \geqslant L_2/2000$$

式中：S——安全标志几何图形本身的面积，m^2；

　　　L_2——最大观察距离，m。

安全标志的圆形直径最大不得超过 400mm，三角形的边长最大不得超过 550mm，长方形的短边最大不得超过 285mm。

表 10-3　电力安全相关标志标准

类别	含义	图形
禁止标志	禁止或制止人们想做的某种动作	⊘
警告标志	促使人们提高对可能发生危险的警惕性	△
指令标志	强制人们必须做出某种动作或采取防范措施	●
提示标志	向人们提供某种信息（如标明安全设施或场所等）	▣

常用电器设备上应标记有以下安全标志或安全色：

发电机和电动机上应有设备的名称、容量和顺序编号。

变压器上应有名称、容量和顺序编号；单相变压器组成的三相变压器除标有以上内容外，还应有相位的标志；变压器室的门上，应标注变压器的名称、容量、编号，在周围的遮栏上挂有"止步、高压危险！"警告类标志牌。

蓄电池的总引出端子上，应有极性标志，蓄电池室的门上应挂有"禁止烟火"等禁止类标志。

电源母线 L1（A）相黄色，L2（B）相绿色，L3（C）相红色；明设的接地母线、零线母线均为黑色；中性点接于接地网的明设接地线为紫色带黑色条纹；直流母线正极为赭色，负极为蓝色。

照明配电箱为浅驼色，动力配电箱为灰色或浅绿色，普通配电屏为浅驼色或浅绿色，消防和事故电源配电屏为红色，高压配电柜为浅驼色或浅绿色。

电器仪表玻璃表门上应在极限参数的位置上画有红线。

明设的电器管路一般为深灰色。

高压线路的杆塔上用黄、绿、红三个圆点标出相序。

表 10-4 电工常用标志牌的式样表

名称	悬挂处所	式样		
		尺寸（mm）	颜色	字样
禁止合闸，线路有人工作	一经合闸即可送电到施工设置的开关操作把上	200×100 和 80×50	白底	红字
禁止合闸，有人工作	线路开关和隔离开关手把上	200×100 和 85×50	红底	白字

名称	悬挂处所	式样		
		尺寸(mm)	颜色	字样
在此工作	室外和室内工作地点或设备上	250×250	绿底，中有直径210mm白圆圈	黑字，写入白圆圈中
止步，高压危险	施工地点临近带电设备的遮栏上；室外工作地点的围栏上；高压实验地点；室外构架上；工作地点临近带电设备的横梁上	250×200	白底红边	黑字，有红色电符号
禁止攀登，高压危险	工作人员或其他人员上下的铁架、铁塔和台上；距离线路较近的建筑物上	250×200	白底红边	黑字

▶第七节　变配电所安全运行

一、安全工作要求

1. 变电所的安全管理

(1)现场管理要求：

五项记录——抄表、值班、设备缺陷、设备试验和检修、设备异常及事故等记录。

八项制度——值班人员岗位责任制度、交接班制度、倒闸操作票制度、巡视检查制度、检修工作票制度、工作器具保管制度、设备缺陷管理制度、安全保卫制度等。

(2)值班人员的要求：

遵守劳动纪律和各项规章制度。必须具备必要的电气"应知""应会"技能。熟悉安全操作规程，并经考试合格。变配电所的电气设备操作，必须两人同时进行(一人操作，一人监护)。严禁口头约时停、送电。

(3)值班人员应知的安全注意事项：

不论设备带电与否，不准单独移开或越过遮拦、警戒线对设备进行任何操作和巡视。巡视时注意安全距离，高压柜前0.6m，10kV及以下0.7m，35kV以下1m。高压设备发生接地事故时，室内不得接近故障点4m以内，室外不得接近故障点8m以内。

(4)交接班要求：

接班人应提前到岗，交班人应办理交接手续。交班人应提前做好交班准备。交班时应交清相关内容。接班人应做好工作前相关工作。注意：接班人饮酒或精神不正常时、发生事故或正在处理事故时、设备发生异常尚未查清原因时、正在倒闸操作时不准交接班。

2. 高压设备巡视

电气故障在发生以前，一般都会出现声音、气味、变色、温升等异常现象。因此，运行中的电气设备可通过"看、听、嗅、触、测"进行巡视检查。

3. 高压设备上工作的安全措施

在运行中的高压设备上工作有：全部停电、部分停电、不停电等三种工作情况。

在高压设备上工作，必须遵守：填用工作票或口头、电话命令；至少应有两人在一起工作；完成保证工作人员安全的组织措施和技术措施。

二、高压电气设备安全操作要求

1. 倒闸操作

拉、合断路器或隔离开关；拉、合直流操作回路；拆、装临时接地线；检查设备绝缘等操作。

(1)倒闸操作的基本要求：

倒闸操作必须填写操作票，并由值班负责人签字，操作严格按操作票操作并做好记录。倒闸操作必须由两人进行，其中对设备较为熟悉的一人监护，另一人操作。一个操作人一次只能持一份操作票操作，不能同时持几份操作票交叉作业。

操作前，应先在模拟图板上对照操作票进行核对性模拟预演。到现场正式操作时，应先核对设备名称、编号和位置，监护人持票和防误装置的钥匙，大声唱票，操作人用手指操作部位，并大声复诵无误后才能操作。

操作过程必须按操作票所列项目顺序依此操作，禁止倒项、添项、漏项及做与操作无关的工作。每操作完一项就打个"√"，不准全部操作完了一次打"√"。

重要项目(并网、解列、继电保护投、退，装、拆接地线拉、合接地刀闸)的操作时间应记入操作票。

(2)倒闸操作的技术规定：

停电操作必须按照：断路器、负荷侧隔离开关、母线侧隔离开关的顺序依次操作；送电时顺序与此相反。

(3)操作票必须填写的主要内容：

操作任务、起止时间；检查有关回路的功率、电流、电压；拉开、合上断路器和隔离开关；检查断路器和隔离开关的实际位置；二次回路切换、保护回路压板的投、退或改变定值；控制回路、继电保护、自动装置及测量仪表的投入或退出；停电设备验电的具体位置；装设、拆除接地线的位置及编号；合闸时同期控制开关的投、退；悬挂的标示牌及其他位置，装设的遮栏及其地点；装设绝缘护罩等。

(4)操作票的填写：

由操作人填写，监护人初审，值班负责人或操作许可人签名批准。操作票应用钢笔或圆珠笔填写清楚，不得任意涂改。非关键字修改每张不得超过3个字，关键字(如拉、合、停、送、退、投、切，设备的名称和编号)不得修改。填写操作票应使用规范的操作术语，不应使用方言。操作票的编号一年内不能有重复。操作票内一个序号对应一项设备操作内容，不能并项。检查设备的位置状态作一项。分相操作的设备一相作一项。每张操作票只能填写一个操作任务。操作任务栏和操作项目栏均应填写设备名称和编号。操作票上所列人员签名完整，书写工整。操作票未用完的空行，从第一行起盖"以下空白"章。

(5)防止误操作的联锁装置：机械联锁、电气联锁、电磁联锁、钥匙联锁。

2. 高压熔断器操作

(1)户内，更换熔断器时，用安全用具、有人监护、不允许带电操作。

(2)跌落式熔断器是分相操作的。拉闸操作顺序：先拉中相、再拉下风相、后拉上风相；合闸操作顺序：先合上风相、再合下风相、最后合中相。

3. 电力变压器操作

重点是分接开关的操作，分接开关有有载调压和无载调压，一般的变压器都是无载调压。

分接开关的操作应在停电后进行，改变之前应用万用表和电桥测量绕组的直流电阻，其直流电阻偏差不得超过平均值的 2%。

三、低压设备保护类型

对于低压设备一般应设置短路保护、过载保护和失压(欠压)保护等保护。

短路保护是指线路或设备发生短路时，迅速切断电源。熔断器、电磁式过电流继电器和脱扣器都是常用的短路保护装置。应当注意，在中性点直接接地的三相四线制系统中，当设备碰壳接地时，短路保护装置应该迅速切断电源，以防触电。在这种情况下，短路保护装置直接承担人身安全和设备安全两方面的任务。

过载保护是当线路或设备的载荷超过允许范围时，能延时切断电源的一种保护。热继电器的热脱扣器是常用的过载保护装置；熔断器可用作照明线路或其他没有冲击载荷的线路或设备的过载保护装置。由于设备损坏往往造成人身事故，过载保护对人身安全也有很大意义。

失压(欠压)保护是当电源电压消失或低于某一限度时，能自动断开线路的一种保护。其作用是当电压恢复时，设备不致突然起动，造成事故；同时，能避免设备在过低的电压下勉强运行而损坏。

四、电气线路安全

1. 安全要求

导电能力——发热(截面)、电压损失(电压降)(10kV 不超过 ±7%，低压电路 +7%～-10%)、短路电流(速断保护装置：短路使设备损坏前动作达到保护目的)。

机械强度——铜线、铝线、钢芯铝绞线。注意移动设备及吊灯引线应使用铜芯软线，其他使用硬线。

间距——电杆埋设深度不得小于 2m，并不得小于杆高的 1/6。

接户线离地面高度：有公路 6m，无公路最低 3.5m。

接户线不宜跨越建筑物，必要时离建筑物最低 2.5m。接户线长度不应超过 25m，使用绝缘铜线最小 2.5mm² 或铝导线最小 10mm²。接户线不得有接头。

导线连接——焊接、压接、缠接等

2. 电气线路常见故障

(1)施工过程、管理过程、设备因素、环境因素等都可能造成安全事故。

(2)造成故障的类型：绝缘损坏、接触不良、严重过载、断线、间距不足、防护不善等。

(3)保护导体带电接零和接地保护混用，接地设备带电的情况。三相四线制供电路中线断线(三相电压不平衡)。感应带电等。

3. 线路巡视检查

线路巡视检查分为定期巡视、特殊巡视、故障巡视。10kV 及以下线路，至少每季度巡视一次。故障巡视是发生故障后的巡视，巡视中一般不得单独排除故障。

五、低压带电工作安全要求

低压带电工作应设专人监护，使用有绝缘柄的工具，工作时站在干燥的绝缘物上，戴绝缘手套和安全帽，穿长袖衣，严禁使用锉刀、金属尺和带有金属物的毛刷、毛掸等工具。

在高低压同杆架设的低压带电线路上工作时，应先检查与高压线的距离，采取防止误碰高压带电设备的措施。

在低压带电导线未采取绝缘措施前，工作人员不得穿越。在带电的低压配电装置上工作时，要保证人体和大地之间、人体与周围接地金属之间、人体与其他导体之间有良好的绝缘或相应的安全距离。应采取防止相间短路和单相接地的隔离措施。上杆前先分清相、中性线，选好工作位置。应先断开相线，后断开中性零线。搭接导线时，顺序应相反。因低压相间距离很小，检修中要注意防止人体同时接触两根线头。

▶ 第八节　临时用电安全措施

临时用电使用场合较多，应用频繁，因为"临时"，容易疏忽、重视不够，如设置、安装、使用不合理、不规范等容易造成不安全的问题。

临时用电安全技术措施包括两个方面的内容：一是安全用电在技术上所采取的措施；二是为了保证安全用电和供电的可靠性在组织上所采取的各种措施，它包括各种制度的建立、组织管理等一系列内容。安全用电措施应包括下列内容。

一、安全用电技术措施

(1)装设保护接地、保护接零，配电箱、开关箱等金属外壳和构架应采用保护接地或保护接零措施。

(2)设置漏电保护器：

1)施工现场的总配电箱和开关箱应至少设置两级漏电保护器，而且两级漏电保护器的额定漏电动作电流和额定漏电动作时间应作合理配合，使之具有分级保护的功能。

2)开关箱中必须设置漏电保护器，施工现场所有用电设备，除作保护接零外，必须在设备负荷线的首端处安装漏电保护器。

3)漏电保护器应装设在配电箱电源隔离开关的负荷侧和开关箱电源隔离开关的负荷侧。

4)漏电保护器的选择应符合国标 GB6829—86《漏电电流动作保护器（剩余电流动作保护器）》的要求，开关箱内的漏电保护器其额定漏电动作电流应不大于 30mA，额定漏电动作时间应小于 0.1s。使用潮湿和有腐蚀介质场所的漏电保护器应采用防溅型产品。其额定漏电动作电流应不大于 15mA，额定漏电动作时间应小于 0.1s。

(3)安全电压：

我国国家标准 GB3805－83《安全电压》中规定，安全电压值的等级有 42、36、24、12、6V 五种。同时还规定：当电气设备采用了超过 24V 时，必须采取防直接接触带电体的保护措施。

对下列特殊场所应使用安全电压照明器：

1)隧道、人防工程、有高温、导电灰尘或灯具离地面高度低于 2m 等场所的照明，电源电压应不大于 36V。

2)在潮湿和易触及带电体场所的照明电源电压不得大于 24V。

3)在特别潮湿的场所，导电良好的地面、锅炉或金属容器内工作的照明电源电压不得大于 12V。

(4)电气设备的设置应符合下列要求：

1)配电系统应设置室内总配电屏和室外分配电箱或设置室外总配电箱和分配电箱，

实行分级配电。

2)总配电箱应设在靠近电源的地方,分配电箱应装设在用电设备或负荷相对集中的地区。分配电箱与开关箱的距离不得超过30m,开关箱与其控制的固定式用电设备的水平距离不宜超过3m。动力配电箱与照明配电箱宜分别设置,如合置在同一配电箱内,动力和照明线路应分路设置,照明线路接线宜接在动力开关的上侧。开关箱应由末级分配电箱配电。开关箱内应一机一闸一漏一箱,即每台用电设备应设一个开关箱(严禁用一个开关电器直接控制两台及以上的用电设备),箱内装设一个闸刀开关(小型断路器),一只漏电保护器。

3)配电箱、开关箱应装设在干燥、通风及常温场所。不得装设在有严重损伤作用的瓦斯、烟气、蒸汽、液体及其他有害介质中。也不得装设在易受外来固体物撞击、强烈振动、液体浸溅及热源烘烤的场所。配电箱、开关箱周围应有足够两人同时工作的空间,其周围不得堆放任何有碍操作、维修的物品。配电箱、开关箱安装要端正、牢固,移动式的箱体应装设在坚固的支架上。配电箱、开关箱中导线的进线口和出线口应设在箱体下底面,严禁设在箱体的上顶面、侧面、后面或箱门处,进出线应采用橡皮绝缘电缆并加保护套。配电箱、开关箱的下底面与地面的垂直距离固定式应大于1.3~1.5m,小于1.5m,移动式为0.6~1.5m。配电箱、开关箱采用铁板或优质绝缘材料制作,铁板的厚度应大于0.5mm。

(5)电气设备的安装:

1)配电箱内的电器应首先安装在金属或非木质的绝缘电器安装板上,然后整体紧固在配电箱箱体内,金属板与配电箱体应作电气连接。配电箱、开关箱内的各种电器应按规定的位置紧固在安装板上,不得歪斜和松动。并且电器设备之间、设备与板四周的距离应符合有关工艺标准的要求。

2)配电箱、开关箱内的工作零线应通过接线端子板连接,并应与保护零线接线端子板分设。各种箱体的金属构架、金属箱体,金属电器安装板以及箱内电器的正常不带电的金属底座、外壳等必须做保护接零,保护零线应经过接线端子板连接。配电箱、开关箱内的连接线应采用绝缘导线。各种仪表之间的连接线应使用截面不小于2.5mm²的绝缘铜芯导线,导线接头不得松动,不得有外露带电部分。导线剥削处不应伤线芯过长,导线压头应牢固可靠,多股导线不应盘圈压接,应加装压线端子(有压线孔著除外)。如必须穿孔用顶丝压接时,多股线应刷锡后再压接,不得减少导线股数。

3)配电箱后面的排线需排列整齐,绑扎成束,并用卡钉固定在盘板上,盘后引出及引入的导线应留出适当余度,以便检修。

(6)电气设备的防护:

1)在建工程不得在高、低压线路下方施工,高低压线路下方,不得搭设作业棚、建造生活设施,或堆放构件、架具、材料及其他杂物。

2)施工时各种架具的外侧边缘与外电架空线路的边线之间必须保持安全操作距离。当外电线路的电压为1kV以下时,其最小安全操作距离为4m;当外电架空线路的电压为1~10kV时,其最小安全操作距离为6m;当外电架空线路的电压为35~110kV时,其最小安全操作距离为8m。上下脚手架的斜道严禁搭设在有外电线路的一侧。旋转臂架式起重机的任何部位或被吊物边缘与10kV以下的架空线路边线最小水平距离不得小于2m。

3)施工现场的机动车道与外电架空线路交叉时,架空线路的最低点与路面的最小垂直距离应符合以下要求:外电线路电压为1kV以下时,最小垂直距离为6m;外电线

路电压为 1～35kV 时；最小垂直距离为 7m。

4）对于达不到最小安全距离时，施工现场必须采取保护措施，可以增设屏障、遮栏、围栏或保护网，并要悬挂醒目的警告标志牌。在架设防护设施时应有电气工程技术人员或专职安全人员负责监护。对于既不能达到最小安全距离，又无法搭设防护措施的施工现场，施工单位必须与有关部门协商，采取停电、迁移外电线路或改变工程位置等措施，否则不得施工。

(7)电气设备的操作与维修人员必须符合以下要求：

施工现场内临时用电的施工和维修必须由经过培训后取得特种作业人员证书的专业电工完成，电工的等级应同工程的难易程度和技术复杂性相适应，初级电工不允许进行中、高级电工的作业。各类用电人员应做到：

1）掌握安全用电基本知识和所用设备的性能；

2）使用设备前必须按规定穿戴和配备好相应的劳动防护用品；并检查电气装置和保护设施是否完好。严禁设备带"病"运转。

3）停用的设备必须拉闸断电，锁好开关箱。

4）负责保护所用设备的负荷线、保护零线和开关箱。发现问题，及时报告解决。

5）搬迁或移动用电设备，必须经电工切断电源并做妥善处理后进行。

(8)电气设备的使用与维护：

1）施工现场的所有配电箱、开关箱应每月进行一次检查和维修。检查、维修人员必须是专业电工。工作时必须穿戴好绝缘用品，必须使用电工绝缘工具。检查、维修配电箱、开关箱时，必须将其前一级相应的电源开关分闸断电，并悬挂停电标志牌，严禁带电作业。

2）配电箱内盘面上应标明各回路的名称、用途、同时要做出分路标记。

3）总、分配电箱门应配锁，配电箱和开关箱应指定专人负责。施工现场停止作业 1h 以上时，应将动力开关箱上锁。

4）各种电气箱内不允许放置任何杂物，并应保持清洁。箱内不得挂接其他临时用电设备。

5）熔断器的熔体更换时，严禁用不符合原规格的熔体代替。

(9)施工现场的配电线路

1）现场中所有架空线路的导线必须采用绝缘铜线或绝缘铝线。导线架设在专用电线杆上。

2）架空线的导线截面最低不得小于下列截面：当架空线用铜芯绝缘线时，其导线截面不小于 $10mm^2$；当用铝芯绝缘线时，其截面不小于 $16mm^2$；跨越铁路、公路、河流、电力线路档距内的架空绝缘铝线最小截面不小于 $35mm^2$，绝缘铜线截面不小于 $16mm^2$。

3）架空线路的导线接头：在一个档距内每一层架空线的接头数不得超过该层导线条数的 50%，且一根导线只允许有一个接头；线路在跨越铁路、公路、河流、电力线路档距内不得有接头。

4）架空线路相序的排列：

(a)TT 系统供电时，其相序排列：面向负荷从左向右为 L1、N、L2、L3；

(b)TN－S 系统或 TN－C－S 系统供电时，和保护零线在同一横担架设时的相序排列：面向负荷从左至右为 L1、N、L2、L3、PE；

(c)TN－S 系统或 TN－C－S 系统供电时，动力线、照明线同杆架设上、下两层横担，相序排列方法：上层横担，面向负荷从左至右为 L1、L2、L3；下层横担，面向负荷从左至右为 L1、（L2、L3）、N、PE。，当照明线在两个横担上架设时，最下层横担面向负荷，最右边的导线为保护零线 PE。

5)架空线路的档距一般为 30m，最大不得大于 35m；线间距离应大于 0.3m。

6)施工现场内导线最大弧垂与地面距离不小于 4m，跨越机动车道时为 6m。

7)架空线路所使用的电杆应为专用混凝土杆或木杆。当使用木杆时，木杆不得腐朽，其梢径应不小于 130mm。

8)架空线路所使用的横担、角钢及杆上的其他配件应视导线截面、杆的类型具体选用杆的埋设、拉线的设置均应符合有关施工规范。

(10)施工现场的电缆线路

1)电缆线路应采用穿管埋地或沿墙、电杆架空敷设，严禁沿地面明设。

2)电缆在室外直接埋地敷设的深度应不小于 0.6m，并应在电缆上下各均匀铺设不小于 50mm 厚的细砂，然后覆盖砖等硬质保护层。

3)橡皮电缆沿墙或电杆敷设时应用绝缘子固定，严禁使用金属裸线作绑扎。固定点间的距离应保证橡皮电缆能承受自重所带的荷重。橡皮电缆的最大弧垂距地不得小于 2.5m。

4)电缆的接头应牢固可靠，绝缘包扎后的接头不能降低原的绝缘强度，并不得承受张力。

5)在有高层建筑的施工现场，临时电缆必须采用埋地引入。电缆垂直敷设的位置应充分利用在建工程的竖井、垂直孔洞等，同时应靠近负荷中心，固定点每楼层不得少于一处。电缆水平敷设沿墙固定，最大弧垂距地不得小于 18m。

(11)室内导线的敷设及照明装置

1)室内配线必须采用绝缘铜线或绝缘铝线，采用瓷瓶、瓷夹或塑料夹敷设，距地面高度不得小于 2.5m。

2)进户线在室外处要用绝缘子固定，进户线过墙应穿套管，距地面应大于 2.5m，室外要做防水弯头。

3)室内配线所用导线截面应按图纸要求施工，但铝线截面最小不得小于 2.5mm²，铜线截面不得小于 1.5mm²。

4)金属外壳的灯具外壳必须作保护接零，所用配件均应使用镀锌件。

5)室外灯具距地面不得小于 3m，室内灯具不得低于 2.4m。插座接线时应符合规范要求。

6)螺口灯头及接线应符合下列要求：

相线接在与中心触头相连的一端，零线接在与螺纹口相连的一端。灯头的绝缘外壳不得有损伤和漏电。

7)各种用电设备、灯具的相线必须经开头控制，不得将相线直接引入灯具。

8)暂设室内的照明灯具应优先选用拉线开关，拉线开关距地面高度为 2～3m，与门口的水平距离为 0.1～0.2m，拉线出口应向下。

9)插座的使用：移动设备单相使用三眼插座、三相使用四眼插座；对三眼插座要求右火左零上保护；插座一般距地 50mm，儿童场所、游泳馆等要求 1.8m；严禁将插座与搬把开关靠近装设；严禁在床上设开关。

10)每一回路不应超过 2kW。

11)线径最小截面：照明 1～1.5mm²，插座 2.5mm²，厨房 4～6mm²，卫生间 4～

$6mm^2$，总进户线 $10mm^2$。

12)线路绝缘电阻应大于 $0.5M\Omega$。

二、安全用电组织措施

(1)建立临时用电施工组织设计和安全用电技术措施的编制、审批制度，并建立相应的技术档案。

(2)建立技术交底制度。向专业电工、各类用电人员介绍临时用电施工组织设计和安全用电技术措施的总体意图、技术内容和注意事项，并应在技术交底文字资料上履行交底人和被交底人的签字手续，注明交底日期。

(3)建立安全检测制度。从临时用电工程竣工开始，定期对临时用电工程进行检测，主要内容是：接地电阻值、电气设备绝缘电阻值、漏电保护器动作参数等，以监视临时用电工程是否安全可靠，并做好检测记录。

(4)建立电气维修制度。加强日常和定期维修工作，及时发现和消除隐患，并建立维修工作记录，记载维修时间、地点、设备、内容、技术措施、处理结果、维修人员、验收人员等。

(5)建立工程拆除制度。建筑工程竣工后，临时用电工程的拆除应有统一的组织和指挥，并须规定拆除时间、人员、程序、方法、注意事项和防护措施等。

(6)建立安全检查和评估制度。施工管理部门和企业要按照 JQ59－88《建筑施工安全检查评分标准》定期对现场用电安全情况进行检查评估。

(7)建立安全用电责任制。对临时用电工程各部位的操作、监护、维修分片、分块、分机落实到人，并辅以必要的奖惩。

(8)建立安全教育和培训制度。定期对专业电工和各类用电人员进行用电安全教育和培训，凡上岗人员必须持有劳动部门核发的上岗证书，严禁无证上岗。

三、厂矿临时用电

(1)临时用电的申请、审批；使用期限不超过 15 天。

(2)易燃易爆场所，不允许装设临时用电线路。

(3)1000V 以上的高压电应使用正规线路(不允许使用临时线路)。

(4)固定设备应使用正规线路。

(5)临时用电线路应使用满足要求的绝缘软导线；安装短路和漏电保护装置；同时设备外壳必须接保护线(PE 线)。

四、移动设备安全

1.手持式设备

手持式设备按保护特性分：

Ⅰ类——基本绝缘(工作绝缘)，有接地端子；

Ⅱ类——加强绝缘(双重绝缘)；

Ⅲ类——使用安全电压的设备。

选用原则：

(1)一般场所，应选用Ⅱ类工具并装设漏电保护、隔离变压器等。否则，应戴绝缘手套，穿绝缘鞋，站绝缘垫板等。

(2)特殊场合如潮湿、雨雪、金属构件上等，必须使用Ⅱ类或Ⅲ类工具。

安全要求：Ⅰ类设备应有良好的接地或接零保护措施。

Ⅰ类设备绝缘电阻应大于 2MΩ，Ⅱ类设备绝缘电阻应大于 7MΩ。装设相应保护装置。使用结束应及时切断电源。

2. 移动式设备(如电焊机等)

(1)满足绝缘要求；

(2)装设短路和漏电保护装置；

(3)外壳应接地或接零保护；

(4)移动时必须切断电源；

(5)有必要使用空载自断电保护装置；

(6)注意内部变压器的特点(输出侧电位的可变性)。

附：单元自测理论试题(A)

姓名＿＿＿＿＿＿　单位＿＿＿＿＿＿　成绩＿＿＿＿＿＿

一、填空(每空 1 分，共 30 分)

1. 单相两孔插座，面对插座的左孔接＿＿＿＿，右孔接＿＿＿＿线。

2. 电线接地时，人体距离接地点越近，跨步电压越＿＿＿＿；距离越远，跨步电压越＿＿＿＿，一般情况下距离接地体＿＿＿＿米，跨步电压可看成是零。

3. 电流对人体的伤害分＿＿＿＿和＿＿＿＿两类。

4. 带电灭火常用的灭火器有＿＿＿＿、＿＿＿＿、及干粉灭火器等。

5. 架空线路中，导线接头位置与导线固定处的距离应大于＿＿＿＿。

6. 穿管敷设线路，硬塑料管的连接方法有两种，分别是＿＿＿＿和＿＿＿＿。

7. 拉线开关距地面一般在＿＿＿＿米，距门框＿＿＿＿米。

8. 交流电的三要素是：＿＿＿＿、＿＿＿＿、＿＿＿＿。

9. 触电急救的心肺复苏法的三项基本措施是＿＿＿＿、＿＿＿＿、＿＿＿＿。

10. 绝缘棒由＿＿＿＿、＿＿＿＿、＿＿＿＿组成。

11. 三相负载 Y 接法时，中线的作用是＿＿＿＿＿＿＿＿＿＿。

12. 我国安全生产的基本方针是"＿＿＿＿、＿＿＿＿、＿＿＿＿"的方针。

13. 自动空气开关可以实现＿＿＿＿、＿＿＿＿、＿＿＿＿等保护。

二、选择题(每小题 1 分，共 16 分)

1. (　　)Hz 的交流电对人体伤害最严重。

A. 2000Hz　　B. 50～60Hz　　C. 1000Hz　　D. 500Hz

2. 三根长度相同、截面积相等的铝、铁、铜导线，电阻最小的是(　　)。

A. 铝线　　　B. 铁线　　　C. 铜线

3. 不同电压等级的线路同杆架设时，(　　)线路应处在上方。

A. 低压线路　　B. 高压线路　　C. 没有规定

4. 单相设备用的三孔插座，其保护地线(或零线)与工作零线(　　)。

A. 不允许工作零线和保护零线共用一根导线。

B. 可以将工作零线与保护零线合用一根导线。

C. 可以将三孔插座的上孔和左孔在内部连接。

5. 万用表的转换开关是实现(　　)。

A. 各种测量种类及量程的开关　　B. 万用表电流接通的开关

C. 接通被测物的测量开关

6. 电线接地时，人体距离接地点越近，跨步电压越高，距离越远，跨步电压越低，一般情况下距离接地体（　　），跨步电压可看成是零。

    A. 10m 以内　　B. 20m 以外　　　　C. 30m 以外

7. 电容器允许在不超过额定电流（　　）倍时长期运行。

    A. 1.5;　　　　B. 1.3;　　　　　　C. 1.1　　　　　D. 1.2

8. 额定电压为 220/36V 的变压器接入 220V 的直流电路中将会发生什么现象（　　）。

    A. 输出 36V 直流电压　　　　　　B. 输出电压低于 36V

    C. 无电压输出，原绕组严重过热而烧杯

9. 从保障安全的角度，生产经营单位从事生产经营活动必须具备的前提条件是（　　）。

    A. 拥有技术熟练的员工　　　　　　B. 资金充足

    C. 具备安全生产条件　　　　　　　D. 设置安全生产管理部门

10. 通常接触（　　）mA 以下的电流不会有生命危险。

    A. 50mA　　　B. 30mA　　　　　C. 100mA　　　　D. 15mA

11. 导线穿钢管设中，对于交流回路的单根导线，下列说法正确的是（　　）。

    A. 不允许将单根导线单独穿于钢管中

    B. 允许将单根导线单独穿于钢管中

    C. 必须将单根导线单独穿于钢管中

12. 安全生产管理，坚持（　　）的方针。

    A. 安全第一、预防为主、综合治理　B. 安全生产只能加强，不能削弱

    C. 安全生产重于泰山　　　　　　　D. 隐患险于明火，预防重于救灾

13. 在值班期间需要移开或越过遮栏时（　　）。

    A. 必须有领导在场　　　　　　　　B. 必须先停电

    C. 必须有监护人在场

14. 设备或线路确认无电，应以（　　）指示作为依据。

    A. 电压表　　　B. 验电器　　　　C. 手的感觉

15. 用人单位必须为劳动者提供符合国家规定的劳动安全卫生条件和必要的（　　），对从事有职业危害作业的劳动者应当定期进行健康检查。

    A. 工作场所　　B. 劳动防护用品　C. 津贴　　　　D. 医疗用品

16. 绝缘棒平时应（　　）。

    A. 放置平稳　　　　　　　　　　　B. 放在墙角

    C. 垂直悬挂使他们不与地面和墙壁接触，以防受潮变形

三、判断题（每小题 1 分，共 18 分）

1. 带电灭火不能采用泡沫灭火器。　　　　　　　　　　　　　　（　　）

2. 试电笔能分辨出交流电和直流电。　　　　　　　　　　　　　（　　）

3. 电气设备中铜铝接头不能直接相连接。　　　　　　　　　　　（　　）

4. 常用的交流电电能表是一种感应系仪表。　　　　　　　　　　（　　）

5. 在使用兆欧表测试前，必须使设备带电，这样，测试结果才正确。（　　）

6. 单股导线的机械强度高于多股绞线。　　　　　　　　　　　　（　　）

7. 金属电缆支架、电缆导管必须接地或接零可靠。　　　　　　　（　　）

8. 当不采用安全型插座时，托儿所、幼儿园及小学等儿童活动场所安装高度不小

于 1.8m。 （　　）

9. 建筑物顶部的避雷针、避雷带等必须与顶部外露的其他金属物体连成一个整体的电气通路，且与避雷引下线连接可靠。 （　　）

10. 允许使用隔离开关拉合带负荷设备、线路以及空载主变。 （　　）

11. 发电、输变电、供电、施工企业的生产性车间（工区）设专职安全员，其他车间（工区）和班组设兼职安全员。 （　　）

12. 在对事故调查过程中，向调查人员出示虚假证明或提供伪证，使事故调查不能正常进行或不能得出正确结论，对主要当事人和领导比照隐瞒事故处理。 （　　）

13. 高压负荷开关可通断负荷电流，并能开断短路电流。 （　　）

14. 同一低压系统中，可一部分设备采取保护接地，另一部分采取保护接零。 （　　）

15. 非铠装电缆不准直接埋设。 （　　）

16. 工作零线应穿过漏电保护器的零序互感器。 （　　）

17. 装设了漏电保护器就可不再装设熔断器。 （　　）

18. "三不伤害"是不伤害他人、不伤害自己、不被别人伤害。 （　　）

四、名词解释（每小题 3 分，共 12 分）

1. 跨步电压；

2. 三相交流电；

3. TN-S 系统；

4. 两票三制。

五、回答题（每小题 6 分，共 24 分）

1. 使触电者脱离低压电源的方法有哪些？应注意哪些事项？

2. 为什么电流互感器的二次侧不准开路？

3. 特种作业人员的基本条件有哪些？

4. 简述保证安全的组织措施和技术措施。

单元自测理论试题（B）

姓名＿＿＿＿＿＿　单位＿＿＿＿＿＿　成绩＿＿＿＿＿＿

一、填空（每空 1 分，共 30 分）

1. 供电企业及在供电企业内工作的其他组织、个人必须按规定严格执行两票：＿＿＿＿＿＿＿，三制：＿＿＿＿＿＿。

2. 变电站（所）倒闸操作应有＿＿＿＿＿在场，其中对＿＿＿＿＿熟悉者做＿＿＿＿＿人。

3. 电流对人体的伤害分＿＿＿＿＿和＿＿＿＿＿两类。

4. 带电灭火常用的灭火器有＿＿＿＿＿、＿＿＿＿＿、＿＿＿＿＿及干粉灭火器等。

5. 事故调查应当实事求是、尊重科学，做到＿＿＿＿＿不放过，＿＿＿＿＿不放过，＿＿＿＿＿不放过，＿＿＿＿＿不放过。

6. 安全管理工作必须贯彻"＿＿＿＿＿＿＿＿＿"的方针。

7. 变电操作票实行"三审"制度，即＿＿＿＿＿、＿＿＿＿＿和＿＿＿＿＿。

8. 交流电的三要素是：＿＿＿＿＿、＿＿＿＿＿、＿＿＿＿＿。

9. 触电急救的心肺复苏法的三项基本措施是＿＿＿＿＿、＿＿＿＿＿与＿＿＿＿＿。

10. 绝缘棒由＿＿＿＿＿、＿＿＿＿＿和＿＿＿＿＿组成，绝缘棒主要用来操作＿＿＿＿＿。

11. 电杆的埋设深度可取_____杆长，但最小不能小于_____米。

二、选择题(每小题 1 分　共 20 分)

1. 生产经营单位从事生产经营活动应具备的安全生产条件是：必须遵守《安全生产法》的有关规定和其他有关安全生产的法律、法规，加强安全生产管理，建立、健全生产责任制度，(　　)确保安全生产。

A. 控制安全生产事故　　　　　　　B. 评价安全生产条件

C. 防止和减少生产安全事故　　　　D. 完善安全生产条件

2. 三根长度相同，截面积相等的铝、铁、铜导线，电阻最小的是(　　)。

A. 铝线　　　　　B. 铁线　　　　　C. 铜线

3. 不同电压等级的线路同杆架设时，(　　)线路应处在上方。

A. 低压线路　　　B. 高压线路　　　C. 没有规定

4. 单相设备用的三孔插座，其保护地线(或零线)与工作零线(　　)。

A. 不允许工作零线和保护零线共用一根导线。

B. 可以将工作零线与保护零线合用一根导线。

C. 可以将三孔插座的上孔和左孔在内部连接。

5. 万用表的转换开关是实现(　　)。

A. 各种测量种类及量程的开关　　　B. 万用表电流接通的开关

C. 接通被测物的测量开关

6. 电线接地时，一般情况下距离接地体(　　)，跨步电压可看成是零。

A. 10m 以内　　　B. 20m 以外　　　C. 30m 以外

7. 室内照明线路的用电设备，每一回路的总容量不应超过(　　)。

A. 15A　　　　　B. 20A　　　　　C. 30A

8. 安全检查可分为一般性检查、(　　)和季节性检查。

A. 年终检查　　　B. 专项检查　　　C. 突击检查　　　D. 例行检查

9.《中华人民共和国安全生产法》的实施时间是(　　)。

A. 2002 年 12 月 31 日　　　　　　B. 2002 年 11 月 10 日

C. 2002 年 11 月 1 日　　　　　　 D. 2003 年 1 月 1 日

10. 以下措施不符合生产、经营、储存危险物品场所的条件的是(　　)。

A. 在员工宿舍和生产车间悬挂明显的疏散标志牌

B. 危险物品的车间、仓库应与员工宿舍保持安全距离

C. 员工宿舍设有紧急疏散的出口

D. 为了保证安全，晚间锁住员工宿舍和生产车间

11. 从保障安全的角度，生产经营单位从事生产经营活动必须具备的前提条件是(　　)。

A. 拥有技术熟练的员工　　　　　　B. 资金充足

C. 具备安全生产条件　　　　　　　D. 设置安全生产管理部门

12. 通常接触(　　)mA 以下的电流不会有生命危险。

A. 50　　　　　B. 30　　　　　C. 100　　　　　D. 15

13. 导线穿钢管设中，对于交流回路的单根导线，下列说法正确的是(　　)。

B. 不允许将单根导线单独穿于钢管中

C. 允许将单根导线单独穿于钢管中

D. 必须将单根导线单独穿于钢管中

14. 架空配电线路裸导线，钢芯铝绞线用字母(　　)表示。

A. LGJ；　　　　B. LJ；　　　　C. GJ；　　　　D. TJ。

15. 隔离开关(　　)灭弧能力。

A. 有　　　　B. 没有　　　　C. 有少许　　　　D. 不一定

16. 设备或线路确认无电，应以(　　)指示作为依据。

A. 电压表　　　B. 验电器　　　C. 手的感觉

17. 低压验电笔一般适用于交、直流电压为(　　)V以下。

A. 220　　　　B. 380　　　　C. 500

18. 用人单位必须为劳动者提供符合国家规定的劳动安全卫生条件和必要的(　　)，对从事有职业危害作业的劳动者应当定期进行健康检查。

A. 工作场所　　B. 劳动防护用品　　C. 津贴　　　D. 医疗用品

19. 有一台 380/36V 的变压器，使用不慎将高压侧和低压侧互相接错。当低压侧加上 380V 电源后，将发生(　　)现象。

A. 高压侧有 380V 电压输出　　　　B. 高压侧无电压输出，绕组发热

C. 高压侧有高压输出，绕组严重发热

20. 绝缘棒平时应(　　)。

A. 放置平稳　　B. 放在墙角　　C. 垂直悬挂

三、判断题(每小题 1 分　共 20 分)

1. 在一个电气连接部分，同时有检修和试验等综合停电工作时，在工作组织协调得当情况下，可以填写一张工作票。　　　　　　　　　　　　　　　　(　　)

2. 试电笔能分辨出交流电和直流电。　　　　　　　　　　　　　　(　　)

3. 电气设备中铜铝接头不能直接相连接。　　　　　　　　　　　　(　　)

4. 常用的交流电电能表是一种感应系仪表。　　　　　　　　　　　(　　)

5. 在使用兆欧表测试前，必须使设备带电，这样测试结果才正确。　(　　)

6. 工作票必须经批准的工作票签发人审核签发，特殊情况下可以电话签发或代签发。　　　　　　　　　　　　　　　　　　　　　　　　　　　　　(　　)

7. 金属电缆支架、电缆导管必须接地(PE)或接零(PEN)可靠。　　(　　)

8. 当不采用安全型插座时，托儿所、幼儿园及小学等儿童活动场所安装高度不小于 1.8m。　　　　　　　　　　　　　　　　　　　　　　　　　　　(　　)

9. 建筑物顶部的避雷针、避雷带等必须与顶部外露的其他金属物体连成一个整体的电气通路，且与避雷引下线连接可靠。　　　　　　　　　　　　　　(　　)

10. 允许使用隔离开关拉合带负荷设备、线路以及空载主变。　　　(　　)

11. 发电、输变电、供电、施工企业的生产性车间(工区)设专职安全员，其他车间(工区)和班组设兼职安全员。　　　　　　　　　　　　　　　　　　(　　)

12. 在对事故调查过程中，向调查人员出示虚假证明或提供伪证，使事故调查不能正常进行或不能得出正确结论，对主要当事人和领导比照隐瞒事故处理。(　　)

13. 高压负荷开关可通断负荷电流，并能开断短路电流。　　　　　(　　)

14. 同一低压系统中，可一部分设备采取保护接地，另一部分采取保护接零。

　　　　　　　　　　　　　　　　　　　　　　　　　　　　　　(　　)

15. 非铠装电缆不准直接埋设。　　　　　　　　　　　　　　　　(　　)

16. 拉设临时供电线路要有申报批准手续，每次申报，最长使用期限为 15 天。

　　　　　　　　　　　　　　　　　　　　　　　　　　　　　　(　　)

17. 工作零线应穿过漏电保护器的零序互感器。　　（　　）

18. 装设了漏电保护器就可不再装设熔断器。　　（　　）

19. 辅助安全用具可承受电气设备的工作电压。　　（　　）

20. "三不伤害"是不伤害他人，不伤害自己，不被别人伤害。　　（　　）

四、名词解释（每小题 3 分　共 9 分）

1. 三相交流电；

2. 保护接零；

3. 安全电压。

五、回答题（每小题 7 分　共 21 分）

1. 发生电气火灾切断电源时要注意些什么？

2. 使用兆欧表测量绝缘电阻时，应该注意哪些事项？

3. 特种作业人员的基本条件有哪些？

附录一　OMRON CPM1A 型继电器号一览表

名称		点数	通道号	继电器地址	功　能
输入继电器		160 点 (10 字)	000～009CH	00000～00915	继电器号与外部的输入输出端子相对应。(没有使用的输入通道可用作内部继电器号使用)
输出继电器		160 点 (10 字)	010～019CH	01000～01915	
内部辅助继电器		512 点 (32 字)	200～231CH	20000～23115	在程序内可以自由使用的继电器
特殊辅助继电器		384 点 (24 字)	232～255CH	23200～25507	分配有特定功能的继电器
暂存继电器(TR)		8 点	TR0～7		回路的分歧点上，暂时记忆 ON/OFF 的继电器
保持继电器(HR)		320 点 (20 字)	HR00～19CH	HR0000～ HR1915	在程序内可以自由使用，且断电时也能保持断电前的 ON/OFF 状态的继电器
辅助记忆继电器(AR)		256 点 (16 字)	AR00～15CH	AR0000～ AR1515	分配有特定功能的辅助继电器
链接继电器(LR)		256 点 (16 字)	LR00～15CH	LR0000～ LR1515	1：1 链接的数据输入输出用的继电器(也能用作内部辅助继电器)
定时器/计数器		128 点	TIM/CNT 000～127		定时器、计数器，它们的编程号合用
数据存储器(DM)	可读/写	1002 字	DM0000～0999 DM1022～1023		以字为单位(16 位)使用、断电也能保持数据 在 DM1000～1021 不作故障记忆的场合可作为常规的 DM 使用 DM6144～6599、DM6600～6655 不能用程序写入(只能用外围设备设定)
	故障履历存入区	22 字	DM1000～1021		
	只读	456 字	DM6144～6599		
	PC 系统设定区	56 字	DM6600～6655		

附录二 OMRON CPM1A 型特殊辅助继电器

特殊辅助继电器是使用于 CPM1A 的动作状态标志，动作起动标志，时钟脉冲的输出、模拟电位器、高速计数器，计数模式中断等各种功能的设定值/现在值的存储单元。

通道号	继电器号	功 能	
232～235		宏指令输入引数 不使用宏指令的时候，可作为内部辅助继电器使用	
236～239		宏指令输出引数 不使用宏指令的时候可作为内部辅助继电器使用	
240	00～15	输入中断 0 设定值	输入中断使用计数模式时的设定值（0000～FFFF） 输入中断不使用计数模式时能作为内部辅助继电器用
241	00～15	输入中断 1 设定值	
242	00～15	输入中断 2 设定值	
243	00～15	输入中断 3 设定值	
244	00～15	输入中断 0 现在值－1	输入中断使用计数模式时的计数器现在值－1（0000～FFFF）
245	00～15	输入中断 1 现在值－1	
246	00～15	输入中断 2 现在值－1	
247	00～15	输入中断 3 现在值－1	
248～249		高速计数器的现在值区域 不使用高速计数器时，能作为内部辅助继电器使用	
250		模拟电位器 0	拟设定值存入区域 存入值（0000～0200）BCD 码
251		模拟电位器 1	
252	00	高速计数器复位标志（软件设置复归）	
	01～07	不可使用	
	08	外设通信口复位时为 ON（使用总线时无效） 完成后自动回到 OFF 状态	
	09	不可使用	
	10	PC 系统设定区域（DM6600～6655）初始化的时候成为 ON 完成后自动返回到 OFF（仅编程模式时有效）	
	11	强制置位/复位的保持标志 OFF：编程模式↔监视模式切换时，解除强制置位/复位的接点 ON：编程模式↔监视模式切换时，保持强制置位/复位的接点	

通道号	继电器号	功　能
252	12	I/O 保持标志 OFF：运行开始，停止时，输入输出、内部辅助继电器，链接继电器的状态被复位 ON：运行开始，停止时，输入输出、内部辅助继电器，链接继电器的状态被保持
	13	不可使用
	14	故障履历复位时为 ON(完成后自动返回 OFF)
	15	不可使用
253	00～07	故障发生时将故障码的值存储 故障诊断(FAL/FALS)指令执行时的 FAL 号也被存储 FAL00 指令执行，用故障解除操作复位(成为 00)
	08	不可使用
	09	扫描定时器到达时(扫描周期超过 100ms 时)成为 ON
	10～12	不可使用
	13	常 ON
	14	常 OFF
	15	运行开始时 1 个扫描周期 ON
254	00	1 分时钟脉冲(30 秒 ON/30 秒 OFF)
	01	0.02 秒时钟脉冲(0.01 秒 ON/0.01 秒 OFF)
	02	负数标志(N)标志
	03～05	不可使用
	06	微分监视完成标志(微分监视完成时为 ON)
	07	STEP 指令中一个行程开始时，仅一个扫描周期为 ON 的继电器
	08～15	不可使用
255	00	0.1 秒时钟脉冲(0.05 秒 ON/0.05 秒 OFF)
	01	0.2 秒时钟脉冲(0.1 秒 ON/0.1 秒 OFF)
	02	1.0 秒时钟脉冲(0.5 秒 ON/0.5 秒 OFF)
	03	ER 标志(执行指令时，出错发生时为 ON)
	04	CY 标志(执行指令结果有进位发生时为 ON)
	05	＞标志(比较结果大于时为 ON)
	06	＝标志(比较结果等于时为 ON)
	07	＜标志(比较结果小于时为 ON)
	08～15	不可使用

附录三　OMRON CPM1A 型基本指令一览表

■顺序输入指令

基本指令

FUN NO	指令	符号	助记符	操作数	功能	操作数、相关标志
—	LD	⊣⊢	LD	继电器号	逻辑开始时使用	继电器号
—	LD UOT	⊣⊬	LD　NOT	继电器号	逻辑开始时使用	00000～01915
—	AND	⊣⊢	AND	继电器号	逻辑与操作	20000～25507
—	AND NOT	⊣⊬	AND　LOT	继电器号	逻辑与非操作	HR0000～1915 AR0000～1515
—	OR	⊣⊔	OR	继电器号	逻辑或操作	LR0000～1515
—	OR NOT	⊣⊔	OR　NOT	继电器号	逻辑或非操作	TIM/CNT000 ～127 TR0～7
—	AND LD		AND　LD		和前面的条件与	*TR 仅能使用于 LD 指令
—	OR LD		OR　LD		和前面的条件或	

■顺序输出指令

基本命令/应用命令

FUN NO	指令	符号	助记符	操作数	功能	操作数、相关标志
—	OUT	—○	OUT	继电器号	把逻辑运算的结果送输出继电器	
—	OUT NOT	—∅	OUT　NOT	继电器号	将逻辑运算的结果反相后送输出继电器	继电器号
—	SET	—〔SET〕	SET	继电器号	使指定接点 ON	00000～01915
—	PESET	—〔RSET〕	RSET	继电器号	使指定接点 OFF	20000～25215 HR0000～1915
11	KEEP	S—○ R	KEEP(11)	继电器号	使保持继电器动作	AR0000～1915 LR0000～1915
13	上升沿微分	—DIFU	DIFU(13)	继电器号	在逻辑运算结果上升沿时继电器在一个扫描周期内 ON	TR0～7 *TR 仅能使用于 OUT 指令
14	下降沿微分	—DIFD	DIFD(14)	继电器号	在逻辑运算结果下降沿时继电器在一个扫描周期内 ON	

■顺序控制指令
基本命令/应用命令

FUN NO	指令	符号	助记符　　　操作数	功能	操作码相关的标志
00	空操作		NOP(00)	—	—
01	结束	—END	END(01)	程序结束	—
02	联锁	—IL	IL(02)	至 ILC 指令为止的继电器线圈，定时器根据本指令前面的条件 OFF 的时候 OFF	—
03	解锁	—ILC	ILC(03)	表示 IL 指令范围的结束	
04	跳转	—JMP	JMP(04)　号	至 JME 指令为止的程序由本指令前面的条件决定是否执行	号 00～49
05	跳转结束	—JME	JME(05)　号	解除跳转指令	

■定时器/计数器指令

基本指令/应用指令

FUN NO	指令	符号	助记符	操作数	功能	操作码相关的标志
—	定时器	—(TIM)	TIM	计时器号 / 设定值	接通延时定时器(减算)设定时间 0~999.9秒(0.1秒为单位)	定时器号 NO / 计数器号 NO TIM/CNT000~127
—	计数器	CP R CNT	CNT	计时器号 / 设定值	减法计数器设定值 0~9999 次	*在使用高速定时器指令中作中断处理的定时器请指定 TIM000~003
12	可逆计数器	ACP SCP R CNTR	CNTP (12)	计时器号 / 设定值	执行加、减算计数设定值 0~9999 次	设定值 000~019、200~255 HR00~19 AR00~15 LR00~15 DM0000~1023、6144~6655
15	高整定时器	—(TIMH)	TIMH(15)	计时器号 / 设定值	执行高速减算定时设定时间：0~99.99秒(0.01秒为单位)	* DM0000～1023、6144~6655 #0000~9999(BCD)

指定通道超过数据区域时，出错标志 25503(ER)为 ON。

采用数据存储器的间接寻址时，＊DM 内容没有采用 BCD 码的及超出 DM 区域的场合，出错标志 25503(ER)为 ON。

在区域标志 25503(ER)为 ON 的时候，不能执行指令。

附录四　接触器继电气控制常用符号

表 1　常用的图形符号及文字符号

名称	图形符号	文字符号	名称	图形符号	文字符号	名称	图形符号	文字符号
一般三极电源开关		QS	线圈			线圈		K..
			主触头			常开触点		KV..
低压断路器		QF	接触器 常开辅助触点		KM	继电器		KI
						常闭触点		KA.
行程开关	常闭触点	SQ	常闭辅助触点			线圈		
	复合触点		速度继电器 常开触点		KS	得电延时型 常闭触点	或	
按钮	起动	SQ	常闭触点			常开触点	或	
	停止		熔断器式		FU	失电延时型 线圈		KT
	复合		熔断器式刀开关			常开触点	或	
热继电器	热元件	FR	溶断器式隔离开关		SA	常闭触点	或	
	常闭触点		转换开关			瞬时触点 常开触点		
熔断器式负荷开关		OM				常闭触点		

表 2　常用低压电器

名称	图形符号	文字符号	名称	图形符号	文字符号
桥式整流装置		VC	三相鼠笼式异步电动机		M
峰鸣器		H	单相变压器		
信号灯		HL	整流变压器		T
电阻器		R	照明变压器		
接插器		X	控制电路电源变压器		TC
电磁铁		YA	直流发电机		G
直流串励电动机		M	接近开关动合触点		K
直流并励电动机			接近敏感开关动合触点		K

表 3　指示灯的颜色及其含义

颜色	含义	解　释	典型应用
红色	异常情况或报警	当出现危险或需要及时处理的情况时用于报警	超温、短路故障
黄色	警示或警告	变量接近极限值或状态发生变化	温度值偏离正常值出现过载
绿色	准备好、安全	设备预备起动、处于安全运行状态	正常运行指示
蓝色	特殊指示	上述几种颜色未包括的任一种功能	选择开关处于指定位置
白色	一般信号	上述几种颜色未包括的其他功能	某种动作正常

表4　按钮颜色及其含义

颜色	含 义	典型应用
红色	发生危险的时候操作用	急停按钮
	停止、断开	设备的停止按钮
黄色	应急情况	非正常运行时的终止按钮
绿色	起动	开启按钮
蓝色	上述几种颜色未包括的任一种功能	
黑色 灰色 白色	其他任一功能	

表5　电气技术中常用的基本文字符号

基本文字符号		项目种类	设备、装置、元器件举例	基本文字符号		项目种类	设备、装置、元器件举例
单字母	双字母			单字母	双字母		
A	AT	组件	抽屉柜	Q	QF QM QS	开关器件	断路器 电动机保护开关 隔离开关
B	BP BQ BT BV	非电量到电量变换器或电量到非电量变换器	压力变换器 位置变换器 温度变换器 速度变换器	R	RP RT RV	电阻器	电位器 热敏电阻器 压敏电阻器
F	FU FV	保护器件	熔断器 限压保护器件	S	SA SB SP SQ ST	控制、记忆、信号电路的开关器件选择器	控制开关 按钮开关 压力传感器 位置传感器 温度传感器
H	HA HL	信号器件	声响指示器 指示灯				
K	KA KP KR KT KM	继电器 接触器	瞬时接触断电器 交流继电器 中间继电器 有/无延时继电器 接触器	T	TA TC TM TV	变压器	电流互感器 电源变压器 电力变压器 电力互感器
				X	XP XS XT	端子板、插头、插座	插头 插座 端子板
P	PA ~PJ PS PV PT	测量设备 实验设备	电流表 电能表 记录仪 电压表	Y	YA YV YB	电气操作的机械器件	电磁铁 电磁阀 电磁离合器

表6 导线颜色标志

序号	导线颜色	标志电路
1	黑色	装置和设备的内部布线
2	棕色	直流电路的正极
3	红色	交流三相电路的 W 相(或 L3 相),半导体三极管的集电极
4	黄色	交流三相电路的 U 相(或 L1 相),半导体三极管的基极
5	绿色	交流三相电路的 V 相(或 L2 相)
6	蓝色	直流电路的负极,半导体三极管的发射极
7	淡蓝色	交流三相电路的零线或中性线,直流电路中的接地中间线
8	黄绿色	安全线地线

表7 常用的辅助文字符号

序号	文字符号	名称	序号	文字符号	名称	序号	文字符号	名称
1	A	电流	23	F	快速	45	PEN	中性线共用
2	A	模拟	24	FB	反馈	46	PU	不接地保护
3	AC	交流	25	PW	正、前	47	R	右
4	A、AUT	自动	26	GN	绿	48	R	反
5	ACC	加速	27	H	高	49	RD	红
6	ADD	附加	28	IN	输入	50	R、RST	复位
7	ADJ	可调	29	INC	增	51	RES	备用
8	AUX	辅助	30	IND	感应	52	RUN	运转
9	ASY	异步	31	L	左	53	S	信号
10	B、BRK	制动	32	L	限制	54	ST	起动
11	BK	黑	33	L	低	55	S、SET	置位、定位
12	BL	蓝	34	W	主	56	STE	步进
13	BW	向后	35	M	中	57	STP	停止
14	CW	顺时针	36	M	中间线	58	SYN	同步
15	CCW	逆时针	37	M、MAN	手动	59	T	温度
16	D	延时	38	N	中性线	60	T	时间
17	D	差动	39	OFF	断开	61	TE	防干扰接地
18	D	数字	40	ON	闭合	62	V	真空
19	D	降	41	OUT	输出	63	V	速度
20	DC	直流	42	P	压力	64	V	电压
21	DEC	减	43	P	保护	65	WH	白
22	E	接地	44	PE	保护接地	66	YE	黄

附录五　特种作业(电工)初训、复训题库

一、填空题

1.《中华人民共和国安全生产法》于(2002年6月29日)公布,(2002年11月1日)施行。

2.《安全生产法》规定,生产经营单位的特种作业人员必须按照国家有关规定经专门的(安全作业培训),取得(特种作业操作资格证书),方可上岗作业。

3.(国家安全生产监督管理局)负责制定特种作业人员培训大纲及考核标准。

4. 特种作业人员必须接受与(本工种)相适应的(本工种)安全技术培训。

5. 特种作业人员必须经(安全技术理论考核和实际操作技能考核)合格,取得特种作业操作证后,方可上岗作业。

6. 负责特种作业人员培训的单位应具备相应的(资质条件)。

7. 从事特种作业人员培训的教师须经(培训并考核合格后),方可上岗。

8. 国家局可以委托有关部门或机构审查认可(特种作业人员培训单位和考核单位)的资格,签发特种作业操作证。

9. 各省级安全生产监督管理部门、煤矿安全监察机构,以及(国家局委托的有关部门或机构),应每年向国家局报送本地区本部门有关特种作业人员培训、考核、发证和复审情况的年度统计资料。

10.(培训、考核及用人单位)应当加强特种作业人员的管理,建立特种作业人员档案。

11. 对于工频交流电,按照通过人体的电流大小而使人体呈现不同的状态,可将电流划分为三级(感知电流)、(摆脱电流)、(致命电流)。

12. 在三相四线制的供电线路中,(相线与中性线)之间的电压叫做相电压,相线与(相线)之间的电压叫线电压。

13. 开关应有明显的关合位置,一般向上为(合),向下为(断)。

14. 电缆直埋敷设时,农田埋深(1)m,场内敷设时埋深(0.7)m,过公路埋深(1)m,并应穿保护管。

15.(终端杆塔)安装在进入发电厂或变电所的线路始端或终端,由它来承受最后一个耐张段的导线拉力。

16. 电流动作型漏电保护器由(测量)元件、放大元件、(执行)元件和检测元件组成。

17. 保护接零的线路上,不准装设(开关)和(熔断器)。

18. 保证安全检修的技术措施有:(切断电源)、(验电)、(封挂临时接地线);(设遮栏);(悬挂标示牌)。

19. 在电气设备上工作,保证安全的技术措施是停电、验电、(装设接地线)、(悬挂标示牌)及设置临时遮栏、工作完恢复送电。

20. 保护接零是指电气设备在正常情况下不带电的(金属)部分与电网的(保护零线)相互连接。

21. 保护接地是把故障情况下可能呈现危险的对地电压的导电部分同(大地)紧密地连接起来。

22. 按照人体触及带电体的方式和电流通过人体的途径，电击触电可分为三种情况（单相触电）、（两相触电）和（跨步电压触电）。

23. 从人体触及带电体的方式和电流通过人体的途径，触电可分为：（单相触电）人站在地上或其他导体上，人体某一部分触及带电体；（两相触电）人体两处同时触及两相带电体；跨步电压触电人体在接地体附近，由于跨步电压作用于两脚之间造成。

24. 漏电保护器既可用来保护人身安全，还可用来对（低压）系统或设备的（对地）绝缘状况起到监督作用；漏电保护器安装点以后的线路应是绝缘的，对地线路应是绝缘良好。

25. 重复接地是指零线上的一处或多处通过（接地装置）与大地再连接，其安全作用是：降低漏电设备（对地）电压；减轻零线断线时的危险；缩短碰壳或接地短路持续时间；改善架空线路的性能等。

26. 对容易产生静电的场所，要保持地面（潮湿），或者铺设（导电）性能好的地面；工作人员要穿防静电的衣服和鞋靴，静电及时导入大地，防止静电积聚，产生火花。

27. 静电有三大特点：一是（电压）高；二是（静电感应）突出；三是尖端放电现象严重。

28. 用电安全的基本要素是：电气绝缘、（安全距离）、设备及其导体载流量、（明显和准确的标志）等是保证用电安全的基本要素。只要这些要素都能符合安全规范的要求，正常情况下的用电安全就可以得到保证。

29. 电流对人体的伤害主要有两种类型：即（电击和电伤）。

30. 单相孔插座，面对插座的右孔接（相线），左孔接（零线）。

31. 如果触电者呼吸停止，心跳停止，应立即施行（人工呼吸法）和（胸外心脏按压法），送医院途中抢救工作不能终止。

32. 安全色是表达安全信息含义的颜色，表示禁止、警告、指令、提示等。（红色）表示禁止、停止；（蓝色）表示指令，必须遵守的规定；（黄色）表示警告、注意；（绿色）表示指示、安全状态、通行。

33. 单台电动机用熔断器做短路保护时，熔丝的额定电流不应大于电动机额定电流的（2.5）倍。

34. 电力电缆的终端头和中间接头，要保证（密封良好），防止电缆油漏出使绝缘干枯，绝缘性能降低。

35. 变压器油具有良好的绝缘性能，在变压器中起（绝缘）和（冷却）作用。

36. 熔断器串接在线路中，可做（短路）保护，又可做设备的（过载）保护。

37. 低压线路只用黑胶布做绝缘恢复时，室内线包缠（四）层，室外要包缠（六）层。

38. 电流互感器的二次侧禁止装设（熔断器），二次侧不准（开路），必须将二次绕组的一端，铁心外壳做可靠的接地。

39. 重复接地是指零线上的一处或多处通过（接地装置），与大地再连接，其安全作用是：降低漏电设备（对地电压）；减轻零线断线时的危险；缩短碰壳或接地短路持续时间；改善架空线路的性能触电防雷等。

40. 我国安全生产的基本方针是（安全）第一，（预防）为主，综合治理。

41. 电动机在运行中应监视的内容有（电动机的温度）、（电动机的电流）、（电源电压的变化）、三相电压和电流的平衡状态；（通风情况）、振动情况、（音响和气味）、电刷的工作情况。

42. 并联电阻越多，其等效电阻（越小），而且（小于）任一并联支路的电阻。

43. 国家规定的安全色有(红、蓝、绿、黄)四种颜色。

44. 保证安全检修的技术措施有：(切断电源)、(验电)、(封挂临时接地线)；(设遮栏)；(悬挂标示牌)。

45. 触电急救，首先要使触电者迅速(脱离电源)，越快越好。触电急救必须分秒必争，立即就地迅速用(心肺复苏法)进行抢救。

46. 笼型异步电动机常用的减压起动器有：(星—三角起动器)、(延边三角形起动器)、(电阻降压起动器)、(电抗降压起动器)和(自耦降压起动器)。

47. TN 系统有三种类型，即(TN—S)系统；(TN—C—S)系统；TN—C 系统。

48. 室外单极刀闸，跌落保险在停电拉闸时(先拉中相)，再拉(下风一相)，最后拉(余下的一相)。严禁(严禁带负荷操作)。

49. 低压照明线路和农业用户线路的供电电压损失不得超过额定电压的(-10～+7%)。

50. 安全生产法第 49 条规定：从业人员在生产过程中，应当正确佩戴和使用(劳动防护)用品。

51. 电气安全检查以(自检)为主，(互检或主管部门抽检)为辅。

52. 电气安全事故的发生与否，很大程度取决于(组织管理)。

53. 各岗位专业人员，必须熟悉本岗位(全部设备和系统)，掌握构造原理(运行方式)和特性。

54. 并联电路中，各支路的电流与其支路电阻成(反比)。

55. 使用绝缘棒操作时应戴(绝缘手套)穿(绝缘靴)或站在绝缘垫上。

56. 触电急救，首先要使触电者迅速(脱离电源)，越快越好。

57. 在低压工作中，人体或其所携带的工具与带电体的距离不应小于(0.1m)。

58. 保护接地与保护接零是防止(间接接触电击)最基本的措施。

59. 过载保护是指当线路或设备的载荷超过允许范围时能(延时切断)电源。

60. 脱离低压电源的方法有(拉闸断电)、(切断电源线)、(用绝缘物品脱离电源)。脱离高压电源的方法有(拉闸停电)、(短路法)。

61. 常用的触电急救方法有：(俯卧压背法)、(仰卧牵臂法)、(口对口)、(口对鼻)、人工呼吸法、(胸外心脏按压法)。

62. 临时线路，一定(经闸箱)引出，不准直接从(正式线路上)引出。

63. 照明支路容量不应大于(15)A，并且要有(短路)保护装置。

64. 巡视检查时应注意安全距离：高压柜前(0.6m)，10kV 以下(0.7m)，35kV 以下(1m)。

二、判断题(下列说法正确的打"√"错的打"×")

1. 电压互感器二次绕组不允许开路，电流互感器二次绕组不允许短路。　(×)

2. 直流电流表可以用于交流电路。　(×)

3. 钳形电流表可做成既能测交流电流，也能测量直流电流。　(×)

4. 使用万用表测量电阻，每换一次欧姆挡都要把指针调零一次。　(√)

5. 测量电流的电流表内阻越大越好。　(×)

6. 无论是测直流电或交流电，验电器的氖灯炮发光情况是一样的。　(×)

7. 电烙铁的保护接线端可以接线，也可不接线。　(×)

8. 装临时接地线时，应先装三相线路端，然后装接地端；拆时相反，先拆接地端，后拆三相线路端。　(×)

9. 电焊机的一，二次接线长度均不宜超过 20m。 （×）

10. 交流电流表和电压表所指示的都是有效值。 （√）

11. 绝缘靴也可作为耐酸、碱、耐油靴使用。 （×）

12. 导线的安全载流量，在不同环境温度下，应有不同数值，环境温度越高，安全载流量越大。 （×）

13. 钢芯铝绞线在通过交流电时，由于交流电的集肤效应，电流实际只从铝线中流过，故其有效截面积只是铝线部分面积。 （√）

14. 裸导线在室内敷设高度必须在 3.5m 以上，低于 3.5m 不许架设。 （×）

15. 导线敷设在吊顶或天棚内，可不穿管保护。 （×）

16. 所有穿管线路，管内接头不得多于 1 个。 （×）

17. 电缆线芯有时压制圆形，半圆形，扇形等形状，这是为了缩小电缆外形尺寸，节约原材料。 （√）

18. 变电所停电时，先拉隔离开关，后切断断路器。 （×）

19. 高压隔离开关在运行中，若发现绝缘子表面严重放电或绝缘子破裂，应立即将高压隔离开关分断，退出运行。 （×）

20. 高压负荷开关有灭弧装置，可以断开短路电流。 （×）

21. 触电的危险程度完全取决于通过人体的电流大小。 （×）

22. 很有经验的电工，停电后不一定非要再用验电笔测试便可进行检修。 （×）

23. 漏电保护器对两相触电不能进行保护，对相间短路也起不到保护作用。 （√）

24. 检修刀开关时只要将刀开关拉开，就能确保安全。 （×）

25. 一般对低压设备和线路，绝缘电阻应不低于 0.5MΩ，照明线路应不低于 0.25MΩ。 （√）

26. 长期运行的电动机，对其轴承应两年进行一次检查换油。 （×）

27. 动力负荷小于 60A 时，一般选用螺旋式熔断器而不选用管式熔断器。 （√）

28. 使用 RL 螺旋式熔断器时，其底座的中心触点接负荷，螺旋部分接电源。 （×）

29. 行中的电容器电流超过额定值的 1.3 倍，应退出运行。 （√）

30. 导线在同一平面内，如有弯曲时瓷珠或瓷瓶，必须装设在导线的曲折角外侧 （×）

31. 电动机外壳一定要有可靠的保护接地或接零。 （√）

32. 母线停电操作时，电压互感器应先断电，送电时应先合电压互感器。 （×）

33. 非铠装电缆不准直接埋设。 （√）

34. 高压熔断器具有定时限特性。 （×）

35. 变压器停电时先停负荷侧，再停电源侧，送电时相反。 （√）

36. 防止直击雷的主要措施是装设避雷针、避雷线、避雷器、避雷带。 （×）

37. 最好的屏蔽是密封金属屏蔽包壳，其包壳要良好接地。 （√）

38. 保持防爆电气设备正常运行，主要包括保持电压、电流参数不超出允许值，电气设备和线路有足够的绝缘能力。 （×）

39. 用万用表欧姆挡测试晶体管元件时不允许使用最高挡和最低挡。 （√）

40. 用万用表测电阻时必须停电进行，而用摇表测电阻则不必停电。 （×）

41. 单投刀闸安装时静触头放在上面，接电源；动触头放在下面接负载。 （√）

42. 电磁场强度愈大，对人体的伤害反而减轻。 （×）

43. 为保证安全，手持电动工具应尽量选用 Ⅰ 类。 （×）

44. 电气安全检查一般每季度 1 次。 (√)

45. 电动机的绝缘等级，表示电动机绕组的绝缘材料和导线所能耐受温度极限的等级。如 E 级绝缘其允许最高温度为 120℃。 (√)

46. 检查低压电动机定子，转子绕组各相之间和绕组对地的绝缘电阻，用 500V 绝缘电阻测量时，其数值不应低于 0.5MΩ，否则应进行干燥处理。 (√)

47. 工作票必须由专人签发，但签发人不需熟悉工作人员技术水平，设备情况以及电业安全工作规程。 (×)

48. 电动机不转动很有可能的故障原因是缺相造成的。 (√)

49. 拉线开关的安装高度一般为距地面 3m。 (√)

50. 真空断路器适用于 35kV 及以下的户内变电所和工矿企业中要求频繁操作的场合和故障较多的配电系统，特别适合于开断容性负载电流。其运行维护简单、噪声小。 (√)

51. 一般刀开关不能切断故障电流，也不能承受故障电流引起的电动力和热效应。 (×)

52. 接触器银及银基合金触点表面在分断电弧所形成的黑色氧化膜的接触电阻很大，应进行锉修。 (√)

53. 在易燃、易爆场所的照明灯具，应使用密闭形或防爆形灯具，在多尘、潮湿和有腐蚀性气体的场所的灯具，应使用防水防尘型。 (√)

54. 在充满可燃气体的环境中，可以使用手动电动工具。 (×)

55. 家用电器在使用过程中，可以用湿手操作开关。 (×)

56. 为了防止触电可采用绝缘、防护、隔离等技术措施以保障安全。 (√)

57. 在照明电路的保护线上应该装设熔断器。 (×)

58. 对于在易燃、易爆、易灼烧及有静电发生的场所作业的工人，可以发放和使用化纤防护用品。 (×)。

59. 电动工具应由具备证件合格的电工定期检查及维修 (√)

60. 在充满可燃气体的环境中，可以使用手动电动工具。 (×)

61. 对于容易产生静电的场所，应保持地面潮湿，或者铺设导电性能好的地板。 (√)

62. 电工可以穿防静电鞋工作。 (×)

63. 在距离线路或变压器较近，有可能误攀登的建筑物上，必须挂有"禁止攀登，有电危险"的标示牌。 (√)

64. 有人低压触电时，应该立即将他拉开。 (×)

65. 雷击时，如果作业人员孤立处于暴露区并感到头发竖起时，应该立即双膝下蹲，向前弯曲，双手抱膝。 (√)

66. 清洗电动机械时可以不用关掉电源。 (×)

67. 低压设备或做耐压实验的周围栏上可以不用悬挂标示牌。 (×)

68. 电流为 100mA 时，称为致命电流。 (×)

三、选择题

1. 钳形电流表使用时应先用较大量程，然后再视被测电流的大小变换量程。切换量程时应(B)。

A. 直接转动量程开关;　　　　　B. 先将钳口打开，再转动量程开关

2. 要测量 380V 交流电动机绝缘电阻，应选用额定电压为(B)的绝缘电阻表。

A. 250V　　　　B. 500V　　　　　　C. 1000V

3. 用绝缘电阻表摇测绝缘电阻时，要用单根电线分别将线路 L 及接地 E 端与被测物连接。其中(B)端的连接线要与大地保持良好绝缘。

A. L　　　　　B. E　　　　　　　C. G

4. 室外雨天使用高压绝缘棒，为隔阻水流和保持一定的干燥表面，需加适量的防雨罩，防雨罩安装在绝缘棒的中部，额定电压 10kV 及以下的，装设防雨罩不少于(A)，额定电压 35kV 不少于(C)。

A. 2 只　　　　B. 3 只　　　　　C. 4 只　　　　D. 5 只

5. 触电人已失去知觉，还有呼吸，但心脏停止跳动，应使用以下哪种急救方法(B)。

A. 仰卧牵臂法　B. 胸外心脏按压法　C. 俯卧压背法　　D. 口对口呼吸法

6. 触电时通过人体的电流强度取决于(C)。

A. 触电电压　　　　　　　　　　B. 人体电阻

C. 触电电压和人体电阻　　　　　D. 都不对

7. 电流通过人体的途径，从外部来看，(A)的触电最危险。

A. 左手至脚　B. 右手至脚　　C. 左手至右手　　D. 脚至脚

8. 两只额定电压相同的电阻，串联接在电路中，则阻值较大的电阻(A)。

A. 发热量较大　B. 发热量较小　　C. 没有明显差别

10. 在电气上用红、绿、黄三色分别代表(C)。

A. A B C　　B. B C A　　　C. C B A　　　D. A C B

11. 绝缘手套的测验周期是(B)。

A. 每年一次　　B. 六个月一次　　C. 五个月一次

12. 绝缘靴的试验周期是(B)。

A. 每年一次　B. 六个月一次　　C. 三个月一次

13. 低压电气设备保护接地电阻不大于(C)。

A. 0.5Ω　　　B. 2Ω　　　　　C. 4Ω　　　　D. 10Ω

14. 在值班期间需要移开或越过遮栏时(C)。

A. 必须有领导在场　　　　　　　B. 必须先停电

C. 必须有监护人在场

15. 值班人员巡视高压设备(A)。

A. 一般由两人进行　　　　　　　B. 值班员可以干其他工作

C. 若发现问题可以随时处理

16. 在变压器中性接地系统中，电气设备严禁采用(A)。

A. 接地保护　　　　　　　　　　B. 接零保护

C. 接地与接零保护　　　　　　　D. 都不对

17. 倒闸操作票执行后，必须(B)。

A. 保存至交接班　　　　　　　　B. 保存三个月

C. 长时间保存

18. 接受倒闸操作命令时(A)。

A. 要有监护人和操作人在场、由监护人接受。

B. 只要监护人在场、操作人也可以接受。

C. 可由变电站(所)长接受。

19. 把接成 △ 型异步电动机错接成 Y 型时的故障现象是(B)。

A. 电机不转　　　B. 转速过低　　　C. 剧烈振动

20. 电力变压器的油起(A、C)作用。

A. 绝缘和灭弧　　B. 绝缘和防锈　　C. 绝缘和散热

21. 装设接地线时，应(B)。

A. 先装中相　　　　　　　　　B. 先装接地端、再装导线端

C. 先装导线端、再装接地端

22. 高压电力电缆(6～10kV)应用(C)兆欧表测试绝缘电阻值。

A. 500V　　　B. 1000V　　　C. 2500V　　　　D. 5000V

23. 戴绝缘手套进行操作时，应将外衣袖口(A)。

A. 装入绝缘手套中　　　　　　B. 卷上去

C. 套在手套外面

25. 在变压器中性接地系统中，电气设备严禁采用(A)。

A. 接地保护　　　　　　　　　B. 接零保护

C. 接地与接零保护　　　　　　D. 都不对

26. 行灯、机床、工作台局部照明灯具的安全电压不得超过(A)。

A. 36V　　　B. 24V　　　C. 12V

27. 室外跌落式熔断器与地面的垂直夹角应保证(A)。

A. 15°～30°　　B. 20°～30°　　C. 25°～35°

28. (A)工具在防止触电的保护方面不仅依靠基本绝缘，而且它还包含一个附加的安全预防措施。

A. Ⅰ类　　　B. Ⅱ类　　　C. Ⅲ类

29. 三相电动机额定电流计算公式中的电压 U_e 是指(B)

A. 相电压　　　B. 线电压　　　C. 相电压或线电压

30. 使用螺口灯头时，中心触点应接在(B)上。

A. 零线　　　B. 相线　　　C. 零线或相线

31. 用隔离开关可以单独操作(C)。

A. 励磁电流不超过 10A 的空载变压器

B. 运行中的高压电动机

C. 运行中的电压互感器

32. 运行中的电流互感器二次不允许(A)。

A. 开路　　　B. 短路　　　C. 通路

33. 通过熔体的电流越大，熔体的熔断时间越(B)。

A. 长　　　B. 短　　　C. 不变

34. 在二次接线回路上工作，无需将高压设备停电时，应用(C)。

A. 倒闸操作票　　B. 第一种工作票　　C. 第二种工作票

35. 测量 500V 以下设备的绝缘应选用(B)的摇表。

A. 2500V　　　B. 1000V　　　C. 5000V

36. 变压器内部发生(B)故障时，油流冲动气体继电器的挡板，接通跳闸回路。

A. 匝间短路　　　B. 相间短路　　　C. 油面下降

37. 从事 10kV 及以下高压试验时，操作人员与被试验设备的最小距离为(A)。

A. 0.7m　　　B. 1.5m　　　C. 1.2m　　　　D. 1.0m

38. 用万用表 R×100 挡测电阻，当读数为 50Ω 时，实际被测电阻为(B)。
   A. 100Ω　　　B. 5000Ω　　　C. 50Ω

39. 在有电容器、电缆的线路上做试验时，应先充分(C)后试验。
   A. 清扫干净　B. 充电　　　C. 放电

40. 万用表使用完毕后应将旋钮置于(B)挡。
   A. 电阻挡　　B. 交流电压最高挡 C. 电流挡

41. 对架空线路等高空设备进行灭火时，人体位置与带电体之间的仰角应不超过(B)。
   A. 40°　　　　B. 45°　　　　C. 30°　　　　D. 60°

42. 手持电动工具，应有专人管理，经常检查安全可靠性，尽量选用(B)。
   A. Ⅰ类、Ⅱ类　　　　　　　B. Ⅱ类、Ⅲ类
   C. Ⅰ类、Ⅲ类　　　　　　　D. Ⅰ类、Ⅱ类、Ⅲ类

43. 随着电磁波波长的缩短，对人体的伤害将(A)。
   A. 加重　　　B. 减弱　　　C. 无明显变化

44. 接到严重违反电气安全工作规程制度的命令时，应该(C)。
   A. 考虑执行　B. 部分执行　C. 拒绝执行

45. 用万用表 R×100 挡测电阻，当读数为 50Ω 时，实际被测电阻为(B)。
   A. 100Ω　　　B. 5000Ω　　　C. 50Ω

46. 施行胸外心脏按压法时，每分钟的动作次数应为(B)。
   A. 16 次　　　B. 80 次　　　C. 不小于 120 次

47. 万用表使用完毕后不能将旋钮置于(A)挡。
   A. 电阻挡　　B. 交流电压最高挡 C. 空挡

49. 电气安全检查一般每季度(A)次，每年不得少于(A)次。
   A. 1　　　　B. 2　　　　C. 3　　　　D. 4

50. 电气安全事故的发生与否，很大程度取决于(D)。
   A. 组织措施　B. 技术措施　C. 资料管理　　D. 组织管理

四、简答题

1. 说明接零保护原理。

在变压器中性点接地的低压配电系统中，当某相出现事故碰壳时，形成相线和零线的单相短路，短路电流能迅速使保护装置(如熔断器)动作，切断电源，从而把事故点与电源断开，防止触电危险。

2. 简要说明接地保护原理。

在变压器中性点不直接接地的低压配电系统中，将电气设备外壳与大地用电阻不大于 4Ω 的导线相连，当某相出现事故碰壳时，接地电流通过接地线旁路，使通过人体的电流很小，从而保证操作人员的安全。

3. 简述电气安全用具的使用要求。

(1)电气安全用具应该正确选用(如电压等级)；正确使用；正确存放和专人管理。制定安全用具的管理制度。

(2)每次使用前要做认真的检查，使用后要擦拭干净。

(3)对高压安全绝缘用具，要定期进行耐压和泄漏的预防性试验。

4. 以下是 Y 系列电动机型号说出各代号表示意义。

YB 160M-4　WF

YB 产品代号：Y 表异步电动机　B 表隔爆型；

160 规格代号：表中心高度 160mm；

M 规格代号：表中机座；

4 规格代号：表 4 磁极；

WF 特殊环境代号：W 表户外用，F 表化工防腐用。

5. 电流互感器使用时注意事项有哪些？

(1)电流互感器接线时，必须注意端子符号和极性。

(2)电流互感器使用时，应考虑准确等级。一般精确度较高的接仪表、仪器用，精确度较低的接继电保护用。

(3)运行中的电流互感器二次侧不准开路，且串接在线路中。

(4)为防止一、二次绕组之间绝缘击穿造成危险，必须将二次绕组的一端、铁心、外壳做可靠的接地。

(5)连接导线应用绝缘铜线，其截面不得小于 2.5mm^2。

6. 水泥电杆如何选用？

选用水泥电杆时，其表面应光洁平整，壁厚均匀，无外露钢筋，横向裂纹宽度不超过 0.2mm，裂纹长度不超过 1/3 周长，杆身弯曲不超过杆长的 2‰。

7. 倒闸操作的基本要求。

(1)为防止误操作事故，变配电所的倒闸操作必须填写操作票。

(2)倒闸操作必须两人同时进行，一人监护、一人操作。特别重要和复杂的倒闸操作，应由电气负责人监护。

(3)高压操作应戴绝缘手套，室外操作应穿绝缘靴、戴绝缘手套。

(4)如逢雨、雪、大雾天气在室外操作，无特殊装置的绝缘棒及绝缘夹钳禁止使用，雷电时禁止室外操作。

(5)装卸高压保险时，应戴防护镜和绝缘手套，必要时使用绝缘夹钳并站在绝缘垫或绝缘台上。

8. 电气救火应注意些什么？

(1)发生电火警时，最重要的是必须首先切断电源，然后救火，并及时报警。

(2)应选用二氧化碳灭火器、1211 灭火器、干粉灭火器或黄砂来灭火。但应注意，不要使二氧化碳喷射到人的皮肤上或脸部，以防冻伤和窒息。在没确知电源已被切断时，决不允许用水或普通灭火器来灭火。因为万一电源未被完全切断，就会有触电的危险。

(3)救火时不要随便与电线或电气设备接触，特别要留心地上的电线。

9. 简述带电工作的要求。

(1)监护人应精神集中，不可与操作人接触，不得擅离职守参与同监护工作无关的事。

(2)带电工作只能一人进行，在同一部位不能二人同时带电工作。

(3)带电拆线时，先拆相线，后拆零线；接线时，先接零线，后接相线。带电作业断接导线时，不许带负荷操作。

(4)对电流互感器，严禁带电拆除二次侧导线。

(5)断接处应用绝缘包布包好。

(6)在多层架空线下层带电工作时，头不能越过工作线层；若在上层带电工作时，下面几层都要停电，并采取安全技术措施。

10. 使用电钻或手持电动工具时应注意哪些安全问题？

(1)所有的导电部分必须有良好的绝缘。

(2)所有的导线必须是坚韧耐用的软胶皮线。在导线进入电机的壳体处，应用胶皮圈加以保护，以防电线的绝缘层被磨损。

(3)电机进线应装有接地或接零的装置。

(4)在使用时，必须穿绝缘鞋；戴绝缘手套等防护用品。

(5)每次使用工具时，都必须严格检查。

11. 简述导线连接的基本要求。

(1)接触要紧密，接头电阻小，稳定性好，与同长度同截面导线的电阻比应小于1。

(2)接头的机械强度不小于导线机械强度的80%。

(3)耐腐蚀，对于铝导线与铝导线的连接，如采用熔焊法，要防止残余熔剂或熔渣的化学腐蚀。对于铝导线与铜导线连接，要防止电化腐蚀。

(4)接头的绝缘强度应与导线的绝缘强度一样。

12. 电压互感器使用时注意事项有哪些？

(1)电压互感器使用时，应考虑准确等级。

(2)运行中的电压互感器二次侧不准短路，且并接在线路中。

(3)为防止一、二次绕组之间绝缘击穿造成危险，必须将二次绕组的一端、铁心、外壳做可靠的接地。

(4)连接导线应用绝缘铜线，其截面不得小于不 1.5mm^2。

13. 使用电钻或手持电动工具时应注意哪些安全问题？

(1)所有的导电部分必须有良好的绝缘。

(2)所有的导线必须是坚韧、耐用的软胶皮线。在导线进入电机的壳体处，应用胶皮圈加以保护，以防电线的绝缘层被磨损。

(3)电机进线应装有接地或接零的装置。

(4)在使用时，必须穿绝缘鞋；戴绝缘手套等防护用品。

(5)每次使用工具时，都必须严格检查。

14. 在什么情况下的开关、刀闸的操作手柄上须挂"禁止合闸，有人工作！"的标示牌？

(1)一经合闸即可送电到工作地点的开关、刀闸。

(2)已停用的设备，一经合闸即有造成人身触电危险、设备损坏或引起总漏电保护器动作的开关、刀闸。

(3)一经合闸会使两个电源系统并列或引起反送电的开关、刀闸。

15. 特种作业人员必须具备哪些基本条件？

(1)年龄满 18 周岁；

(2)身体健康，无妨碍从事相应工种作业的疾病和生理缺陷；

(3)初中以上文化程度，具备相应工种的安全技术知识，参加国家规定的安全技术理论和实际操作考核并成绩合格；

(4)符合相应工种作业特点需要的其他条件。

16. 复审的内容是什么？

(1)健康检查；

(2)违章作业记录检查；

(3)安全生产新知识和事故案例教育；

(4)本工种安全技术知识考核。

17. 在什么情况下，发证机关要吊销特种作业人员的特种作业操作证？

(1)未按规定接受复审或复审不合格的；

(2)违章操作造成严重后果或 2 年内违章操作记录达 3 次以上的；

(3)弄虚作假取得特种作业操作证的。

18. 特种作业人员的考核和发证工作必须做到什么？

必须坚持公正、公平、公开的原则，不得弄虚作假；从事特种作业人员考核、发证和复审工作的有关人员滥用职权、玩忽职守、徇私舞弊的，应当依法追究其责任。

19. 隔离开关的作用是什么？

(1)保证在检修或备用中的电气设备与其他正常运行的电气设备隔离，并给工作人员以明显的可见断点，从而保证检修工作中的安全；

(2)与断路器配合，改变运行接线方式；

(3)关合小电流电路。

20. 变压器遇到什么情况必须停下检查修理？

(1)内部响声很大，不正常，有爆炸声；

(2)在正常符合和冷却条件下，变压器温度不断上升；

(3)储油柜或防爆筒喷油；

(4)严重漏油使油面下降，并低于指示极限；

(5)油色变化过甚，油内出现炭质；

(6)瓷套管有严重破损和放电现象；

(7)重瓦斯动作。

21.《安全生产法》规定的从业人员的安全生产权利和义务有哪些？

五项权利是：

(1)知情权、建议权；

(2)批评、检举、控告权；

(3)合法拒绝权；

(4)遇险停、撤权；

(5)保(险)外索赔权。

四项义务：

(1)遵章作业；

(2)佩戴和使用劳动防护用品；

(3)接受安全生产教育培训；

(4)安全隐患报告义务；

22. 为了安全生产，所有电工作业人员都应具备哪些技术要求？

熟练掌握现场触电急救的方法和保证安全的技术措施、组织措施，熟练正确使用常用电工仪器、仪表；掌握安全用具的检查内容并能正确使用；会正确选择和使用灭火器材。

23. 什么是基本绝缘安全用具？

绝缘强度足以抵抗电气设备的运行电压的安全用具。

高压设备的基本绝缘安全用具有：绝缘棒、绝缘夹钳和高压验电器等。

低压设备的基本绝缘安全用具有绝缘手套，装有绝缘柄的工具和试电笔等。

24. 什么叫倒闸操作？其重要性是什么？

主要是指拉开或合上断路器或隔离开关，拉开或合上直流操作回路，拆除和装设临时接地线及检查设备绝缘等。

它直接改变电气设备的运行方式，是一项重要而又复杂的工作。如果发生错误操作，会导致事故或危及人身安全。

附录六　职业技能鉴定维修电工理论仿真试卷

初级试卷

一、单项选择（每题 0.5 分，满分 80 分。）

1. 频繁操作电路通断的低压电器应选（　　）。
A. 瓷底胶盖闸刀开关 HK 系列　　　B. 封闭式负荷开关 HH4 系列
C. 交流接触器 CJ20 系列　　　　　D. 组合开关 HZ10 系列

2. 两台变压器并联运行时，空载时副绕组中有一定的小电流，其原因是（　　）。
A. 短路电压不相等　　　　　　　　B. 变压比不相等
C. 连接组别不同　　　　　　　　　D. 容量不相等

3. 使用直流电压表时，除了使电压表与被测电路并联外，还应使电压表的"＋"极与被测电路的（　　）相连。
A. 高电位端　　B. 低电位端　　C. 中间电位端　　D. 零电位端

4. 延边三角形降压起动是指电动机起动时，把定子绕组一部分接成三角形，另一部分采用（　　）接法。
A. △　　　　　B. Y　　　　　C. 自耦变压器　　D. 矩形

5. 弯曲有焊缝的管子，焊缝必须放在其（　　）的位置上。
A. 弯曲上层　　B. 弯曲外层　　C. 弯曲内层　　D. 中性层

6. 下面的符号表示该电工指示仪表的绝缘强度试验电压为（　　）V。
A. 2　　　　　B. 200　　　　C. 2000　　　　D. 20000

7. 管板焊接右侧焊时，应用（　　）引弧。
A. 直击法　　B. 划擦法　　　C. 间断熄弧法　　D. 间击法

8. 一台 8 极交流三相异步电动机电源频率为 60 赫兹，则同步转速为（　　）r/min。
A. 900　　　　B. 3600　　　C. 450　　　　D. 750

9. 水平固定管焊接，分（　　）焊接。
A. 2 半　　　　B. 3 半　　　C. 4 半　　　　D. 5 半

10. 晶体二极管含有 PN 结的个数为（　　）。
A. 一个　　　B. 二个　　　C. 三个　　　　D. 四个

11. 如图，该图形符号为（　　）。
A. 新符号发光二极管　　　　　　B. 旧符号发光二极管
C. 新符号光电二极管　　　　　　D. 旧符号光电二极管

12. 阅读辅助电路的第三步是（　　）。
A. 看电源　　　　　　　　　　　B. 分清辅助电路如何控制主电路
C. 寻找电器元件之间的相互关系　D. 看照明电路

13. 固定管子焊接时，由于大管坡口上端太宽，盖面层可分（　　）道焊成。
A. 2　　　　　B. 3　　　　　C. 4　　　　　D. 5

14. 两极三相异步电动机定子绕组的并联支路数为（　　）。
A. 1或2　　　B. 3或4　　　C. 2　　　　　D. 4

15. 电刷的用途是（　　）。

A. 减小噪音　　　　　　　　　　B. 延长电机的使用寿命

C. 减小损耗提高效率　　　　　　D. 传导电流和电流换向

16. 万用表欧姆挡的红表笔与（　　）相连。

A. 内部电池的正极　　　　　　　B. 内部电池的负极

C. 表头的正极　　　　　　　　　D. 黑表笔

17. 绝缘材料中击穿强度和耐热性最高的是（　　）。

A. 塑料　　　　B. 层压制品　　　　C. 电瓷　　　　D. 云母

18. 烙铁锡焊操作的第一步是（　　）。

A. 清除氧化层　　B. 涂焊剂　　　C. 烙铁沾焊剂　　D. 先预热

19. 控制变压器文字符号是（　　）。

A. TC　　　　　B. TM　　　　　C. TA　　　　　D. TR

20. 晶体三极管电流放大的外部条件是（　　）。

A. 发射结反偏，集电结反偏　　　B. 发射结反偏，集电结正偏

C. 发射结正偏，集电结反偏　　　D. 发射结正偏，集电结正偏

21. 硅稳压管的稳定电压是指（　　）。

A. 稳压管的反向击穿电压　　　　B. 稳压管的反向截止电压

C. 稳压管的正向死区电压　　　　D. 稳压管的正向导通电压

22. 硬头手锤是用碳素工具钢制成，并经淬硬处理，其规格用（　　）表示。

A. 长度　　　　B. 厚度　　　　C. 重量　　　　D. 体积

23. 正弦交流电的有效值（　　）。

A. 在正半周不变化，负半周变化　　B. 在正半周变化，负半周不变化

C. 不随交流电的变化而变化　　　D. 不能确定

24. 电动势是（　　）。

A. 电压　　　　　　　　　　　　B. 衡量电源转换本领大小的物理量

C. 衡量电场力做功本领大小的物理量　D. 电源两端电压的大小

25. 0.5A 的电流通过阻值为 2Ω 的导体，10s 内流过导体的电量是（　　）。

A. 5 库仑　　　B. 1 库仑　　　C. 4 库仑　　　D. 0.25 库仑

26. 对电感意义的叙述，（　　）的说法不正确。

A. 线圈中的自感电动势为零时，线圈的电感为零

B. 电感是线圈的固有参数

C. 电感的大小决定于线圈的几何尺寸和介质的磁导率

D. 电感反映了线圈产生自感电动势的能力

27. 由电容量的定义式 $C=Q/U$ 可知（　　）。

A. C 与 Q 成正比　　　　　　B. C 与 U 成反比

C. C 等于 Q 与 U 的比值　　D. $Q=0$ 时，$C=0$

28. 若将一段电阻为 R 的导线均匀拉长至原来的两倍，则其电阻值为（　　）。

A. $2R$　　　　B. $R/2$　　　　C. $4R$　　　　D. $R/4$

29. 一台直流电动机型号为 ZQ—32 其中 3 表示（　　）。

A. 3 号铁芯　　B. 3 号机座　　C. 第三次设计　　D. 3 对磁极

30. 电路图的主要用途之一是（　　）。

A. 提供安装位置　　　　　　　　B. 是设计编制接线图的基础资料

C. 表示功能图　　　　　　　　　　D. 表示框图

31. 在 TN 系统中采用保护接零措施效果最好的是(　　)系统。

A. TN－C　　B. TN－S　　C. TN－C－S　　D. TN－S－C

32. 导线在不同的平面上曲折时，在凸角的两面上应装设(　　)个瓷瓶。

A. 1　　　　B. 2　　　　C. 3　　　　D. 4

33. 直流电动机具有(　　)特点。

A. 起动转矩大　B. 造价低　　　C. 维修方便　　D. 结构简单

34. 一负载电流为 10mA 的单相半波整流电路，实际流过整流二极管的平均电流是(　　)mA。

A. 0　　　　B. 10　　　　C. 5　　　　D. 3

35. 滚动轴承新旧标准代号(　　)相同。

A. 不　　　　B. 基本　　　C. 全　　　　D. 绝对

36. 型号 LFC－10/0.5－300 的互感器，L 表示(　　)。

A. 电流互感器　B. 电压互感器　C. 单相变压器　D. 单相电动机

37. 环境十分潮湿的场合应采用(　　)电动机。

A. 封闭式　　B. 开启式　　　C. 防爆式　　D. 防护式

38. 煤矿井下的机械设备应采用(　　)电动机。

A. 封闭式　　B. 防护式　　　C. 开启式　　D. 防爆式

39. 塑料护套线适用于潮湿和有腐蚀性的特殊场所，室内明敷时，离地最小距离不得低于(　　)m。

A. 0.15　　B. 1.5　　　C. 2　　　　D. 2.5

40. 型号为 1032 的醇酸浸渍漆其耐热等级是(　　)。

A. Y 级　　B. E 级　　　C. B 级　　　D. A 级

41. 电压继电器按实际使用要求可分为(　　)类。

A. 2　　　　B. 3　　　　C. 4　　　　D. 5

42. 锯割软钢、黄钢、铸铁宜选用(　　)齿锯条。

A. 粗　　　　B. 中　　　　C. 细　　　　D. 细变中

43. 正弦交流电 $i=10\sqrt{2}\sin \omega t$A 的瞬时值不可能等于(　　)A。

A. 10　　　　B. 0　　　　C. 11　　　　D. 15

44. 金属磁性材料是由(　　)及其合金组成的材料。

A. 铝和锡　　B. 铜和银　　　C. 铜铁合金　　D. 铁镍钴

45. 电烙铁的金属外壳应(　　)。

A. 必须接地　B. 不接地　　　C. 采用可靠绝缘　D. 采用双重绝缘

46. 制造电机、电器的线圈应选用的导线类型是(　　)。

A. 电气设备用电线电缆　　　　　B. 裸铜软编织线

C. 电磁线　　　　　　　　　　D. 橡套电缆

47. 单相半波整流电容滤波电路，输出的电压波形是(　　)。

A. 锯齿波　　B. 尖脉冲　　　C. 脉动直流电　D. 正弦交流电

48. 室外安装的变压器的周围应装设高度不低于(　　)m 的栅栏。

A. 1　　　　B. 1.2　　　C. 1.5　　　D. 1.7

49. 绕组线头的焊接后，要(　　)。

A. 清除残留焊剂   B. 除毛刺

C. 涂焊剂   D. 恢复绝缘

50. 串联型稳压电路中的调整管必须工作在（　　）。

A. 放大区   B. 截止区   C. 饱和区   D. 击穿区

51. 电工指示仪表按使用条件分为（　　）。

A. A、B 两组   B. A、B、C 三组

C. A、B、C、D 四组   D. A、B、C、D、E 五组

52. 交流电动机的符号是（　　）。

A. Ⓖ   B. Ⓕ   C. Ⓜ   D. Ⓓ

53. 异步电机反接制动中，采用对称制电阻接法，可以在限制制动转矩的同时也限制了（　　）。

A. 制动电流   B. 起动电流   C. 制动电压   D. 起动电压

54. 起重机常采用（　　）电动机才能满足性能的要求。

A. 三相鼠笼异步   B. 绕线式转子异步

C. 单相电容异步   D. 并励式直流

55. 一般要求 TN 系统的保护零线的截面应（　　）。

A. 小于相线截面的一半   B. 不小于相线截面的一半

C. 必须大于相线截面   D. 等于相线的截面

56. 绝缘油中用量最大、用途最广的是（　　）。

A. 桐油   B. 硅油   C. 变压器油   D. 亚麻油

57. 下列型号的电动机中，（　　）是三相交流异步电动机。

A. Y－132S－4   B. Z_2－32   C. SJL－500/10   D. ZQ－32

58. 罩极式单相异步电动机同三相异步电动机相比（　　）差。

A. 安全性   B. 运行性能   C. 调速性能   D. 结构

59. 晶体二极管正向偏置是指（　　）。

A. 正极接高电位，负极接低电位   B. 正极接低电位，负极接高电位

C. 二极管没有正负极之分   D. 二极管的极性任意接

60. Ⅲ类手持式电动工具的绝缘电阻不得低于（　　）MΩ。

A. 0.5   B. 1   C. 2   D. 7

61. 电焊变压器应有（　　）空载电压。

A. 60～75V   B. 12～36V   C. 85～100V   D. 48V

62. 三相变压器铭牌上的额定电压指（　　）。

A. 原副绕组的相电压   B. 原副绕组线电压

C. 变压器内部的电压降   D. 带负载后原副绕组电压

63. 电流互感器原边绕组匝数（　　）。

A. 很少   B. 很多   C. 同副边一样   D. 比副边多

64. 扩孔钻为增强导向作用，一般有（　　）个齿。

A. 1～2   B. 2～3   C. 3～4   D. 4～5

65. 当高压钠灯接入电源后，电流经过镇流器、热电阻、双金属片常闭触头而形成通路，此时放电管中（　　）。

A. 电流极大　　B. 电流较大　　　C. 电流较小　　D. 无电流

66. 金属薄板最易中间凸起，边缘呈波浪形及翘曲等变形，可采用(　　)矫正。

A. 延展法　　　B. 伸张法　　　　C. 弯曲法　　　D. 锤击法

67. 对于形状简单的静止配合件拆卸，可用(　　)。

A. 拉拔法　　　B. 击卸法　　　　C. 顶压法　　　D. 温差法

68. 三相鼠笼式异步电动机带动电动葫芦的绳轮常采用(　　)制动方法。

A. 电磁抱闸　　B. 电磁离合器　　C. 反接　　　　D. 能耗

69. 异步电动机采用 Y－△ 降压起动时，起动转矩是 △ 接法全压起动时的(　　)倍。

A. $\sqrt{3}$　　　B. $1/\sqrt{3}$　　　C. $\sqrt{3}/2$　　　D. $1/3$

70. 精密测量工件直径的量具是(　　)。

A. 千分尺　　　B. 百分表　　　　C. 钢尺　　　　D. 游标卡尺

71. 频敏变阻器实质上是一个铁心损耗(　　)电抗器。

A. 很小的三相　B. 很大的单相　　C. 很大的三相　D. 很小的单相

72. 按接地的目的不同，接地可分为(　　)种。

A. 1　　　　　B. 2　　　　　　C. 3　　　　　D. 4

73. 绕制单相小型变压器线包层次是(　　)。

A. 原边绕组、静电屏蔽、副边高压绕组、副边低压绕组

B. 副边高压绕组、副边低压绕组、静电屏蔽、原边绕组

C. 原边绕组、静电屏蔽、副边低压绕组、副边高压绕组

D. 原边绕组、副边绕组、静电屏蔽

74. 中性点不接地的 380/220V 系统的接地电阻值应不超过(　　)Ω。

A. 0.5　　　　B. 4　　　　　　C. 10　　　　　D. 30

75. 重复接地，就是在(　　)系统中，除在电源中性点进行工作接地外，还在一定的处所把 PE 线或 PEN 线再行接地。

A. IT　　　　　B. TT　　　　　C. TN　　　　　D. IT－TT

76. 不等径三支一套的丝锥，切屑用量的分配按顺序是(　　)。

A. 1∶2∶3　　B. 3∶2∶1　　　C. 1∶3∶6　　　D. 6∶3∶1

77. 避雷器接地属于(　　)。

A. 重复接地　　B. 工作接地　　　C. 保护接地　　D. 工作接地和重复接地

78. 电气图包括：电路图、功能表图、系统图和框图和(　　)等。

A. 位置图　　　B. 部件图　　　　C. 元器件图　　D. 装配图

79. 电气图包括：系统图和框图、电路图、功能表图、逻辑图、位置图和(　　)构成。

A. 部件图　　　B. 接线图与接线表　C. 元件图　　　D. 装配图

80. 在 B＝0.4wb/m² 的匀强磁场中，放一根长 L＝0.5m，I＝5A 的载流直导体，导体与磁场方向垂直，导体受到的力是(　　)。

A. 1N　　　　　B. 0N　　　　　C. 2N　　　　　D. 0.2N

81. M7120 型平面磨床的冷却泵电动机，要求当砂轮电动机起动后才能起动，这种方式属于(　　)。

A. 顺序控制　　B. 多地控制　　　C. 联锁控制　　D. 自锁控制

82. 三相鼠笼式异步电动机，可以采用定子串电阻降压起动，由于它的主要缺点是（　　），所以很少采用此方法。

A. 产生的起动转矩太大　　　　　　　B. 产生的起动转矩太小
C. 起动电流过大　　　　　　　　　　D. 起动电流在电阻上产生的热损耗过大

83. 转子绕组串电阻起动适用于（　　）电动机。

A. 鼠笼式异步　　　　　　　　　　　B. 绕线式异步
C. 鼠笼式和绕线式异步　　　　　　　D. 串励直流电动机

84. 在 X62W 万能铣床电气线路中采用了两地控制方式，其控制按钮连接的规律是（　　）。

A. 全为串联　　　　　　　　　　　　B. 全为并联
C. 停止按钮并联，起动按钮串联　　　D. 停止按钮串联，起动按钮并联

85. 过电流继电器主要用于（　　）的场合，作为电动机或主电路的过载和短路保护。

A. 不频繁起动和重载起动　　　　　　B. 频繁起动和重载起动
C. 频繁起动和轻载起动　　　　　　　D. 轻载起动和不频繁起动

86. 钻头直径大于 13mm 时，柄部一般作成（　　）。

A. 柱柄　　　　B. 方柄　　　　C. 锥柄　　　　D. 柱柄或锥柄

87. 电压互感器可以把（　　）供测量用。

A. 高电压转换为低电压　　　　　　　B. 大电流转换为小电流
C. 高阻抗转换为低阻抗　　　　　　　D. 低电压转换为高电压

88. 标准规定项目代号可用代号段表示，其中第一段表示（　　）。

A. 高层代号　　　B. 位置代号　　　C. 种类代号　　　D. 端子代号

89. 日光灯的工作原理是（　　）。

A. 辉光放电　　B. 电流的热效应　　C. 电流的磁效应　D. 光电效应

90. 磁电系测量机构带半导体整流器构成的仪表叫（　　）仪表。

A. 电动系　　　B. 电磁系　　　C. 整流系　　　D. 磁电系

91. 适应于照明和动力混合性质使用的电力变压器应采用（　　）连接方法。

A. Y/Y　　　　　B. Y/△　　　　　C. Y/Y_N　　　　D. △/Y

92. 毛坯工件通过找正后画线，可使加工表面与不加工表面之间保持（　　）均匀。

A. 尺寸　　　　B. 形状　　　　C. 尺寸和形状　　　D. 误差

93. 卤钨灯的工作原理是电流的（　　）。

A. 热效应　　　B. 光电效应　　　C. 磁效应　　　　D. 电磁感应

94. 在电阻 R 上串联一电阻，欲使 R 上的电压是串联电路总电压的 1/n，则串联电阻的阻值大小应等于 R 阻值的（　　）倍。

A. $n+1$　　　B. n　　　　C. $n-1$　　　　D. $1/n$

95. 三相绕线转子异步电动机在整个起动过程中，频敏变阻器的等效阻抗变化趋势是（　　）。

A. 由小变大　　　　　　　　　　　　B. 由大变小
C. 恒定不变　　　　　　　　　　　　D. 先由小到大，后由大到小

96. 变压器的作用是能够变压、变流、变（　　）和变相位。

A. 频率　　　　B. 功率　　　　C. 效率　　　　　D. 阻抗

97. RC1A 系列瓷插式熔断器主要应用在（　　）的场合。

A. 控制箱、机床设备及振动较大　　B. 低压成套配电装置

C. 低压照明　　　　　　　　　　　　D. 硅整流装置

98. 属于气体放电光源的是（　　）。

A. 白炽灯　　　B. 磨砂白炽灯　　　C. 卤钨灯　　　D. 照明高压汞灯

99. 圆板牙上开有一条 V 形通槽，起调节板牙尺寸的作用，其调节的范围为（　　）mm。

A. 0.01～0.25　B. 0.01～0.025　　C. 0.1～0.025　D. 0.1～0.25

100. 电气照明按其照明范围分为：一般照明、局部照明和（　　）。

A. 工作照明　　B. 事故照明　　　　C. 室内照明　　D. 混合照明

101. 为保证交流电动机正反转控制的可靠性，常采用（　　）控制线路。

A. 按钮联锁　　　　　　　　　　　　B. 接触器联锁

C. 按钮、接触器双重联锁　　　　　　D. 手动

102. 根据铁磁物质的性质，铁磁物质（　　）的说法是错误的。

A. 能被磁体吸引　　　　　　　　　　B. 能被磁体磁化

C. 磁导率是常数　　　　　　　　　　D. 磁感应强度有饱和值

103. 交流过电流继电器调整在（　　）倍额定电流 I_N 时动作。

A. 0.7～3　　　B. 1.1～4　　　　　C. 2.2～5　　　D. 4～7

104. 四只 16Ω 的电阻并联后等效电阻为（　　）。

A. 64Ω　　　　B. 16Ω　　　　　　C. 4Ω　　　　D. 8Ω

105. 热继电器主要用于电动机的（　　）保护。

A. 失压　　　　B. 欠压　　　　　　C. 短路　　　　D. 过载

106. 阅读 M7130 型磨床电气原理图要最后阅读（　　）。

A. 主电路　　　　　　　　　　　　　B. 控制电路

C. 电磁工作台控制电路　　　　　　　D. 照明和指示电路

107. 电路图是根据（　　）来详细表达其内容的。

A. 逻辑图　　　B. 位置图　　　　　C. 功能表图　　D. 系统图和框图

108. 制动用电磁离合器与电磁抱闸在结构上比较是（　　）的。

A. 相同　　　　B. 基本相同　　　　C. 不完全相同　D. 不相同

109. 属于热辐射光源的是（　　）。

A. 高压汞灯　　B. 钠灯　　　　　　C. 白炽灯　　　D. 日光灯

110. 电气图包括：电路图、功能表图和（　　）等构成。

A. 系统图和框图　　　　　　　　　　B. 部件图

C. 元件图　　　　　　　　　　　　　D. 装配图

111. 不属于气体放电光源的是（　　）。

A. 日光灯　　　B. 钠灯　　　　　　C. 氙灯　　　　D. 白炽灯

112. 电阻的大小与导体的（　　）无关。

A. 长度　　　　B. 横截面积　　　　C. 材料　　　　D. 两端电压

113. 一直流电通过一段粗细不均匀的导体时，导体各横截面上的电流强度（　　）。

A. 与各截面面积成正比　　　　　　　B. 与各截面面积成反比

C. 与各截面面积无关　　　　　　　　D. 随截面面积变化而变化

114. 电流强度为 1A 的电流在 1h 内通过导体某一横截面上的电量为（　　）。

A. 1C　　　　　B. 60C　　　　　　C. 3600C　　　D. 360C

115. 电流的方向就是（　　）。

A. 负电荷定向移动的方向　　　　　B. 电子定向移动的方向

C. 正电荷定向移动的方向　　　　　D. 正电荷定向移动的相反方向

116. JZ7 系列中间继电器触头采用双断点结构，上、下两层各有四对触头，下层触头只能是常开的，故触头常开与常闭组合可有（　　）种形式。

A. 3　　　　　B. 2　　　　　C. 5　　　　　D. 4

117. 主要用于控制受电设备，使其达到预期要求的工作状态的电器称为（　　）电器。

A. 保护　　　　B. 开关　　　　　C. 控制　　　　　D. 配电

118. 低压断路器又称自动空气断路器，其电气图形符号是（　　）。

A. ⏚　　　　　B. ⏚　　　　　C. ⏚　　　　　D. ⏚

119. 三相鼠笼式异步电动机电磁抱闸断电动作型属于（　　）电路。

A. 点动控制　　B. 自锁控制　　　C. 联锁控制　　　D. 正反转控制

120. 根据表达信息的内容，电气图分为（　　）种。

A. 1　　　　　B. 2　　　　　C. 3　　　　　D. 4

121. 绕线式异步电动机，采用转子串联电阻进行调速时，串联的电阻越小，则转速（　　）。

A. 不随电阻变化　　　　　　　　　B. 越高

C. 越低　　　　　　　　　　　　　D. 需进行测量才知道

122. 低压电器产品型号类组代号共分（　　）组，类组代号用汉语拼音字母表示最多三个。

A. 4　　　　　B. 2　　　　　C. 10　　　　　D. 12

123. 下列型号属于主令电器的是（　　）。

A. CJ10－40/3　B. RL1－15/2　C. JLXK1－211　D. DZ10－100/330

124. 速度继电器的作用是（　　）。

A. 限制运行速度　　　　　　　　　B. 速度计量

C. 反接制动　　　　　　　　　　　D. 能耗制动

125. 直流电磁铁的励磁电流大小与行程（　　）。

A. 成正比　　　B. 成反比　　　　C. 无关　　　　　D. 平方成正比

126. 电器按工作电压分（　　）两大类。

A. 高压电器和低压电器　　　　　　B. 一般电压电器和特低电压电器

C. 中压电器和高压电器　　　　　　D. 普通电压电器和安全电压电器

127. 全压起动时，加在交流电动机定子绕组上的电压是（　　）。

A. 电源额定电压　　　　　　　　　B. 电动机的额定电压

C. 最大电压　　　　　　　　　　　D. 线电压

128. 电气制图中，可用字母、数字表示图号和张次。对于 =P1 系统多张图第 15 张图的正确表示为（　　）。

A. =1P/15/B4　B. =P1/15/4B　　C. =P1/B4/15　D. =P1/15/B4

129. 在电气图上，一般电路或元件是按功能布置，并按工作顺序（　　）排列。

A. 从前向后，从左到右　　　　　　B. 从上到下，从小到大

C. 从前向后，从小到大　　　　　　D. 从左到右，从上到下

130. 电气制图中，指引线末端在轮廓线内，用一（　　）表示。

A. 箭头　　　B. 短线　　　　C. 圆圈　　　　D. 黑点

131. 电气图形符号的形式有（　　）种。

A. 1　　　　B. 2　　　　　C. 3　　　　　D. 4

132. 如图为（　　）图形符号。

A. 熔断器式开关　　　　　　　　B. 刀开关熔断器

C. 熔断器式隔离开关　　　　　　D. 隔离开关熔断器

133. 如图正确电器的名称为（　　）。

A. 单相鼠笼式异步电动机　　　　B. 三相鼠笼式异步电动机

C. 三相绕线式异步电动机　　　　D. 交流测速发电机

134. 自动往返控制行程控制线路需要对电动机实现自动转换的（　　）控制才能达到要求。

A. 自锁　　　B. 点动　　　　C. 联锁　　　　D. 正反转

135. 一般规定，电源容量在 180kVA 以上功率在（　　）kW 以下的三相异步电动机可以直接起动。

A. 1　　　　B. 3　　　　　C. 5　　　　　D. 7

136. 在电源变压器容量不够大的情况下，直接起动将导致（　　）。

A. 电动机起动矩增大　　　　　　B. 输出电压增大

C. 输出电压下降　　　　　　　　D. 起动电流减小

137. 直接起动时的优点是电气设备少，维修量小和（　　）。

A. 线路简单　　B. 线路复杂　　C. 起动转矩小　　D. 起动电流小

138. 定子绕组串接电阻降压起动是指在电动机起动时，把电阻接在电动机定子绕组与电源之间，通过电阻的（　　）作用，来降低定子绕组上的起动电压。

A. 分压　　　B. 分流　　　　C. 发热　　　　D. 防性

139. 低压电器，因其用于电路电压为（　　），故称为低压电器。

A. 交流 50Hz 或 60Hz，额定电压 1200V 及以下，直流额定电压 1500V 及以下

B. 交直流电压 1200V 及以上

C. 交直流电压 500V 及以下

D. 交直流电压 3000V 以下

140. 主要用于配电电路，对电路及设备进行保护、通断、转换电源或负载的电器类型是（　　）电器。

A. 控制　　　B. 配电　　　　C. 开关　　　　D. 保护

141. 三相异步电动机采用能耗制动时，当切断电源后，将（　　）。

A. 转子回路串入电阻　　　　　　B. 定子任意两相绕组进行反接

C. 转子绕组进行反接　　　　　　D. 定子绕组送入直流电

142. 转子绕组串电阻起动适用于（　　）。

A. 鼠笼式异步电动机　　　　　　B. 绕线式异步电动机

C. 鼠笼式，绕线式异步电动机均可　　D. 串励直流电动机

143. 定子绕组串接电阻降压起动后，将电阻（　　），电动机在额定电压下正常进行。

A. 开路　　　B. 短接　　　　C. 并接　　　　D. 串接

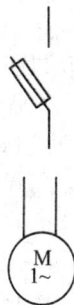

144. 三相鼠笼式异步电动机采用自耦变压器降压起动时，起动电流为直接起动的（   ）倍。

    A. 1/K　　　　　B. $1/K^2$　　　　　C. 1/3　　　　　D. $1/\sqrt{3}$

145. 三相电动机自耦降压起动器以80%的抽头降压起动时，电机的起动转矩是全压起动转矩的（   ）%。

    A. 36　　　　　B. 64　　　　　C. 70　　　　　D. 81

146. 三相鼠笼式异步电动机，采用自耦变压器降压起动，适用于（   ）接法的电动机。

    A. △　　　　　B. Y　　　　　C. V　　　　　D. △或Y都可以

147. 自耦变压器降压起动方法一般适用于（   ）的三相鼠笼式异步电动机。

    A. 容量较大　　B. 容量较小　　C. 容量很小　　D. 各种容量

148. 为了使异步电动机能采用Y—△降压起动，电动机在正常运行时必须是（   ）。

    A. Y接法　　　B. △接法　　　C. Y—△接法　　D. 延边△接法

149. 三相鼠笼式异步电动机采用Y—△降压起动方法，只适合（   ）接法的电动机。

    A. △　　　　　B. Y　　　　　C. V　　　　　D. Y，△都可以

150. 异步电动机采用Y—△降压起动时，每相定子绕组承受的电压是△接法全压起动时的（   ）倍。

    A. 2　　　　　B. 3　　　　　C. $1/\sqrt{3}$　　　D. 1/3

151. 延边△降压起动后，定子绕组要改接成（   ）全压运行。

    A. Y　　　　　B. △　　　　　C. Y—△　　　D. 开口△

152. 三相鼠笼式异步电动机，当采用延边△起动时，每相绕组的电压（   ）。

    A. 比Y—△起动时大，比全压起动时小

    B. 等于全压起动时的电压

    C. 是全压起动时的3倍

    D. 是全压起动时的1/3倍

153. 采用延边△起动的电动机需要有（   ）个出线端。

    A. 3　　　　　B. 6　　　　　C. 9　　　　　D. 12

154. 实现三相异步电动机的正反转是（   ）。

    A. 正转接触器的常闭触点和反转接触器的常闭联锁

    B. 正转接触器的常开触点和反转接触器的常开联锁

    C. 正转接触器的常闭触点和反转接触器的常开联锁

    D. 正转接触器的常开触点和反转接触器的常闭联锁

155. 在正反转控制电路中，两个接触器要相互联锁，可将接触器的（   ）触头串接到另一接触器的线圈电路中。

    A. 常开辅助　　B. 常闭辅助　　C. 常开主触头　　D. 常闭主触头

156. 在正反转控制电路中，两个接触器相互联锁，可将接触器的常闭辅助触头（   ）在另一接触器的线圈电路中。

    A. 串接　　　　B. 并联　　　　C. 混联　　　　D. 短路

157. 三相鼠笼式异步电磁抱闸的制动原理属于（   ）制动。

    A. 机械制动　　B. 电力制动　　C. 反接制动　　D. 能耗制动

158. 电磁抱闸断电制动控制线路，当电磁抱闸线圈（　　）时，电动机迅速停转。

A. 失电　　　　　B. 得电　　　　　C. 电流很大　　　　D. 短路

159. 电磁抱闸按动作型分为（　　）种。

A. 2　　　　　B. 3　　　　　C. 4　　　　　D. 5

160. 电磁离合器控制的制动线路，一般都采用（　　）。

A. 自锁控制线路　　　　　　　　　B. 联锁控制线路

C. 点动控制线路　　　　　　　　　D. 多地控制线路

二、判断题（正确的填"√"，错误的填"×"。每题 0.5 分，满分 20 分。）

161. 雷电时，禁止进行倒闸操作和更换保险丝。（　　）

162. 钠基润滑脂抗水性最差。（　　）

163. 兆欧表在使用前应先调零。（　　）

164. 螺丝刀、电烙铁是电工安全用具。（　　）

165. 使用直流电流表测量电流时，要使电流从"＋"端流入，"－"端流出。（　　）

166. 白炽灯属于热辐射光源。（　　）

167. 正弦交流电压的平均值是指在半个周期内所有瞬时值的平均值。（　　）

168. 当线圈中的电流减少时，自感电流的方向与原来电流的方向相同。（　　）

169. 熔断器熔体额定电流允许安装在超过熔断器额定电流下使用。（　　）

170. 交流电焊机下降特性对焊接质量影响很大。（　　）

171. 硅稳压管和二极管一样，具有单向导电性。（　　）

172. 绕线式异步电动机的制动分为机械制动和电力制动。（　　）

173. 单元接线图是表示单元内部的连接情况的。（　　）

174. 多股铝导线的焊接可采用锡焊。（　　）

175. 夹生焊的原因是铬铁温度不够高和留焊时间太短造成的。（　　）

176. 虚假焊是指焊件表面没有充分镀上锡，其原因是因焊件表面的氧化层没有清除干净或焊剂用得少。（　　）

177. 射极输出器电压放大倍数近似为 1。（　　）

178. 润滑脂俗称黄油，是一种膏状物。主要成分是稠化剂和添加剂，约占组成的 75%～90%，故稠化剂决定润滑脂的性能。（　　）

179. 按制作材料晶体二极管可分为硅管和锗管。（　　）

180. 电容器具有隔直流、通交流作用。（　　）

181. 电气制图中线上的箭头可开口也可不开口。（　　）

182. 万用表的电压灵敏度越高，其电压挡的内阻越大，对被测电路的工作状态影响越小。（　　）

183. 在交流电路中，因电流的大小和方向不断变化，所以电路中没有高低电位之分。（　　）

184. 三相鼠笼式异步电动机采用自耦变压器起动，其起动电流和起动转矩均按变比的倍数降低。（　　）

185. 交流异步电动机圆形接线图可以表示各相线圈连接方式与规律。（　　）

186. 分析电气图可以按信息流向逐级分析。（　　）

187. 我国新采用的滚动轴承代号方法，由基本代号、前置代号、后置代号三部分构成。规定用字母加数字来表示滚动轴承的结构、尺寸、公差等级、技术性能等特征。（　　）

188. 焊接强电元件要用 45W 以上的铬铁。 （　　）
189. 如图所示，电路的节点是 4 个。 （　　）

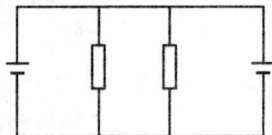

190. 瓷夹板、瓷柱、瓷瓶明配线时，绝缘导线至地面的距离，水平敷设时，室内不得低于 2m。 （　　）
191. 交流三相异步电动机定子绕组为同心式绕组时，同一个极相组的元件节距大小不等。 （　　）
192. 交流三相异步电动机铭牌上的频率是电动机转子绕组电动势的频率。 （　　）
193. 单相异步电动机用电抗器调速时，电抗器应与电动机绕组串接。 （　　）
194. 串励式直流电动机的机械特性是软特性。 （　　）
195. 三相异步电动机在负载为 $(0.75～0.8)P_N$ 时效率最高。 （　　）
196. 单相交流异步电动机没有起动转矩。 （　　）
197. 三相异步电动机的调速性能十分优越。 （　　）
198. 单相罩极式异步电动机多用于空载起动的场合。 （　　）
199. 三相异步电动机定子绕组同性磁极下绕组的电流方向相同。 （　　）
200. 起重机采用他励式直流电动机作为动力。 （　　）

中级试卷

一、单项选择（每题 1 分，满分 80 分。）

1. 在市场经济条件下，职业道德具有（　　）的社会功能。
   A. 鼓励人们自由选择职业　　　　B. 遏制牟利最大化
   C. 促进人们的行为规范化　　　　D. 最大限度地克服人们受利益驱动

2. 在企业的经营活动中，下列选项中的（　　）不是职业道德功能的表现。
   A. 激励作用　　B. 决策能力　　C. 规范行为　　D. 遵纪守法

3. 正确阐述职业道德与人的事业的关系的选项是（　　）。
   A. 没有职业道德的人不会获得成功
   B. 要取得事业的成功，前提条件是要有职业道德
   C. 事业成功的人往往并不需要较高的职业道德
   D. 职业道德是人获得事业成功的重要条件

4. 企业生产经营活动中，要求员工遵纪守法是（　　）。
   A. 约束人的体现　　　　　　　　B. 保证经济活动正常进行所决定的
   C. 领导者人为的规定　　　　　　D. 追求利益的体现

5. 在电源内部由负极指向正极，即从（　　）。
   A. 高电位指向高电位　　　　　　B. 低电位指向低电位
   C. 高电位指向低电位　　　　　　D. 低电位指向高电位

6. 电阻器反映导体对电流起阻碍作用的大小，简称（　　）。
   A. 电动势　　B. 功率　　　　C. 电阻率　　　　D. 电阻

7. 磁场强度的方向和所在点的（　　）的方向一致。
   A. 磁通或磁通量　　　　　　　　B. 磁导率

C. 磁场强度　　　　　　　　　　　D. 磁感应强度

8. 通电直导体在磁场中所受力方向,可以通过(　　)来判断。

A. 右手定则、左手定则　　　　　　B. 楞次定律

C. 右手定则　　　　　　　　　　　D. 左手定则

9. 常用的稳压电路有(　　)等。

A. 稳压管并联型稳压电路　　　　　B. 串联型稳压

C. 开关型稳压电路　　　　　　　　D. 以上都是

10. (　　)以电气原理图,安装接线图和平面布置图最为重要.

A. 电工　　　　B. 操作者　　　　C. 技术人员　　　　D. 维修电工

11. 定子绕组串电阻的降压起动是指电动机起动时,把电阻串接在电动机定子绕组与电源之间,通过电阻的分压作用来(　　)定子绕组上的起动电压。

A. 提高　　　　B. 减少　　　　C. 加强　　　　D. 降低

12. Y-D 降压起动的指电动机起动时,把定子绕组联结成 Y 形,以降低起动电压,限制起动电流。待电动机起动后,再把定子绕组改成(　　),使电动机全压运行。

A. YY　　　　B. Y 形　　　　C. DD 形　　　　D. D 形

13. 各种绝缘材料的机械强度的各种指标是(　　)等各种强度指标。

A. 抗张、抗压、抗弯　　　　　　　B. 抗剪、抗撕、抗冲击

C. 抗张,抗压　　　　　　　　　　D. 含 A,B 两项

14. 锉刀很脆,(　　)当撬棒或锤子使用。

A. 可以　　　　B. 许可　　　　C. 能　　　　D. 不能

15. 在供电为短路接地的电网系统中,人体触及外壳带电设备的一点同站立地面一点之间的电位差称为(　　)。

A. 单相触电　　　B. 两相触电　　　C. 接触电压触电　D. 跨步电压触电

16. 高压设备室外不得接近故障点(　　)以内。

A. 5m　　　　B. 6m　　　　C. 7m　　　　D. 8m

17. 收音机发出的交流声属于(　　)。

A. 机械噪声　　　B. 气体动力噪声　　　C. 电磁噪声　　　D. 电力噪声

18. 劳动者的基本权利包括(　　)等。

A. 完成劳动任务　　　　　　　　　B. 提高职业技能

C. 遵守劳动纪律和职业道德　　　　D. 接受职业技能培训

19. 劳动者的基本义务包括(　　)等。

A. 遵守劳动纪律　　　　　　　　　B. 获得劳动报酬

C. 休息　　　　　　　　　　　　　D. 休假

20. 为了提高被测值的精度,在选用仪表时,要尽可能使被测量值在仪表满度值的(　　)。

A. 1/2　　　　B. 1/3　　　　C. 2/3　　　　D. 1/4

21. 电工指示仪表在使用时,通常根据仪表的准确度等级来决定用途,如(　　)级仪表常用于工程测量。

A. 0.1 级　　　　B. 0.5 级　　　　C. 1.5 级　　　　D. 2.5 级

22. 作为电流或电压测量时,(　　)级和 2.5 级的仪表容许使用 1.0 级的互感器。

A. 0.1 级　　　　B. 0.5 级　　　　C. 1.0 级　　　　D. 1.5 级

23. X6132 型万能铣床进给运动时，升降台的上下运动和工作台的前后运动完全由操纵手柄通过行程开关来控制，其中，行程开关 SQ3 用于控制工作台向前和（　　）的运动。

　　A．向左　　　　　B．向右　　　　　C．向上　　　　　D．向下

24. X6132 型万能铣床工作台变换进给速度时，当蘑菇形手柄向（　　）拉至极端位置且在反向推回之前借孔盘推动行程开关 SQ6，瞬时接通接触器 KM3，则进给电动机作瞬时转动，使齿轮容易啮合。

　　A．前　　　　　　B．后　　　　　　C．左　　　　　　D．右

25. X6132 型万能铣床主轴上刀完毕，将转换开关扳到（　　）位置，主轴方可起动。

　　A．接通　　　　　B．断开　　　　　C．中间　　　　　D．极限

26. 在 MGB1420 万能磨床的内外磨砂轮电动机控制回路中，接通电源开关 QS1，220V 交流控制电压通过开关 SA3 控制接触器（　　）的通断，达到内外磨砂轮电动机的起动和停止。

　　A．KM1　　　　　B．KM2　　　　　C．KM3　　　　　D．KM4

27. 在 MGB1420 万能磨床的工件电动机控制回路中，M 的起动、点动及停止由主令开关（　　）控制中间继电器 KA1、KA2 来实现。

　　A．KA1、KA2　B．KA1、KA3　　C．KA2、KA3　　D．KA1、KA4

28. 在 MGB1420 万能磨床晶闸管直流调速系统控制回路的辅助环节中，由 R29、R36、R38 组成（　　）。

　　A．积分校正环节　　　　　　　　B．电压负反馈电路
　　C．电压微分负反馈环节　　　　　D．电流负反馈电路

29. 直流电动机滚动轴承发热的主要原因有（　　）等。

　　A．轴承与轴承室配合过松　　　　B．轴承变形
　　C．电动机受潮　　　　　　　　　D．电刷架位置不对

30. 造成直流电动机漏电的主要原因有（　　）等。

　　A．电动机绝缘老化　　　　　　　B．并励绕组局部短路
　　C．转轴变形　　　　　　　　　　D．电枢不平衡

31. 车修换向器表面时，加工后换向器与轴的同轴度不超过（　　）。

　　A．0.02～0.03mm　　　　　　　　B．0.03～0.35mm
　　C．0.35～0.4mm　　　　　　　　　D．0.4～0.45mm

32. 直流伺服电动机旋转时有大的冲击，其原因如：测速发电机在 1000r/min 时，输出电压的纹波峰值大于（　　）。

　　A．1%　　　　　B．2%　　　　　C．5%　　　　　D．10%

33. 造成交磁电机扩大机空载电压很低或没有输出的主要原因有（　　）。

　　A．控制绕组断路　　　　　　　　B．换向绕组短
　　C．补偿绕组过补偿　　　　　　　D．换向绕组接反

34. 当 X6132 型万能铣床主轴电动机已起动，而进给电动机不能起动时，接触器 KM3 或 KM4 不能吸合，则应检查（　　）。

　　A．接触器 KM3、KM4 线圈是否断线
　　B．电动机 M3 的进线端电压是否正常
　　C．熔断器 FU2 是否熔断

D. 接触器 KM3、KM4 的主触点是否接触不良

35. 当 X6132 型万能铣床工作台不能快速进给，检查接触器 KM2 是否吸合，如果已吸合，则应检查（　　）。

A. KM2 的线圈是否断线

B. 离合器摩擦片

C. 快速按钮 SB5 的触点是否接触不良

D. 快速按钮 SB6 的触点是否接触不良

36. MGB1420 型磨床电气故障检修时，如果液压泵、冷却泵都不转动，则应检查熔断器 FU1 是否熔断，再看接触器（　　）是否吸合。

A. KM1　　　　　B. KM2　　　　　C. KM3　　　　　D. KM4

37. MGB1420 型磨床控制回路电气故障检修时，自动循环磨削加工时不能自动停机，可能是时间继电器（　　）已损坏，可进行修复或更换。

A. KA　　　　　B. KT　　　　　C. KM　　　　　D. SQ

38. 在测量额定电压为 500V 以上的电气设备的绝缘电阻时，应选用额定电压为（　　）的兆欧表。

A. 500V　　　　B. 1000V　　　　C. 2500V　　　　D. 2500V 以上

39. 在对称三相电路中，可采用一只单相功率表测量三相无功功率，其实际三相功率应是测量值乘以（　　）。

A. 2　　　　　　B. 3　　　　　　C. 4　　　　　　D. 5

40. 用示波器测量脉冲信号时，在测量脉冲上升时间和下降时间时，根据定义应从脉冲幅度的 10% 和（　　）处作为起始和终止的基准点。

A. 20%　　　　　B. 30%　　　　　C. 50%　　　　　D. 90%

41. 直流电动机的单波绕组中，要求两只相连接的元件边相距约为（　　）极距。

A. 一倍　　　　　B. 两倍　　　　　C. 三倍　　　　　D. 五倍

42. 测速发电机可做校正元件。对于这类用途的测速发电机，可选用直流或异步测速发电机，其精度要求（　　）。

A. 任意　　　　　B. 比较高　　　　　C. 最高　　　　　D. 最低

43. 测速发电机可以作为（　　）。

A. 电压元件　　B. 功率元件　　C. 解算元件　　D. 电流元件

44. 总是在电路输出端并联一个（　　）二极管。

A. 整流　　　　　B. 稳压　　　　　C. 续流　　　　　D. 普通

45. 在单相桥式全控整流电路中，当控制角 α 增大时，平均输出电压 Ud（　　）。

A. 增大　　　　　B. 下降　　　　　C. 不变　　　　　D. 无明显变化

46. 用快速熔断器时，一般按（　　）来选择。

A. $I_N = 1.03 I_F$　　　　　　　　B. $I_N = 1.57 I_F$

C. $I_N = 2.57 I_F$　　　　　　　　D. $I_N = 3 I_F$

47. X6132 型万能铣床除主回路、控制回路及控制板所使用的导线外，其他连接使用（　　）。

A. 单芯硬导线　　　　　　　　B. 多芯硬导线

C. 多股同规格塑料铜芯软导线　　　D. 多芯软导线

48. X6132 型万能铣床电气控制板制作前绝缘电阻低于（　　），则必须进行烘干处理。

A. 0.3MΩ　　　B. 0.5MΩ　　　C. 1.5MΩ　　　D. 4.5MΩ

49. X6132 型万能铣床电气控制板制作前，应准备电工工具一套，钻孔工具一套包括手枪钻、钻头及（　　）等。

A. 螺丝刀　　　B. 电工刀　　　C. 台钻　　　D. 丝锥

50. X6132 型万能铣床线路导线与端子连接时，导线接入接线端子，首先根据实际需要剥切出连接长度，（　　），然后，套上标号套管，再与接线端子可靠地连接。

A. 除锈和清除杂物　　　　　B. 测量接线长度

C. 浸锡　　　　　　　　　　D. 恢复绝缘

51. X6132 型万能铣床限位开关安装前，应检查限位开关支架和（　　）是否完好。

A. 撞块　　　B. 动触头　　　C. 静触头　　　D. 弹簧

52. 机床的电气连接时，所有接线应（　　）。

A. 连接可靠，不得松动　　　　B. 长度合适，不得松动

C. 整齐，松紧适度　　　　　　D. 除锈，可以松动

53. 20/5t 桥式起重机安装前应准备好常用仪表，主要包括（　　）。

A. 试电笔　　　B. 直流双臂电桥　　　C. 直流单臂电桥　　D. 500V 兆欧表

54. 桥式起重机接地体的制作时，可选用专用接地体或用 50mm×50mm×5mm 角钢，截取长度为（　　），其一端加工成尖状。

A. 0.5m　　　B. 1m　　　C. 1.5m　　　D. 2.5m

55. 接地体制作完成后，应将接地体垂直打入土壤中，至少打入（　　）接地体，接地体之间相距 5m。

A. 2 根　　　B. 3 根　　　C. 4 根　　　D. 5 根

56. 桥式起重机接地体安装时，接地体埋设应选在（　　）的地方。

A. 土壤导电性较好　　　　　B. 土壤导电性较差

C. 土壤导电性一般　　　　　D. 任意

57. 桥式起重机主要构成部件是（　　）和受电器。

A. 导管　　　B. 导轨　　　C. 钢轨　　　D. 拨叉

58. 20/5t 桥式起重机的电源线进线方式有（　　）和端部进线两种。

A. 上部进线　　　B. 下部进线　　　C. 中间进线　　　D. 后部进线

59. 20/5t 桥式起重机连接线必须采用铜芯多股软线，采用多股多芯线时，截面积不小于（　　）。

A. 1mm^2　　　B. 1.5mm^2　　　C. 2.5mm^2　　　D. 6mm^2

60. 桥式起重机电线进入接线端子箱时，线束用（　　）捆扎。

A. 绝缘胶布　　　B. 腊线　　　C. 软导线　　　D. 硬导线

61. 橡胶软电缆供、馈电线路采用拖缆安装方式，该结构两端的钢支架采用 50mm×50mm×5mm 角钢或槽钢焊制而成，并通过（　　）固定在桥架上。

A. 底脚　　　B. 钢管　　　C. 角钢　　　D. 扁铁

62. 供、馈电线路采用拖缆安装方式安装时，钢缆从小车上支架孔内穿过，电缆通过吊环与承力尼龙绳一起吊装在钢缆上，一般尼龙绳的长度比电缆（　　）。

A. 稍长一些　　　B. 稍短一些　　　C. 长 300mm　　　D. 长 500mm

63. 转子电刷不短接，按转子（　　）选择截面。

A. 额定电流　　　B. 额定电压　　　C. 功率　　　D. 带负载情况

64. 短时工作制的停歇时间不足以使导线、电缆冷却到环境温度时，导线、电缆的允许电流按（　　）确定。

　　A. 反复短时工作制　　　　　　　B. 短时工作制

　　C. 长期工作制　　　　　　　　　D. 反复长时工作制

65. 干燥场所内暗敷时，一般采用管壁较薄的（　　）。

　　A. 硬塑料管　　　B. 电线管　　　C. 软塑料管　　　D. 水煤气管

66. 同一照明方式的不同支线可共管敷设，但一根管内的导线数不宜超过（　　）。

　　A. 4 根　　　　　B. 6 根　　　　　C. 8 根　　　　　D. 10 根

67. 小容量晶体管调速器的电路电流截止反馈环节中，信号从主电路电阻 R15 和并联的 RP5 取出，经二极管（　　）注入 V1 的基极，VD15 起着电流截止反馈的开关作用。

　　A. VD8　　　　　B. VD11　　　　　C. VD13　　　　　D. VD15

68. X6132 型万能铣床主轴制动时，元件动作顺序为：SB1（或 SB2）按钮动作→KM1、M1 失电→KM1 常闭触点闭合→（　　）得电。

　　A. YC1　　　　　B. YC2　　　　　C. YC3　　　　　D. YC4

69. X6132 型万能铣床工作台向后移动时，将（　　）扳到"断开"位置，SA1—1 闭合，SA1—2 断开，SA1—3 闭合。

　　A. SA1　　　　　B. SA2　　　　　C. SA3　　　　　D. SA4

70. X6132 型万能铣床圆工作台回转运动调试时，主轴电机起动后，进给操作手柄打到零位置，并将 SA1 打到接通位置，M1、M3 分别由（　　）和 KM3 吸合而得电运转。

　　A. KM1　　　　　B. KM2　　　　　C. KM3　　　　　D. KM4

71. MGB1420 万能磨床电流截止负反馈电路调整，工件电动机的功率为 0.55KW，额定电流为 3A，将截止电流调至 4.2A 左右。把电动机转速调到（　　）的范围内。

　　A. 20～30r/min　　　　　　　　B. 100～200r/min

　　C. 200～300r/min　　　　　　　D. 700～800r/min

72. MGB1420 万能磨床电动机转数稳定调整时，V19、R26 组成电流正反馈环节，（　　）、R36、R28 组成电压负反馈电路。

　　A. R27　　　　　B. R29　　　　　C. R31　　　　　D. R32

73. 在 MGB1420 万能磨床中，对于单结晶体管来说，一般选用 n 在（　　）左右。

　　A. 0.5～0.85　　　B. 0.85～1　　　C. 1～2　　　　D. 3～5

74. 20/5t 桥式起重机电动机定子回路调试时，在断电情况下，顺时针方向扳动凸轮控制器操作手柄，同时用万用表 R×1Ω 挡测量 2L3—W 及 2L1—U，在（　　）挡速度内应始终保持导通。

　　A. 2　　　　　　B. 3　　　　　　C. 4　　　　　　D. 5

75. 20/5t 桥式起重机零位校验时，把凸轮控制器置"零"位。短接 KM 线圈，用万用表测量 L1—L3。当按下起动按钮 SB 时应为（　　）状态。

　　A. 导通　　　　　B. 断开　　　　　C. 先导通后断开　D. 先断开后导通

76. 20/5t 桥式起重机的保护功能校验时，短接 km 辅助触点和线圈接点，用万用表测量 L1—L3 应导通，这时手动断开 SA1、SQ1、SQ$_{FW}$、（　　），L1—L3 应断开。

　　A. SQ$_{BW}$　　　　B. SQ$_{AW}$　　　　C. SQ$_{HW}$　　　　D. SQ$_{DW}$

77. 20/5t 桥式起重机吊钩加载试车时，加载过程中要注意是否有（　　）、声音等

不正常现象。

  A. 电流过大 B. 电压过高   C. 异味   D. 空载损耗大

  78. 较复杂机械设备电气控制线路调试前,应准备的设备主要是指( )。

  A. 交流调速装置   B. 晶闸管开环系统

  C. 晶闸管双闭环调速直流拖动装置 D. 晶闸管单闭环调速直流拖动装置

  79. 较复杂机械设备开环调试时,应用示波器检查整流变压器与同步变压器二次侧相对( )、相位必须一致。

  A. 相序   B. 次序   C. 顺序   D. 超前量

  80. 电气测绘时,一般先( ),最后测绘各回路。

  A. 输入端   B. 主干线   C. 简单后复杂 D. 主线路

二、判断题(正确的填"√",错误的填"×"。每题1分,满分20分。)

  81. 职业道德活动中做到表情冷漠、严肃待客是符合职业道德规范要求的。( )

  82. 发电机发出的"嗡嗡"声,属于气体动力噪音。( )

  83. 岗位的质量要求是每个领导干部都必须做到的最基本的岗位工作职责。( )

  84. 电气测量仪表的准确度等级一般不低于1.5级。( )

  85. 在500V及以下的直流电路中,不允许使用直接接入的带分流器的电流表。

                            ( )

  86. 电子测量的频率范围极宽,其频率低端已进入 $10^{-2} \sim 10^{-3}$ Hz 量级,而高端已达到 4×10^6 Hz。( )

  87. X6132型万能铣床的动力电源是三相交流380V,变压器两侧均有熔断器做过载保护。三个电动机还有热继电器做短路和缺相保护。( )

  88. X6132型万能铣主轴在变速时,为了便于齿轮易于啮合,需使主轴电动机长时间转动。( )

  89. X6132型万能铣床工作台向后、向上压SQ4手柄时,工作台仍不能按选择方向做进给运动。( )

  90. X6132型万能铣床工作台向上运动时,压下SQ2手柄,工作台即可按选择方向做进给运动。( )

  91. 在MGB1420万能磨床晶闸管直流调速系统控制回路的基本环节中,V34为功率放大器为移相触发器。( )

  92. MGB1420万能磨床晶闸管直流调速系统控制回路的同步信号输入环节中,当控制电路交流电源电压过零的瞬间反向电压为0,V36瞬时导通旁路电容C2,以清除残余脉冲电压。( )

  93. 永磁转子拆出后要注意退磁,同时注意不能吸上铁屑等杂物。( )

  94. 晶闸管触发移相环节中的晶体管或其他元件损坏会导致电动机"飞车"。可用万用表检测,找出故障原因。( )

  95. X6132型万能铣床主轴停车时没有制动,如果主轴电磁离合器两端直流电压低,可能是直流电源整流桥路中有一臂开路而成为全波整流。( )

  96. 桥式起重机操纵室、控制箱内配线时,对线前准备好号码标示管,在对号结束后应立即套好号码标示管并做线结,以防号码标示管脱落。( )

  97. 20/5t桥式起重机电动机定子回路调试时,反向转动手柄与正向转动手柄,短接情况是完全不同的。( )

  98. 机械设备电气控制线路闭环调试时,应先调节速度环,再调节电流环。( )

99. CA6140 型车床的主轴、冷却、刀架快速移动分别由两台电动机拖动。（　　）

100. CA6140 型车床的刀架快速移动电动机必须使用。（　　）

高级试卷

一、单项选择（每题 0.5 分，满分 80 分。）

1. 在市场经济条件下，职业道德具有（　　）的社会功能。

　　A. 鼓励人们自由选择职业　　　　　　B. 遏制牟利最大化

　　C. 促进人们的行为规范化　　　　　　D. 最大限度地克服人们受利益驱动

2. 为了促进企业的规范化发展，需要发挥企业文化的（　　）功能。

　　A. 娱乐　　　　　B. 主导　　　　　C. 决策　　　　　D. 自律

3. 正确阐述职业道德与人的事业的关系的选项是（　　）。

　　A. 没有职业道德的人不会获得成功

　　B. 要取得事业的成功，前提条件是要有职业道德

　　C. 事业成功的人往往并不需要较高的职业道德

　　D. 职业道德是人获得事业成功的重要条件

4. 对待职业和岗位，（　　）并不是爱岗敬业所要求的。

　　A. 树立职业理想　　　　　　　　　　B. 干一行爱一行专一行

　　C. 遵守企业的规章制度　　　　　　　D. 一职定终身，不改行

5. 企业创新要求员工努力做到（　　）。

　　A. 不能墨守成规，但也不能标新立异

　　B. 大胆地破除现有的结论，自创理论体系

　　C. 大胆地试大胆地闯，敢于提出新问题

　　D. 激发人的灵感，遏制冲动和情感

6. 电路的作用是实现能量的传输和转换、信号的（　　）和处理。

　　A. 连接　　　　　B. 传输　　　　　C. 控制　　　　　D. 传递

7. 电阻器反映导体对电流起阻碍作用的大小，简称（　　）。

　　A. 电动势　　　　B. 功率　　　　　C. 电阻率　　　　D. 电阻

8.（　　）反映了在不含电源的一段电路中，电流与这段电路两端的电压及电阻的关系。

　　A. 欧姆定律　　　　　　　　　　　　B. 楞次定律

　　C. 部分电路欧姆定律　　　　　　　　D. 全欧姆定律

9.（　　）的一端连在电路中的一点，另一端也同时连在另一点，使每个电阻两端都承受相同的电压，这种联结方式叫电阻的并联。

　　A. 两个相同电阻　　　　　　　　　　B. 一大一小电阻

　　C. 几个相同大小的电阻　　　　　　　D. 几个电阻

10. 用右手握住通电导体，让拇指指向电流方向，则弯曲四指的指向就是（　　）。

　　A. 磁感应　　　　B. 磁力线　　　　C. 磁通　　　　　D. 磁场方向

11. 将变压器的一次侧绕组接交流电源，二次侧绕组与（　　）连接，这种运行方式称为（　　）运行。

　　A. 空载　　　　　B. 过载　　　　　C. 满载　　　　　D. 负载

12. 稳压管虽然工作在反向击穿区，但只要（　　）不超过允许值，N 结不会过热而损坏。

　　A. 电压　　　　　B. 反向电压　　　　C. 电流　　　　　D. 反向电流

13. (　　)以电气原理图，安装接线图和平面布置图最为重要。

A. 电工　　　　　B. 操作者　　　　　C. 技术人员　　　　　D. 维修电工

14. 定子绕组串电阻的降压起动是指电动机起动时，把电阻串接在电动机定子绕组与电源之间，通过电阻的分压作用来(　　)定子绕组上的起动电压。

A. 提高　　　　　B. 减少　　　　　C. 加强　　　　　D. 降低

15. 按钮联锁正反转控制线路的优点是操作方便，缺点是容易产生电源两相短路事故。在实际工作中，经常采用按钮，接触器双重联锁(　　)控制线路。

A. 点动　　　　　B. 自锁　　　　　C. 顺序起动　　　　　D. 正反转

16. 交流电压的量程有 10V、100V、500V 三挡。用毕应将万用表的转换开关转到(　　)，以免下次使用不慎而损坏电表。

A. 低电阻挡　　　B. 低电阻挡　　　C. 低电压挡　　　D. 高电压挡

17. 各种绝缘材料的机械强度的各种指标是(　　)等各种强度指标。

A. 抗张、抗压、抗弯　　　　　　　B. 抗剪、抗撕、抗冲击

C. 抗张，抗压　　　　　　　　　　D. 含 A，B 两项

18. 当流过人体的电流达到(　　)时，就足以使人死亡。

A. 0.1mA　　　B. 1mA　　　C. 15mA　　　D. 100mA

19. 凡工作地点狭窄、工作人员活动困难，周围有大面积接地导体或金属构架，因而存在高度触电危险的环境以及特别的场所，则使用时的安全电压为(　　)。

A. 9V　　　　　B. 12V　　　　　C. 24V　　　　　D. 36V

20. 高压设备室外不得接近故障点(　　)以内。

A. 5m　　　　　B. 6m　　　　　C. 7m　　　　　D. 8m

21. 与环境污染相关且并称的概念是(　　)。

A. 生态破坏　　　B. 电磁辐射污染　　　C. 电磁噪音污染　　　D. 公害

22. 下列电磁污染形式不属于自然的电磁污染的是(　　)。

A. 火山爆发　　　B. 地震　　　C. 雷电　　　D. 射频电磁污染

23. 下列控制声音传播的措施中(　　)不属于个人防护措施。

A. 使用耳塞　　　B. 使用耳罩　　　C. 使用耳棉　　　D. 使用隔声罩

24. I/O 接口芯片 8255A 有(　　)个可编程(选择其工作方式的)通道。

A. 一　　　　　B. 二　　　　　C. 三　　　　　D. 四

25. 逆变桥由晶闸管 $VT_7 \sim VT_{10}$ 组成。每个晶闸管均串有空心电感以限制晶闸管导通时的(　　)。

A. 电流变化　　　B. 电流上升率　　　C. 电流上升　　　D. 电流

26. 当检测信号超过预先设定值时，装置中的过电流、过电压保护电路工作，把移相控制端电压降力 0V，使整流触发脉冲控制角自动移到(　　)，三相全控整流桥自动由整流区快速拉到逆变区。

A. 60°　　　　　B. 90°　　　　　C. 120°　　　　　D. 150°

27. 积分电路 Cl 接在 V5 的集电极，它是(　　)的锯齿波发生器。

A. 电感负反馈　　　B. 电感正反馈　　　C. 电容负反馈　　　D. 电容正反馈

28. KC42 调制脉冲频率为(　　)Hz，调节 R_1、R_2、C_1、C_2 值可改变频率。

A. 5～10M　　　B. 1～5M　　　C. 5～10k　　　D. 1～5k

29. KC41 的输出端 10～15 是按后相给前相补脉冲的规律，经 V1～V6 放大，可输出驱动电流为(　　)的双窄脉冲列。

A. 100～300μA B. 300～800μA

C. 100～300mA D. 300～800mA

30. 工频电源输入端接有两级 LB－300 型电源滤波器是阻止（　　）的电器上去。

A. 工频电网馈送到高频设备以内

B. 工频电网馈送到高频设备以外

C. 高频设备产生的信号通过工频电网馈送到高频设备机房以内

D. 高频设备产生的信号通过工频电网馈送到高频设备机房以外

31. 将可能引起正反馈的各元件或引线远离且互相垂直放置，以减少它们的耦合，破坏其（　　）平衡条件。

A. 条件 B. 起振 C. 相位 D. 振幅

32. 当电源电压波动时，心柱 2 中的（　　）变化幅度很小，故二次线圈 W2 的端电压 u_2 变化很小，起到稳定作用。

A. 磁动势 B. 磁阻 C. 磁通 D. 磁场

33. MOSFET 适用于（　　）的高频电源。

A. 8～50kHz B. 50～200kHz C. 50～400kHz D. 100kW 下

34. （　　）是数控系统的执行部分。

A. 数控装置 B. 伺服系统 C. 测量反馈装置 D. 控制器

35. （　　）控制系统适用于精度要求不高的控制系统。

A. 闭环 B. 半闭环 C. 双闭环 D. 开环

36. （　　）控制方式的优点是精度高、速度快，其缺点是调试和维修比较复杂。

A. 闭环 B. 半闭环 C. 双闭环 D. 开环

37. 三相半波可控整流电路其最大移相范围为 150°，每个晶闸管最大导通角为（　　）。

A. 60° B. 90° C. 120° D. 150°

38. 双窄脉冲的脉宽在（　　）左右，在触发某一晶闸管的同时，再给前一晶闸管补发一个脉冲，作用与宽脉冲一样。

A. 120° B. 90° C. 60° D. 18°

39. 感性负载（或电抗器）之前并联一个二极管，其作用是（　　）。

A. 防止负载开路 B. 防止负载过电流

C. 保证负载正常工作 D. 保证了晶闸管的正常工作

40. （　　）属于无源逆变。

A. 绕线式异步电动机串极调速 B. 高压直流输电

C. 交流电动机变速调速 D. 直流电动机可逆调速

41. 三相半波有源逆变运行时，为计算方便，引入逆变角 β＝（　　）。

A. 90°＋α B. 180°＋α C. 90°－α D. 180°－α

42. 三相桥式逆变电路电压脉动小，变压器利用率高，晶闸管工作电压低，电抗器比三相半波电路小，在（　　）容量可逆系统中广泛应用。

A. 小 B. 中、小 C. 大 D. 大、中

43. 在要求零位附近快速频繁改变转动方向，位置控制要求准确的生产机械，往往用可控环流可逆系统，即在负载电流小于额定值（　　）时，让 α＜β，人为地制造环流，使变流器电流连续。

A. 1%～5% B. 5%～10% C. 10%～15% D. 15%～20%

44. 并联谐振式逆变器的换流（　　）电路并联。

　　A. 电感与电阻　B. 电感与负载　　　C. 电容与电阻　　D. 电容与负载

45. 串联谐振式逆变器输入是恒定的电压，输出电流波形接近于（　　），属于电压型逆变器。

　　A. 锯齿波　　　B. 三角波　　　　　C. 方波　　　　　D. 正弦波

46. （　　）适用于向多台电动机供电，不可逆拖动，稳速工作，快速性要求不高的场合。

　　A. 电容式逆变器　　　　　　　　　B. 电感式逆变器

　　C. 电流型逆变器　　　　　　　　　D. 电压型逆变器

47. 触发脉冲信号应有一定的宽度，脉冲前沿要陡。电感性负载一般是 1ms，相当于 50Hz 正弦波的（　　）。

　　A. 360°　　　　B. 180°　　　　　C. 90°　　　　　D. 18°

48. 脉冲整形主要由晶体管 VT_{14}、VT_{15} 实现当输入正脉冲时，VT_{14} 由导通转为关断，而 VT_{15} 由关断转为导通，在 VT_{15} 集电极输出（　　）脉冲。

　　A. 方波　　　　B. 尖峰　　　　　C. 触发　　　　　D. 矩形

49. 数字式触发电路中如 $U_K = 0$ 时，脉冲频率 $f = 13kHz$，$U_K = 10V$ 时，$f = $（　　）kHz。

　　A. 1.3　　　　B. 13　　　　　　C. 130　　　　　D. 1300

50. 雷击引起的交流侧过电压从交流侧经变压器向整流元件移动时，可分为两部分：一部分是电磁过度分量，能量相当大，必须在变压器的一次侧安装（　　）。

　　A. 阻容吸收电路　　　　　　　　　B. 电容接地

　　C. 阀式避雷器　　　　　　　　　　D. 非线性电阻浪涌吸收器

51. 在快速开关两端并联低值电阻[一般可在（　　）Ω 之间选择]，然后通过联锁装置切断线路开关。

　　A. 0.05~0.1　B. 0.1~1　　　　　C. 1~2　　　　　D. 1~4

52. 快速熔断器是防止晶闸管损坏的最后一种保护措施，当流过（　　）倍额定电流时，熔断时间小于 20ms，且分断时产生的过电压较低。

　　A. 4　　　　　B. 5　　　　　　　C. 6　　　　　　D. 8

53. 晶体三极管属于（　　）控制型。

　　A. 可逆　　　　B. 功率　　　　　C. 电压　　　　　D. 电流

54. 当 LC 并联电路的固有频率 $f_0 = \dfrac{1}{2\pi \sqrt{LC}}$ 等于电源频率时，并联电路发生并联谐振，此时并联电路具有（　　）。

　　A. 阻抗适中　　B. 阻抗为零　　　C. 最小阻抗　　　D. 最大阻抗

55. 若固定栅偏压低于截止栅压，当有足够大的交流电压加在电子管栅极上时，管子导电时间小于半个周期，这样的工作状态叫（　　）类工作状态。

　　A. 甲　　　　　B. 乙　　　　　　C. 甲乙　　　　　D. 丙

56. 当 $R' = R_i$ 时，电路阻抗匹配，振荡器的工作状态叫做（　　）。

　　A. 过零状态　　B. 欠压状态　　　C. 过压状态　　　D. 临界状态

57. 励磁发电机空载电压过高。如果电刷在中性线上，一般是调节电阻 $R_t - L$ 与励磁发电机性能配合不好。可将励磁发电机的电刷（　　）换向距离。

　　A. 整理线路逆旋转方向移动 2~4 片 B. 清扫线路逆旋转方向移动 1~2 片

C. 局部更新顺旋转方向移动2～4片 D. 顺旋转方向移动1～2片

58. 工作台运行速度过低不足的原因是（　　　）。

　　A. 发电机励磁回路电压不足　　　　　B. 控制绕组2WC中有接触不良

　　C. 电压负反馈过强等　　　　　　　　D. 以上都是

59. 停车时产生振荡的原因常常由于（　　　）环节不起作用。

　　A. 电压负反馈　　　　　　　　　　　B. 电流负反馈

　　C. 电流截止负反馈　　　　　　　　　D. 桥型稳定

60. 晶体管的集电极与发射极之间的正反向阻值都应大于（　　　），如果两个方向的阻值都很小，则可能是击穿了

　　A. 0.5kΩ　　　　B. 1kΩ　　　　C. 1.5kΩ　　　　D. 2kΩ

61. 如果发电机的电流达到额定值而其电压不足额定值，则需（　　　）线圈的匝数。

　　A. 减小淬火变压器一次　　　　　　　B. 增大淬火变压器一次

　　C. 减小淬火变压器二次　　　　　　　D. 增大淬火变压器二次

62. （　　　）材质制成的螺栓、螺母或垫片，在中频电流通过时，会因涡流效应而发热，甚至局部熔化。

　　A. 黄铜　　　　B. 不锈钢　　　　C. 塑料　　　　D. 普通钢铁

63. 起动电容器 C_s 上所充的电加到由炉子 L 和补偿电容 C 组成的并联谐振电路两端，产生（　　　）电压和电流。

　　A. 正弦振荡　　　B. 中频振荡　　　C. 衰减振荡　　　D. 振荡

64. 逆变电路为了保证系统能够可靠换流，安全储备时间 $t_β$ 必须大于晶闸管的（　　　）。

　　A. 引前时间　　　B. 关断时间　　　C. 换流时间　　　D. $t_f - t_r$

65. SP100－C3型高频设备半高压接通后阳极有电流。产生此故障的原因有（　　　）。

　　A. 阳极槽路电容器

　　B. 栅极电路上旁路电容器

　　C. 栅极回馈线圈到栅极这一段有断路的地方

　　D. 以上都是

66. 根据（　　　）分析和判断故障是诊断所控制设备故障的基本方法。

　　A. 原理图　　　B. 逻辑功能图　　　C. 指令图　　　D. 梯形图

67. 弱磁调速是从 n_0 向上调速，调速特性为（　　　）输出。

　　A. 恒电流　　　B. 恒效率　　　C. 恒转矩　　　D. 恒功率

68. （　　　）不是调节异步电动机的转速的参数。

　　A. 变极调速　　　B. 开环调速　　　C. 转差率调速　　　D. 变频调速

69. 过渡时间 T 从控制或扰动作用于系统开始，到被控制量 n 进入（　　　）稳定值区间为止的时间称做过渡时间。

　　A. ±2　　　　B. ±5　　　　C. ±10　　　　D. ±15

70. 在系统中加入了（　　　）环节以后，不仅能使系统得到下垂的机械特性，而且也能加快过渡过程，改善系统的动态特性。

　　A. 电压负反馈　　　　　　　　　　　B. 电流负反馈

　　C. 电压截止负反馈　　　　　　　　　D. 电流截止负反馈

71. 反电枢可逆电路由于电枢回路（　　　），适用于要求频繁起动而过渡过程时间短的生产机械，如可逆轧钢机、龙门刨等。

A. 电容小　　　B. 电容大　　　C. 电感小　　　D. 电感大

72. 由一组逻辑电路判断控制整流器触发脉冲通道的开放和封锁，这就构成了（　　）可逆调速系统。

A. 逻辑环流　　B. 逻辑无环流　　C. 可控环流　　D. 可控无环流

73. 转矩极性鉴别器常常采用运算放大器经正反馈组成的（　　）电路检测速度调节器的输出电压 u_n。

A. 多沿震荡　　B. 差动放大　　C. 施密特　　　D. 双稳态

74. 逻辑保护电路一旦出现（　　）的情况，与非门立即输出低电平，使 u'_R 和 u'_F 均被箝位于"0"，将两组触发器同时封锁。

A. $u_R=1$、$u_F=0$ 　　　　　　B. $u_R=0$、$u_F=0$

C. $u_R=0$、$u_F=1$ 　　　　　　D. $u_R=1$、$u_F=1$

75. 环流抑制回路中的电容 Cl，对环流控制起（　　）作用。

A. 抑制　　　　B. 平衡　　　　C. 减慢　　　　D. 加快

76. （　　）是经济型数控机床按驱动和定位方式划分。

A. 闭环连续控制式　　　　　　　B. 变极控制式

C. 步进电动机式　　　　　　　　D. 直流点位式

77. 经济型数控系统常用的有后备电池法和采用非易失性存储器，如闪速存储器（　　）。

A. EEPROM　　B. NVRAM　　C. FLASHROM　D. EPROM

78. MPU 与外设之间进行数据传输有（　　）方式。

A. 程序控制　　　　　　　　　　B. 控制中断控制

C. 选择直接存储器存取（DMA）　D. 以上都是

79. 理想的驱动电源应使通过步进电动机很大电感量的绕组电流尽量接近（　　）。

A. 矩形波　　　B. 三角波　　　C. 正弦波　　　D. 梯形波

80. 高压电流斩波电源电路的基本原理是在电动机绕组回路中（　　）回路。

A. 并联一个电流检测　　　　　　B. 并联一个电压检测

C. 串联一个电流检测　　　　　　D. 串联一个电压检测

81. 三相六拍脉冲分配逻辑电路由 FF_1、FF_2、FF_3 三位 D 触发器组成。其脉冲分配顺序是（　　）。

A. A→B→C→…

B. AB→BC→CA→…

C. A→AC→C→CB→B→BA→A→…

D. A→AB→B→BC→C→CA→A→…

82. （　　）不是 CPU 和 RAM 的抗干扰措施。

A. 人工复位　　B. 掉电保护　　C. 软件陷阱　　D. 接地技术

83. 晶闸管中频电源可能对电网 50Hz 工频电压波形产生影响，必须在电源进线中采取（　　）措施来减小影响。

A. 耦合　　　　B. 隔离　　　　C. 整流　　　　D. 滤波

84. 设备四周应铺一层宽 1m，耐压（　　）kV 的绝缘橡胶板。

A. 6.6　　　　　B. 10　　　　　C. 22　　　　　D. 35

85. 将需要用人造逆弧方法进行老练的管子装在高频设备上，为限制逆弧产生的短路电流，应在电路里接入（　　）。

A. 过流继电器　B. 过压继电器　　C. 限流电阻　　　　D. 熔断器

86. 电子管水套内壁的圆度，要求公差不超过(　　)mm。

A. ±0.25　　　B. ±0.5　　　　C. ±0.75　　　D. ±1

87. 检查可编程序控制器电柜内的温度和湿度不能超出要求范围[(　　)和35%～85%RH 不结露]，否则需采取措施。

A. −5℃～50℃　B. 0℃～50℃　　C. 0℃～55℃　　D. 5℃～55℃

88. 更换电池之前，先接通可编程序控制器的交流电源约(　　)s，为存储器备用电源的电容器充电(电池断开后，该电容器对存储器做短时供电)。

A. 3　　　　　B. 5　　　　　C. 10　　　　D. 15

89. 运行指示灯是当可编程序控制器某单元运行、(　　)正常时，该单元上的运行指示灯一直亮。

A. 自检　　　B. 调节　　　　C. 保护　　　D. 监控

90. 正常时每个输出端口对应的指示灯应随该端口有输出或无输出而亮或熄。否则就是有故障。其原因可能是(　　)。

A. 输出元件短路　　　　　　　B. 开路

C. 烧毁　　　　　　　　　　　D. 以上都是

91. 外部环境检查时，当湿度过大时应考虑装(　　)。

A. 风扇　　　B. 加热器　　　C. 空调　　　D. 除尘器

92. 可编程序控制器的接地线截面一般大于(　　)。

A. 1mm^2　　B. 1.5mm^2　　C. 2mm^2　　　D. 2.5mm^2

93. 强供电回路的管线尽量避免与可编程序控制器输出、输入回路(　　)，且线路不在同一根管路内。

A. 垂直　　　B. 交叉　　　C. 远离　　　D. 平行

94. 根据液压控制梯形图下列指令正确的是(　　)。

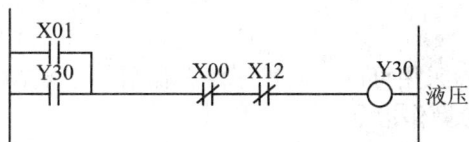

A. ORI30　　B. LD30　　　C. LDI30　　　D. OR30

95. 根据主轴控制梯形图下列指令正确的是(　　)。

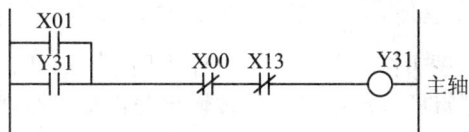

A. ORI31　　B. LD31　　　C. LDI31　　　D. OR31

96. 根据滑台向前控制梯形图下列指令正确的是(　　)。

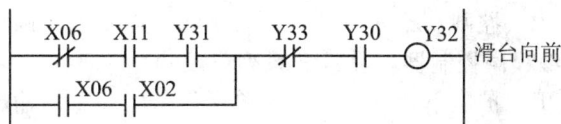

A. ORI33　　B. OR33　　　C. AND33　　　D. ANI33

97. 根据滑台向后控制梯形图下列指令正确的是（　　　）。

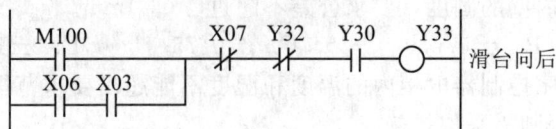

```
  M100            X07  Y32  Y30  Y33
  ─┤├──────┬───────┤／├─┤／├──┤├──（　）──  滑台向后
  X06  X03 │
  ─┤├──┤├─┘
```

A. ANI100　　　B. AND100　　　　C. ORI100　　　　D. OR100

98. 根据工件松开控制梯形图下列指令正确的是（　　　）。

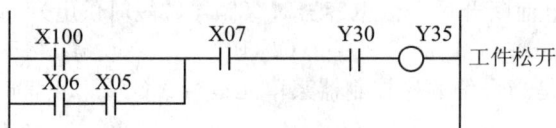

```
  X100           X07       Y30  Y35
  ─┤├──────┬──────┤├────────┤├──（　）──  工件松开
  X06  X05 │
  ─┤├──┤├─┘
```

A. AND07、LD30　　　　　　　　B. LD07、AND30

C. LDI07、AND30　　　　　　　　D. AND07、AND30

99. 程序检查过程中如发现有错误就要进行修改，其中有（　　　）。

A. 线路检查　B. 编程器检查　　C. 控制线路检查 D. 主回路检查

100. 在语法检查键操作时（　　　）用于显示出错步序号的指令。

A. CLEAR　　　B. STEP　　　　C. WRITE　　　D. INSTR

101. 语法检查键操作中代码 1-2 是显示输出指令 OUT T 或 C 后面漏掉设定常数为
（　　　）。

A. X　　　　　B. Y　　　　　C. C　　　　　D. K

102. 线路检查键操作中代码 2-2 表示 LD、LDI 和（　　　）使用不正确。

A. ANI、AND　　　　　　　　　B. OR、ORI

C. ANI、ANB　　　　　　　　　D. ANB、ORB

103. 检查完全部线路后拆除主轴电动机、液压电动机和电磁阀（　　　）线路并包好
绝缘。

A. 主电路　　　B. 负载　　　　C. 电源　　　　D. 控制

104. 可编程序控制器采用可以编制程序的存储器，用来在其内部存储执行逻辑运
算、（　　　）和算术运算等操作指令。

A. 控制运算、计数　　　　　　　B. 统计运算、计时、计数

C. 数字运算、计时　　　　　　　D. 顺序控制、计时、计数

105. 可编程序控制器编程灵活性。编程语言有、布尔助记符、功能表图、（　　　）
和语句描述。

A. 安装图　　　B. 逻辑图　　　C. 原理图　　　D. 功能模块图

106. （　　　）阶段把逻辑解读的结果，通过输出部件输出给现场的受控元件。

A. 输出采样　　B. 输入采样　　C. 程序执行　　D. 输出刷新

107. 可编程序控制器通过编程，灵活地改变其控制程序，相当于改变了继电气控
制的（　　　）线路。

A. 主、控制　　B. 控制　　　　C. 软接线　　　D. 硬接线

108. F-40MR 可编程序控制器，表示 F 系列（　　　）。

A. 基本单元　　B. 扩展单元　　C. 单元类型　　D. 输出类型

109. F 系列可编程序控制器系统是由基本单元、扩展单元、编程器、用户程序、
（　　　）和程序存入器等组成。

A. 鼠标   B. 键盘   C. 显示器   D. 写入器

110. F 系列可编程序控制器计数器用（ ）表示。

A. X   B. Y   C. T   D. C

111. F-20MR 可编程序控制器具有停电保持功能的辅助继电器的点数是（ ）。

A. 5   B. 8   C. 12   D. 16

112. F-40 系列可编程序控制器由（ ）个辅助继电器构成一个移位寄存器。

A. 2   B. 4   C. 8   D. 16

113. 定时器相当于继电控制系统中的延时继电器。F-40 系列可编程序控制器最小设定单位为（ ）。

A. 0.1s   B. 0.2s   C. 0.3s   D. 0.4s

114. 当程序需要（ ）接通时，全部输出继电器的输出自动断开，而其他继电器仍继续工作。

A. M70   B. M71   C. M72   D. M77

115. F 系列可编程序控制器常闭点用（ ）指令。

A. LD   B. LDI   C. OR   D. ORI

116. F 系列可编程序控制器中的 ANI 指令用于（ ）。

A. 常闭触点的串联   B. 常闭触点的并联

C. 常开触点的串联   D. 常开触点的并联

117. F 系列可编程序控制器中的 ORI 指令用于（ ）。

A. 常闭触点的串联   B. 常闭触点的并联

C. 常开触点的串联   D. 常开触点的并联

118. F 系列可编程序控制器中回路并联连接用（ ）指令。

A. AND   B. ANI   C. ANB   D. ORB

119. F 系列可编程序控制器中回路串联连接用（ ）指令。

A. AND   B. ANI   C. ORB   D. ANB

120. RST 指令用于移位寄存器和（ ）的复位。

A. 特殊继电器   B. 计数器   C. 辅助继电器   D. 定时器

121. （ ）指令为复位指令。

A. NOP   B. END   C. S   D. R

122. 用（ ）指令可使 LD 点回到原来的公共线上。

A. CJP   B. EJP   C. MC   D. MCR

123. 如果只有 EJP 而无 CJP 指令时，则作为（ ）指令处理。

A. NOP   B. END   C. OUT   D. AND

124. 编程器的显示内容包括地址、数据、工作方式、（ ）情况和系统工作状态等。

A. 位移储存器   B. 参数   C. 程序   D. 指令执行

125. 编程器的数字键由 0～9 共 10 个键组成，用以设置地址号、计数器、（ ）的设定值等。

A. 顺序控制   B. 参数控制   C. 工作方式   D. 定时器

126. 先利用程序查找功能确定并读出要删除的某条指令，然后按下（ ）键，随删除指令之后步序将自动加 1。

A. INSTR   B. INS   C. DEL   D. END

127. 检查电源电压波动范围是否在数控系统允许的范围内。否则要加（　　）。

A. 直流稳压器　B. 交流稳压器　　　C. UPS电源　　　D. 交流调压器

128. 检查变压器上有无（　　），检查电路板上有无 50/60Hz 频率转换开关供选择。

A. 熔断器保护　B. 接地　　　　　C. 插头　　　　　D. 多个插头

129. 短路棒用来设定短路设定点，短路设定点由（　　）完成设定。

A. 维修人员　　B. 机床制造厂　　C. 用户　　　　　D. 操作人员

130. JWK 系列经济型数控机床通电前检查不包括（　　）。

A. 输入电源电压和频率的确认　　　　B. 直流电源的检查

C. 确认电源相序　　　　　　　　　　D. 检查各熔断器

131. 对液压系统进行手控检查各个（　　）部件运动是否正常。

A. 电气　　　　B. 液压驱动　　　C. 气动　　　　　D. 限位保护

132. 准备功能又叫（　　）。

A. M 功能　　　B. G 功能　　　　C. S 功能　　　　D. T 功能

133. 检查机床回零开关是否正常，运动有无爬行情况。各轴运动极限的（　　）工作是否起作用。

A. 软件限位和硬件限位　　　　　　　B. 软件限位或硬件限位

C. 软件限位　　　　　　　　　　　　D. 硬件限位

134. JWK 系列经济型数控机床通电试车已包含（　　）内容。

A. 数控系统参数核对　　　　　　　　B. 手动操作

C. 接通强电柜交流电源　　　　　　　D. 以上都是

135. JWK 系列经济型数控机床通电试车不包含（　　）内容。

A. 检查各熔断器数控　　　　　　　　B. 手动操作

C. 接通强电柜交流电源　　　　　　　D. 系统参数核对

136. 调整时，工作台上应装有（　　）以上的额定负载进行工作台自动交换运行。

A. 50%　　　　　B. 40%　　　　　C. 20%　　　　　D. 10%

137. 数控机床的几何精度检验包括（　　）。

A. 工作台的平面度

B. 各坐标方向移动的垂直度

C. X,Z 坐标方向移动时工作台面的平行度

D. 以上都是

138. 主轴回转轴心线对工作台面的垂直度属于数控机床的（　　）精度检验。

A. 定位　　　　B. 几何　　　　　C. 切削　　　　　D. 联动

139. 回转运动的反向误差属于数控机床的（　　）精度检验。

A. 切削　　　　B. 定位　　　　　C. 几何　　　　　D. 联动

140. 端面铣刀铣平面的精度属于数控机床的（　　）精度检验。

A. 切削　　　　B. 定位　　　　　C. 几何　　　　　D. 联动

141. 数控单元是由双 8031（　　）组成的 MCS—51 系统。

A. PLC　　　　B. 单片机　　　　C. 微型机　　　　D. 单板机

142. JWK 经济型数控机床通过编程指令可实现的功能有（　　）。

A. 返回参考点　B. 快速点定位　　C. 程序延时　　　D. 以上都是

143. 数控系统的辅助功能又叫（　　）功能。

A. T　　　　　B. M　　　　　C. S　　　　　D. G

144. 数控系统的刀具功能又叫（　　）功能。

A. T　　　　　B. D　　　　　C. S　　　　　D. Q

145. 为了方便（　　）和减少加工程序的执行时间，参考点应设在靠近工件的地方，在换刀前让刀架先退出一段距离以便刀架转位，转位完毕后，再按相同距离返回。

A. 读写　　　　B. 编程　　　　C. 测试　　　　D. 检查

146. 刀具补偿量的设定是（　　）。

A. 刀具功能　　B. 引导程序　　C. 程序延时　　D. 辅助功能

147. S 功能设定有两种输出方式供选择：分别是（　　）。

A. 编码方式和数字方式　　　　　B. 逻辑式和数字方式

C. 编码方式和逻辑式　　　　　　D. 编制方式和数字方式

148. JWK 型经济型数控机床接通电源时首先检查（　　）运行情况。

A. 各种功能　　B. 程序　　　　C. 轴流风机　　D. 电机

149. 为了保护零件加工程序，数控系统有专用电池作为存储器（　　）芯片的备用电源。当电池电压小于 4.5V 时，需要换电池，更换时应按有关说明书的方法进行。

A. RAM　　　　B. ROM　　　　C. EPROM　　　D. CPU

150. 线绕电阻器用（　　）表示。

A. RT　　　　　B. RPJ　　　　C. RJ　　　　　D. RX

151. 铌电解电容器的型号用（　　）表示。

A. CJ　　　　　B. CD　　　　　C. CA　　　　　D. CN

152. 高频大功率三极管（PNP 型锗材料）管用（　　）表示。

A. 3BA　　　　B. 3AD　　　　C. 3DA　　　　D. 3AA

153. 设计者给定的尺寸，以（　　）表示轴。

A. H　　　　　B. h　　　　　C. D　　　　　D. d

154. 公差带出现了交叠时的配合称为（　　）配合。

A. 基准　　　　B. 间隙　　　　C. 过渡　　　　D. 过盈

155. 国家标准规定了基轴制的（　　）代号为"h"。

A. 上偏差为零，上偏差大于零　　　B. 上偏差为零，下偏差小于零

C. 下偏差为零，上偏差小于零　　　D. 下偏差为零，上偏差大于零

156. 下列金属的电阻率最低的是（　　）。

A. 铅　　　　　B. 铜　　　　　C. 铁　　　　　D. 银

157. JK 触发器的特性方程是（　　）。

A. $Q^{n+1} = J\bar{Q}^n + \bar{K}Q^n$　　　　　B. $Q^{n+1} = JQ^n + \bar{K}Q^n$

C. $Q^{n+1} = J\bar{Q}^n + \bar{K}Q^n$　　　　　D. $Q^{n+1} = JQ^n + KQ^n$

158. RS 触发电路中，当 R=0、S=1 时，触发器的状态（　　）。

A. 置 1　　　　B. 置 0　　　　C. 不变　　　　D. 不定

159. 车床电气大修应对控制箱损坏元件进行更换，（　　），配电盘全面更新。

A. 整理线路　　B. 清扫线路　　C. 局部更新　　D. 重新敷线

160. 从机械设备电器修理质量标准方面判断下列（　　）不属于电器仪表需要标准。

A. 表盘玻璃干净、完整　　　　　B. 盘面刻度、字码清楚

C. 表针动作灵活、计量正确　　　D. 垂直安装

二、判断题(正确的填"√",错误的填"×"。每题 0.5 分,满分 20 分。)

161. 向企业员工灌输的职业道德太多了,容易使员工产生谨小慎微的观念。 (　　)

162. 在职业活动中一贯地诚实守信会损害企业的利益。 (　　)

163. 办事公道是指从业人员在进行职业活动时要做到助人为乐,有求必应。 (　　)

164. 市场经济时代,勤劳是需要的,而节俭则不宜提倡。 (　　)

165. 职业纪律中包括群众纪律。 (　　)

166. 线电压为相电压的$\sqrt{3}$倍,同时线电压的相位超前相电压 120°。 (　　)

167. Y-D 降压起动的指电动机起动时,把定子绕组联结成 Y 形,以降低起动电压,限制起动电流。待电动机起动后,再把定子绕组改成 D 形,使电动机降压运行。 (　　)

168. 游标卡尺测量前应清理干净,并将两量爪合并,检查游标卡尺的松紧情况。 (　　)

169. 测量电压时,电压表应与被测电路串联。电压表的内阻远大于被测负载的电阻。多量程的电压表是在表内备有可供选择的多种阻值倍压器的电压表。 (　　)

170. 钻夹头用来装夹直径 12mm 以下的钻头。 (　　)

171. 普通螺纹的牙形角是 55°,英制螺纹的牙形角是 60°。 (　　)

172. 触电的形式是多种多样的,但除了因电弧灼伤及熔融的金属飞溅灼伤外,可大致归纳为三种形式。 (　　)

173. 变压器的"嗡嗡"声属于机械噪声。 (　　)

174. 质量管理是企业经营管理的一个重要内容,是企业的生命线。 (　　)

175. 岗位的质量要求是每个领导干部都必须做到的最基本的岗位工作职责。 (　　)

176. 闸流管及振荡管的灯丝分挡供电,在切断直流高压电源的情况下,能方便地进行加热和停止加热。 (　　)

177. 经济型数控系统的自诊断功能往往比较强。 (　　)

178. 伺服驱动过电压可能是电源电压太低、或电源容量不够、或整流电路某器件损坏。 (　　)

179. 全导通时直流输出电压 $U_d = 1.1E$(E 为相电压有效值)。 (　　)

180. 交磁电机扩大机是一种具有很高放大倍数、较小惯性、高性能、构造和普通电机相同的直流发电机。 (　　)

181. 数据存储器一般用随机存储器(ROM)。 (　　)

182. 非编码键盘是通过软件来实现键盘的识别、消抖、重键处理等功能,需占用 MPU 时间,适用于键数较少的场合。 (　　)

183. 各位的段驱动及其位驱动可分别共用几个锁存器。 (　　)

184. 辅助继电器、计时器、计数器、输入和输出继电器的触点可使用无限次。 (　　)

185. 数控系统参数可立即进行修改。 (　　)

186. 数控机床的几何精度检验包括主轴孔的径向圆跳动。 (　　)

187. 直线运动各轴的正向误差属于数控机床的几何精度检验。 (　　)

188. 机床的切削精度不仅反映了机床的定位精度，同时还包括了试件的材料、环境温度、刀具性能以及切削条件等各种因素造成的误差。应尽量减小这些非机床因素的影响。　　　　　　　　　　　　　　　　　　　　　　　　　（　　）

189. 圆弧插补可使刀具按所需圆弧运动。运动方向为顺时针方向。　（　　）

190. 轴端键槽应画出剖视图，因为各轴段的尺寸用标注即可表达清楚，所以其他视图必须画剖视图。　　　　　　　　　　　　　　　　　　　　　　（　　）

191. N 型硅材料稳压管二极管用 2DW 表示。　　　　　　　　　　（　　）

192. 标注尺寸要考虑到加工、测量、装配的要求，不要尺寸注成封闭链形式。
　　　　　　　　　　　　　　　　　　　　　　　　　　　　　　　（　　）

193. 允许尺寸的变动量用 C 表示。　　　　　　　　　　　　　（　　）

194. 锡的熔点比铅高。　　　　　　　　　　　　　　　　　　　（　　）

195. 逻辑代数的基本公式和常用公式中同互补律 $A+\overline{A}=1$　$A \cdot \overline{A}=1$。　（　　）

196. JK 触发电路中，当 $J=1$、$K=1$、$Q^{n}=1$ 时，触发器的状态为置1。　（　　）

197. 移位寄存器每当时钟的后沿到达时，输入数码移入 C0，同时每个触发器的状态也移给了下一个触发器。　　　　　　　　　　　　　　　　　（　　）

198. 所谓应用软件就是用来使用和管理计算机本身的程序。它包括操作系统、诊断系统、开发系统和信息处理等。　　　　　　　　　　　　　　　　　（　　）

199. 按图纸要求在管内重新穿线并进行绝缘检测（管内允许有接头），进行整机电气接线。　　　　　　　　　　　　　　　　　　　　　　　　　　（　　）

200. 大修工艺规程用于规定机床电器的修理程序，元器件的修理、测试方法，系统调试的方法及技术要求等，以保证达到电器大修的质量标准。　　　　（　　）

职业技能鉴定维修电工理论仿真试卷

初级试卷参考答案

一、单项选择（每题 0.5 分，满分 80 分。）

1. C	2. B	3. A	4. B	5. D	6. C	7. B	8. A	9. A	10. A
11. C	12. C	13. B	14. A	15. D	16. B	17. D	18. A	19. A	20. C
21. A	22. C	23. C	24. B	25. A	26. A	27. C	28. C	29. B	30. B
31. C	32. B	33. A	34. B	35. A	36. A	37. A	38. D	39. A	40. C
41. B	42. A	43. D	44. D	45. A	46. C	47. A	48. C	49. A	50. A
51. B	52. C	53. C	54. B	55. B	56. C	57. A	58. C	59. A	60. B
61. A	62. B	63. C	64. C	65. B	66. C	67. C	68. C	69. A	70. A
71. C	72. B	73. A	74. B	75. C	76. D	77. B	78. A	79. B	80. A
81. A	82. D	83. B	84. D	85. B	86. C	87. A	88. C	89. A	90. C
91. C	92. A	93. C	94. C	95. B	96. D	97. C	98. D	99. D	100. D
101. C	102. C	103. C	104. C	105. D	106. D	107. C	108. C	109. C	110. A
111. B	112. D	113. C	114. C	115. C	116. A	117. C	118. C	119. B	120. B
121. B	122. C	123. C	124. C	125. C	126. A	127. C	128. C	129. D	130. D
131. D	132. A	133. C	134. C	135. D	136. C	137. A	138. C	139. A	140. D
141. D	142. C	143. B	144. C	145. B	146. D	147. C	148. B	149. A	150. C
151. B	152. C	153. C	154. C	155. B	156. A	157. C	158. A	159. B	160. A

二、判断题（正确的填"√"，错误的填"×"。每题 0.5 分，满分 20 分。）

161. √ 162. √ 163. × 164. × 165. √ 166. √ 167. √ 168. √
169. × 170. √ 171. √ 172. √ 173. √ 174. × 175. √ 176. √
177. √ 178. × 179. √ 180. √ 181. × 182. √ 183. × 184. ×
185. × 186. √ 187. √ 188. √ 189. √ 190. √ 191. √ 192. ×
193. √ 194. √ 195. √ 196. √ 197. × 198. √ 199. √ 200. ×

中级试卷参考答案

一、单项选择（每题 1 分，满分 80 分。）

1. C   2. B   3. D   4. B   5. D   6. D   7. D   8. D   9. D   10. D
11. D 12. D 13. D 14. D 15. C 16. D 17. C 18. D 19. A 20. C
21. D 22. D 23. D 24. A 25. B 26. B 27. A 28. B 29. A 30. A
31. A 32. B 33. A 34. A 35. B 36. A 37. B 38. C 39. B 40. D
41. B 42. B 43. C 44. C 45. B 46. A 47. C 48. A 49. D 50. A
51. A 52. A 53. C 54. D 55. B 56. A 57. A 58. C 59. A 60. A
61. A 62. B 63. A 64. C 65. B 66. C 67. D 68. A 69. A 70. A
71. D 72. B 73. A 74. D 75. A 76. A 77. C 78. C 79. A 80. B

二、判断题（正确的填"√"，错误的填"×"。每题 1 分，满分 20 分。）

81. × 82. × 83. × 84. × 85. × 86. × 87. × 88. ×
89. × 90. √ 91. × 92. × 93. × 94. √ 95. × 96. ×
97. × 98. √ 99. × 100. √

高级试卷参考答案

一、单项选择（每题 0.5 分，满分 80 分。）

1. C   2. D   3. D   4. D   5. C   6. D   7. D   8. C   9. D   10. D
11. D 12. D 13. D 14. D 15. D 16. D 17. D 18. D 19. B 20. D
21. D 22. D 23. D 24. C 25. B 26. D 27. C 28. C 29. D 30. D
31. D 32. C 33. D 34. B 35. D 36. A 37. C 38. D 39. D 40. C
41. D 42. D 43. C 44. D 45. D 46. D 47. D 48. D 49. C 50. C
51. B 52. B 53. D 54. D 55. D 56. D 57. D 58. D 59. D 60. D
61. B 62. D 63. C 64. D 65. D 66. D 67. D 68. B 69. D 70. D
71. C 72. B 73. C 74. D 75. D 76. C 77. C 78. D 79. A 80. C
81. D 82. D 83. D 84. D 85. C 86. D 87. C 88. D 89. D 90. D
91. D 92. C 93. D 94. D 95. D 96. D 97. D 98. D 99. A 100. D
101. D 102. D 103. C 104. D 105. D 106. D 107. D 108. A 109. D 110. D
111. D 112. D 113. A 114. D 115. B 116. A 117. B 118. D 119. D 120. B
121. D 122. D 123. B 124. D 125. D 126. C 127. D 128. C 129. B 130. C
131. B 132. D 133. A 134. D 135. A 136. D 137. D 138. D 139. B 140. A
141. B 142. D 143. B 144. A 145. B 146. B 147. A 148. C 149. A 150. D
151. D 152. D 153. D 154. C 155. B 156. D 157. A 158. A 159. D 160. D

二、判断题（正确的填"√"，错误的填"×"。每题 0.5 分，满分 20 分。）

161. × 162. × 163. × 164. × 165. √ 166. × 167. × 168. ×
169. × 170. × 171. × 172. √ 173. × 174. √ 175. × 176. ×
177. × 178. × 179. × 180. × 181. × 182. × 183. × 184. √
185. × 186. √ 187. × 188. × 189. × 190. × 191. × 192. ×
193. × 194. × 195. × 196. × 197. × 198. × 199. × 200. ×

附录七　职业技能鉴定维修电工实际技能操作仿真试题

维修电工初级

试题 1　安装经电流互感器接入单相有功电能表组成的量电装置

考核要求：

(1)安装设计：正确绘制电路图。

(2)安装：正确熟练地安装元件，在配线板上布置要合理，安装要紧固，布线要求横平竖直，应尽量避免交叉、跨越，接线紧固、美观。

(3)通电试验：安装正确无误。

(4)考核注意事项：

①满分 10 分，考试时间 40 分钟。

②遵守技术规程和操作规程。

③安全文明操作。

试题 2　安装和调试三相异步电动机双重联锁正反转控制电路

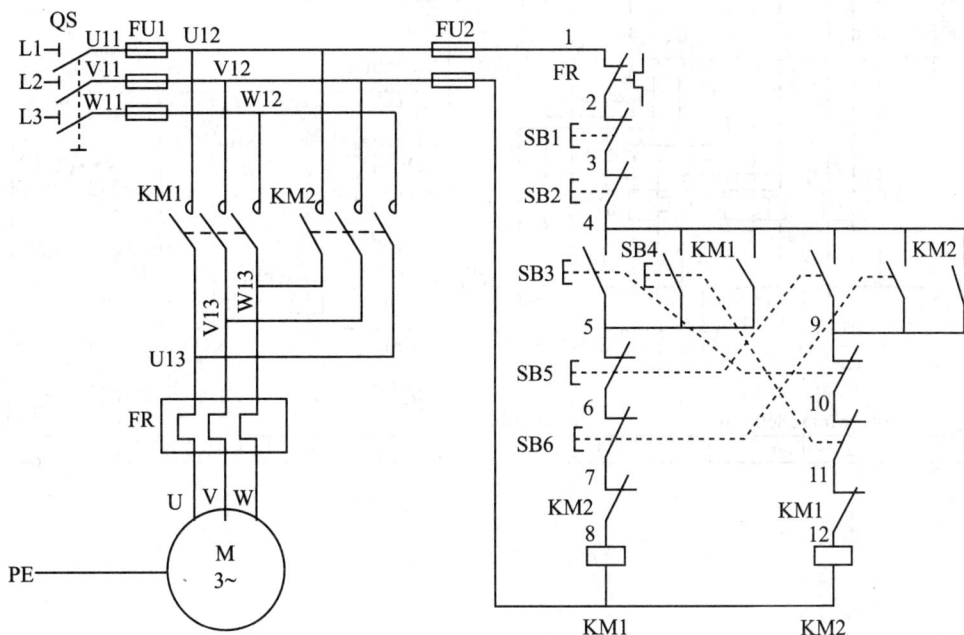

考核要求：

(1)按图纸的要求进行正确熟练地安装；元件在配线板上布置要合理，安装要正确紧固，布线要求横平竖直，应尽量避免交叉跨越，接线紧固美观。正确使用工具和仪表。

(2)按钮盒不固定在板上，电源和电动机配线、按钮接线要接到端子排上，要注明引出端子标号。

(3)安全文明操作。

（4）注意事项：满分 30 分，考试时间 210 分钟。

试题 3 检修 M7120 型磨床的电气线路故障

考核要求：

（1）从设故障开始，考评员不得进行提示。

（2）根据故障现象，在电气控制线路上分析故障可能产生的原因，确定故障发生的范围。

（3）排除故障过程中如果扩大故障，在规定时间内可以继续排除故障。

（4）正确使用工具和仪表。

（5）考核注意事项：满分 40 分，考试时间 60 分钟。

否定项：故障检修得分未达 20 分，本次鉴定操作考核视为不合格。

检修 M7120 型磨床的电气线路故障。在其电气线路上，设隐蔽故障 3 处，其中主回路 1 处，控制回路 2 处。考生向考评员询问故障现象时，故障现象可以告诉考生，考生必须单独排除故障。

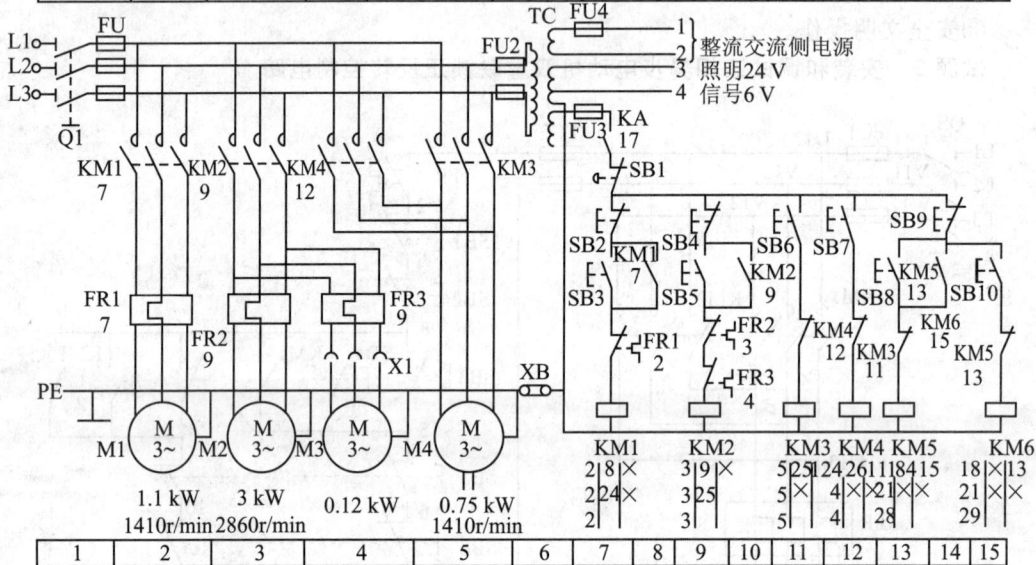

整流电源	失磁保护	电磁吸盘充磁去磁	保护	信号灯						照明灯
				电源	液压	砂轮	砂轮升降	电磁吸盘工作		

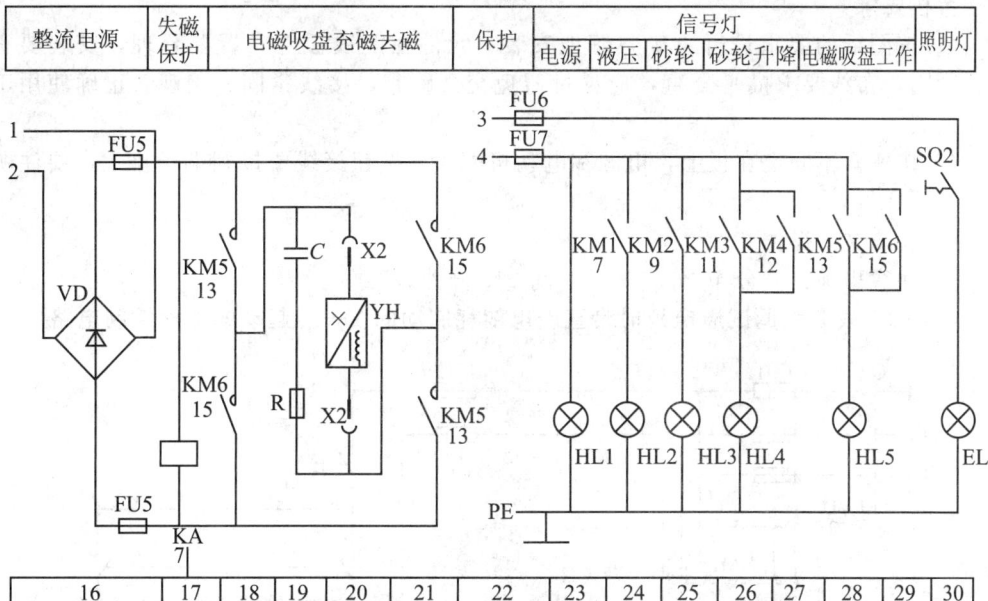

维修电工中级

试题 1　安装和调试断电延时带直流能耗制动的 Y－△起动的控制电路

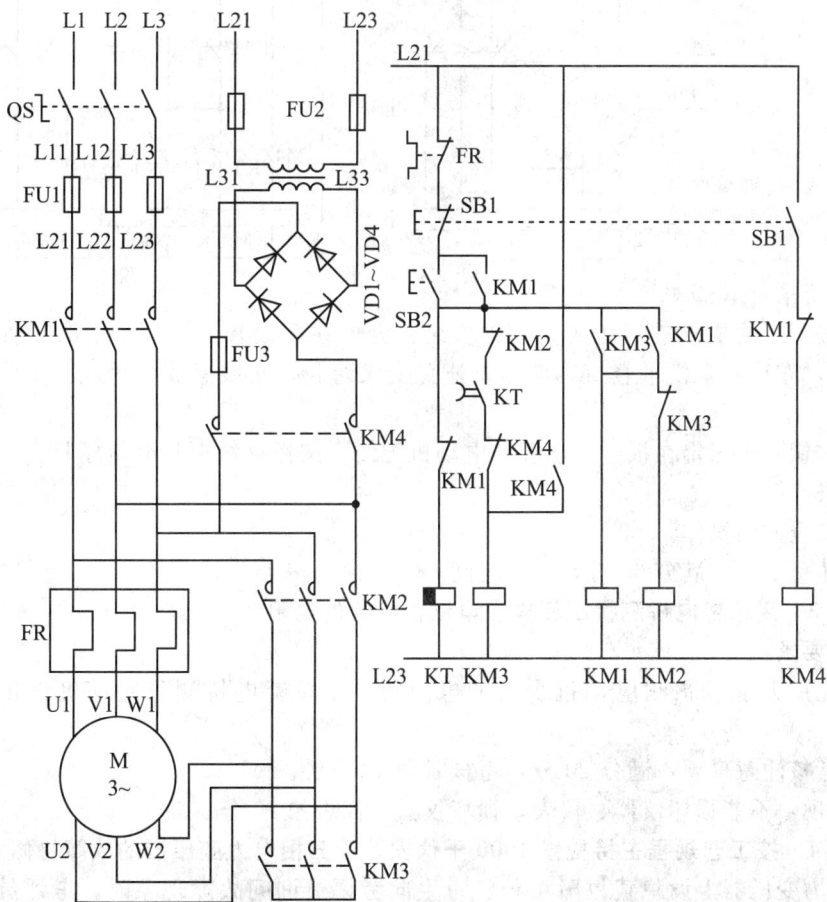

考核要求：

(1)按图纸的要求进行正确熟练地安装；元件在配线板上布置要合理，安装要正确、紧固，布线要求横平竖直，应尽量避免交叉跨越，接线紧固、美观。正确使用工具和仪表。

(2)按钮盒不固定在板上，电源和电动机配线、按钮接线要接到端子排上，要注明引出端子标号。

(3)安全文明操作。

(4)注意事项：满分 40 分，考试时间 240 分钟。

试题 2　安装和调试通电延时带直流电能耗制动的 Y—△起动的控件控制电路

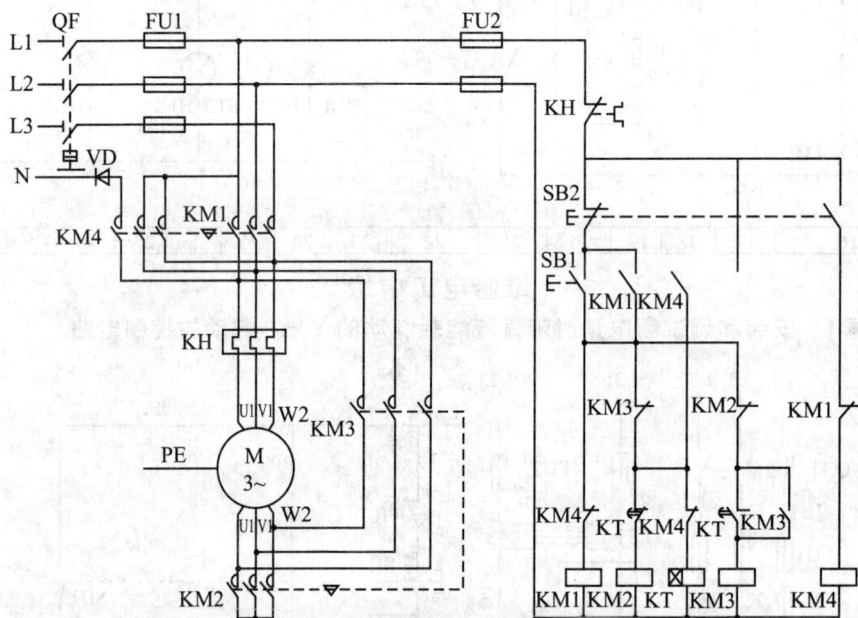

考核要求：

(1)按图纸的要求进行正确熟练地安装：元件在配线板上布置要合理，安装要正确、紧固，布线要求横平竖直，应尽量避免交叉跨越，接线紧固、美观。正确使用工具和仪表。

(2)按钮盒不固定在板上，电源和电动机配线、按钮接线要接到端子排上，要注意引出端子标号。

(3)安全文明操作。

(4)注意事项：满分 60 分，考试时间 180 分钟。

试题 3　用单臂电桥测量三相异步电动机绕组的电阻

考核要求：

(1)先用万能表估测电动机绕组的电阻后，用单臂电桥测量电动机三相绕组的电阻。

(2)考核注意事项：满分 20 分，考核时间 20 分钟。

否定项：不能损坏仪器、仪表，损坏仪器、仪表扣 20 分。

试题 4　按工艺规程主持检修 1000 千伏安以下三相电力变压器的故障检修

在电力变压器上设隐蔽故障 1 处。考生向考评员询问故障现象时，考评员可以将故障现象告诉考生，考生必须单独排除故障。

考核要求：

(1)调查研究。

①对故障进行调查，弄清出现故障时的现象。

②查阅有关记录。

③检查变压器外部，必要时进行吊心检查。

(2)故障分析。

①根据故障现象，分析故障原因。

②判明故障部位。

③采取有针对性的处理方法进行故障部位的修复。

(3)故障排除。

①正确使用工具和仪表。

②排除故障中思路清楚。

③排除故障中按工艺要求进行。

(4)测试及判断。

①根据故障情况进行电气试验合格。

②对变压器油进行观察和试验，判断是否合格。

(5)考核注意事项。

①满分40分，考试时间240分钟。

②正确使用工具和仪表。

③遵守变压器故障检修的有关规程。

否定项：故障检修未达20分，本次鉴定操作考核视为不通过。

试题5 用三相功率表测量三相有功功率

考核要求：

(1)按要求正确接线，测量三相笼型异步电动机消耗的功率。

(2)考核注意事项：满分10分，考核时间30分钟。

否定项：不能损坏仪器、仪表，损坏仪器、仪表扣10分。

维修电工中级试题4、在各项技能考核中，要遵守安全文明生产的有关规定

考核要求：

(1)劳动保护用品穿戴整齐。

(2)电工工具佩带齐全。

(3)遵守操作规程。

(4)尊重考评员，讲文明礼貌。

(5)考试结束要清理现场。

(6)遵守考场纪律，不能出现重大事故。

(7)考核注意事项：

①本项目满分10分。

②安全文明生产贯穿于整个技能鉴定的全过程。

③考生在不同的技能试题中，违犯安全文明生产考核要求同一项内容的，要累计扣分。

否定项：出现严重违犯考场纪律或发生重大事故，本次技能考核视为不合格。

维修电工高级

试题 1　继电—接触式控制线路的设计、安装与调试

有一台生产设备用三相异步电动机拖动，三相异步电动机型号为 Y112M-4，　三相异步电动机铭牌为 4 千瓦、380 伏、11.5 安、△，根据考核要求电动机进行 Y—△起动，并且具有过载保护、短路保护、失压保护和欠压保护等，试设计出一个具有通电延时，Y—△起动运转带速度继电气控制半波整流能耗制动的继电—接触式电气控制线路，并且进行安装与调试。

考核要求：

(1)电路设计：根据提出的电气控制要求，正确绘出电路图。按你所设计的电路图，提出主要材料单。

(2)元件安装：按所给的材料和图绘图纸的要求，正确利用工具和仪表，熟练地安装电气元件，元件在配线板上布置要合理，安装要准确、紧固，按钮盒不固定在板上。

(3)布线：接线要求美观、紧固、无毛刺，导线要进行线槽。电源和电动机配线、按钮接线要要接到端子排上，进出线槽的导线要有端子标号，引出端要用别径压端子。

(4)通电试验：正确使用电工工具及万用表，进行仔细检查，最好通电试验一次成功，并注意人身和设备安全。

(5)满分 40 分，考试时间 240 分钟。

试题 2　检修继电—接触式控制的大型设备局部电气线路

检修大型车床的局部电气线路故障。在大型车床电气线路中工作台部分电气拖动控制线路和右刀架部分电气拖动控制线的控制回路设隐蔽故障 2 处。考生向考评员询问故障现象时，故障现象可以告诉考生，考生必须单独排除故障。

考核要求：

(1)正确使用电工工具、仪器和仪表。

(2)根据故障现象，在电气控制电路图上分析故障可能产生的原因，确定故障发生的范围。

(3)在考核过程中，带电进行检修时，注意人身和设备的安全。

(4)满分 40 分，考试时间 60 分钟。

否定项：故障检修得分未达 20 分者，本次鉴定操作考核视为不通过。

试题 3　用同步示波器测量交流信号的振幅

考核要求：

(1)要求用高频信号发生器发出频率为 200 千赫兹的信号，并用同步示波器观察其振幅的大小。

(2)满分 10 分，考核时间 30 分钟。

否定项：损坏仪器、仪表，扣 10 分。

试题 4　进行如下延时定时器电子电路安装、调试方面的培训指导

考核要求：

(1)准备工作：教具、演示工具准备齐全。

(2)讲课：

①主题明确、重点突出。

②语言清晰、自然，用词正确。

③演示动作正确无误。

(3)满分 10 分，考核时间 25 分钟。

否定项：指导内容不正确或不能正确表达其内容，扣 10 分。

参考文献

[1] 宫淑贞，王冬青，徐世许.《可编程序控制器原理及应用》. 北京：人民邮电出版社，2002.7

[2] 陈其纯. 可编程序控制器应用技术. 北京：高等教育出版社，2000.7

[3] 廖常初. 可编程序控制器应用技术第三版. 重庆：重庆大学出版社，1998.10

[4] OMRON 可编程序控制器操作手册

[5] 谢克明，夏路易. 可编程序控制器原理与程序设计. 北京：电子工业出版社，2002.8

[6] 王立春. 可编程序控制器原理与应用. 北京：高等教育出版社，2000.6

[7] 彭利标，徐耀生，王芯. 可编程序控制器原理及应用. 西安：西安电子科技大学出版社，1999.8

[8] 电力拖动控制线路与技能训练（第三版）. 北京：中国劳动社会保障出版社，2002

[9] 陈立定. 电气控制与可编程控制器. 广州：华南理工大学出版社，2001

[10] 西门子(中国)有限公司. 深入浅出西门子 LOGO!（第二版）. 北京：北京航空航天大学出版社，2009.10

[11] 范永胜，王岷编. 电气控制与 PLC 应用（第二版）. 北京：中国电力出版社，2007.2

[12] 朱鹏超编. 机械设备电气控制与维修. 北京：机械工业出版社，2008.7

[13] 国家安全生产监督管理总局职业安全技术培训中心编写. 全国特种作业人员安全技术培训考核统编教材. 电工作业（初训修订版）. 北京：中国三峡出版社，2009.9

[14] 国家安全生产监督管理总局职业安全技术培训中心编写. 全国特种作业人员安全技术培训考核统编教材. 电工作业（复训修订版）. 北京：中国三峡出版社，2009.9

[15] 全国特种作业人员安全技术培训复审教材编委会编写. 电工作业（复审教材）. 北京：气象出版社，2003.4

[16] 国家安全生产监督管理总局职业安全技术培训中心编写. 电工作业（复训）. 北京：中国三峡出版社，2005.8

[17] 赵进学编. 电气控制与 PLC 应用. 上海：上海交通大学出版社，2011.3

[18] 劳动和社会保障部中国就业培训技术指导中心组织编写·专用于国家职业技能鉴定. 维修电工·国家职业资格培训教程（初级技能　中级技能　高级技能）. 北京：中国劳动社会保障出版社，2004.12